普通高等教育"十四五"规划教材

# 冶金物理化学实验研究方法

厉 英 主编

北 京
冶 金 工 业 出 版 社
2023

## 内容简介

全书共11章，主要内容包括：数据分析与处理，实验设计，温场获得与温度测量技术，真空技术，实验气氛控制，表面张力及测量方法，冶金熔体黏度测试技术，冶金过程物理模拟，现代分析测试技术，科技文献检索，科技论文写作等。

本书可作为高等学校冶金工程、化学工程与工艺、环境科学等工科专业本科生、研究生教学用书，也可供冶金、化工等相关领域科研人员和现场技术人员参考。

**图书在版编目(CIP)数据**

冶金物理化学实验研究方法/厉英主编.—北京：冶金工业出版社，2022.6（2023.11重印）

普通高等教育“十四五”规划教材

ISBN 978-7-5024-9145-1

Ⅰ.①冶… Ⅱ.①厉… Ⅲ.①冶金—实验—高等学校—教材 Ⅳ.①TF03

中国版本图书馆CIP数据核字(2022)第075325号

**冶金物理化学实验研究方法**

| | | | |
|---|---|---|---|
| **出版发行** | 冶金工业出版社 | **电　　话** | (010)64027926 |
| **地　　址** | 北京市东城区嵩祝院北巷39号 | **邮　　编** | 100009 |
| **网　　址** | www.mip1953.com | **电子信箱** | service@mip1953.com |

责任编辑　杨盈园　美术编辑　彭子赫　版式设计　郑小利

责任校对　王永欣　责任印制　禹　蕊

北京虎彩文化传播有限公司印刷

2022年6月第1版，2023年11月第2次印刷

787mm×1092mm　1/16；17.75印张；431千字；272页

**定价48.00元**

**投稿电话　(010)64027932　投稿信箱　tougao@cnmip.com.cn**

**营销中心电话　(010)64044283**

**冶金工业出版社天猫旗舰店　yjgycbs.tmall.com**

（本书如有印装质量问题，本社营销中心负责退换）

# 前　言

冶金工程、材料与化工、化学工程与技术、环境科学与工程等工科专业本科生、研究生不仅需要扎实的理论基础，而且需要过硬的实验科研能力。编者在总结多年实验教学经验及解答学生在科研实验中遇到的问题并结合科技发展的最新成果的基础上，编写了《冶金物理化学实验研究方法》一书，作为本科生、研究生教材。本书不仅有基础的实验技能知识内容，而且有最新的模拟仿真、冶金测试方法及现代分析测试技术等，使学生具有较强的实验科研能力，以适应国家制造业及科技飞速发展的需要。

本书的编写人员均为东北大学从事教学科研一线的骨干教师，在各自承担的编写内容所涉及的领域积累了丰富的教学及科研经验。本书注重理论与实践相结合，具有较强的实用性和先进性，不仅可以作为教学用书，对学生进行系统的培养；而且在编写中采用了最先进的研究成果，可以作为相关专业教师和冶金、石化、材料加工等行业的工程技术人员的参考书。

本书分为 11 章，包括：第 1 章数据分析与处理，第 2 章实验设计，第 3 章温场获得与温度测量技术，第 4 章真空技术，第 5 章实验气氛控制，第 6 章表面张力及测量方法，第 7 章冶金熔体黏度测试技术，第 8 章冶金过程物理模拟，第 9 章现代分析测试技术，第 10 章科技文献检索，第 11 章科技论文写作。

本书由历英担任主编并统稿，参加编写的有：历英（第 1 章、第 2 章、第 3 章、第 5 章）、丁玉石（第 4 章、第 7 章）、倪培远（第 6 章、第 8 章）、李敏（第 9 章）、左丽（第 10 章、第 11 章）。

在本书编写过程中，翟莹莹博士、黄文龙博士、卢佳垚博士、罗亚丹博士、杨利新博士、谢地博士、周高鹏博士、鹿海强硕士等在资料收集、绘图、文本编辑等方面提供了许多帮助，在此表示深深的谢意！本书编写参阅了材料、冶金、数学等方面的书籍及国内外文献资料，在此一并表示感谢！

由于作者水平有限，书中不足之处，恳请读者批评指正。

编　者

2021 年 12 月

# 目　录

# 1 数据分析与处理

冶金生产工艺过程需要不断进步和完善，而冶金实验和研究方法是冶金生产中非常重要的一环。在冶金生产和科学实验中，数据的表示和处理，对于实验结果的展示起着非常重要的作用。测得的数据需要达到较高的准确性，但对准确性的要求在不同情况下则有所不同，既不能盲目追求标准过高造成人力和物力的浪费，也不能过低造成测得数据没有实际价值，所以对准确性的要求必须适当。在进行实验时，首先了解实验所能达到的精度和产生误差的因素，以及实验以后如何科学地分析和处理数据的误差。了解误差的种类、起因和性质可以抓住提高准确度的关键，通过误差分析寻找较合适的实验方法和选择合适的仪器设备。运用适当的数学工具以及计算机对带有偶然性的实验数据进行误差分析、数据整理，采用适当的数学方法建立数学模型，科学地处理实验数据，才能充分有效地利用实验测试信息，得出正确的结论，合理地组织科学研究以及正确地指导工业生产。

## 1.1 测量数据概述

测量是人类认识事物本质所不可缺少的手段。通过测量和实验能使人们对事物获得定量的概念和发现事物的规律性。科学上很多新的发现和突破都是以实验测量为基础的。测量就是用实验的方法，将被测物理量与所选用作为标准的同类量进行比较，从而确定它的程度。

### 1.1.1 真值与平均值

真值是待测物理量客观存在的确定值，也称理论值或定义值。通常真值是无法测得的。若在实验中，测量的次数无限多时，根据误差的分布定律，正负误差的出现几率相等。再经过细致地消除系统误差，将测量值加以平均，可以获得非常接近于真值的数值。但是实际上实验测量的次数总是有限的。用有限测量值求得的平均值只能是近似真值，常用的平均值有下列几种。

（1）算术平均值。算术平均值是最常见的一种平均值。设 $x_1$、$x_2$、…、$x_n$ 为各次测量值，$n$ 代表测量次数，则算术平均值为

$$\bar{x} = \frac{x_1 + x_2 + \cdots + x_n}{n} = \frac{\sum_{i=1}^{n} x_i}{n} \tag{1-1}$$

（2）几何平均值。几何平均值是将一组 $n$ 个测量值连乘并开 $n$ 次方求得的平均值。即

$$\bar{x}_{几何} = \sqrt[n]{x_1 x_2 \cdots x_n} \tag{1-2}$$

（3）均方根平均值。均方根平均值是将一组 $n$ 个测量值先平方和再除以 $n$ 后开平方得到的平均值。

$$\bar{x}_{方根} = \sqrt{\frac{x_1^2 + x_2^2 + \cdots + x_n^2}{n}} = \sqrt{\frac{\sum_{i=1}^{n} x_i^2}{n}} \tag{1-3}$$

(4) 对数平均值。在化学反应、热量和质量传递中，其分布曲线多具有对数的特性，在这种情况下表征平均值常用对数平均值。

设两个量 $x_1$、$x_2$，其对数平均值

$$\bar{x}_{对数} = \frac{x_1 - x_2}{\ln x_1 - \ln x_2} = \frac{x_1 - x_2}{\ln \frac{x_1}{x_2}} \tag{1-4}$$

应指出，变量的对数平均值总小于算术平均值。当 $x_1/x_2 \leqslant 2$ 时，可以用算术平均值代替对数平均值。当 $x_1/x_2 = 2$, $\bar{x}_{对数} = 1.443x_2$, $\bar{x} = 1.50x_2$, $(\bar{x}_{对数} - \bar{x})/\bar{x}_{对数} = 4.2\%$，即 $x_1/x_2 \leqslant 2$，引起的误差不超过 4.2%。

以上介绍各平均值的目的是要从一组测定值中找出最接近真值的那个值。在冶金实验和科学研究中，数据的分布较多属于正态分布，所以通常采用算术平均值。

### 1.1.2 误差与修正值

测量总有误差，其表现为在同一条件下对同一对象进行重复测量，可能会得到不同的结果，这是因为有许多因素都在影响着测量的过程，而且各种影响因素还在经常不断地变化。因此，测得值 $x$ 并非被测量量的真值 $A_0$，而是近似值。测定值与真值之差称为误差(或绝对误差)。如令 $\Delta x$ 表示误差，则

$$\Delta x = x - A_0 \tag{1-5}$$

当测定值大于真值时，我们说测量误差为正；反之，测定值小于真值时，则测量误差为负。具有正误差的测定值应以一个负值去修正，而具有负误差的测定值则应以一个正值去修正。误差值与修正值数值相等，符号相反。如以 $C$ 表示修正值，则

$$C = -\Delta x = A_0 - x \tag{1-6}$$

反映测量结果与真实值接近程度的量，称为精度（亦称精确度）。它与误差大小相对应，测量的精度越高，其测量误差就越小。“精度”应包括精密度和准确度两层含义。

(1) 精密度。测量中所测得数值重现性的程度，称为精密度。它反映偶然误差的影响程度，精密度高就表示偶然误差小。

(2) 准确度。测量值与真值的偏移程度，称为准确度。它反映系统误差的影响程度，准确度高就表示系统误差小。

(3) 精确度（精度）。它反映测量中所有系统误差和偶然误差综合的影响程度。

在一组测量中，精密度高的准确度不一定高，准确度高的精密度也不一定高，但精确度高，则精密度和准确度都高。

为了说明精密度与准确度的区别，可用下述打靶子例子来说明，如图 1-1 所示。

图 1-1 (a) 中表示精密度和准确度都很好，则精确度高；图 1-1 (b) 表示精密度很好，但准确度却不高；图 1-1 (c) 表示精密度与准确度都不好。在实际测量中没有像靶心那样明确的真值，而是设法去测定这个未知的真值。

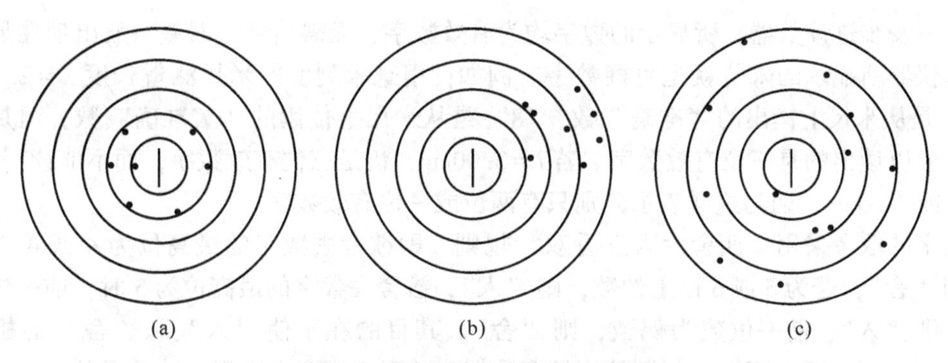


图 1-1 精密度和准确度的关系

在实验过程中，经常注重实验数据，而忽略了数据测量值的准确程度。由于绝对真值是未知的，因此只能通过国际标准作为测量仪表准确度的参考标准。

### 1.1.3 有效数字的表示与计算

在科学与工程中，该用几位有效数字来表示测量或计算结果，总是以一定位数的数字来表示。不是说一个数值中小数点后面位数越多越准确。实验中从测量仪表上所读数值的位数是有限的，取决于测量仪表的精度，其最后一位数字往往是仪表精度所决定的估计数字，即一般应读到测量仪表最小刻度的十分之一位。数值准确度大小由有效数字位数来决定。

任何一个物理量，其测量结果必然存在误差。因此，表示一个物理量测量结果的数字取值是有限的。把测量结果中可靠的几位数字，加上可疑的一位数字，统称为测量结果的有效数字。例如，3.76 的有效数字是三位，3.7 是可靠数字，尾位“6”是可疑数字。这一位数字虽然是可疑的，但它在一定程度上反映了客观实际，因此它也是有效的。

一个物理量的测量值和数学的一个数有着不同的意义，在数学上 $57.2=57.20$，但对测量值来说，$57.2\neq57.20$，因为它们有着不同的误差，测量的准确度不同。57.2mm 为 3 位有效数字，而 57.20mm 为 4 位有效数字。在记录实验数据的时候，要切记有效数字的位数是从第一个不为零的数字算起的，小数点前面出现的“0”和它之后紧接着的“0”都不是有效数字。如 0.25cm 或 0.045kg 中的“0”都不是有效数字，这两个数值都只有两位有效数字。当然并不是说零不算有效数字。例如，20.30 中的两个零，虽然其中一个处在中间，一个处在末尾，但因它们都反映了被测量的大小，故都属于有效数字。

对于十进制单位变换，只涉及小数点位置改变，而不允许改变有效位数。例如 1.3m 为 2 位有效数字，在换算成 km 或 mm 作单位时应写为

$$1.3\text{m} = 1.3 \times 10^{-3}\text{km} = 1.3 \times 10^{3}\text{mm}$$

而 1.3m=1300mm 的写法是错误的。实验结果的最后 1 位数字应与绝对误差对齐，绝对误差最多写 2 位，相对误差也是如此。

### 1.1.4 测量结果的读数原则及取舍规则

直接测量读数应反映出有效数字，一般应估读到测量器具最小分度值的 1/10。但由于某些仪表的分度较窄、指针较粗或测量基准较不可靠等，可估读 1/5 或 1/2 分度。对于数

字式仪表及步进读数器，所显示的数字均为有效数字，无需估读，误差一般出现在最末一位，即仪器所显示的末位就是可疑数字。例如：用毫米刻度的米尺测量长度 $L=2.78$cm，"2.7"是从米尺上读出的"准确"数，"8"是从米尺上估读的"欠准确"数，但是是有效的，所以读出的是三位有效数字。若 $L=3.00$cm，仍是三位有效数字，而不能读写为 $L=3.0$cm 或 $L=3$cm，因为这样表示分别只有两位或一位有效数字。

数字的取舍采用"四舍六入五看双"规则，即欲舍去数字的最高位为 4 或 4 以下的数，则"舍"，若为 6 或 6 以上的数，则"入"，被舍去数字的最高位为 5 时，前一位数为奇数，则"入"，前一位数为偶数，则"舍"。其目的在于使"入"和"舍"的机会均等，以避免用"四舍五入"规则处理较多数据时，因入多舍少而引入计算误差。

例如，将下列数据保留到小数点后第二位：

8.0861=8.09，8.0845=8.08，10.0850=10.08，10.0754=10.08

### 1.1.5 有效数字的运算规则

#### 1.1.5.1 加减运算

在参与运算的数不太多时，运算结果值最后位的位置和绝对误差最大数的最后位相同。例如：$y=3.2864+314.5-13.23$，绝对误差最大数 314.5，它的最后位是小数点后面第一位，因此 $y$ 最后位的位置也是小数点后面第一位。运算过程如下

$$
\begin{aligned}
y &= 3.29 + 314.5 - 13.23 \\
&= -9.94 + 314.5 \\
&= -9.9 + 314.5 \\
&= 304.6
\end{aligned}
$$

在运算时，其他项取小数点后第二位先计算：$3.29-13.23=-9.94$，用四舍六入法，取 $-9.94$ 为 $-9.9$。

#### 1.1.5.2 乘除运算

几个数相乘除，计算结果的有效数字位数与各数值中有效数字位数最少的一个相同（或最多再多保留一位）。

**例题 1-1** 试问 $1.111\underline{1}\times1.1\underline{1}$ 计算结果应保留几位数字？

**解**：计算可得 $1.111\underline{1}\times1.1\underline{1}=1.233321$，但是，此结果究竟应取几位数字才合理。因为一个数字与一个可疑数字相乘，其结果必然是可疑数字，所以，小数点后面第二位的"3"及其以后的数字都是可疑数字。按照保留 1 位可疑数字的原则，计算结果应写成 1.23，为 3 位有效数字。这与上面叙述的加减算法则是一致的，即在此例中，5 位有效数字与 3 位有效数字相乘，计算结果为 3 位有效数字。

除法是乘法的逆运算，类似。

#### 1.1.5.3 乘方和开方运算

有效数字在乘方和开方时，运算结果的有效数字位数与其底的有效数字的位数相同。

例如：$2.35^2=5.52$，$26.8^{1/2}=5.18$，$32.8^{1/2}=5.73$

#### 1.1.5.4 对数函数、指数函数和三角函数的有效数字

对数函数运算后，结果中尾数（小数点后）的有效数字位数与真数有效数字位数相同。

$$\log_a N = B$$

式中，$a$ 为底数；$N$ 为真数。

$$\lg N = \lg(10^n \times d) = n + \lg d$$

式中，$n$ 为首数；$\lg d$ 为尾数。

即 $B$ 小数点后的有效数字与 $N$ 的有效数字位数相同。

例如：$\lg 1983 = 3.297323 \longrightarrow \lg 1983 = 3.2973$

$\lg 2135 = 3.329398 \longrightarrow \lg 2135 = 3.3294$

指数函数运算后，结果中有效数字的位数与指数小数点后的有效数字位数相同。

例如：$10^{1.025} = 10.5925 \longrightarrow 10^{1.025} = 10.6$

$18^{1.235} = 35.5027 \longrightarrow 18^{1.235} = 35.5$

三角函数的有效数字位数与角度有效数字的位数相同。

例如：$\sin 30° = 0.5 \longrightarrow \sin 30° = 0.50$

$\sin 12.5° = 0.2164 \longrightarrow \sin 12.5° = 0.216$

## 1.2 误 差 概 述

由于实验方法和实验设备的不完善，周围环境的影响，以及人的观察力，测量程序等限制，实验观测值和真值之间，总是存在一定的差异。人们常用绝对误差、相对误差或有效数字来说明一个近似值的准确程度。为了评定实验数据的精确度或误差，认清误差的来源及其影响，需要对实验的误差进行分析和讨论。由此可以判定哪些因素是影响实验精确度的主要方面，从而在以后实验中，进一步改进实验方案，缩小实验观测值和真值之间的差值，提高实验的精确度。冶金实验中，由于工具不准、方法不完善等各种因素的影响，会导致测量结果失真，这种失真就称为误差。一切实验结果都有误差，误差自始至终存在于所有科学实验中，因此必须对测得的数据进行处理，并用一定的方法表示出实验误差的大小。

### 1.2.1 误差含义

让一组学生从某溶液中取实验样品，自行测定浓度，尽管学生测出的数值相差不大，但也不会完全相同。假设这瓶溶液的浓度值为 $a$，各位同学的测试值为 $a_i(i=1, 2, \cdots, n)$，那么每个同学与真实值的差值为 $t=a_i-a(i=1, 2, \cdots, n)$，称 $t$ 为观测误差，简称误差。

### 1.2.2 误差的分类

按误差产生原因和性质的不同，误差可分为系统误差、偶然误差和过失误差三种。

（1）系统误差。在一定条件下，误差数值的大小和正负号或者固定不变，或者按一定规律变化，有确定的平均值，这个平均值就是系统误差。产生系统误差的原因可能是仪表未经校正，温度、压力等条件的变化，观察者的习惯与偏向，方法不完善等。

系统误差决定了测量的“准确”程度，对上述产生系统误差的原因分别加以校正后可以将它消除。对系统误差的处理，一般是属于技术上的问题。

（2）偶然误差（随机误差）。由许多暂时尚未被掌握的规律或完全未知的因素所造成的误差，称为偶然误差。这种误差数值的大小和符号的正负，具有偶然性，不能事先知道。但在同一条件下对同一个量进行多次重复测量时，可以发现这列测量中出现的偶然误差具有一定的统计分布规律，因而可由概率论的一些理论和统计学的方法来处理。所谓误差计算，就是计算偶然误差。

（3）过失误差。由于测量者在测量或计算时的粗心大意所造成的误差，称为过失误差。这种误差必须避免。

误差还可以按照如下方式划分：绝对误差、相对误差、算术平均误差、标准误差和或然误差。

（1）绝对误差。绝对误差是测量值与真值间的差异，绝对误差之值反映的是给出值对真值偏离的大小与方向，与误差的绝对值在概念上是不同的。在绝大多数的情况下，真值无法知道，因此，测定值的绝对误差是无法计算的。

（2）相对误差。绝对误差不能给出实验测定值准确与否的完整概念。数值相等的绝对误差可能导致准确度完全不同的结果。例如，为判别称量的准确性，仅知称量值的绝对误差是不够的，因为它没有与被称物质的质量联系起来。如被称物质是1g和0.1g时，同样出现0.001g的误差，但它们的含义是不同的。故应建立一个相对的概念，即采用相对误差来判别称量的准确性。相对误差定义为

$$\text{相对误差} = \frac{\text{绝对误差}}{\text{真值}} \times 100\% \tag{1-7}$$

若以 $E$ 代表相对误差，则

$$E = \frac{\varepsilon}{A_0} \times 100\% = \frac{x - A_0}{A_0} \times 100\% \tag{1-8}$$

相对误差和绝对误差一样，通常也是不可能求得的，实际上常用最大相对误差 $E_{max}$，即最大绝对误差$\nabla$与其本身 $x$ 之比

$$E_{max} = \frac{\nabla}{x} \times 100\% \tag{1-9}$$

（3）算术平均误差。算术平均误差定义式为

$$\bar{d} = \frac{\sum_{i=1}^{n} |x_i - \bar{x}|}{N} \tag{1-10}$$

显然，算术平均误差可以反映一组实验数据的误差大小，但是无法表达出各实验值间的彼此符合程度。

（4）标准误差。绝对误差与相对误差是对个别数据准确性的衡量。而对于一批测定数据整个测值质量的优劣之表征，有几种判定标准，采用标准误差（又称标准差或均方误差）是比较理想的。以 $S$ 表示标准误差，当测定次数很大（一般有30次以上测定）时

$$S = \sqrt{\frac{\sum_{i=1}^{N} (x_i - A_0)^2}{N}} \tag{1-11}$$

在有限测定次数中标准误差的计算公式为

$$S = \sqrt{\frac{\sum_{i=1}^{N}(x_i - \bar{x})^2}{N - 1}} \tag{1-12}$$

式中，$x_i$ 为被测量 $x$ 第 $i$ 次的测定值；$\bar{x}$ 为 $N$ 次测定的平均值；$N$ 为测定次数。

$$\bar{x} = \frac{1}{N}\sum_{i=1}^{N} x_i \tag{1-13}$$

由标准误差计算公式可以看出，一批实验数据测定值的变动愈大，绝对误差平方和愈大。因此，可以采用标准误差描述实验测定的重复性和被测对象的稳定性。若被测对象是稳定的，则标准误差就表征测量仪器的重复性和分散性，即测量条件的稳定性和波动性。如被测对象不稳定，而测量条件是稳定的，则标准误差表征被测对象的稳定性和波动性。如两者都不稳定，那么标准误差则表征两者波动性的综合效应。

（5）或然误差。或然误差又称概差，常用 $r$ 表示。其意义是在一组测定值中若不计正负号，误差大于 $r$ 的测定值与误差小于 $r$ 的测定值将各占总测定次数的 50%，也就是说，若在该组测定值中任选一个数据，其误差落在 $+r$ 与 $-r$ 之间的概率为 50%。当测量次数较多时，它与标准误差的关系为

$$r = 0.6745\sigma \tag{1-14}$$

**例题 1-2** 将精矿与熔剂经过连续称量送入一台实验炉进行熔炼，精矿给料速率为 150 单位/分，熔剂给料速率为 7 单位/分，它们的相对系统误差分别为 3%和 2%，求合成原料质量流率及系统误差。

**解：** 设 $x_1$ 为精矿给料速率，$x_2$ 为熔剂给料速率，$y$ 为混合料速率，则

$$y = x_1 + x_2 = 150 + 7 = 157 \text{ 单位 / 分}$$

$y$ 的绝对系统误差为

$$\varepsilon_y = \varepsilon_{x_1} + \varepsilon_{x_2} = 150 \times 3\% + 7 \times 2\% = 4.64 \text{ 单位 / 分}$$

$y$ 的相对系统误差为

$$E_y = \frac{\varepsilon_{x_1} + \varepsilon_{x_2}}{x_1 + x_2} = \frac{4.64}{157} = 2.96\%$$

所以混合原料的实际质量流率为

$$157 - 4.64 = 152.36 \text{ 单位 / 分}$$

### 1.2.3 平均误差和相对平均误差

平均误差通常用来表示一组数据的分散程度，即结果的精密度，计算式为

$$\bar{d} = \frac{\sum |x_i - \bar{x}|}{N} \tag{1-15}$$

式中，$\bar{d}$ 为平均误差；$x_i$ 为各个测定值；$\bar{x}$ 为几次测定的平均值。

相对平均误差：

$$\frac{\bar{d}}{\bar{x}} \times 100\% \tag{1-16}$$

用平均误差表示精密度比较简单，但有时数据中的大误差得不到应有的反映。如表 1-1 中两组 $x_i - \bar{x}$ 的数据。

表 1-1 $x_i-\bar{x}$的数据

| 平均误差 | A 组 | B 组 |
|---|---|---|
| $x_i-\bar{x}$ | +0.26 | -0.79 |
| | -0.25 | +0.22 |
| | -0.37 | +0.53 |
| | +0.32 | -0.44 |
| | +0.40 | 0.00 |
| | +0.40 | 0.00 |
| $\bar{d}$ | 0.33 | 0.33 |

两组测定结果的平均误差虽然相同，但 B 组中明显出现较大的误差，其精密度不如 A 组好。

### 1.2.4 标准误差和相对标准误差

由误差基本概念可知，误差是观测值和真值之差。在没有系统误差存在的情况下，以无限多次测量所得到的算术平均值为真值。当测量次数为有限时，所得到的算术平均值近似于真值，称为最佳值。因此，观测值与真值之差不同于观测值与最佳值之差。

令真值为 $A$，计算平均值为 $a$，观测值为 $M$，观测次数为 $n$，并令 $d=M-a$，$D=M-A$，则

$$d_1 = M_1 - a \qquad D_1 = M_1 - A$$
$$d_2 = M_2 - a \qquad D_2 = M_2 - A$$
$$\vdots \qquad\qquad \vdots$$
$$d_n = M_n - a \qquad D_n = M_n - A$$
$$\sum d_i = \sum M_i - na \qquad \sum D_i = \sum M_i - nA$$

因为 $\sum M_i - na = 0 \quad \sum M_i = na$

代入 $\sum D_i = \sum M_i - nA$ 中，即得

$$a = A + \frac{\sum D_i}{n} \tag{1-17}$$

将式（1-17）代入 $d_i=M_i-a$ 中得

$$d_i = (M_i - A) - \frac{\sum D_i}{n} = D_i - \frac{\sum D_i}{n} \tag{1-18}$$

将式（1-18）两边各平方得

$$d_1^2 = D_1^2 - 2D_1\frac{\sum D_i}{n} + \left(\frac{\sum D_i}{n}\right)^2$$

$$d_2^2 = D_2^2 - 2D_2\frac{\sum D_i}{n} + \left(\frac{\sum D_i}{n}\right)^2$$

$$\vdots$$

$$d_n^2 = D_n^2 - 2D_n \frac{\sum D_i}{n} + \left(\frac{\sum D_i}{n}\right)^2$$

对 $i$ 求和 $\sum d_i^2 = \sum D_i^2 - 2\frac{\left(\sum D_i\right)^2}{n} + n\left(\frac{\sum D_i}{n}\right)^2$

因在测量中正负误差出现的机会相等，故将 $(\sum D_i)^2$ 展开后，$D_1 \cdot D_2$、$D_1 \cdot D_3$、…为正为负的数目相等，彼此相消，故得

$$\sum d_i^2 = \sum D_i^2 - 2\frac{\sum D_i^2}{n} + n\frac{\sum D_i^2}{n^2}$$

$$\sum d_i^2 = \frac{n-1}{n}\sum D_i^2$$

从上式可以看出，在有限测量次数中，根据算数平均值计算的误差平方和永远小于根据真值计算的误差平方和。根据标准误差的定义

$$\sigma = \sqrt{\frac{\sum D_i^2}{n}}$$

式中，$\sum D_i^2$ 代表观测次数为无限多时误差的平方和，故当观测次数有限时：

$$\sigma = \sqrt{\frac{\sum d_i^2}{n-1}} \tag{1-19}$$

相对标准误差：

$$\frac{\sigma}{a} = \frac{1}{a}\sqrt{\frac{\sum d_i^2}{n-1}} \times 100\% \tag{1-20}$$

### 1.2.5 误差传递

在冶金实验中，直接测量值的准确度都会影响最后的结果，查明直接测量的误差对函数误差的影响情况，从而找出影响函数误差的主要来源，以便选择适当的实验方法和合理的仪器，以寻求测量的便利条件。因此研究误差的传递是鉴定实验质量的重要依据。

#### 1.2.5.1 平均误差与相对平均误差的传递

设实验最后计算结果 $N$ 是直接测量值 $x$，$y$，$z$ 的函数：

$$N = f(x,\ y,\ z) \tag{1-21}$$

全微分：

$$\mathrm{d}N = \left|\frac{\partial N}{\partial x}\right|_{y,z}\mathrm{d}x + \left|\frac{\partial N}{\partial y}\right|_{x,z}\mathrm{d}y + \left|\frac{\partial N}{\partial z}\right|_{x,y}\mathrm{d}z \tag{1-22}$$

设各个自变量的绝对误差 $\Delta x$、$\Delta y$、$\Delta z$ 是很小的，可代替它们的微分。用 $\Delta N$ 表示误差的综合结果，则上式可写成：

$$\Delta N = \left|\frac{\partial N}{\partial x}\right|_{y,z}\Delta x + \left|\frac{\partial N}{\partial y}\right|_{x,z}\Delta y + \left|\frac{\partial N}{\partial z}\right|_{x,y}\Delta z \tag{1-23}$$

式（1-23）是计算最后结果的平均误差的普遍公式。在计算最后结果时，常用相对平均误差 $\Delta N/N$ 衡量其准确度。相对平均误差的普遍公式为

$$\frac{\Delta N}{N}=\frac{1}{f(x,\ y,\ z)}\left[\left|\frac{\partial N}{\partial x}\right|_{y,z}\Delta x+\left|\frac{\partial N}{\partial y}\right|_{x,z}\Delta y+\left|\frac{\partial N}{\partial z}\right|_{x,y}\Delta z\right]$$

$$=\frac{1}{N}\left[\left|\frac{\partial N}{\partial x}\right|_{y,z}\Delta x+\left|\frac{\partial N}{\partial y}\right|_{x,z}\Delta y+\left|\frac{\partial N}{\partial z}\right|_{x,y}\Delta z\right] \quad (1-24)$$

常用函数的平均误差和标准误差传递公式见表 1-2。

1.2.5.2　标准误差与相对标准误差的传递

常用绝对或相对标准差来衡量随机误差，因此研究随机误差的传递主要是研究标准差的传递。在此只介绍自变量为独立变量函数中的标准差的传递。设函数：$N=f(u_1,u_2,\cdots,u_n)$，各 $u_1,u_2,\cdots,u_n$ 之间独立，当然并不是说它们间无联系，而是指它们间的联系很弱，可以看成独立或无关。

可以导出独立量绝对标准差的传递全微分公式为

$$\sigma_N=\left[\left(\frac{\partial N}{\partial u_1}\right)^2\sigma_{u_1}^2+\left(\frac{\partial N}{\partial u_2}\right)^2\sigma_{u_2}^2+\cdots+\left(\frac{\partial N}{\partial u_n}\right)^2\sigma_{u_n}^2\right]^{\frac{1}{2}} \quad (1-25)$$

相对标准误差的普遍公式为

$$\frac{\sigma_N}{N}=\frac{1}{f(u_1,\ u_2,\ \cdots,\ u_n)}\left[\left(\frac{\partial N}{\partial u_1}\right)^2\sigma_{u_1}^2+\left(\frac{\partial N}{\partial u_2}\right)^2\sigma_{u_2}^2+\cdots+\left(\frac{\partial N}{\partial u_n}\right)^2\sigma_{u_n}^2\right]^{\frac{1}{2}}$$

$$\frac{\sigma_N}{N}=\frac{1}{N}\left[\left(\frac{\partial N}{\partial u_1}\right)^2\sigma_{u_1}^2+\left(\frac{\partial N}{\partial u_2}\right)^2\sigma_{u_2}^2+\cdots+\left(\frac{\partial N}{\partial u_n}\right)^2\sigma_{u_n}^2\right]^{\frac{1}{2}} \quad (1-26)$$

常见函数的标准误差和相对标准误差计算公式见表 1-2。

**表 1-2　常见函数的平均误差、相对平均误差、标准误差和相对标准误差传递公式**

| 函数关系 | 平均误差 | 相对平均误差 | 标准误差 | 相对标准误差 |
|---|---|---|---|---|
| $\varphi=x\pm y$ | $\lvert\Delta x\rvert\pm\lvert\Delta y\rvert$ | $\frac{\lvert\Delta x\rvert\pm\lvert\Delta y\rvert}{x\pm y}$ | $\sqrt{\sigma_x^2+\sigma_y^2}$ | $\frac{1}{x\pm y}\sqrt{\sigma_x^2+\sigma_y^2}$ |
| $\varphi=xy$ | $x\lvert\Delta y\rvert+y\lvert\Delta x\rvert$ | $\frac{\lvert\Delta x\rvert}{x}+\frac{\lvert\Delta y\rvert}{y}$ | $\sqrt{y^2\sigma_x^2+x^2\sigma_y^2}$ | $\sqrt{\frac{\sigma_x^2}{x^2}+\frac{\sigma_y^2}{y^2}}$ |
| $\varphi=\frac{x}{y}$ | $\frac{x\lvert\Delta y\rvert+y\lvert\Delta x\rvert}{y^2}$ | $\frac{\lvert\Delta x\rvert}{x}+\frac{\lvert\Delta y\rvert}{y}$ | $\frac{1}{y}\sqrt{\sigma_x^2+\frac{x^2}{y^2}\sigma_y^2}$ | $\sqrt{\frac{\sigma_x^2}{x^2}+\frac{\sigma_y^2}{y^2}}$ |
| $\varphi=\frac{x}{yz}$ | $\frac{\lvert\Delta x\rvert}{yz}+\frac{x\lvert\Delta y\rvert}{y^2z}+\frac{x\lvert\Delta z\rvert}{yz^2}$ | $\frac{\lvert\Delta x\rvert}{x}+\frac{\lvert\Delta y\rvert}{y}+\frac{\lvert\Delta z\rvert}{z}$ | $\frac{1}{yz}\sqrt{\sigma_x^2+\frac{x^2}{y^2}\sigma_y^2+\frac{x^2}{z^2}\sigma_z^2}$ | $\frac{1}{x}\sqrt{\sigma_x^2+\frac{x^2}{y^2}\sigma_y^2+\frac{x^2}{z^2}\sigma_z^2}$ |
| $\varphi=x^n$ | $nx^{n-1}\lvert\Delta x\rvert$ | $\frac{n\Delta x}{x}$ | $nx^{n-1}\sigma_x$ | $\frac{n}{x}\sigma_x$ |
| $\varphi=\ln x$ | $\frac{\lvert\Delta x\rvert}{x}$ | $\frac{\lvert\Delta x\rvert}{x\ln x}$ | $\frac{\sigma_x}{x}$ | $\frac{\sigma_x}{x\ln x}$ |

**例题 1–3** 在测定萘溶解在苯中的溶液凝固点下降的实验中，试应用稀溶液依数性的公式求算萘的摩尔质量。

$$M = \frac{K_f m_B}{m_A(t_f^* - t_f)}$$

式中，$m_A$，$m_B$ 分别为纯苯与萘的质量；$t_f^*$，$t_f$ 分别为纯苯与溶液的凝固温度；$K_f$ 为苯的凝固点下降常数；$M$ 为萘的摩尔质量。

若用分析天平称取 $m_B \approx 2g$，其称量误差 $\Delta m_B = \pm 0.0002g$；用工业天平称取溶剂苯 $m_A \approx 20g$，$\Delta m_A = \pm 0.04g$；用贝克曼温度计测量温差 $t_f^* - t_f \approx 0.3℃$；其测量误差 $\Delta(t_f^* - t_f) = \pm 0.004℃$。那么萘的摩尔质量的最大相对平均误差可根据下式求得

$$\left|\frac{\Delta M}{M}\right|_{max} = \left|\frac{\Delta m_B}{m_A}\right| + \left|\frac{\Delta m_A}{m_A}\right| + \left|\frac{\Delta(t_f^* - t_f)}{t_f^* - t_f}\right|$$

$$= \frac{0.0002}{0.2} + \frac{0.04}{20} + \frac{0.004}{0.3} = (0.1 + 0.2 + 1.3) \times 10^{-2} = 1.6\%$$

由此可见，在上述测定条件下测定的萘的摩尔质量的最大相对误差可达±1.6%。其主要来源于凝固点下降的温差测定，即 $\frac{\Delta(t_f^* - t_f)}{t_f^* - t_f}$ 项。所以，要提高整个实验的精度，关键在于选用更精密的温度计。因为若改用分析天平称量溶剂，并不会提高结果的精度，相反却造成仪器和时间的浪费。如果采用增大溶液浓度的方法，从而增加温差，使误差 $\frac{\Delta(t_f^* - t_f)}{t_f^* - t_f}$ 减小，也是不可取的，因为溶液浓度增大后就不符合稀溶液条件。若仍应用上述稀溶液公式，则将引入系统误差。

## 1.3 实验数据的展示方法

实验过程中得到的数据通常以表和图的形式展示出来。数据表能够将数据按照一定的规律组织在一个表格中，数据图能够将实验数据更加直观地展示出来。

### 1.3.1 列表表示法

实验数据表通常可分为记录表和表示表。实验记录表是将所有实验数据和所有中间的和最后的计算结果都记下来的专门表格，不允许用单张纸或旧练习本随便记录，以免数据损失。

和实验记录表不同，实验结果表示表只表达实验过程中得出的结论，即变量之间的依从关系。从这个观点出发，表示表应当简明和简略，只包括代表所研究变量关系的数据。为了得到关于实验研究结果的完整概念，这种表中所列数据应该是足够的和必须的。同时，在相同条件下的重复实验亦应记录。实验结果的列表表示法就是将研究结果或实验结果以表格的形式载于论文或报告之中。制定实验报告的表格时应遵循以下原则。

#### 1.3.1.1 *表名及表头*

报告中均应按先后顺序编号并尽可能给以表名，表名是表的标题，应简明扼要，恰当说明问题。表号及表名末不加标点。

表上如设置“备注”栏，在该栏大部有用时才列入，如只有少数行需加以说明，可在表末注释。表名如过简不能说明原意，亦可在表名或表下附以说明。

表头和侧目的文字应力求简明，尽量避免使用斜线，需要在表内重复说明的，如单位等应尽量移入表头内。

1.3.1.2　表内数据及文字

（1）表内数据。

1）同一竖行的数据，小数点应上下对齐，有空位的地方应写一字线“—”，符号表示没有数据。但某些表内数据暂时无法列上的，可采用留空位的办法以示与上述有“—”的区别。

2）表内数字上下一样时，应重复，不能用“//”代表。但在侧目内一样的数字，则不宜重复，空白着更为明显。

3）表内各种数据均须标出单位，各侧目均有单位时，可单列一“单位”栏。如果全表为一种单位，单位应置于表名之后。如各列有相同的单位，则单位写在表头栏内。

4）应注意有效数字，即数据应与测定的准确度相适应。

（2）表内文字。表内如有简短的说明文字，以居中列出为原则；如遇较长的文字，须转几行者可采用小字体，须正确使用标点符号，但最后一律不使用标点。

1.3.1.3　表格的编制

在选择或编制表格时，应尽可能使表格的宽度适合报告版面的宽度，以免造成文字与表格脱节；横排表格有阅读不便及排、印、装的困难。

采用列表法得到的炼钢连铸过程实验数据参数见表1-3。

**表1-3　炼钢连铸过程实验参数**

| 钢种序号 | | 拉速/m·min$^{-1}$ | | | 结晶器振幅/mm | | | 结晶器液面高度/mm | | |
|---|---|---|---|---|---|---|---|---|---|---|
| | | 最大值 | 最小值 | 平均值 | 最大值 | 最小值 | 平均值 | 最大值 | 最小值 | 平均值 |
| 316L | 1 | 0.61 | 0.59 | 0.60 | 5 | 5 | 5 | 148 | 138 | 143 |
| | 2 | 0.60 | 0.60 | 0.60 | 5 | 5 | 5 | 146 | 142 | 144 |
| | 3 | 0.61 | 0.51 | 0.56 | 5 | 5 | 5 | 144 | 132 | 138 |
| | 4 | 0.60 | 0.58 | 0.59 | 5 | 5 | 5 | 142 | 132 | 137 |
| | 5 | 0.61 | 0.59 | 0.60 | 5 | 5 | 5 | 146 | 138 | 142 |
| | 6 | 0.61 | 0.59 | 0.60 | 5 | 5 | 5 | 144 | 134 | 139 |
| | 7 | 0.61 | 0.59 | 0.60 | 5 | 5 | 5 | 143 | 133 | 138 |
| | 8 | 0.61 | 0.57 | 0.59 | 5 | 5 | 5 | 144 | 140 | 142 |

### 1.3.2　图形表示法

所谓图形表示法是将表列实验数据中自变量与因变量之间的关系绘制成图形，即绘制成实验曲线。用清晰而正确的图形表示研究的结果，常常给人留下直观、深刻而难忘的印象，但是要做到这一点，必须遵循一定原则，其中最重要的如下所述。

1.3.2.1　坐标分度

坐标分度包括正确选择两坐标轴的比例尺比例以及确定坐标轴的比例尺的绝对值。

实验的准确度是决定图形绝对尺寸的主要因素，因此通常可以按照下列原理确定比例尺的绝对值：

（1）用比例尺描出实验点的面积通常应当在2~4mm$^2$范围以内，比例尺大小应使平面上所有点可以很快并且容易被确定。

（2）一张毫米纸的最大尺寸通常不应超过笔记本的尺寸，也就是200mm×250mm，应使所绘实验曲线占满整个纸面。

（3）独立变量应置于$x$轴上，因变量应置于$y$轴上，沿$y$轴标示的变量应满足实验研究范围以内的全部变化。

（4）直线为曲线中最易作的线，用起来也最方便。在处理数据时，根据变量间的关系画图时，最好能通过数据变换，使所得图形尽可能为一直线，并使其斜率尽可能接近于1。

1.3.2.2 坐标分度值的标记

坐标轴上必须标明标度尺用什么数值。因为查阅和利用图形的方便与否，在很大程度上取决于所用标度尺标题的性质。可以用量的完整名称或标准的、大家都熟悉的字母代表标度尺所表示的量。

1.3.2.3 根据数据描绘曲线

描绘曲线比较简单，首先需将各实验点画到坐标线上，然后将各点光滑连接起来。若所作的曲线图不作准确工具使用，图形绘制相对来说就不那么严格。

1.3.2.4 坐标纸的选择

为了表达实验数据之间不同的函数关系，应当选择不同的坐标纸。常用的有直角坐标纸、半对数坐标纸、双对数坐标纸和概率坐标纸等。

1.3.2.5 标题与注释说明

为图形拟定标题是非常重要的事，对图形标题和表的标题的要求是不同的。对表的标题的要求前面已经提到，它要达到使读者在研究表中数据时，注意力集中在自变量和所研究函数的相对变化上。为图形拟定标题时，由于在查阅图形标题前，读者已经由图看到自变量与函数的变化关系，故上述要求就没有什么必要。图形的标题应当尽可能完全，它应当说明实验条件，有时还应当给出所研究的规律性的一般特征。在图形中作一些简要说明，可使读者节省许多阅读时间。如果应当在说明中叙述的而未叙述，让读者重新去读全文，会使人感到不方便。在图形中有说明的材料，行文中可以略去。

### 1.3.3 常用数据图

常用数据图如下：

（1）线图。线图是最常用的一类数据处理图形，它可以表示因变量随自变量的变化情况。通常线图分为单式和复式两种情况：单式线图表示某一种事物或现象的动态变化情况，如图1-2所示；复式线图表示两种或两种以上事物或现象的动态变化情况，如图1-3所示。

（2）散点图。散点图用来表示两个变量间的相互关系，从散点图可以看出变量关系的统计规律。图1-4表示的是某钢种的密度随温度变化的关系。

（3）条形图和柱状图。条形图是用等宽长条的长短来表示数据的大小，反映各数据点

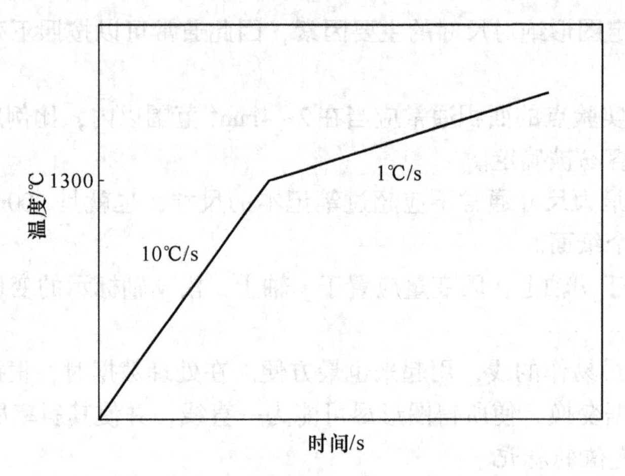


图 1-2 某钢种的钢零强度温度随时间变化图

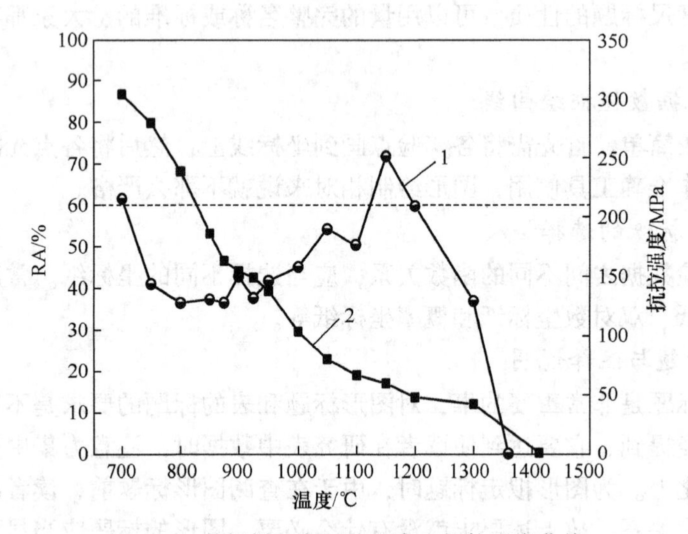


图 1-3 某钢样的断面收缩率和抗拉强度曲线

1—RA；2—抗拉强度

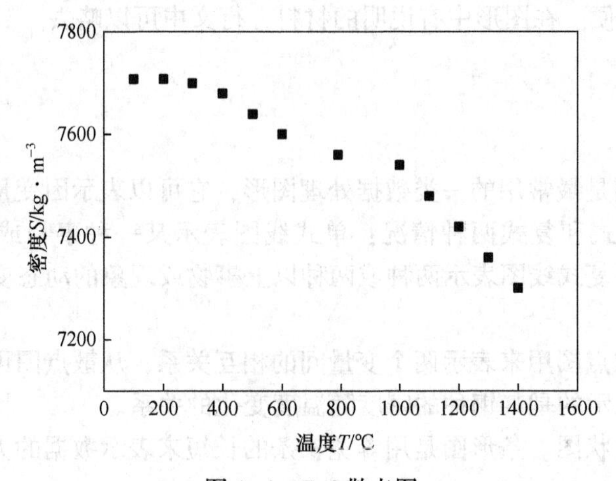


图 1-4 *T*-*S* 散点图

的差异。柱状图是用等宽长柱的高低表示数据的大小。这两种图形的两个坐标轴的性质不同，其中一条为数值轴，表示数量属性的因素和变量，一条表示为分类轴，表示非数量属性因素或变量。条形图和柱状图有单式和复式两种形式。图 1-5 为复式柱状图。

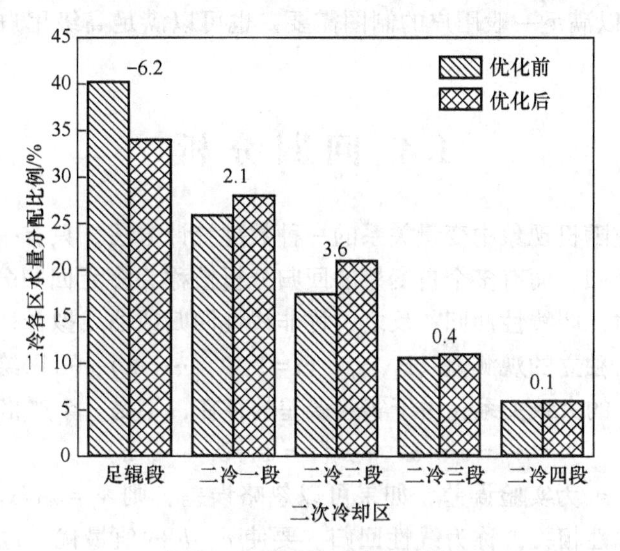


图 1-5　连铸二冷配水比例

（4）三角形图。三角形图表示三元混合物各组分含量或浓度之间的关系，用于绘制三元相图，图 1-6 为 Pb-Cd-Sn 三元相图。三角形图中的三角形通常采用等边三角形或者等腰直角三角形，也可以是直角三角形或等腰三角形。三角形图中，常用质量分数、体积分数或摩尔分数来表示混合物中各组分的含量和浓度。

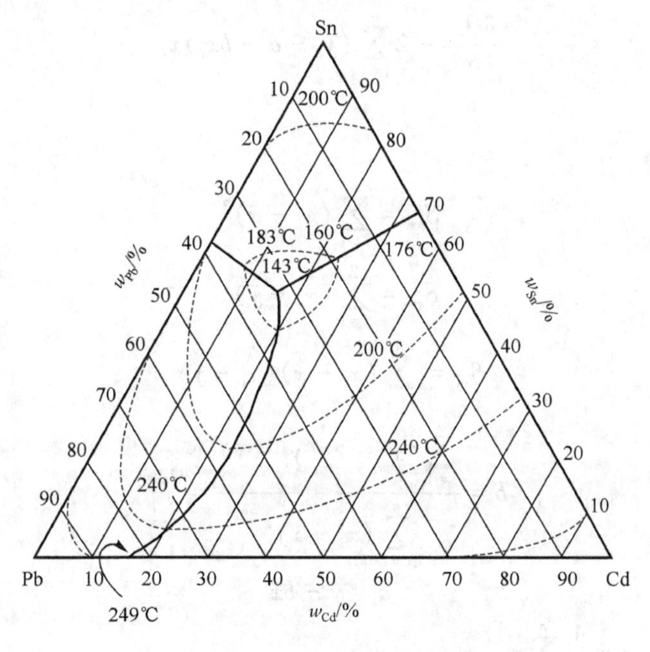


图 1-6　Pb-Cd-Sn 三元相图

图形是显示、表达和分析复杂数据的较理想方式，清晰的图形能形象的表达数据的规律。随着计算机技术的发展，软件作图成为现阶段作图的主流手段，高端的作图软件是科研人员和工程师们的必备工具。目前常用的科技作图软件主要有 Origin、Excel、Axum、Sigma Plot 等，既可以满足一般用户的制图需要，也可以满足高级用户数据分析和函数拟合的需要。

## 1.4 回归分析

回归分析是研究随机现象中变量关系的一种数理统计方法。只有一个自变量的回归分析被称为一元线性回归，而有多个自变量的回归分析被称为多元回归分析。当 $y$ 与 $x$ 的关系呈直线规律变化时，叫线性回归；反之，称非线性回归或曲线拟合。

如果有几个相互独立的观测值（$x_i$，$y_i$）（$i=1, 2, \cdots, n$），可以绘制 $y$-$x$ 曲线，根据曲线图形确定 $x$ 和 $y$ 的大致关系，由于实验误差的存在，不是一个严格的线性关系：

$$y_i = a + bx_i + \varepsilon_i(i = 1,\ 2,\ \cdots,\ n) \tag{1-27}$$

式中，$a$，$b$ 为常数；$\varepsilon_i$ 为实验误差，如果可以忽略误差，则 $y_i=a+bx_i(i=1, 2, \cdots, n)$，即 $y$ 与 $x$ 是严格的线性相关，称为线性回归。要使 $a$，$b$ 的值最优，也就是要这条直线应距离所有点的距离的平方和 $Q$ 最小，这就是最小二乘法。

$$Q = \sum_{i=1}^{n}(\bar{y}_i - y_i)^2 = \sum_{i=1}^{n}(\bar{y}_i - a - bx_i)^2 \tag{1-28}$$

求 $Q$ 的最小值，只需要将上式对 $a$，$b$ 求偏微分，并令其为 0：

$$\frac{\partial Q}{\partial a} = -2\sum_{i=1}^{n}(\bar{y}_i - a - bx_i)$$

$$\frac{\partial Q}{\partial b} = -2\sum_{i=1}^{n}(\bar{y}_i - a - bx_i)x_i$$

即可得到 $a$，$b$。

用 $S$ 代表离差，则

$$S_{xx} = \sum_{i=1}^{n}(x_i - \bar{x})^2$$

$$S_{yy} = \sum_{i=1}^{n}(y_i - \bar{y})^2$$

$$S_{xy} = \sum_{i=1}^{n}(x_i - \bar{x})(y_i - \bar{y})$$

$$b = \frac{\sum_{i=1}^{n}(x_i - \bar{x})(y_i - \bar{y})}{\sum_{i=1}^{n}(x_i - \bar{x})^2} = \frac{S_{xy}}{S_{xx}}$$

$$a = \bar{y} - b\bar{x} \tag{1-29}$$

式中，$\bar{x} = \frac{1}{n}\sum_{i=1}^{n}x_i$；$\bar{y} = \frac{1}{n}\sum_{i=1}^{n}y_i$。

将所求的 $a$，$b$ 代入得 $\hat{y}_i = a + bx_i$，即为所求回归线，这个回归线通过 $(\bar{x}, \bar{y})$，参数 $b$ 称为回归系数。

利用上述方法得出的回归线是否有意义，还需要进一步检验，因为对任意两个变量所得的实验数据都可以按上述方法得出一条直线，在实际中，只有 $y$ 与 $x$ 之间存在某种线性相关时，得出的直线才有意义，因此可以通过作图的方法或用相关系数法来检验，相关系数检验表详见附录 A。

**例题 1-4** 利用表 1-4 中的实验数据，求出 $a$、$b$ 的值。

**表 1-4 例题 1-4 的实验数据**

| $x$ | 0 | 0.5 | 0.8 | 1.2 | 1.5 | 2.2 | 2.5 | 3.0 | 3.4 | 4.0 |
|---|---|---|---|---|---|---|---|---|---|---|
| $y$ | 0.5 | 2.5 | 1.0 | 3.5 | 1.5 | 2.0 | 0 | 4.3 | 0.8 | 3.6 |
| $Y$ | 1.3 | 1.5 | 1.6 | 1.7 | 1.8 | 2.1 | 2.2 | 2.3 | 2.5 | 2.7 |

用最小二乘法得到：$Y=1.328+0.3361x$。

若将计算得到的值 $Y$ 与实验值 $y$ 相比，差距很大，做出的散点图如图 1-7 所示，$y$ 与

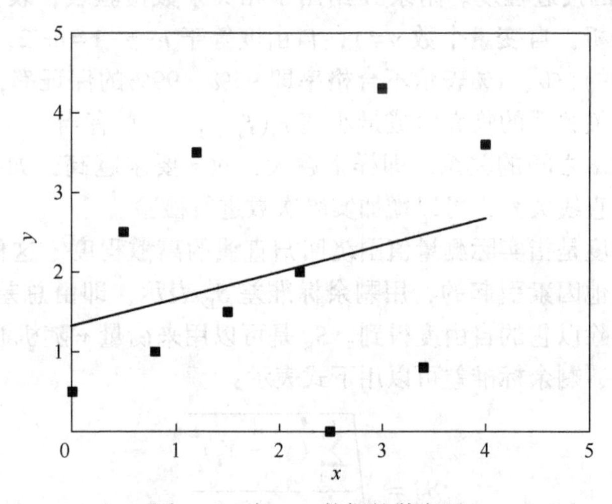


图 1-7 表 1-4 数据的散点图

$x$ 的关系相当散乱，不能认为存在线性相关关系，应用最小二乘法得到的直线实际上是无意义的，因此，需要对线性相关建立一个判别标准。若存在相关关系，就用最小二乘法建立回归方程，若不存在线性相关关系，就不必建立这个方程式，这个判别标准就是相关系数。相关系数的导出方法如下：

$$Y_i = a + bx_i, \bar{y} = a + b\bar{x}$$

则
$$\bar{y} - y_i = b(\bar{x} - x_i), y_i - Y_i = (y_i - \bar{y}) - b(x_i - \bar{x})$$

$$\sum_{i=1}^{n} (y_i - Y_i)^2 = \sum_{i=1}^{n} [(y_i - \bar{y}) - b(x_i - \bar{x})]^2$$

$$\sum_{i=1}^{n} (y_i - Y_i)^2 = \sum_{i=1}^{n} (y_i - \bar{y})^2 - b^2 \sum_{i=1}^{n} (x_i - \bar{x})^2$$

$$\frac{\sum_{i=1}^{n}(y_i - Y_i)^2}{\sum_{i=1}^{n}(y_i - \bar{y})^2} = 1 - b^2 \frac{\sum_{i=1}^{n}(x_i - \bar{x})^2}{\sum_{i=1}^{n}(y_i - \bar{y})^2}$$

相关系数 $r$ 为

$$r^2 = b^2 \frac{\sum_{i=1}^{n}(x_i - \bar{x})^2}{\sum_{i=1}^{n}(y_i - \bar{y})^2} = 1 - \frac{\sum_{i=1}^{n}(y_i - Y_i)^2}{\sum_{i=1}^{n}(y_i - \bar{y})^2} = \frac{S_{xy}^2}{S_{xx}S_{yy}} \tag{1-30}$$

由式（1-30）可知，当 $y$ 与 $x$ 之间存在严格的线性关系时，所有的数据点应落在回归线上，则 $y_i = Y_i$，$r^2 = 1$。当完全不存在相关关系时，$r^2 = 0$。所以，$r^2$ 取值范围是 0~1 之间，表示 $y$ 与 $x$ 相关程度的一个系数，$r$ 的符号由回归系数 $b$ 决定，若 $r > 0$，则称 $x$ 与 $y$ 正相关，$y$ 随着 $x$ 的增加而增加，反之，则称 $x$ 与 $y$ 负相关，$y$ 随着 $x$ 的增加而减少。$r$ 的绝对值接近于 1，$x$ 与 $y$ 的线性关系越好，当 $r = 0$ 时，$x$ 与 $y$ 没有任何依赖关系。

在实际应用中，需要确定配出的回归方程是否有意义时，就需要确定 $x$ 与 $y$ 的相关性，即判断 $r$ 值与 1 的接近程度。附录 A 给出了相关系数检验表，表中 $p$ 表示自变量数，对于一元线性回归分析，自变量个数 $p=1$，自由度等于 $n-p-1=n-2$，其中 $n$ 为实验次数或者数据组数。表中的 5%、1%表示不合格率即 95%、99%的保证率，$r$ 与样本的数量有关，表中的数据为相关关系的临界值或最小值 $r_a(f_{n-p-1})$， 只有当 $r > r_a(f_{n-p-1})$ 时，才能考虑用直线描述 $y$ 与 $x$ 之间的关系。即样本越大，对 $r$ 要求越高，如果 $r$ 小于表中的值，可以根据经验认为是直线关系，可以增加实验次数进行检验。

回归直线的精密度是指实际测量值围绕回归直线的离散程度。这种离散是由除 $x$ 对 $y$ 的线性影响之外的其他因素引起的，用剩余标准差 $S_E$ 表示，即由总差方减去回归差方和得到的剩余差方和再除以它的自由度得到。$S_E$ 是可以用来衡量 $y$ 随机波动大小的一个估量值。在无重复测定时，剩余标准差可以用下式表示：

$$S_E = \sqrt{\frac{\sum_{i=1}^{n}(y_i - Y_i)^2}{n-2}}$$

由于 $\sum_{i=1}^{n}(y_i - Y_i)^2 = S_{yy} - bS_{xy}$，故

$$S_E = \sqrt{\frac{S_{yy} - bS_{xy}}{n-2}} \tag{1-31}$$

剩余标准差越小，回归线的精密度越好。当 $x$ 与 $y$ 线性相关时，对确定的 $x$ 值，$y$ 值时确定的实验数据落在以回归线为中心±$S_E$ 范围的置信概率为 95.4%，即当 $x = x_0$ 时，$y$ 的值有 95.4%的可能是落在 $y_0 = a \pm 2S_E + bx_0$ 的范围内的。

在回归线的双侧作两条平行于回归线的直线：

$$Y' = a + 2S_E + bx \tag{1-32}$$

$$Y'' = a - 2S_E + bx \tag{1-33}$$

这两条直线组成的区间叫回归线置信区间或置信范围，即图 1-8 的两条虚线之间包围

的部分。由于式（1-32）、式（1-33）和所有的点距离只是一种简化处理的结果，适用于 $n$ 很大且所有的 $x$ 都距离 $\bar{x}$ 较近的情况，进一步给出的曲线是图 1-8 中两条实曲线。喇叭形曲线说明，$x$ 与 $\bar{x}$ 相距很远时，置信区间范围变大。因此，当用回归方程外推时，如果外推范围很大，结果是不可靠的。

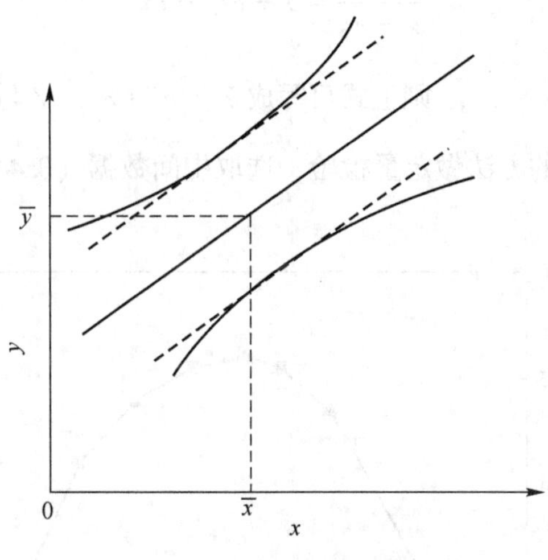


图 1-8　回归线置信区间

## 1.5　曲线拟合

在处理冶金实验数据时，经常会分析数据之间的关系，即分析变量之间存在着怎样的函数关系，但是，无法通过理论推导出方程的形式，因此，需要通过建立一个经验方程来表达变量之间的关系。在实际实验中得到一组实验数据后，要建立自变量和因变量间的关系，选择何种基本模式，首先要根据专业理论知识去判断，如果没有依据可循，可将数据先绘成图，根据一些关系所对应的曲线形状，选择合适的模式，进行原变量变换和线性回归分析，建立回归方程，求相关系数。如果相关系数的绝对值大于特定显著性水平时的相关系数临界值，说明建立的关系式是有意义的，否则就需要重新选择模式。

在曲线关系下，如何建立经验方程呢？下面通过一个例子来说明。

**例题 1-5**　某溶剂中，溶液和组成的实验结果见表 1-5，分析这组数据存在的规律。

**表 1-5　$x$ 与 $y$ 的关系**

| $x$ | 0.10 | 0.17 | 0.28 | 0.31 | 0.39 | 0.44 | 0.53 | 0.62 | 0.71 | 0.82 |
|---|---|---|---|---|---|---|---|---|---|---|
| $y$ | 0.23 | 0.32 | 0.44 | 0.47 | 0.51 | 0.52 | 0.51 | 0.48 | 0.42 | 0.28 |

根据表 1-5 中的数据画出散点图，如图 1-9 所示，$x$ 在接近 0 和 1 时，$y$ 值很小；$x$ 在 0.5 附近时，$y$ 出现极大值，图形近似一条抛物线，因此可以用抛物线方程来拟合数据。

抛物线方程式如下：

$$y = a + bx + cx^2 \tag{1-34}$$

对于抛物线上的任意一点（$x_0$，$y_0$），都有

$$y_0 = a + bx_0 + cx_0^2 \tag{1-35}$$

上述两式相减得到：

$$y - y_0 = b(x - x_0) + c(x^2 - x_0^2) = (x - x_0)[b + c(x + x_0)]$$

$$\frac{y - y_0}{x - x_0} = b + cx_0 + cx$$

令 $Y = \frac{y - y_0}{x - x_0}$，$a' = b + cx_0$，则上式可写成 $Y = a' + cx$，$Y$ 与 $x$ 之间是线性关系，如图 1-10 所示，用相关数检验的方法做定量检验，选取中间数据（0.44，0.52）作为（$x_0$，$y_0$），计算相应的 $Y$ 值。

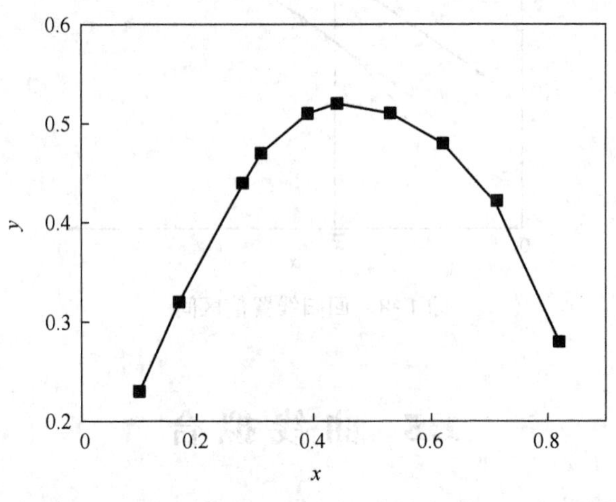


图 1-9　$x$ 与 $y$ 的关系

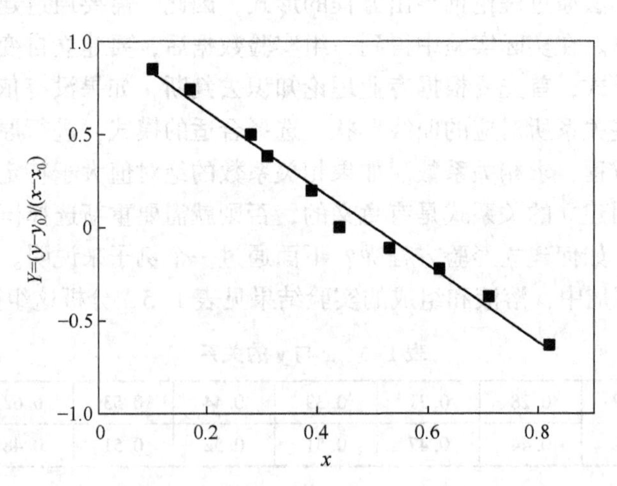


图 1-10　$Y$ 与 $x$ 的线性关系

计算得到 $Y$-$x$ 的相关系数为：$r = -0.993$，由此可知，数据拟合的曲线变成了直线，进而求得这条直线的经验方程为

$$Y = a' + cx，a' = 1.038，c = -2.068$$

得到
$$\frac{0.52-y}{0.44-x}=1.038-2.068x$$
即
$$y=-2.068x^2+1.948x+0.063 \tag{1-36}$$

在曲线上求极大值，需要对式（1-36）求偏导：$\frac{dy}{dx}=-2\times 2.068x+1.948=0$。

得到 $x=0.471$，$y=0.522$。得到的极大值的位置正好位于 0.44~0.53 之间，与数据相符，因此说明该二次方程可以很好地拟合数据。

有些情况下，可能在拟合方程中加入更高次的项，$y=a+bx+cx^2+dx^3+\cdots$，就能达到更好的拟合效果，但是，高次项越多，拟合效果越好，但是方程也会很复杂，实际应用就不方便，因此，要结合实际情况来确定方程的高次项。

## 1.6 数学模型的建立方法

扫一扫看简介

数学模型基本上可分为两类，第一类为确定性模型，其特点是模型中的变量值与参数值都是些确定的数，得到的模型解为精确值。第二类为随机模型，随机模型中允许有随机变量，即不知变量的精确值，仅知该变量取某个值的概率，模型的输入也是一概率，而不是确定的数，冶金领域中所用的模型基本上都属于确定性模型。

在实验数据处理过程中，对于具有一定函数关系的数据，采用数学经验方程式表达实验结果，不仅方式简单、形式紧凑，而且可为进一步的数学分析、理论探讨及实验设计提供依据。利用确定模型表示实验数据，一般可分以下两个步骤。

（1）确立数学模型。数学模型可借助于图解法来确定，首先采用实验数据作出相应图线，根据数据的理论分析及解析几何的原理，判断经验方程式的形式，然后再用实验数据验证，如果符合则成立，如果不符合则对方程加以改造或另立新式，直至获得符合的结果。

（2）拟合经验方程。采用数值分析的方法或利用作图软件，根据实验数据拟合得出经验方程式，确定待定参数、相关系数及误差。

**例题 1-6** 表 1-6 中 $x$ 和 $y$、$y'$、$y''$的实验数据作图，并拟合出方程式。

**表 1-6 $x$ 与 $y$、$y'$、$y''$的关系表**

| $x$ | 1 | 2 | 3 | 4 | 5 | 6 | 7 | 8 | 9 | 10 |
|---|---|---|---|---|---|---|---|---|---|---|
| $y$ | 1.1 | 3.6 | 7.5 | 9.8 | 13.2 | 15.3 | 19 | 22.2 | 25.3 | 28 |
| $y'$ | 9 | 7 | 8 | 16 | 23 | 39 | 55 | 81 | 110 | 136 |
| $y''$ | 5 | 12 | 22 | 39 | 66 | 118 | 201 | 320 | 535 | 890 |

**解：**依据表 1-6 中 $x$ 和 $y$ 的数据，根据图 1-11，可得线性方程式的形式为：$y=a+bx$，相关系数为 0.99834；相关系数愈接近 1，原始数据与拟合结果相关性愈好；标准误差为 0.25408，斜率为 3.01734。$x$ 与 $y$ 的数据拟合方程为：$y=-2.09536+3.01734x$。

依据表 1-6 中 $x$ 和 $y'$的数据，得到图 1-12。

由图 1-12 可见，$y'$随 $x$ 的增大，先减小后增大，图形符合二次多项式曲线。

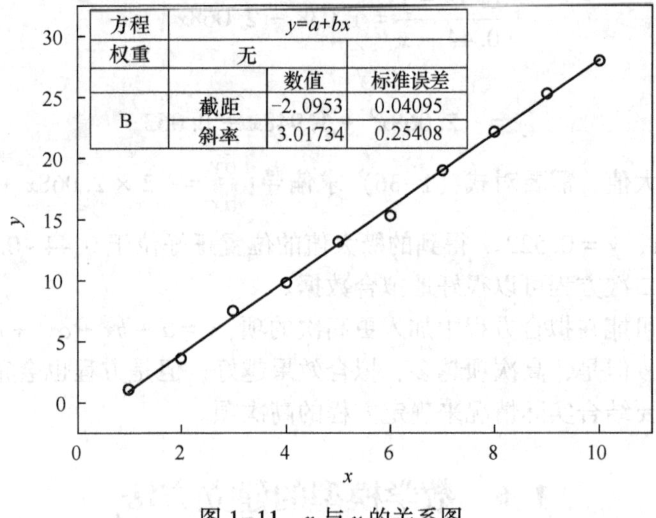


图 1-11 $x$ 与 $y$ 的关系图

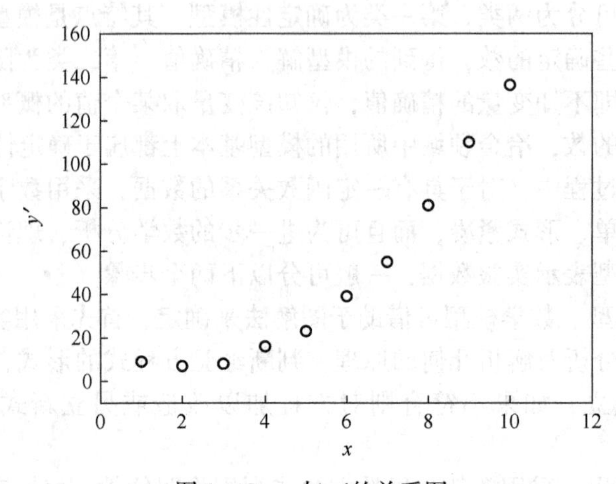


图 1-12 $x$ 与 $y'$的关系图

图 1-13 为 $x$ 与 $y'$的数据拟合曲线。相关系数为 0.99833，标准误差为 2.22649；一次项参数为-8.76818，标准误差为 0.92967；二次项参数为 2.09848。$x$ 与 $y'$的数据拟合曲线方程为

$$y' = 15.83333 - 8.76818x + 2.09848x^2$$

依据表 1-6 中 $x$ 和 $y''$的数据，得到图 1-14。随 $x$ 的增大，$y''$迅速增大，类似指数函数。采用 Origin 进行曲线拟合，如图 1-15 所示。

图 1-15 中，图形中的表格为拟合得出的近似方程参数。由表可见，方程式形式为 $y'' = A_1 \exp(-x/t_1) + y_0$，相关系数为 0.99987，$y_0$ 为-4.5632，标准误差为 2.0577；$A_1$ 为 5.99068，标准误差为 0.28198；$t_1$ 为-1.9980，标准误差为 0.0187。$x$ 与 $y''$的数据拟合曲线方程为

$$y'' = 5.99068\exp(x/1.998) - 4.5632$$

根据模型产生的过程，确定性模型大体可分为三类，即理论模型，回归模型（经验模型）和半理论半经验模型。采用何种数学模型，主要取决于研究内容，在冶金领域中，如

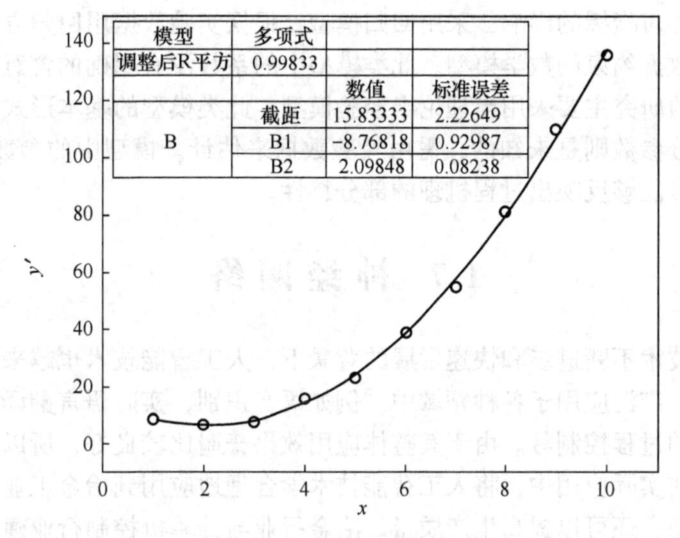


图 1-13 $x$ 与 $y'$ 的数据拟合

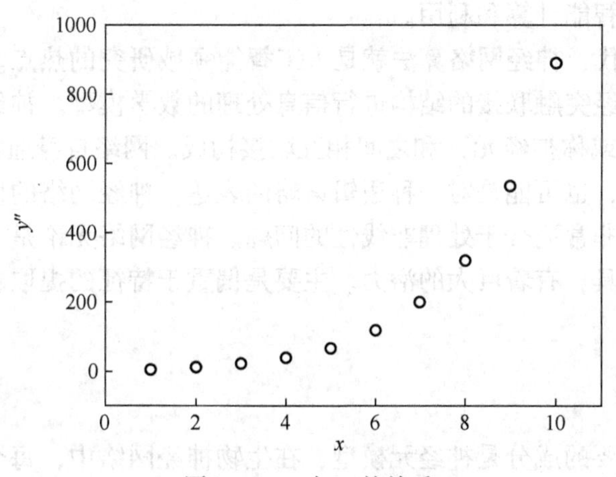


图 1-14 $x$ 与 $y''$ 的关系

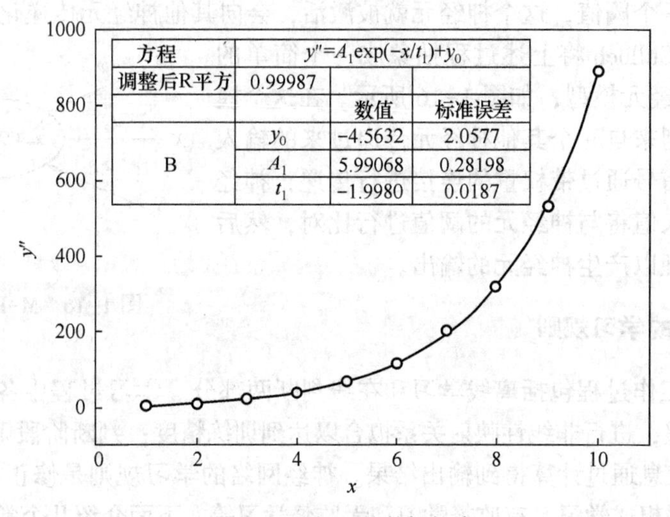


图 1-15 $x$ 与 $y''$ 的数据拟合

描述各种工艺条件对指标的影响，采用回归模型，根据实验数据用回归方法建立形式简单但适用范围受到数据约束的数学模型。此类模型中的系数没有明确的含意。对冶金动力学及冶金基础理论的研究主要采用半理论半经验模型，此类模型的基本形式可由理论推导出来，而模型中部分参数则是未知的，需由经验数据来估计。模型中的参数都有实际意义，其值的大小、符号能够反映出过程机理的部分特性。

## 1.7 神经网络

在当前科学技术不断进步和快速发展的背景下，人工智能技术也越来越成熟。人工智能技术方便快捷，广泛应用于各种领域中，例如语音识别、实时语言翻译、目标的跟踪和识别、工业方面的过程控制等。由于其整体应用效果普遍比较良好，所以受到了人们的广泛关注和重视。在实际应用中，将人工智能技术学合理地应用到冶金工业生产中，不仅有利于提高生产效率，还可以提高生产质量。冶金行业与计算机控制行业建立良好的合作关系，有利于构建和落实具有实质性意义的数学模型，同时还能够对生产过程中的一些复杂数据进行准确有效的智能计算和利用。

自 20 世纪 80 年代，神经网络算法就是人工智能领域研究的热点。人工神经网络是一种应用类似于大脑神经突触联接的结构进行信息处理的数学模型。神经网络是一种运算模型，由大量的节点（或称神经元）和之间相互联接构成。网络自身通常都是对自然界某种算法或者函数的逼近，也可能是对一种逻辑策略的表达。神经网络的优势在于它的学习性和自动调整性，所以非常适合于处理非线性的问题。神经网络无论是工业应用还是科学研究都是一个有力的工具，有着巨大的潜力。主要是偏重于特征的提取、过程的控制和状态的预测等方面。

### 1.7.1 神经元模型

神经网络中最重要的成分是神经元模型，在生物神经网络中，每个神经元与其他神经元连接，通过向相连的神经元传递化学物质，从而改变这些神经元内的电位，如果某神经元的电位超过了一个阈值，这个神经元就被激活，会向其他神经元传递化学物质。

1943 年，McCulloch 将上述过程抽象成一个简单的模型，即 M-P 神经元模型，如图 1-16 所示。在这个模型中，神经元接到来自 $n$ 个其他神经元传递过来的输入信号，这些输入信号通过带权重的连接进行传递，神经元接收到的总输入值将与神经元的阈值进行比对，然后通过激活函数处理以产生神经元的输出。

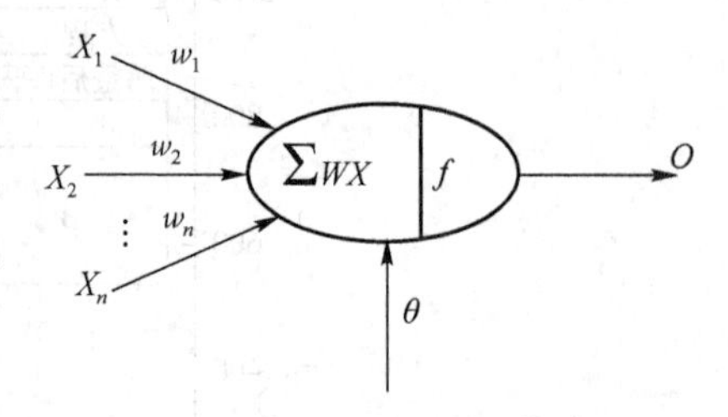


图 1-16 M-P 神经网络模型

### 1.7.2 神经网络的学习规则

神经网络的工作过程包括离线学习和在线判断两部分。学习过程中各神经元进行规则学习，权参数调整，进行非线性映射关系拟合以达到训练精度；判断阶段则是训练好的稳定的网络读取输入信息通过计算得到输出结果。神经网络的学习规则是修正权值的一种算法，分为联想式和非联想式学习，有监督学习和无监督学习等。下面介绍几个常用的学习规则。

（1）误差修正型规则：是一种有监督的学习方法，根据实际输出和期望输出的误差进行网络连接权值的修正，最终网络误差小于目标函数达到预期结果。误差修正法权值的调整与网络的输出误差有关，它包括 $\delta$ 学习规则、Widrow-Hoff 学习规则、感知器学习规则和误差反向传播的 B-P 学习规则等。

（2）竞争型规则：无监督学习过程，网络仅根据提供的一些学习样本进行自组织学习，没有期望输出，通过神经元相互竞争对外界刺激模式响应的权利进行网络权值的调整来适应输入的样本数据。对于无监督学习的情况，事先不给定标准样本，直接将网络置于“环境”之中，学习（训练）阶段与应用（工作）阶段成为一体。

（3）Hebb 型规则：利用神经元之间的活化值（激活值）来反映它们之间联接性的变化，即根据相互连接的神经元之间的活化值来修正其权值。在 Hebb 学习规则中，学习信号简单地等于神经元的输出。Hebb 学习规则代表一种纯前馈无导师学习。该学习规则至今在各种神经网络模型中起着重要作用。典型的应用如利用 Hebb 规则训练线性联想器的权矩阵。

（4）随机型规则：在学习过程中结合了随机、概率论和能量函数的思想，根据目标函数（即网络输出均方差）的变化调整网络的参数，最终使网络目标函数达到收敛值。

### 1.7.3 激活函数

在神经网络中，网络解决问题的能力与效率除了与网络结构有关外，在很大程度上取决于网络所采用的激活函数。激活函数的选择对网络的收敛速度有较大的影响，针对不同的实际问题，激活函数的选择也应不同。神经元在输入信号作用下产生输出信号的规律由神经元功能函数 $f$ 给出，也称激活函数，或称转移函数，这是神经元模型的外特性。它包含了从输入信号到净输入再到激活值，最终产生输出信号的过程。综合了净输入、$f$ 函数的作用。$f$ 函数形式多样，利用它们的不同特性可以构成功能各异的神经网络。

常用的激活函数有以下几种形式：

（1）阈值函数。该函数通常也称为阶跃函数，如图 1-17 所示。当激活函数采用阶跃函数时，人工神经元模型即为 MP 模型。此时神经元的输出取 1 或 0，反映了神经元的兴奋或抑制。

$$\varepsilon(t)=\begin{cases}1 & t \geqslant 0\\ 0 & t < 0\end{cases} \tag{1-37}$$

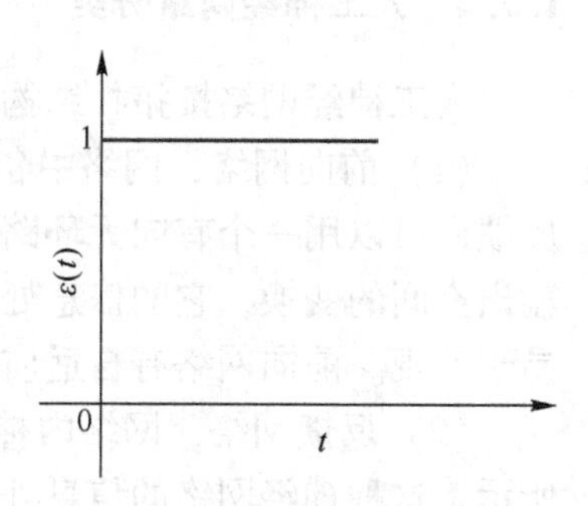

图 1-17 阈值函数

（2）线性函数。该函数可以在输出结果为任意值时作为输出神经元的激活函数，但是当网络复杂时，线性激活函数大大降低网络的收敛性，故一般较少采用。

（3）对数 S 形函数。对数 S 形函数的输出介于 0~1 之间，常被要求为输出在 0~1 范围的信号选用。Sigmoid 函数是神经元中使用最为广泛的激活函数，如图 1-18 所示。

$$f(x)=\frac{1}{1+\mathrm{e}^{-x}} \tag{1-38}$$

神经网络系统能够处理人类大脑不同部分之间信息传递，由大量神经元连接形成的拓扑结构组成，依赖于这些庞大的神经元数目和它们之间的联系，人类的大脑能够收到输入

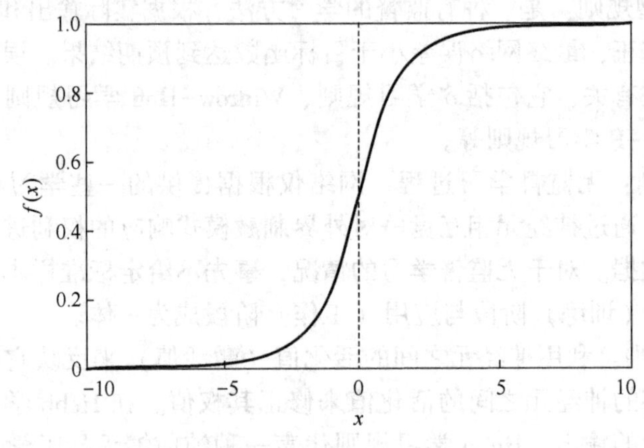


图 1-18 Sigmoid 函数

的信息刺激，由分布式并行处理的神经元相互连接，然后进行非线性映射处理，从而实现复杂的信息处理和推理任务。

对于某个处理单元（神经元）来说，假设来自其他处理单元（神经元）$i$ 的信息为 $x_i$，它们与本处理单元的互相作用强度即连接权值为 $W_i$，$i=0$，1，…，$n-1$，处理单元的内部阈值为 $\theta$。那么本处理单元（神经元）的输入为 $\sum_{i=0}^{n-1} w_i x_i$，而处理单元的输出为

$$y = f\left(\sum_{i=0}^{n-1} w_i x_i - \theta\right)$$

式中，$x_i$ 为第 $i$ 个元素的输入；$w_i$ 为第 $i$ 个处理单元与本处理单元的互联权重即神经元连接权值；$f$ 为激活函数或作用函数，它决定节点（神经元）的输出；$\theta$ 为隐含层神经节点的阈值。

### 1.7.4 人工神经网络分类

人工神经网络按拓扑结构分为前向网络和反馈网络。

（1）前向网络，网络中各个神经元接受前一级的输入，并输出到下一级，网络中没有反馈，可以用一个有向无环路图表示，如图 1-19 所示。这种网络实现信号从输入空间到输出空间的变换，它的信息处理能力来自于简单非线性函数的多次复合。网络结构简单，易于实现。前向网络有自适应线性神经网络、单层感知器、多层感知器、B-P 网络等。

（2）反馈网络，网络内神经元间有反馈，可以用一个无向的完备图表示，如图 1-20 所示。这种神经网络的信息处理是状态的变换，可以用动力学系统理论处理。系统的稳定性与联想记忆功能有密切关系。反馈网络有 Hopfield、Hamming、BAM 等。

### 1.7.5 反向传播（B-P）模型

反向传播模型也称 B-P 模型，是一种用于前向多层的反向传播学习算法。之所以称它是一种学习方法，是因为用它可以对组成前向多层网络的各人工神经元之间的连接权值进行不断的修改，从而使该前向多层网络能够将输入它的信息变换成所期望的输出信息。之所以将其称作为反向学习算法，是因为在修改各人工神经元的连接权值时，所依据的是

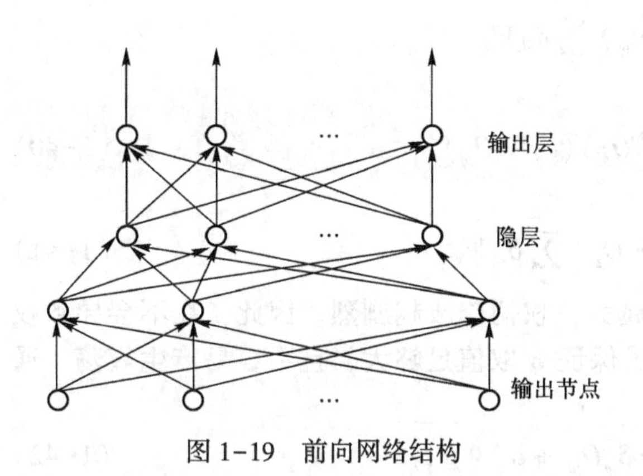

图 1-19 前向网络结构

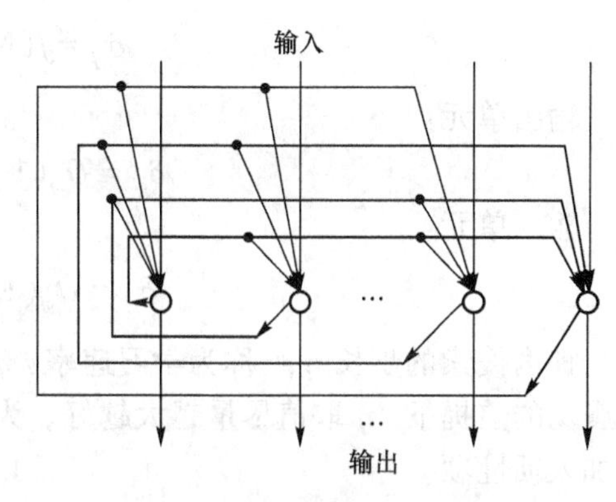

图 1-20 反馈网络结构

该网络的实际输出与其期望的输出之差，将这一差值反向一层一层的向回传播，来决定连接权值的修改。

B-P 算法的网络结构是一个前向多层网络，是一种多层网络的“逆推”学习算法。其基本思想是，学习过程由信号的正向传播与误差的反向传播两个过程组成。正向传播时，输入样本从输入层传入，经隐层逐层处理后，传向输出层。若输出层的实际输出与期望输出不符，则转向误差的反向传播阶段。误差的反向传播是将输出误差以某种形式通过隐层向输入层逐层反传，并将误差分摊给各层的所有单元，从而获得各层单元的误差信号，此误差信号即作为修正各单元权值的依据。这种信号正向传播与误差反向传播的各层权值调整过程，是周而复始地进行。权值不断调整过程，也就是网络的学习训练过程。此过程一直进行到网络输出的误差减少到可以接受的程度，或进行到预先设定的学习次数为止。

对于 $m$ 个输入，$n$ 个输出的前向网络，表达式为

$$y_j = f\left(\sum_{i=1}^{m} W_{ji}x_i + \theta_j\right) \quad (i = 1,\ 2,\ \cdots,\ n)$$

式中，$x_1, x_2, \cdots, x_n$ 为输入向量；$W_1, W_2, \cdots, W_n$ 为输入的连接强度，即权值；$y$ 为输出；$\theta$ 为阈值；$f(\cdot)$ 为激活函数，通常用 Sigmoid 函数。

B-P 网络中的学习是通过某种算法调整网络中的权值 $W_{ji}$ 和阈值 $\theta_j$，使得网络的输入输出映射 $x \rightarrow y$ 逼近某一指定的映射 $x \rightarrow y$，该映射是通过训练样本体现的，每个训练样本是一个输入输出对（$\boldsymbol{I}$，$\boldsymbol{T}$），其中 $\boldsymbol{I}$ 为 $m$ 维输出向量，$\boldsymbol{T}$ 为 $n$ 维输出向量，网络学习时，不断将网络输出与目标输出作比较，并按一定的学习算法修正网络的连接权和阈值，直到所有的训练样本的网络输出与目标输出在一定误差范围内。

B-P 算法介绍：对于具有隐含层的多层前层神经网络，当神经元结点激活函数为单输入可微非递减函数，且目标函数取

$$J = \sum_{p=1}^{P} J_p,\ J_p = \frac{1}{2}\sum_{j=1}^{n}(t_{pj} - O_{pj})^2 \tag{1-39}$$

下列三式所述的学习规则将使 $J$ 在每个训练循环中按梯度下降：

$$\Delta_p W_{ji} = \eta\delta_{pj}O_{pj}$$
$$\delta_{pj} = (t_{pj} - O_{pj})f(\mathrm{Net}_{pj})$$

$$\delta_{pj} = f(\mathrm{Net}_{pj}) \sum_k \delta_{pk} W_{kj}$$

输出单元：

$$\delta_{pj} = O_{pj}(1 - O_{pj})(t_{pj} - O_{pj}) \tag{1-40}$$

输入单元：

$$\delta_{pj} = O_{pj}(1 - O_{pj}) \sum_k \delta_{pk} W_{kj} \tag{1-41}$$

梯度搜索的步长 $\eta$，称为学习速率，$\eta$ 越大，权值修改越剧烈。因此，在不会导致权值震荡的前提下，$\eta$ 取值尽量越大越好。为了保证 $\eta$ 取值足够大，且不容易产生震荡，通常加入惯性项：

$$\Delta W_{ji}(t+1) = \eta \delta_{pj} O_{pi} + \alpha \Delta W_{ji}(t) \tag{1-42}$$

式中，$\alpha$ 为一常数，它决定过去的权值变化对当前权值变化的影响的大小。

算法描述如下：

步骤 1，设定各个权值和阈值的初始值 $W_{jk}^{(0)}$ 和 $\theta_j^{(0)}$ 为较小的随机数。

步骤 2，提供训练的学习样本：输入向量 $\boldsymbol{I}_p$（$p=1, 2, \cdots, p$）和目标向量 $\boldsymbol{T}_p$（$p=1, 2, \cdots, p$），对每个 $p$，进行步骤 3 和步骤 5 的运算。

步骤 3，计算网络实际输出及各隐单元的状态：

$$O_{pj} = f(\mathrm{Net}_{pj}) = f\left(\sum W_{ji} O_i + \theta_j\right)$$

$$\mathrm{Net}_{pj} = \sum_k W_{jk} O_{pk},\ f(x) = \frac{1}{1 + \mathrm{e}^{-x}}$$

步骤 4，计算训练误差：

输出层 $$\delta_{pj} = O_{pj}(1 - O_{pj})(t_{pj} - O_{pj})$$

输入层 $$\delta_{pj} = O_{pj}(1 - O_{pj}) \sum_k \delta_{pk} W_{kj}$$

步骤 5，修正权值和阈值：

$$W_{ji}^{(i+1)} = W_{ji}^{(i)} + \eta \delta_j O_{pi} + \alpha (W_{ji}^{(i)} - W_{ji}^{(i-1)})$$

$$\theta_{ji}^{(i+1)} = \theta_{ji}^{(i)} + \eta \delta_j + \alpha (\theta_{ji}^{(i)} - \theta_{ji}^{(i-1)})$$

步骤6，对每个例子循环一次后判断指标是否满足精度要求，指标可取 $J < \varepsilon$（$\varepsilon$ 为一小正数），满足则停止训练，否则，转至步骤 2 继续下一次循环。

B-P 算法具有理论基础牢固，推导过程严谨，物理概念清晰，通用性好等优点。所以，它是目前用来训练前向多层网络较好的算法。

## 习 题

1-1 用三种方法测定某溶液的浓度（mol/L），得到三组数据，其平均值如下：

$$\bar{x}_1 = 1.98 \pm 0.02$$

$$\bar{x}_2 = 1.76 \pm 0.1$$

$$\bar{x}_3 = 1.834 \pm 0.005$$

求它们的加权平均值。

1-2　测得某混合物中，$Fe_3O_4$ 的含量为（42.1±0.2）g/L，试求其相对误差。

1-3　测量某一物体的长度为4.72m，其最大绝对误差为10μm，试求测量的绝对误差和相对误差。

1-4　用两种方法测量质量 $Q_1=152g$，$Q_2=370g$，测量结果为152.002g，370.008g。评定两种方法测量精度的高低。

1-5　取 $x_1=\sqrt{2.01}\approx 1.4177$，$x_2=\sqrt{2}\approx 1.4142$，按照 $A=x_1+x_2$ 和 $A=\dfrac{0.01}{x_1+x_2}$ 两种算法，（1）求 $A$ 的值，并分别计算出两种算法所得近似值的绝对误差和相对误差，且两种结果各有几位有效数字？（2）若取 $x_1=\sqrt{2.01}\approx 1.418$，$x_2=\sqrt{2}\approx 1.414$，计算两种方法的有效数字。

1-6　某钢厂生产车间进行一次技能考核的成绩如下，其平均成绩用什么平均数比较合理，并计算其平均成绩。

| 得分 | 100 | 90 | 80 | 70 | 60 | 50 |
|---|---|---|---|---|---|---|
| 人数 | 7 | 29 | 34 | 15 | 7 | 4 |

1-7　某切割机在正常工作时，切割每段金属棒的平均长度为10.5cm，标准差为0.15cm，今从一批产品中随机抽取10段进行测量，其结果如下（cm）：

| 10.4 | 10.6 | 10.1 | 10.5 | 10.3 | 10.4 | 10.2 | 10.9 | 10.7 | 10.2 |
|---|---|---|---|---|---|---|---|---|---|

（1）假设切割的长度服从正态分布，且标准偏差没有变化，试问该切割机工作是否正常？

（2）如果只假定切割的长度服从正态分布，但具体正态分布未知，试问该切割机的金属棒的平均长度有无显著变化？

1-8　以一种方法测试标准试样中的 $SiO_2$ 含量（%），得到以下8个数据：28.70，28.71，28.71，28.75，28.76，28.74，28.72，28.75。标准值为28.73，分析这种方法是否可靠？

1-9　以一种分析方法，分析一个标准样品，测定6次，得到如下数据，6次测定结果的平均值为18.98%，标准偏差为0.086%，样品的真值为18.40%，请问置信度为99%时，所得结果与标准方法测定结果是否有差异性？

1-10　用同一种方法在不同月份测定污水中的镉含量，结果如下所示，比较两者数据是否有显著性差异？

| 月份 | 次数 | 污水中镉含量/% | | | | | | | |
|---|---|---|---|---|---|---|---|---|---|
| 2月 | 6 | 0.022 | 0.028 | 0.024 | 0.018 | 0.036 | 0.029 | | |
| 7月 | 8 | 0.368 | 0.319 | 0.258 | 0.291 | 0.351 | 0.219 | 0.345 | 0.253 |

# 2 实验设计

实验设计是数理统计学的一个重要的分支，是按照预定目标制订适当的实验方案、对实验结果进行有效的统计分析的方法。实验设计就是对实验的一种安排。设计中需要考虑要解决的问题类型、对结论赋予何种程度的普遍性、以多少功效作检验、实验单元的齐性、每次实验的耗资耗时等方面，选取适当的因子和相应的水平，从而给出实验实施的具体程序和数据分析的框架。实验设计方法常用的术语有：实验指标，指作为实验研究过程的因变量，常为实验结果特征的量；因素，作为实验研究过程的自变量，常常是造成实验指标按某种规律发生变化的那些原因，水平实验中因素所处的具体状态或情况，又称为位级。

在冶金生产和科学研究中，为了达到节能降耗和增产优质的目的，需要对生产因素（如合金配比、生产条件、工艺参数等）进行筛选，得到最佳选择配置。这些选择配置问题，被称之为优选问题。常用于解决优选问题的实验设计方法有：正交实验设计法、均匀实验设计法、单纯形优化法、双水平单纯形优化法、回归正交设计法、配方实验设计法等。可供选择的实验方法有很多，各种实验设计方法都有其特点，所面对的任务与要解决的问题不同，故选择的实验设计方法也应有所不同。

## 2.1 实验设计的原则与要求

### 2.1.1 实验设计的要素

实验设计的要素包括实验条件与实验指标。在进行实验设计之前，首先要选取实验指标与实验条件。

#### 2.1.1.1 实验指标

它是衡量实验效果的代表性数据。实验指标可以是单一指标（如综合评价指标），也可以是多个指标。选择实验指标时需考虑其代表性，要充分体现实验的目的与目标，同时实验指标应具有唯一性与可比性。

实验指标有定性指标和定量指标之分。定性指标是指由人的感官直接评定的指标，如油的香味程度、室内光线的强弱等；定量指标是指能用某种仪器或工具准确测量的指标，如质量、矿物品位等。通常，定性指标要尽量定量化并用数量表示，使实验指标有一定可比性。

#### 2.1.1.2 实验条件

它包括因素和水平。因素是指影响实验指标的要素或原因，亦称因子，常用 $A$、$B$、$C$ 等表示。因素可进一步分为：可控因素、标示因素、区组因素、误差因素。水平是指因素所处的具体状态与条件，又称位级，常用 1、2、3 等表示。

(1) 可控因素。它是指可预先设定、直接影响实验指标而欲考查的实验条件，如时间、温度、压力等。可控因素可根据实验要求做出最佳因素选择。

(2) 标示因素。它是指实验环境与状况等无法选择或改变的实验条件，如员工素质、仪器质量等。对于标示因素，实验目的不是考查其最佳水平，而是了解它与可控因素之间的交互影响。

(3) 区组因素。它是指可能存在显著影响，但只是用来划分区组（不需考查）以提高实验精度的实验条件。如进行设备的岗位工技能比赛，考核的是操作人员的操作技术水平，但由于需在不同设备上进行，因而设备便成为区组因素。

(4) 误差因素。它是指除上述因素外，无法人为控制、随机波动的对指标有影响的其他所有实验条件。误差因素来自于实验人员、实验设备、实验环境等，它不可避免也不可以选择，但可以通过实验过程进行控制，也可通过数据分析加以剔除。

### 2.1.2 实验设计的原则

实验设计原则又称费歇尔三原则，分别是重复实验原则、随机化实验原则和局部控制实验原则。

#### 2.1.2.1 重复实验原则

在完全相同条件下多次进行实验以减小实验误差的原则称为重复实验原则。重复实验的目的是提高实验精度。在进行数据分析时，需通过重复实验估计实验误差，这是方差分析的必要条件。

#### 2.1.2.2 随机化实验原则

将条件搭配按随机化排序进行实验以减小实验误差的原则称为随机化实验原则。随机化实验是避免系统误差与欲考查因素效应混杂的有效措施；有利于消除系统误差，正确估计实验误差。随机安排实验的方法有：抽签法，即把所有实验统一编号后，抽签确定实验顺序；查随机置换表，即把所有实验统一编号后，查随机置换表确定实验顺序。

#### 2.1.2.3 局部控制实验原则

局部控制实验是按某一条件将实验分组进行，又称分组实验。分组单元称为区组，在区组内实验条件比较一致或相似、区组之间的实验差异较大，这种实验安排的作用在于提高实验精度。这种将待比较的实验条件设置在差异较小的区组内以减小实验误差的原则，称为局部控制实验原则。显然，局部控制实验本身就是一种实验设计方法，它进一步分为完全区组的局部控制实验与均衡不完全区组的局部控制实验。

(1) 完全区组的局部控制实验。所谓完全，是指在每个区组中，每个因素的所有水平都出现。“完全”包含全面与均衡双重含义，它便于实验安排与数据分析。

(2) 均衡不完全区组的局部控制实验。它是指所有实验条件不能在同一区组出现，但在不同区组出现的次数相等。区组内的“不完全”通过整个实验的条件“均衡”分布来弥补。

在进行实验的局部控制时，首先选择完全区组的局部控制实验。在没有条件进行完全区组的局部控制实验时，可采用均衡不完全区组的局部控制实验。

### 2.1.3 实验设计的要求

实验设计的要求如下：

(1) 目的性。一般来说，应当选择对因素效应最敏感或较敏感的参数作为实验指标。为充分有效地利用实验所得到的数据和信息，多选择综合评价参数作为实验指标。

(2) 全面性。在确定欲考查因素时，不能遗漏有显著影响的因素，特别是主要影响因素。非显著性影响因素本身可不放在欲考查之列，但当它们与其他因素的交互效应显著时，也必须加以考虑，这样才能全面了解各因素的影响。

(3) 可比性。在实验中，确定欲考查因素外，其他条件应基本上保持一致，这样得到的实验结果才可以直接看做是被考查因素的效应，不同因素之间才有可比性。反之，如果除欲考查的因素之外，其他条件也同时发生变化，这时就不能肯定地说，实验指标的变化一定是由欲考查因素的效应引起的，也就意味着欲考查因素效应同其他因素效应“混杂”了。由于这种效应混杂会干扰实验结果的分析，因此在安排实验时应设法避免。在出现因素效应混杂时，应注意采用区组实验设计。

(4) 重复实验。采用重复实验是为了方便估计实验误差以及因素之间的交互效应。重复实验本身还有利于减少实验误差，提高统计检验的灵敏度。

(5) 选择合适的数据分析方法。其目的是为了充分利用实验中所得到的数据与信息，获取正确的结论。每种实验设计都有相对应的数据分析方法，选择并正确进行数据分析是实验设计不可或缺的部分。

## 2.2 单因素优选法

优选实验设计以数学原理为指导，合理安排实验，以尽可能少的实验次数尽快找到生产和科学实验中最优方案。优选实验设计方法就是尽可能少做实验，尽快地找到生产和科研的最优方案的方法，该方法的应用在我国20世纪70年代初开始，首先由数学家华罗庚等推广并大量应用。优选实验设计有单因素优选和双因素优选法，而多因素问题一般采用正交设计。

在实验中，只考虑一个对目标影响最大的因素（其他因素看做固定不变），进行合理安排，找到最优点或近似最优点，以期达到最好的实验结果的方法就是单因素优选法。其数学描述是：应用此法，迅速找到一元目标函数的最大（或最小）值及其相应的最大（或最小）点。单因素优选法有来回调试法、平分法、分数法、分批实验法、黄金分割法等。

### 2.2.1 黄金分割实验设计

黄金分割实验设计是根据黄金分割原理设计的，又称为0.618法。黄金分割法是优化方法中的经典算法，以算法简单、效果显著而著称，是许多优化算法的基础，但它只适用于一维区间 $[a, b]$ 上的凸函数。其基本思想是：依照“去坏留好”原则，对称原则以及等比收缩原则来逐步缩小搜索范围。

黄金分割法是一种区间消去法，对单峰函数，取搜索区间长度的0.618（黄金分割数的近似值）倍，按对称规则进行搜索。每次的实验点均取在区间的0.618（从另一端看是0.382=1-0.618）倍处。它以不变的区间缩短率0.618，代替斐波那契法中每次不同的缩短率。当$n\to\infty$时，0.618法的缩短率约为斐波那契法的1.17倍，故0.618法也可以看成是斐波那契法的近似。0.618法实现起来比较方便，效果也比较好。

以单参数变量优选为例，根据工程经验选取搜索区间为$[a, b]$，存在单值极点，如图2-1所示。在该变量区间内评价函数$Q(x)$，在$[a, b]$中找到下面两个实验点，

$$x_1 = a + 0.382(b - a)$$

$$x_2 = a + 0.618(b - a)$$

分别求出$Q(x_1)$和$Q(x_2)$的值，如果$Q(x_1)>Q(x_2)$，则$x_2$为较佳点，令$a=x_1$；反之，$Q(x_1)<Q(x_2)$，则$x_1$为较佳点，令$b=x_2$，获得新区间，重新计算新的实验点，求取新的评价函数值，比较决定取舍区间。如此反复，经过数次优选，选取两个较近实验点的平均值作为优选点，其优选过程及新旧区间几何关系如图2-1所示。该算法每次可将搜索区间缩小0.382倍或0.618倍，直至缩为一点，是一个收敛速度极快的一维搜索方法。

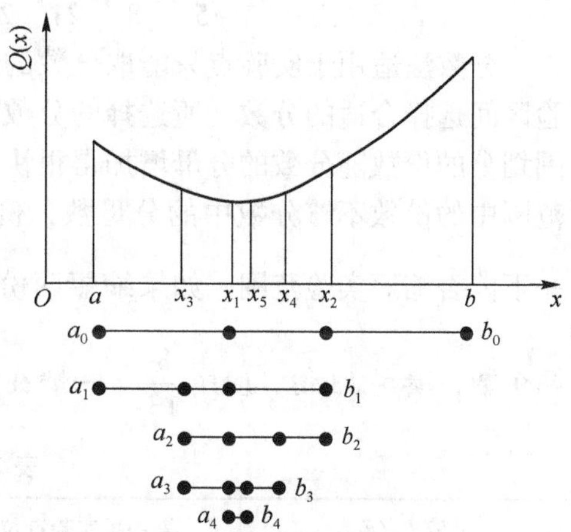


图2-1　一维黄金分割法优选过程及新旧区间几何关系

### 2.2.2　分批实验设计

若实验结果需要较长的时间才能得到，或者检验一次需要花很大代价，而且每次同时检验多个样品几乎和检验一个样品所花的时间或代价相近，则黄金分割法就不适用了，因为黄金分割法的后面的实验安排取决于前面的实验结果，此时可以选择分批实验法。分批实验法是每一批多做几个实验，同时进行比较，这样可以减少检验的时间或代价，一直实验下去，直至找到最优点为止。分批实验法分为均分分批实验法和比例分割分批实验法两种。

#### 2.2.2.1　均分法

假设第一批做$2n$个实验（$n$为任意正整数），先把实验范围等分为$(2n+1)$段，在$2n$个分点上做第一批实验，比较结果，留下较好的点及左右一段。然后把这两段都等分为$(n+1)$段，在分点处做第二批实验（共$2n$个实验），这样不断地做下去，就能找到最佳点。如图2-2所示，此时$n=2$。

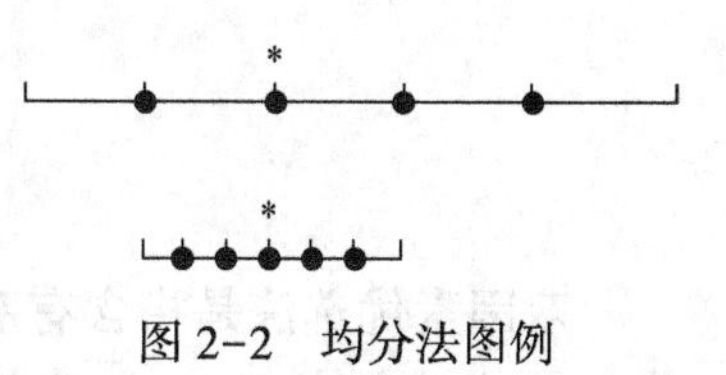


图2-2　均分法图例

#### 2.2.2.2　比例分割法

比例分割分批试验法与该法相似，只是试验点不是均匀划分，而是按一定比例划分。该法由于试验效果、试验误差等原因，不易鉴别，所以一般工厂常用均分分批试验法，但当原材料添加量变化较小，而制品的物理性能却有显著变化时，用该法较好。

### 2.2.3　分数实验设计

引斐波那契数列：

$$F_0 = 1,\ F_1 = 1,\ F_n = F_{n-1} + F_{n-2}(n \geqslant 2)$$

其数列表示：

$$1, 1, 2, 3, 5, 8, 13, 21, 34, 55, 89, 144, \cdots$$

任何小数都可以表示为分数，因此，0.618 可近似的用 $\frac{F_n}{F_{n+1}}$ 来表示，得到如下数列：

$$\frac{3}{5}, \frac{5}{8}, \frac{13}{21}, \frac{21}{24}, \frac{34}{55}, \frac{55}{89}, \frac{89}{144}, \frac{144}{233}, \cdots$$

分数法适用于实验点只能取分数的情况，在使用分数法进行单因素优选时，应根据实验区间选择合适的分数，所选择的分数不同，实验次数也不一样，见表 2-1。虽然实验范围划分的份数随分数的分母增加得很快，但相邻两分数的实验次数只是增加 1。有些实验范围中的份数不够分数中的分母数，例如，10 份，这时可有两种方法解决，一种是分析一下能否缩短实验范围，如果缩短两份，则可用 $\frac{5}{8}$，如果不能缩短，就用第二种，添加两个数，凑足 13 份，应用 $\frac{8}{13}$。一般在实验次数受限下，采用分数法较好。

**表 2-1 分数法实验**

| 分数 $F_n/F_{n+1}$ | 第一批实验点位置 | 等分实验范围分数 $F_{n+1}$ | 实验次数 |
|---|---|---|---|
| 2/3 | 2/3，1/3 | 3 | 2 |
| 3/5 | 3/5，2/5 | 5 | 3 |
| 5/8 | 5/8，3/8 | 8 | 4 |
| 8/13 | 8/13，5/13 | 13 | 5 |
| 13/21 | 13/21，8/21 | 21 | 6 |
| 21/34 | 21/34，13/34 | 34 | 7 |
| 34/55 | 34/55，21/55 | 55 | 8 |

## 2.3 双因素优选法

双因素优选法是指含有双因素的优选问题，就是迅速找到二元函数 $z=f(x, y)$ 的最大值，及其对应的 $(x, y)$ 点的问题，这里的 $x$，$y$ 代表的是双因素。假定处理的是单峰问题，即把 $x$，$y$ 平面作为水平面，实验结果 $z$ 看出这一点的高度。双因素优选法的几何意义是找出该山峰的最高点。双因素优选法有对开法、降维法、爬山法、陡度法，这里介绍对开法。

在直角坐标系中画出一矩形代表优选范围：

$$a < x < b, \ c < y < d$$

在中线 $x = (a + b)/2$ 上用单因素法找最大值，设最大值在 $P$ 点。再在中线 $y = (c + d)/2$ 上用单因素法找最大值，设为 $Q$ 点。比较 $P$ 和 $Q$ 的结果，如果 $Q$ 大，去掉 $x < (a + b)/2$ 的部分，否则去掉另一半。再用同样的方法来处理余下的半个矩形，不断地去掉其

一半，逐步地得到所需要的结果，优选过程如图 2-3 所示。如果 $P$、$Q$ 两点的实验结果相等，说明这两点位于同一条等高线上，可以将图上的下半块和左半块都去掉，仅留下第一象限。即当两点的实验数据十分接近时，可以直接去掉实验范围的 3/4。

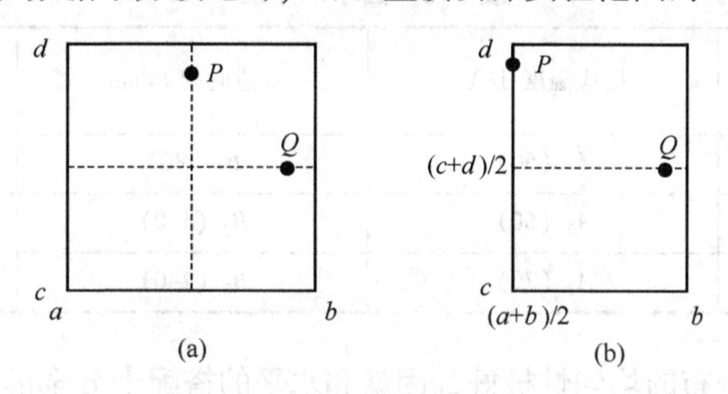


图 2-3　对开法图例

（a）对开法初始矩形优选范围；（b）当 $Q>P$ 时，对开法矩形优选范围

## 2.4　析因实验设计法

在多因素实验中，将所有因素的全部水平相互交叉组合进行实验，以考查各因素的主效应与因素之间的交互效应，称为析因实验设计。析因实验设计又称多因素全面组合实验设计，通过所有条件搭配，可以得到所有因素及因素之间共同对实验结果的影响。“析因”引申的含义就是要找到所有的影响条件与原因。

析因实验设计的特点可归纳为以下 3 点：

（1）最简单的实验设计方法。因为是所有条件的交叉组合，因此实验设计过程本身就变成直接的条件搭配。

（2）最复杂的实验实施过程。最复杂的实验过程首先是指实验工作量大，二因素二水平需做 4 次实验，三因素三水平则需要做 27 次实验，此外，由于该实验设计的方差分析需进行重复实验，因而使得实验工作量成倍增加。因此，超过三因素三水平的析因实验都变得难以进行。

（3）最全面的实验研究结果。由于各因素所有水平都有机会相互组合，再加上每个水平的多次重复，该实验不仅能反映出因素与交互作用的影响，而且由于因素水平的多次重现使得实验精度提高。尽管实验工作量大使得这种实验设计的使用受到限制，但这种全面实验设计的思想为所有的多因素实验设计奠定了基础。

析因实验的数据分析方法采用方差分析。

## 2.5　正　交　法

由于利用正交表作为工具，多组实验可同时进行，故有利于缩短实验周期及直接比较各个因素及考察各因素间交互作用对指标的影响，因而是一种科学的优选法，被称为正交法，常用的正交表详见附录 B。

**例题 2-1** 为了提高某一反应的转化率，对反应中的三个主要因子各按三个水平进行实验，见表 2-2。实验的目的是为提高转化率，寻求最高转化率的组合方案。

**表 2-2 因子水平表**

| 水平 \ 因子 | 反应温度 $A$/℃ | 反应时间 $B$/min | 溶质浓度 $C$/% |
|---|---|---|---|
| 1 | $A_1$（50） | $B_1$（80） | $C_1$（6） |
| 2 | $A_2$（60） | $B_2$（110） | $C_2$（7） |
| 3 | $A_3$（70） | $B_3$（140） | $C_3$（8） |

此案例的数据点分布的均匀性极好，因素和水平的搭配十分全面，唯一的缺点是实验次数多达 $3^3=27$ 次（指数 3 代表 3 个因素，底数 3 代表每因素有 3 个水平）。因素、水平数愈多，则实验次数就愈多，例如，做一个 6 因素 3 水平的实验，就需 $3^6=729$ 次实验，显然难以做到。因此需要寻找一种合适的实验设计方法。

用正交表安排多因素实验的方法，称为正交实验设计法。其特点为：(1) 完成实验要求所需的实验次数少。(2) 数据点的分布很均匀。(3) 可用相应的极差分析方法、方差分析方法、回归分析方法等对实验结果进行分析，引出许多有价值的结论。

从例题 2-1 可看出，采用全面搭配法方案，需做 27 次实验。那么采用简单比较法方案又如何呢？

先固定 $A_1$ 和 $B_1$，只改变 $C$，观察因素 $C$ 不同水平的影响，做了如图 2-4 所示的三次实验，发现 $C=C_2$ 时的实验效果最好，因此认为在后面的实验中因素 $C$ 应取 $C_2$ 水平。

固定 $A_1$ 和 $C_2$，改变 $B$ 的三次实验如图 2-4（b）所示，发现 $B=B_3$ 时的实验效果最好，因此认为因素 $B$ 应取 $B_3$ 水平。固定 $B_3$ 和 $C_2$，改变 $A$ 的三次实验如图 2-4（c）所示，发现因素 $A$ 宜取 $A_2$ 水平。

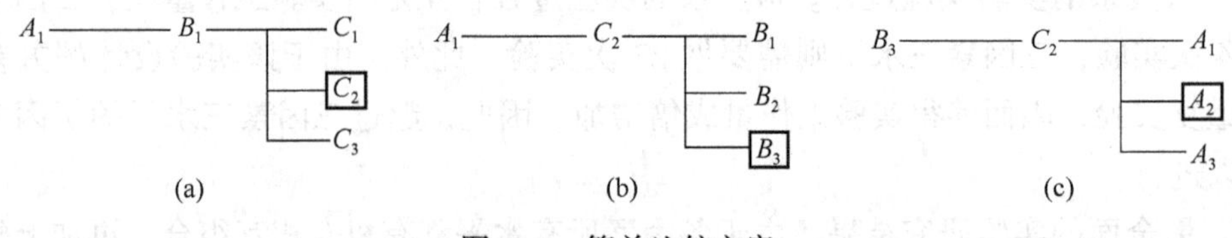


图 2-4 简单比较方案

因此，得到结论：为提高反应的转化率，最适宜的水平组合为 $A_2B_3C_2$。与全面搭配法方案相比，简单比较法方案的优点是实验的次数少，只需做 9 次实验。简单比较法方案的实验结果是不可靠的。因为：(1) 在改变 $C$ 值（或 $B$ 值，或 $A$ 值）的三次实验中，说 $C_2$（或 $B_3$ 或 $A_2$）水平最好是有条件的。在 $A\neq A_1$，$B\neq B_1$ 时，$C_2$ 水平不是最好的可能性是有的。(2) 在改变 $C$ 的三次实验中，固定 $A=A_2$，$B=B_3$ 应该说也是可以的，是随意的，故在此方案中数据点的分布均匀性是毫无保障的。(3) 用这种方法比较条件好坏时，只是对单个的实验数据进行数值上的简单比较，不能排除必然存在的实验数据误差的干扰。

运用正交实验设计方法，不仅兼有上述两个方案的优点，而且实验次数少，数据点分布均匀，结论的可靠性较好。

正交实验设计方法是用正交表来安排实验的一种方法。对于例题 2-1 适用的正交表是 $L_9(3^4)$，其实验安排见表 2-3。

表 2-3 实验安排表

| 实验号 \ 水平 \ 因子 | 1<br>反应温度（$A$） | 2<br>反应时间（$B$） | 3<br>溶质浓度（$C$） | 4 |
| --- | --- | --- | --- | --- |
| 1 | 1（$A_1$） | 1（$B_1$） | 1（$C_1$） | 1 |
| 2 | 1（$A_1$） | 2（$B_2$） | 2（$C_2$） | 2 |
| 3 | 1（$A_1$） | 3（$B_3$） | 3（$C_3$） | 3 |
| 4 | 2（$A_2$） | 1（$B_1$） | 2（$C_2$） | 3 |
| 5 | 2（$A_2$） | 2（$B_2$） | 3（$C_3$） | 1 |
| 6 | 2（$A_2$） | 3（$B_3$） | 1（$C_1$） | 2 |
| 7 | 3（$A_3$） | 1（$B_1$） | 3（$C_3$） | 2 |
| 8 | 3（$A_3$） | 2（$B_2$） | 1（$C_1$） | 3 |
| 9 | 3（$A_3$） | 3（$B_3$） | 2（$C_2$） | 1 |

所有的正交表与正交表 $L_9(3^4)$ 一样，都具有以下两个特点：

（1）在每一列中，各个不同的数字出现的次数相同。在正交表 $L_9(3^4)$ 中，每一列有三个水平，水平 1、2、3 都是各出现 3 次。

（2）表中任意两列并列在一起形成若干个数字对，不同数字对出现的次数也都相同。在正交表 $L_9(3^4)$ 中，任意两列并列在一起形成的数字对共有 9 个：(1,1)、(1, 2)、(1, 3)、(2, 1)、(2, 2)、(2, 3)、(3, 1)、(3, 2)、(3, 3)，每一个数字对各出现一次。

这两个特点称为正交性。正是由于正交表具有上述特点，就保证了用正交表安排的实验方案中因素水平是均衡搭配的，数据点的分布是均匀的。因素、水平数愈多，运用正交实验设计方法，愈发能显示出它的优越性，如上述提到的 6 因素 3 水平实验，用全面搭配方案需 729 次，若用正交表 $L_{27}(3^{13})$ 来安排，则只需做 27 次实验。

## 2.5.1 正交表

使用正交设计方法进行实验方案的设计，就必须用到正交表。各列水平数均相同的正交表，也称单一水平正交表。正交表名称的写法：

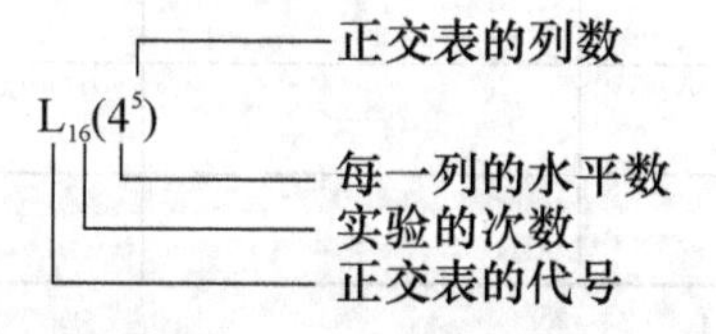


各列水平数均为 2 的常用正交表有：$L_4(2^3)$、$L_8(2^7)$、$L_{12}(2^{11})$、$L_{16}(2^{15})$、$L_{20}(2^{19})$、$L_{32}(2^{31})$。

各列水平数均为 3 的常用正交表有：$L_9(3^4)$、$L_{27}(3^{13})$。

各列水平数均为 4 的常用正交表有：$L_{16}(4^5)$。

各列水平数均为 5 的常用正交表有：$L_{25}(5^6)$。

选择正交表的基本原则：一般都是先确定实验的因素、水平和交互作用，后选择适用的 L 表。在确定因素的水平数时，主要因素宜多安排几个水平，次要因素可少安排几个水平。

（1）先看水平数。若各因素全是 2 水平，就选用 $L(2^*)$ 表；若各因素全是 3 水平，就选 $L(3^*)$ 表。若各因素的水平数不相同，就选择适用的混合水平表。

（2）每一个交互作用在正交表中应占一列或二列。要看所选的正交表是否足够大，能否容纳得下所考虑的因素和交互作用。为了对实验结果进行方差分析或回归分析，还必须至少留一个空白列，作为“误差”列，在极差分析中要作为“其他因素”列处理。

（3）要看实验精度的要求。若要求高，则宜取实验次数多的 L 表。

（4）若实验费用很昂贵，或经费很有限，或人力和时间紧张，则不宜选实验次数太多的 L 表。

（5）按原来考虑的因素、水平和交互作用去选择正交表，若无正好适用的正交表可选，简便且可行的办法是适当修改原定的水平数。

（6）对某因素或某交互作用的影响是否确实存在没有把握的情况下，选择 L 表时常为该选大表还是选小表而犹豫。若条件许可，应尽量选用大表，让影响存在的可能性较大的因素和交互作用各占适当的列。某因素或某交互作用的影响是否真的存在，留到方差分析进行显著性检验时再做结论。这样既可以减少实验的工作量，也不会漏掉重要的信息。

为了确定实验所考虑的因素和交互作用，就需要设计表头，即在正交表中该放在哪一列的问题。

（1）有交互作用时，表头设计必须严格地按规定执行。

（2）若实验不考虑交互作用，则表头设计可以是任意的。如在例题 2-1 中，对 $L_9(3^4)$ 表头设计，表 2-4 所列的各种方案都是可用的，正交表的构造是组合数学问题。对实验之初不考虑交互作用而选用较大的正交表，空列较多时，最好仍与有交互作用时一样，按规定进行表头设计。只不过将有交互作用的列先视为空列，待实验结束后再加以判定。

**表 2-4 $L_9(3^4)$ 表头设计方案**

| 因子<br>水平 | 1 | 2 | 3 | 4 |
|---|---|---|---|---|
| 1 | *A* | *B* | *C* | — |
| 2 | — | *A* | *B* | *C* |
| 3 | *C* | — | *A* | *B* |
| 4 | *B* | *C* | — | *A* |

正交实验的操作方法如下：

（1）分区组。对于一批实验，如果要使用几台不同的机器，或要使用几种原料来进行，为了防止机器或原料的不同而带来误差，从而干扰实验的分析，可在开始做实验之前，用 L 表中未排因素和交互作用的一个空白列来安排。

（2）因素水平表排列顺序的随机化。通常因素排序时，按照水平序号由小到大或者按照因素的数值由小到大或者由大到小的顺序排列。但最好使用随机化的方法来决定排列的顺序。

（3）实验进行的次序没必要完全按照正交表上实验号码的顺序。为减少实验中由于先后实验操作熟练的程度不均匀带来的误差干扰，理论上推荐用抽签的办法来决定实验的次序。

（4）在确定每一个实验的实验条件时，只需考虑所确定的几个因素和分区组该如何取值，而不要（其实也无法）考虑交互作用列和误差列怎么办的问题。交互作用列和误差列的取值问题由实验本身的客观规律来确定，它们对指标影响的大小在方差分析时给出。

（5）做实验时，要严格控制实验条件。这个问题在因素各水平下的数值差别不大时更为重要。如果实验数值与水平数值差别较大，那就将使整个实验失去正交实验设计方法的特点，使极差和方差分析方法的应用丧失了必要的前提条件，因而得不到正确的实验结果。

### 2.5.2 正交实验结果分析方法

正交实验方法之所以能得到科技工作者的重视并在实践中得到广泛的应用，其原因不仅在于能使实验的次数减少，而且能够用相应的方法对实验结果进行分析并引出许多有价值的结论。因此，用正交实验法进行实验，如果不对实验结果进行认真的分析，并引出应该引出的结论，那就失去用正交实验法的意义和价值。

#### 2.5.2.1 因子变动平方和

定量描述由于因子水平变化而引起数据波动的量称为因子变动平方和，记为$S_{因}$，因子各水平下数据的平均值大致围绕数据的总平均值波动，因此，可用各水平下数据平均值与总平均值之差的平方和来估计由于因子水平变化而引起的数据波动，这个平方和就是因子变动平方和。

设因子水平数为$m$，各水平重复实验次数为$k$，数据总和为$T$，则$S_{因}$的计算公式为

$$S_{因} = k \times \sum_{i=1}^{m} (\bar{y}_i - \bar{y})^2 \qquad (2-1)$$

由于用上式计算不方便，积累的误差较大，将式（2-1）推导后得到如下的计算公式：

$$S_{因} = \frac{1}{k} \times \sum_{i=1}^{m} \left( \sum_{j=1}^{k} y_{ij} \right)^2 - \frac{T^2}{km} \qquad (2-2)$$

#### 2.5.2.2 误差变动平方和

正交表各列已排满，没空列时，在某一条件下重复实验，如果没有误差，都应等于真值。但实际上是达不到的，实验结果与真值均存在一定差异，即误差，由于误差的影响，通常用平均值代替真值，为了消除各偏差值正负的互相抵消，将偏差平方后相加，这个偏差平方和就称误差变动平方和，记为$S_e$，当正交表有空列时，可以用空列的偏差平方和求得。因为空列没有安排因子，所以引起数据波动的原因不包含因子水平的改变，只能是误差引起，其数值反映了实验误差的大小。

#### 2.5.2.3 均方和

用$S_{因}$和$S_e$来估计因子水平改变引起的数据波动和误差引起的数据波动时，实验数据

个数越多，平方和越大。为了消除数据个数的影响，引入自由度表示独立的个数，记为$f$，如，有5个数据6、7、8、9、10，存在下面的关系式：

$$\frac{6+7+8+9+10}{5}=8$$

数学式上称这五个数据中只有（5-1）个数对其平均值是独立的，所以$f=5-1=4$，在正交实验设计中各自由度如下：

$$f_{总}=\text{总实验次数}-1$$

$$f_{因}=\text{某因子的水平数}-1$$

$$f_{A\times B}=f_A\times f_B$$

$$f_e=f_{总}-\sum f_{因}$$

将$S_{因}$和$S_e$除以其相对应的自由度，便消除了数据个数的影响。$S_{因}/f_{因}$称为因子变动均方和，$S_e/f_e$称为误差变动均方和。

2.5.2.4　总变动平方和

由于所有数据均围绕总平均值波动，其波动可以用各数据$y_{ij}$与平均值$\bar{y}$之差的平方和来估计，该平方和称为总变动平方和：

$$S_{总}=\sum_{i=1}^{m}\sum_{j=1}^{k}(y_{ij}-\bar{y})^2 \tag{2-3}$$

经变换推导得

$$S_{总}=\sum_{i=1}^{m}\sum_{j=1}^{k}y_{ij}^2-\frac{T^2}{km} \tag{2-4}$$

总变动平方和可分解成两部分，即

$$S_{总}=S_{因}+S_e \tag{2-5}$$

2.5.2.5　显著性检验

比较$S_{因}/f_{因}$与$S_e/f_e$的大小，若$S_{因}/f_{因}\approx S_e/f_e$，说明该因子的水平改变对指标的影响在误差范围内，各水平对指标的影响无显著差异；$S_{因}/f_{因}>S_e/f_e$，表明因子水平变化对指标的影响超过了误差造成的影响。究竟大多少才能确定因子对指标影响是否显著呢？为了有一个标准可以定量地确定显著影响因子的个数，引入了$F$，其计算公式为

$$F=\frac{S_{因}/f_{因}}{S_e/f_e} \tag{2-6}$$

在计算得到$F_i$后，根据$f_i$、$f_e$在选定的$\alpha$下查$F$分布表，详见附录C。在$F$分布表中，横行$f_1$为$F$计算公式中分子的自由度（即$f_i$），竖行$f_2$为$F$计算公式中分母的自由度（即$f_e$）。$F$分布表主要有$\alpha$=0.01、0.05、0.10、0.25几种，$\alpha$称为信度。当$F_i>F$时，则表明因子$i$对指标的影响是显著的。当$F_i<F$时，则表明因子$i$对指标的影响是不显著的。一般情况下，$F_i>F^{0.01}$时是高度显著影响（记为**），$F^{0.01}\geqslant F_i>F^{0.05}$时是显著影响（记为*），$F^{0.05}\geqslant F_i>F^{0.10}$时是具有一定的影响（记为㊉）。

2.5.2.6　极差分析方法

极差指的是各列中各水平对应的实验指标平均值的最大值与最小值之差。下面以表2-5为例讨论正交实验结果的极差分析方法，可得到如下结论：

（1）在实验范围内，各列对实验指标的影响从大到小的排队，某列的极差最大，表示该列的数值在实验范围内变化时，使实验指标数值的变化最大。各列对实验指标的影响从大到小的排队，就是各列极差 $D$ 的数值从大到小的排队。

（2）实验指标随各因素的变化趋势。为了能更直观地看到变化趋势，常将计算结果绘制成图。

（3）使实验指标最好的适宜的操作条件（适宜的因素水平搭配）。

（4）可对所得结论和进一步的研究方向进行讨论。

**表 2-5 $L_4(2^3)$ 正交实验计算**

| 因子 / 水平 / 实验号 | 1 | 2 | 3 | 实验指标 $y_i$ |
|---|---|---|---|---|
| 1 | 1 | 1 | 1 | $y_1$ |
| 2 | 1 | 2 | 2 | $y_2$ |
| 3 | 2 | 1 | 2 | $y_3$ |
| 4 | 2 | 2 | 1 | $y_4$ |
| $\mathrm{I}_j$ | $\mathrm{I}_1=y_1+y_2$ | $\mathrm{I}_2=y_1+y_3$ | $\mathrm{I}_3=y_1+y_4$ | |
| $\mathrm{II}_j$ | $\mathrm{II}_1=y_3+y_4$ | $\mathrm{II}_2=y_2+y_4$ | $\mathrm{II}_3=y_2+y_3$ | |
| $\mathrm{I}_j/k_j$ | $(y_1+y_2)/2$ | $(y_1+y_3)/2$ | $(y_1+y_4)/2$ | |
| $\mathrm{II}_j/k_j$ | $(y_3+y_4)/2$ | $(y_2+y_4)/2$ | $(y_2+y_3)/2$ | |
| $D_j$ | max{ }-min{ } | max{ }-min{ } | max{ }-min{ } | |

表 2-5 中，$\mathrm{I}_j$ 表示第 $j$ 列“1”水平所对应的实验指标的数值之和；$\mathrm{II}_j$ 表示第 $j$ 列“2”水平所对应的实验指标的数值之和；$k_j$ 表示第 $j$ 列同一水平出现的次数，表 2-5 中 $k_j$ 等于 2。$\mathrm{I}_j/k_j$ 表示第 $j$ 列“1”水平所对应的实验指标的平均值；$\mathrm{II}_j/k_j$ 表示第 $j$ 列“2”水平所对应的实验指标的平均值；$D_j$ 表示第 $j$ 列的极差，等于第 $j$ 列各水平对应的实验指标平均值中的最大值减最小值，即

$$D_j = \max\{\mathrm{I}_j/k_j,\ \mathrm{II}_j/k_j,\ \cdots\} - \min\{\mathrm{I}_j/k_j,\ \mathrm{II}_j/k_j,\ \cdots\}$$

每列极差 $D_j$ 的大小，反映了该列因子由于水平不同对实验指标影响的大小。

2.5.2.7 *方差分析方法*

实验指标的加和值 $=\sum_{i=1}^{n} y_i$，实验指标的平均值 $\bar{y}=\frac{1}{n}\sum_{i=1}^{n} y_i$，以第 $j$ 列为例，偏差平方和的计算公式如下：

$$S_j = k_j\left(\frac{\mathrm{I}_j}{k_j}-\bar{y}\right)^2 + k_j\left(\frac{\mathrm{II}_j}{k_j}-\bar{y}\right)^2 + k_j\left(\frac{\mathrm{III}_j}{k_j}-\bar{y}\right)^2 + \cdots$$

用 $V_j$ 表示方差，$V_j=\frac{S_j}{f_j}$，其中 $f_j$ 表示自由度；方差之比的计算公式为 $F_j=\frac{V_j}{V_e}$，其中，$V_e$ 表示误差列的方程，$V_e=\frac{S_e}{f_e}$，e 为正交表的误差列。

总的偏差平方和：

$$S_{总} = \sum_{i=1}^{n} (y_i - \bar{y})^2$$

总的偏差平方和等于各列的偏差平方和之和。即

$$S_{总} = \sum_{j=1}^{m} S_j$$

式中，$m$ 为正交表的列数。若误差列由 4 个单列组成，则误差列的偏差平方和 $S_e$ 等于 4 个单列的偏差平方和之和，即：$S_e = S_{e1} + S_{e2} + S_{e3} + S_{e4}$；也可用 $S_e = S_{总} + S''$来计算，其中 $S''$为安排有因素或交互作用的各列的偏差平方和之和。

与极差法相比，方差分析方法可以多引出一个结论：各列对实验指标的影响是否显著，在什么水平上显著。显著性检验强调实验在分析每列对指标影响中所起的作用。如果某列对指标影响不显著，那么，讨论实验指标随它的变化趋势是毫无意义的。因为在某列对指标的影响不显著时，即使从表中的数据可以看出该列水平变化时，对应的实验指标的数值在以某种“规律”发生变化，但那很可能是由于实验误差所致，将它作为客观规律是不可靠的。有了各列的显著性检验之后，最后应将影响不显著的交互作用列与原来的“误差列”合并起来，组成新的“误差列”，重新检验各列的显著性。

### 2.5.3 正交实验方法应用举例

**例题 2-2** 为了分析某吸滤装置的生产能力，请用正交实验方法确定恒压过滤的最佳操作条件。影响实验的主要因素和水平见表 2-6。表中 $\Delta p$ 为过滤压强差；$T$ 为浆液温度；$w$ 为浆液质量分数；M 为过滤介质。

（1）实验指标的确定：恒压过滤常数 $K(m^2/s)$。

（2）选正交表：根据表 2-6 的因素和水平，可选用 $L_8(4\times2^4)$ 表。

（3）制定实验方案：按选定的正交表，应完成 8 次实验。实验方案见表 2-7。

（4）实验结果：将所计算出的恒压过滤常数 $K$ 列于表 2-7。

**表 2-6 过滤实验因素和水平**

| 因子 / 水平 | 压强差 $\Delta p$/kPa | 温度 $T$/℃ | 质量分数 $w$/% | 过滤介质 M/μm |
| --- | --- | --- | --- | --- |
| 1 | 2.94 | 18 | 稀（约 5） | 30~50 |
| 2 | 3.92 | 33 | 浓（约 10） | 16~30 |
| 3 | 4.90 | | | |
| 4 | 5.88 | | | |

其中 $M_1$、$M_2$ 为过滤介质的型号。过滤介质孔径：$M_1$ 为 30~50μm、$M_2$ 为 16~30μm。

**表 2-7 正交实验的实验方案和实验结果**

| 列号 $j$ | 1 | 2 | 3 | 4 | 5 | 6 |
|---|---|---|---|---|---|---|
| 因素 | $\Delta p$ | $T$ | $w$ | M | e | $K/\mathrm{m}^2\cdot\mathrm{s}^{-1}$ |
| 实验号 | 水平 | | | | | |
| 1 | 1 | 1 | 1 | 1 | 1 | $4.01\times10^{-4}$ |
| 2 | 1 | 2 | 2 | 2 | 2 | $2.93\times10^{-4}$ |
| 3 | 2 | 1 | 1 | 2 | 2 | $5.21\times10^{-4}$ |
| 4 | 2 | 2 | 2 | 1 | 1 | $5.55\times10^{-4}$ |
| 5 | 3 | 1 | 2 | 1 | 2 | $4.83\times10^{-4}$ |
| 6 | 3 | 2 | 1 | 2 | 1 | $1.02\times10^{-3}$ |
| 7 | 4 | 1 | 2 | 2 | 1 | $5.11\times10^{-4}$ |
| 8 | 4 | 2 | 1 | 1 | 2 | $1.10\times10^{-3}$ |

（5）指标 $K$ 的极差分析和方差分析：分析结果见表 2-8。

$$\mathrm{I}_1 = 4.01\times10^{-4} + 2.93\times10^{-4} = 6.94\times10^{-4}$$

$$\mathrm{II}_1 = 5.21\times10^{-4} + 5.55\times10^{-4} = 1.08\times10^{-3}$$

$$\mathrm{III}_1 = 4.83\times10^{-4} + 1.02\times10^{-3} = 1.50\times10^{-3}$$

$$\mathrm{IV}_1 = 5.11\times10^{-4} + 1.10\times10^{-3} = 1.61\times10^{-3}$$

$$k_1 = 2$$

$$\mathrm{I}_1/k_1 = 6.94\times10^{-4}/2 = 3.47\times10^{-4}$$

$$\mathrm{II}_1/k_1 = 1.08\times10^{-3}/2 = 5.40\times10^{-4}$$

$$\mathrm{III}_1/k_1 = 1.50\times10^{-3}/2 = 7.50\times10^{-4}$$

$$\mathrm{IV}_1/k_1 = 1.61\times10^{-3}/2 = 8.05\times10^{-4}$$

$$D_1 = 8.05\times10^{-4} - 3.47\times10^{-4} = 4.58\times10^{-4}$$

$$\sum K = 4.88\times10^{-3} \qquad \overline{K} = 6.11\times10^{-4}$$

$$\begin{aligned} S_1 &= k_1(\mathrm{I}_1/k_1 - \overline{K})^2 + k_1(\mathrm{II}_1/k_1 - \overline{K})^2 + k_1(\mathrm{III}_1/k_1 - \overline{K})^2 + k_1(\mathrm{IV}_1/k_1 - \overline{K})^2 \\ &= 2\times(3.47\times10^{-4} - 6.11\times10^{-4})^2 + 2\times(5.40\times10^{-4} - 6.11\times10^{-4})^2 + \\ &\quad 2\times(7.50\times10^{-4} - 6.11\times10^{-4})^2 + 2\times(8.05\times10^{-4} - 6.11\times10^{-4})^2 \\ &= 2.63\times10^{-7} \end{aligned}$$

$$f_1 = \text{第一列的水平数} - 1 = 4 - 1 = 3$$

$$V_1 = S_1/f_1 = 2.63\times10^{-7}/3 = 8.77\times10^{-8}$$

$$\begin{aligned} S_e = S_5 &= k_5(\mathrm{I}_5/k_5 - \overline{K})^2 + k_5(\mathrm{II}_5/k_5 - \overline{K})^2 \\ &= 4\times(6.23\times10^{-4} - 6.11\times10^{-4})^2 + 4\times(6.00\times10^{-4} - 6.11\times10^{-4})^2 \\ &= 1.06\times10^{-9} \end{aligned}$$

$$f_e = f_5 = 1$$

$$V_e = S_e/f_e = 1.06 \times 10^{-9}/1 = 1.06 \times 10^{-9}$$

$$F_1 = V_1/V_e = 8.77 \times 10^{-8}/(1.06 \times 10^{-9}) = 82.74$$

查附录 C 中的 $F$ 分布表可知：

$$F(\alpha = 0.01, f_1 = 3, f_e = 1) = 5403 > F_1$$

$$F(\alpha = 0.05, f_1 = 3, f_e = 1) = 216 > F_1$$

$$F(\alpha = 0.10, f_1 = 3, f_e = 1) = 53.6 < F_1$$

$$F(\alpha = 0.25, f_1 = 3, f_e = 1) = 8.20 < F_1$$

其中，$f_1$ 为分子的自由度；$f_e$ 为分母的自由度。

所以第一列对实验指标的影响在 $\alpha=0.10$ 水平上显著。

$$\mathrm{I}_2 = 4.01 \times 10^{-4} + 5.21 \times 10^{-4} + 4.83 \times 10^{-4} + 5.11 \times 10^{-4} = 1.92 \times 10^{-3}$$

$$\mathrm{II}_2 = 2.93 \times 10^{-4} + 5.55 \times 10^{-4} + 1.02 \times 10^{-3} + 1.10 \times 10^{-3} = 2.97 \times 10^{-3}$$

$$k_2 = 4$$

$$\mathrm{I}_2/k_2 = 1.92 \times 10^{-3}/4 = 4.80 \times 10^{-4}$$

$$\mathrm{II}_2/k_2 = 2.97 \times 10^{-3}/4 = 7.43 \times 10^{-4}$$

$$D_2 = 7.43 \times 10^{-4} - 4.80 \times 10^{-4} = 2.63 \times 10^{-4}$$

$$\sum K = 4.88 \times 10^{-3} \qquad \overline{K} = 6.11 \times 10^{-4}$$

$$\begin{aligned} S_2 &= k_2(\mathrm{I}_2/k_2 - \overline{K})^2 + k_2(\mathrm{II}_2/k_2 - \overline{K})^2 \\ &= 4 \times (4.80 \times 10^{-4} - 6.11 \times 10^{-4})^2 + 4 \times (7.43 \times 10^{-4} - 6.11 \times 10^{-4})^2 \\ &= 1.38 \times 10^{-7} \end{aligned}$$

$$f_2 = \text{第二列的水平数} - 1 = 2 - 1 = 1$$

$$V_2 = S_2/f_2 = 1.38 \times 10^{-7}/1 = 1.38 \times 10^{-7}$$

$$\begin{aligned} S_e = S_5 &= k_5(\mathrm{I}_5/k_5 - \overline{K})^2 + k_5(\mathrm{II}_5/k_5 - \overline{K})^2 \\ &= 4 \times (6.23 \times 10^{-4} - 6.11 \times 10^{-4})^2 + 4 \times (6.00 \times 10^{-4} - 6.11 \times 10^{-4})^2 \\ &= 1.06 \times 10^{-9} \end{aligned}$$

$$f_e = f_5 = 1$$

$$V_e = S_e/f_e = 1.06 \times 10^{-9}/1 = 1.06 \times 10^{-9}$$

$$F_2 = V_2/V_e = 1.38 \times 10^{-7}/(1.06 \times 10^{-9}) = 130.19$$

查附录 C 中的 $F$ 分布表可知：

$$F\ (\alpha = 0.01, f_2 = 1, f_e = 1) = 4052 > F_2$$

$$F\ (\alpha = 0.05, f_2 = 1, f_e = 1) = 161.4 > F_2$$

$$F\ (\alpha = 0.10, f_2 = 1, f_e = 1) = 39.9 < F_2$$

$$F\ (\alpha = 0.25, f_2 = 1, f_e = 1) = 5.83 < F_2$$

其中，$f_2$ 为分子的自由度；$f_e$ 为分母的自由度。

所以第二列对实验指标的影响在 $\alpha=0.10$ 水平上显著。

以此类推，其他列的计算结果见表 2-8。

**表 2-8　K 的极差分析和方差分析**

| 列号 $j$ | 1 | 2 | 3 | 4 | 5 | 6 |
|---|---|---|---|---|---|---|
| 因素 | $\Delta p$ | $T$ | $w$ | M | e | $K/\mathrm{m}^2 \cdot \mathrm{s}^{-1}$ |
| $\mathrm{I}_j$ | $6.94\times10^{-4}$ | $1.92\times10^{-3}$ | $3.04\times10^{-3}$ | $2.54\times10^{-3}$ | $2.49\times10^{-3}$ | |
| $\mathrm{II}_j$ | $1.08\times10^{-3}$ | $2.97\times10^{-3}$ | $1.84\times10^{-3}$ | $2.35\times10^{-3}$ | $2.40\times10^{-3}$ | |
| $\mathrm{III}_j$ | $1.50\times10^{-3}$ | | | | | |
| $\mathrm{IV}_j$ | $1.61\times10^{-3}$ | | | | | |
| $k_j$ | 2 | 4 | 4 | 4 | 4 | $\sum K=4.88\times10^{-3}$ |
| $\mathrm{I}_j/k_j$ | $3.47\times10^{-4}$ | $4.80\times10^{-4}$ | $7.60\times10^{-4}$ | $6.35\times10^{-4}$ | $6.23\times10^{-4}$ | |
| $\mathrm{II}_j/k_j$ | $5.40\times10^{-4}$ | $7.43\times10^{-4}$ | $4.60\times10^{-4}$ | $5.88\times10^{-4}$ | $6.00\times10^{-4}$ | |
| $\mathrm{III}_j/k_j$ | $7.50\times10^{-4}$ | | | | | |
| $\mathrm{IV}_j/k_j$ | $8.05\times10^{-4}$ | | | | | |
| $D_j$ | $4.58\times10^{-4}$ | $2.63\times10^{-4}$ | $3.00\times10^{-4}$ | $4.70\times10^{-5}$ | $2.30\times10^{-5}$ | |
| $S_j$ | $2.63\times10^{-7}$ | $1.38\times10^{-7}$ | $1.80\times10^{-7}$ | $4.42\times10^{-9}$ | $1.06\times10^{-9}$ | |
| $f_j$ | 3 | 1 | 1 | 1 | | |
| $V_j$ | $8.77\times10^{-8}$ | $1.38\times10^{-7}$ | $1.80\times10^{-7}$ | $4.42\times10^{-9}$ | $1.06\times10^{-9}$ | |
| $F_j$ | 82.74 | 130.19 | 169.81 | 4.17 | 1.00 | |
| $F_{0.01}$ | 5403 | 4052 | 4052 | 4052 | | $\overline{K}=6.11\times10^{-4}$ |
| $F_{0.05}$ | 215.7 | 161.4 | 161.4 | 161.4 | | |
| $F_{0.10}$ | 53.6 | 39.9 | 39.9 | 39.9 | | |
| $F_{0.25}$ | 8.20 | 5.83 | 5.83 | 5.83 | | |
| 显著性 | ⊛ | ⊛ | * | | | |

（6）极差分析。$\Delta p$、$T$、$w$、M 四因子极差的计算结果如下：

$$D_{\Delta p}=8.05\times10^{-4}-3.47\times10^{-4}=4.58\times10^{-4}$$

$$D_{T}=7.43\times10^{-4}-4.80\times10^{-4}=2.63\times10^{-4}$$

$$D_{w}=7.60\times10^{-4}-4.60\times10^{-4}=3.00\times10^{-4}$$

$$D_{M}=6.35\times10^{-4}-5.88\times10^{-4}=4.70\times10^{-5}$$

由以上分析可知，可用极差大小来描述因素对指标影响的主次：

$$D_{\Delta p}>D_{w}>D_{T}>D_{M}$$

根据极差的大小顺序可排出影响因素的主次：

主　　　　次

⟶

$$D_{\Delta p},\ D_{w},\ D_{T},\ D_{M}$$

（7）由方差分析结果引出的结论。第 1、2 列上的因素 $\Delta p$、$T$ 在 $\alpha=0.10$ 水平上显著；

第 3 列上的因素 $w$ 在 $\alpha=0.05$ 水平上显著；第 4 列上的因素 M 在 $\alpha=0.25$ 水平上仍不显著。适宜操作条件的确定，由恒压过滤速率可知，实验指标 $K$ 值愈大愈好。为此，本例的适宜操作条件是各水平下 $K$ 的平均值最大时的条件：

1）过滤压强差为 4 水平，5.88kPa。

2）过滤温度为 2 水平，33℃。

3）过滤浆液浓度为 1 水平，稀滤液。

4）过滤介质为 1 水平或 2 水平（这是因为第 4 列对 $K$ 值的影响在 $\alpha=0.25$ 水平上不显著。为此可优先选择价格便宜或容易得到者）。

上述条件恰好是正交表中第 8 个实验号。

## 2.6 正交实验的回归分析法

正交实验的回归分析，是指实验方案的结构矩阵具有正交性的回归设计，是在正交设计基础上发展起来的，可建立方程，选择最佳的方案。基于正交实验的优点，利用正交表来安排实验，如果实验点是等间距的，就可以按正交多项式进行回归计算，这种计算由于舍弃了各因素间的相关性，因此，简化了回归计算的工作量。把实验安排与实验数据的回归计算统一考虑，就能做到实验点少但合理，实验数据分布可靠，计算简单，回归方程精度高。回归设计按类型可分为回归的正交设计、旋转设计、最优设计、均匀设计以及混料设计等；按次数又分为一次回归正交设计和二次回归正交设计。高于二次的正交设计用得较少。回归正交实验设计可以在因素的实验范围内选择适当的实验点，用较少的实验建立一个精度高、统计性好的回归方程，并能解决实验优化问题。

### 2.6.1 正交实验的一次回归分析法

一次回归设计利用回归正交设计原理，把正交表中的 1 与 2 改成“+1”与“-1”，并在第一列之前加 $x_0$，$x_0$ 列权为“+1”，就构成了回归正交设计表。由第 2 列开始安排因子，然后排交互作用列。对于三因子，若考虑交互作用，可以选用 $L_8(2^7)$ 正交表改造后得到回归正交表。

建立实验指标 $y$ 与 $m$ 个实验因素 $x_1$，$x_2$，…，$x_m$ 之间的一元回归方程：

$$\hat{y}=a+b_1x_1+b_2x_2+\cdots+b_mx_m \tag{2-7}$$

根据回归正交表进行实验设计，具体步骤如下。

#### 2.6.1.1 确定因素的变化范围并对因子编码

根据实验指标 $y$，选择需要考察的 $m$ 个因素 $x_j(j=1, 2, \cdots, m)$，并确定每个因素的取值范围。设因素 $x_j$ 的变化范围为 $[x_{j1}, x_{j2}]$，分别称 $x_{j1}$ 和 $x_{j2}$ 为因素 $x_j$ 的下水平和上水平，并将它们的算术平均值称作因素 $x_j$ 的零水平，用 $x_{j0}$ 表示。

$$x_{j0}=\frac{x_{j1}+x_{j2}}{2} \tag{2-8}$$

上水平与零水平之差称为因素 $x_j$ 的变化间距，用 $\Delta_j$ 表示，即

$$\Delta_j=x_{j2}-x_{j0} \tag{2-9}$$

或

$$\Delta_j = \frac{x_{j2} - x_{j1}}{2} \tag{2-10}$$

将 $x_j$ 的各水平进行线性变换：

$$z_j = \frac{x_j - x_{j0}}{\Delta_j} \tag{2-11}$$

式（2-11）中 $z_j$ 就是因素 $x_j$ 的编码，两者是一一对应的。显然，$x_{j1}$，$x_{j0}$和 $x_{j2}$的编码分别为-1，0 和 1，即 $z_{j1}=-1$，$z_{j0}=0$，$z_{j2}=1$。一般称 $x_j$ 为自然变量，$z_j$ 为规范变量。因素水平的编码结果见表 2-9。

对因素 $x_j$ 的各水平进行编码的目的，是为了使每个因素的每个水平在编码空间是“平等”的，即规范变量 $z_j$ 的取值范围都在［1，-1］内变化，不会受到自然变量 $x_j$ 的单位和取值大小的影响。所以编码能将实验结果 $y$ 与因素 $z_j(j=1, 2, \cdots, m)$ 各水平之间的回归问题，转换成实验结果 $y$ 与编码值 $z_j$ 之间的回归问题，从而大大简化了回归计算量。

**表 2-9　因素水平编码表**

| 规范变量 $z_j$ | 自然变量 $x_j$ | | | |
|---|---|---|---|---|
| | $x_1$ | $x_2$ | … | $x_m$ |
| 下水平（-1） | $x_{11}$ | $x_{21}$ | … | $x_{m1}$ |
| 上水平（1） | $x_{12}$ | $x_{22}$ | … | $x_{m2}$ |
| 零水平（0） | $x_{10}$ | $x_{20}$ | … | $x_{m0}$ |
| 变化间距 $\Delta_j$ | $\Delta_1$ | $\Delta_2$ | … | $\Delta_m$ |

2.6.1.2　一次回归正交设计表

将二水平的正交表中“2”用“-1”代换，就可以得到一次回归正交设计表。例如正交表 $L_8(2^7)$ 经过变换后得到的回归正交设计表见表 2-10。

**表 2-10　一次回归正交设计表**

| 实验号 | 列号 | | | | | | |
|---|---|---|---|---|---|---|---|
| | 1 | 2 | 3 | 4 | 5 | 6 | 7 |
| 1 | 1 | 1 | 1 | 1 | 1 | 1 | 1 |
| 2 | 1 | 1 | 1 | -1 | -1 | -1 | -1 |
| 3 | 1 | -1 | -1 | 1 | 1 | -1 | -1 |
| 4 | 1 | -1 | -1 | -1 | -1 | 1 | 1 |
| 5 | -1 | 1 | -1 | 1 | -1 | 1 | -1 |
| 6 | -1 | 1 | -1 | -1 | 1 | -1 | 1 |
| 7 | -1 | -1 | 1 | 1 | -1 | -1 | 1 |
| 8 | -1 | -1 | 1 | -1 | 1 | 1 | -1 |

代换后，正交表中的编码不仅表示因素的不同水平，也表示了因素水平数值上的大小。从表 2-10 可以看出回归正交设计表具有如下特点：

（1）任一列编码的和为 0，即

$$\sum_{i=1}^{n} z_{ji} = 0 \tag{2-12}$$

所以有

$$\bar{z}_j = 0, \quad j = 1, 2, \cdots, m \tag{2-13}$$

（2）任两列编码的乘积之和等于零，即

$$\sum_{i=1}^{n} z_{ji} z_{ki} = 0, \quad k = 1, 2, \cdots, m - 1(j \neq k) \tag{2-14}$$

这些特点说明了转换之后的正交表同样具有正交性，可使回归计算大大简化。

2.6.1.3 实验方案的确定

在确定实验方案之前，需要进行表头设计，将规范变量 $z_j$ 安排在一元回归正交表相应的列中。当需考察三个因素 $x_1$、$x_2$、$x_3$，可选用 $L_8(2^7)$ 进行实验设计，根据正交表 $L_8(2^7)$ 的表头设计表，应将 $x_1$、$x_2$、$x_3$ 分别安排在第 1、2 和 4 列，也就是将 $z_1$、$z_2$、$z_3$ 安排在表 2-10 的第 1、2 和 4 列上。如果还要考虑交互作用 $x_1x_2$、$x_1x_3$，也可参考正交表 $L_8(2^7)$ 的交互作用表，将 $z_1z_2$ 和 $z_2z_3$ 分别安排在表 2-10 的第 3、5 列上，表头设计结果见表 2-11。每号实验的方案由 $z_1$，$z_2$，$z_3$ 对应的水平确定，这与正交实验是一致的。

**表 2-11 三因素一次回归正交表**

| 实验号 | 1 | 2 | 3 | 4 | 5 |
|---|---|---|---|---|---|
| | $z_1$ | $z_2$ | $z_1z_2$ | $z_3$ | $z_1z_3$ |
| 1 | 1 | 1 | 1 | 1 | 1 |
| 2 | 1 | 1 | 1 | -1 | -1 |
| 3 | 1 | -1 | -1 | 1 | 1 |
| 4 | 1 | -1 | -1 | -1 | -1 |
| 5 | -1 | 1 | -1 | 1 | -1 |
| 6 | -1 | 1 | -1 | -1 | 1 |
| 7 | -1 | -1 | 1 | 1 | -1 |
| 8 | -1 | -1 | 1 | -1 | 1 |
| 9 | 0 | 0 | 0 | 0 | 0 |
| 10 | 0 | 0 | 0 | 0 | 0 |

从表 2-11 可以看出，第 3 列的编码等于第 1，2 列编码的乘积，同样第 5 列的编码等于第 1，4 列编码的乘积，即交互作用列的编码等于表中对应两因素列编码的乘积，所以用回归正交表安排交互作用时，可以不参考正交表的交互作用表，直接根据这一规律写出交互作用列的编码，这比原正交表的使用更方便。

表 2-11 中的第 9，10 号实验称为零水平实验或中心实验。安排零水平实验的目的是为了进行更精确的统计分析（如回归方程的失拟检验等），得到精度较高的回归方程。当然，如果不考虑失拟检验，也可不安排零水平实验。

为了将数据用方程的形式表示出来，需要建立回归方程，而关键是确定回归系数。设总实验次数为 $n$，其中包括 $m_c$ 次二水平实验（原正交表所规定的实验）和 $m_0$ 次零水平实验，即

$$n = m_c + m_0 \tag{2-15}$$

如果实验结果为 $y_i(i=1, 2, \cdots, n)$，根据最小二乘法原理和回归正交表的两个特点，可以得到一次回归方程系数的计算公式如下（证明略）

$$a = \frac{1}{n}\sum_{i=1}^{n} y_i = \bar{y} \tag{2-16}$$

$$b_j = \frac{\sum_{i=1}^{n} z_{ji} y_i}{m_c}, \ j = 1, 2, \cdots, m \tag{2-17}$$

$$b_{kj} = \frac{\sum_{i=1}^{n} (z_k z_j)_i y_i}{m_c}, \ j > k, \ k = 1, 2, \cdots, m-1 \tag{2-18}$$

式中，$z_{ji}$ 表示 $z_i$ 列各水平的编码，$(z_j z_k)_i$ 表示 $z_j z_k$ 列各水平的编码。

如果一次回归方程中含有交互作用项 $z_j z_k(j>k)$，则回归方程不是线性的，但交互作用项的回归系数的计算和检验与线性项 $z_j$ 是相同的，这是因为交互作用对实验结果也有影响，可以被看作是影响因素。

通过上述方法确定偏回归系数之后，可以直接根据它们绝对值的大小来判断各因素和交互作用的相对重要性，而不用转换成标准回归系数。这是因为，在回归正交设计中，所有因素的水平都经过了无因次的编码变换，在所研究的范围内都是“平等的”，因而所求得的回归系数不受因素的单位和取值的影响，直接反映了该因素作用的大小。另外，回归系数的符号反映了因素对实验指标影响的正负。

#### 2.6.1.4 回归方程检验及偏回归系数的方差分析

回归方程的检验有 $F$ 检验，$t$ 检验和命中率检验。如果要求不高时也可省略不做检验。当某一项的回归系数近于零时，可将其剔除。

A $F$ 检验

当无零水平试验时，首先计算各种平方和及自由度。总平方和为

$$SS_T = L_{yy} = \sum_{i=1}^{n}(y_i - \bar{y})^2 = \sum_{i=1}^{n} y_i^2 - \frac{1}{n}\left(\sum_{i=1}^{n} y_i\right)^2 \tag{2-19}$$

其自由度为 $df_T = n - 1$。

推导出一次项偏回归平方和的计算公式为

$$SS_j = m_c b_j^2, \ j = 1, 2, \cdots, m \tag{2-20}$$

同理可以得到交互项偏回归平方和的计算公式

$$SS_{kj} = m_c b_{kj}^2, \ j > k, \ k = 1, 2, \cdots, m-1 \tag{2-21}$$

各种偏回归平方和的自由度都为1。

一次项偏回归平方和与交互项偏回归平方和的总和就是回归平方和

$$SS_R = \sum SS_{一次项} + \sum SS_{交互项} \tag{2-22}$$

所以回归平方和的自由度也是各偏回归平方和的自由度之和

$$df_R = \sum df_{一次项} + \sum df_{交互项} \tag{2-23}$$

于是残差平方和为

$$SS_e = SS_T - SS_R \tag{2-24}$$

其自由度为

$$df_e = df_T - df_R \tag{2-25}$$

在实际做实验时，往往只需要考虑几个交互作用，或者可以不考虑交互作用，所以在计算回归和残差自由度时应与实际情况相符。如果不考虑交互作用，$df_R = m$，$df_e = n - m - 1$。值得注意的是，无论是否考虑交互作用，都不影响偏回归系数的计算公式。

经偏回归系数显著性检验，证明对实验结果影响不显著的因素或交互作用，可将其从回归方程中剔除，而不会影响到其他回归系数的值，也不需要重新建立回归方程。但应对回归方程再次进行检验，将被剔除变量的偏回归平方和、自由度并入到残差平方和与自由度中，然后再进行相关的分析计算。

当有零水平试验时，如果零水平实验的次数 $m_0 \geqslant 2$，则可以进行回归方程的失拟性检验。前面对回归方程进行的显著性检验，只能说明相对于残差平方和而言，各因素对实验结果的影响是否显著。即使所建立的回归方程是显著的，也只反映了回归方程在实验点上与实验结果拟合得较好，不能说明在整个研究范围内回归方程都能与实测值有好的拟合。为了检验一次回归方程在整个研究范围内的拟合情况，则应安排 $m_0(m_0 \geqslant 2)$ 次零水平实验，进行回归方程的失拟性检验，或称拟合度检验。

设 $m_0$ 次零水平实验结果为 $y_{01}$，$y_{02}$，…，$y_{0m_0}$，根据这 $m_0$ 次重复实验，可以计算出重复实验误差为

$$SS_{e1} = \sum_{i=1}^{m_0} (y_{0i} - \bar{y})^2 = \sum_{i=1}^{m_0} y_{0i}^2 - \frac{1}{m_0}\left(\sum_{i=1}^{m_0} y_{0i}\right)^2 \tag{2-26}$$

实验误差对应的自由度为

$$df_{e1} = m_0 - 1 \tag{2-27}$$

由前述知，只有回归系数 $\alpha$ 与零水平实验次数 $m_0$ 有关，其他各偏回归系数都只与二水平实验次数 $m_0$ 有关，所以增加零水平实验后回归平方和没有变化，于是定义失拟平方和为

$$SS_{Lf} = SS_T - SS_R - SS_{e1} \tag{2-28}$$

或

$$SS_{Lf} = SS_e - SS_{e1} \tag{2-29}$$

可见，失拟平方和表示了回归方程未能拟合的部分，包括未考虑的其他因素及各 $x_j$ 的高次项等所引起的差异。它对应的自由度为

$$df_{Lf} = df_e - df_{e1} \tag{2-30}$$

所以有

$$SS_T = SS_R + SS_e = SS_R + SS_{Lf} + SS_{e1} \tag{2-31}$$

$$df_T = df_R + df_e = df_R + df_{Lf} + df_{e1} \tag{2-32}$$

这时：

$$F_{Lf} = \frac{SS_{Lf}/df_{Lf}}{SS_{e1}/df_{e1}} \tag{2-33}$$

服从自由度为（$df_{Lf}$，$df_{e1}$）的 $F$ 分布。对于给定的显著性水平 $\alpha$（一般取 0.1），当 $F_{Lf} < F_\alpha(df_{Lf}, df_{e2})$ 时，就认为回归方程失拟不显著，失拟平方和 $SS_{Lf}$ 是由随机误差造成的，否则说明所建立的回归方程拟合得不好，需要进一步改进回归模型，如引入别的因素

或建立更高次的回归方程。只有当回归方程显著、失拟检验不显著时，才能说明所建立的回归方程是拟合得很好的。

最后需要指出的是，回归正交实验得到的回归方程是规范变量与实验指标之间的关系式，还应对回归方程的编码值进行回代，得到自然变量与实验指标的回归关系式。

B　$t$ 检验

$t$ 检验也称为零水平实验时的重复检验。为消除被研究区域内实测值与方程计算值出入大的情况，需要对零水平处进行重复实验。用 $t$ 来表示零水平实验平均值 $\bar{y}_0$ 与常数项 $a$ 的差异程度，如下式：

$$t = \frac{|\bar{y}_0 - a|}{\sqrt{SS_{e1}/df_{e1}}} \tag{2-34}$$

计算得到的 $t$ 与一定信度下的 $t$ 临界值 $t_{df_{e1}}^{\alpha}$ 比较，若 $t < t_{df_{e1}}^{\alpha}$，则拟合得好；反之亦然，应建立更高次的回归方程，$t$ 分布表详见附录 D。

C　命中率检验

命中率检验是指在所研究的范围内取多个实验点开展实验，将实验得到的实测结果与方程计算结果相比较，根据拟合情况计算误差，若误差大，则应建立更高次的回归方程。

**例题 2-3**　采用溶胶凝胶法制备一种固体电解质材料，为提高电解质的电导率，需控制制备过程中的条件（如 pH 值、烧结温度、烧结时间）。讨论 $x_1$（pH 值）、$x_2$（烧结温度/℃）和 $x_3$（烧结时间/h）三个因素对电导率的影响，并考虑交互作用 $x_{12}$，$x_{13}$。已知 $x_1 = 7 \sim 12$，$x_2 = 1400 \sim 1700$℃，$x_3 = 5 \sim 10$h。用正交表 $L_8(2^7)$ 安排实验，8 次实验所测得电导率依次为 $3.25\times10^{-4}$S/cm，$3.28\times10^{-4}$S/cm，$3.14\times10^{-4}$S/cm，$3.10\times10^{-4}$S/cm，$3.21\times10^{-4}$S/cm，$3.23\times10^{-4}$ S/cm，$3.06\times10^{-4}$S/cm，$3.15\times10^{-4}$S/cm，试通过回归正交实验确定电导率与三个因素之间的函数关系式。

**解**：(1) 因素水平编码。

因 $x_1 = 7 \sim 12$，所以其上水平 $x_{12} = 12$，下水平 $x_{11} = 7$，零水平 $x_{10} = \frac{x_{11} + x_{12}}{2} = \frac{7 + 12}{2} = 9.5$，变化间距 $\Delta_1 = x_{12} - x_{10} = 12 - 9.5 = 2.5$，以 $x_{11} = 7$ 为例，对应的编码 $z_{11} = \frac{7 - x_0}{\Delta_1} = \frac{7 - 9.5}{2.5} = -1$。同理可对其他因素水平进行编码，编码结果见表 2-12。

**表 2-12　例题 2-3 因素水平编码表**

| 编码 $z_j$ | pH 值 $x_1$ | 烧结温度 $x_2$/℃ | 烧结时间 $x_3$/h |
| --- | --- | --- | --- |
| 上水平（1） | 12 | 1700 | 10 |
| 下水平（-1） | 7 | 1400 | 5 |
| 零水平（0） | 9.5 | 1550 | 7.5 |
| 变化间距 $\Delta_j$ | 2.5 | 150 | 2.5 |

(2) 正交表的选择和实验方案的确定。依题意，可以选用正交表 $L_8(2^7)$，经编码转换后，得到表 2-10 所示的回归正交表。如表 2-13 所示，将 $z_1$、$z_2$、$z_3$ 分别安排在第 1、2

和4列，则第3列和第5列分别为交互作用$z_1z_2$、$z_2z_3$列。不进行零水平实验，故总实验次数$n=8$，实验结果也列在表2-13中。

**表2-13　例题2-3三元一次回归正交设计实验方案及实验结果**

| 实验号 | $z_1$ | $z_2$ | $z_1z_2$ | $z_3$ | $z_1z_3$ | pH值$x_1$ | 烧结温度$x_2$/℃ | 烧结时间$x_3$/h | 电导率$\sigma$/S·cm$^{-1}$ |
|---|---|---|---|---|---|---|---|---|---|
| 1 | 1 | 1 | 1 | 1 | 1 | 12 | 1700 | 10 | $3.25\times10^{-4}$ |
| 2 | 1 | 1 | 1 | −1 | −1 | 12 | 1700 | 5 | $3.28\times10^{-4}$ |
| 3 | 1 | −1 | −1 | 1 | 1 | 12 | 1400 | 10 | $3.14\times10^{-4}$ |
| 4 | 1 | −1 | −1 | −1 | −1 | 12 | 1400 | 5 | $3.10\times10^{-4}$ |
| 5 | −1 | 1 | −1 | 1 | −1 | 7 | 1700 | 10 | $3.21\times10^{-4}$ |
| 6 | −1 | 1 | −1 | −1 | 1 | 7 | 1700 | 5 | $3.23\times10^{-4}$ |
| 7 | −1 | −1 | 1 | 1 | −1 | 7 | 1400 | 10 | $3.06\times10^{-4}$ |
| 8 | −1 | −1 | 1 | −1 | 1 | 7 | 1400 | 5 | $3.15\times10^{-4}$ |

（3）回归方程的建立。依题意，$m_0=0$，$n=m_c=8$。根据回归系数的计算公式，将有关计算列在表2-14中。

**表2-14　例题2-3三元一次回归正交设计计算表**

| 实验号 | $z_1$ | $z_2$ | $z_1z_2$ | $z_3$ | $z_1z_3$ | $\sigma$/S·cm$^{-1}$ | $\sigma^2$/S·cm$^{-1}$ | $z_1\sigma$/S·cm$^{-1}$ | $z_2\sigma$/S·cm$^{-1}$ | $z_3\sigma$/S·cm$^{-1}$ | $(z_1z_2)\sigma$/S·cm$^{-1}$ | $(z_1z_3)\sigma$/S·cm$^{-1}$ |
|---|---|---|---|---|---|---|---|---|---|---|---|---|
| 1 | 1 | 1 | 1 | 1 | 1 | $3.25\times10^{-4}$ | $10.56\times10^{-8}$ | $3.25\times10^{-4}$ | $3.25\times10^{-4}$ | $3.25\times10^{-4}$ | $3.25\times10^{-4}$ | $3.25\times10^{-4}$ |
| 2 | 1 | 1 | 1 | −1 | −1 | $3.28\times10^{-4}$ | $10.76\times10^{-8}$ | $3.28\times10^{-4}$ | $3.28\times10^{-4}$ | $-3.28\times10^{-4}$ | $3.28\times10^{-4}$ | $-3.28\times10^{-4}$ |
| 3 | 1 | −1 | −1 | 1 | 1 | $3.11\times10^{-4}$ | $9.67\times10^{-8}$ | $3.11\times10^{-4}$ | $-3.11\times10^{-4}$ | $3.11\times10^{-4}$ | $-3.11\times10^{-4}$ | $3.11\times10^{-4}$ |
| 4 | 1 | −1 | −1 | −1 | −1 | $3.07\times10^{-4}$ | $9.42\times10^{-8}$ | $3.07\times10^{-4}$ | $-3.07\times10^{-4}$ | $-3.07\times10^{-4}$ | $-3.07\times10^{-4}$ | $-3.07\times10^{-4}$ |
| 5 | −1 | 1 | −1 | 1 | −1 | $3.21\times10^{-4}$ | $10.30\times10^{-8}$ | $-3.21\times10^{-4}$ | $3.21\times10^{-4}$ | $3.21\times10^{-4}$ | $-3.21\times10^{-4}$ | $-3.21\times10^{-4}$ |
| 6 | −1 | 1 | −1 | −1 | 1 | $3.23\times10^{-4}$ | $10.43\times10^{-8}$ | $-3.23\times10^{-4}$ | $3.23\times10^{-4}$ | $-3.23\times10^{-4}$ | $-3.23\times10^{-4}$ | $3.23\times10^{-4}$ |
| 7 | −1 | −1 | 1 | 1 | −1 | $3.03\times10^{-4}$ | $9.18\times10^{-8}$ | $-3.03\times10^{-4}$ | $-3.03\times10^{-4}$ | $3.03\times10^{-4}$ | $3.03\times10^{-4}$ | $-3.03\times10^{-4}$ |
| 8 | −1 | −1 | 1 | −1 | 1 | $3.12\times10^{-4}$ | $9.73\times10^{-8}$ | $-3.12\times10^{-4}$ | $-3.12\times10^{-4}$ | $-3.12\times10^{-4}$ | $3.12\times10^{-4}$ | $3.12\times10^{-4}$ |
| $\sum$ | | | | | | $25.30\times10^{-4}$ | $80.07\times10^{-8}$ | $0.12\times10^{-4}$ | $0.64\times10^{-4}$ | $-0.1\times10^{-4}$ | $0.06\times10^{-4}$ | $0.12\times10^{-4}$ |

由表2-14可得

$$a=\frac{1}{n}\sum_{i=1}^{n}\sigma_i=\frac{25.30\times10^{-4}}{8}=3.1625\times10^{-4}$$

$$b_1=\frac{\sum_{i=1}^{n}z_{1i}\sigma_i}{m_c}=\frac{0.12\times10^{-4}}{8}=0.0150\times10^{-4}$$

$$b_2=\frac{\sum_{i=1}^{n}z_{2i}\sigma_i}{m_c}=\frac{0.64\times10^{-4}}{8}=0.0800\times10^{-4}$$

$$b_3 = \frac{\sum_{i=1}^{n} z_{3i}\sigma_i}{m_c} = \frac{-0.1 \times 10^{-4}}{8} = -0.0125 \times 10^{-4}$$

$$b_{12} = \frac{\sum_{i=1}^{n} (z_1 z_2)_i \sigma_i}{m_c} = \frac{0.06 \times 10^{-4}}{8} = 0.0075 \times 10^{-4}$$

$$b_{13} = \frac{\sum_{i=1}^{n} (z_1 z_3)_i \sigma_i}{m_c} = \frac{0.12 \times 10^{-4}}{8} = 0.0150 \times 10^{-4}$$

所以回归方程为

$$y = (3.1625 + 0.015z_1 + 0.08z_2 - 0.0125z_3 + 0.0075z_1z_2 + 0.015z_1z_3) \times 10^{-4}$$

由该回归方程中偏回归系数绝对值的大小，可以得到各因素和交互作用的主次顺序为：$x_2 > x_1 = x_1x_3 > x_3 > x_1x_2$。

（4）方差分析。

$$SS_T = \sum_{i=1}^{n} \sigma_i^2 - \frac{1}{n}\left(\sum_{i=1}^{n} \sigma_i\right)^2 = 8.007 \times 10^{-7} - \frac{(2.530 \times 10^{-3})^2}{8} = 5.875 \times 10^{-10}$$

$$SS_1 = m_c b_1^2 = 8 \times (0.015 \times 10^{-4})^2 = 1.80 \times 10^{-11}$$

$$SS_2 = m_c b_2^2 = 8 \times (0.08 \times 10^{-4})^2 = 5.12 \times 10^{-10}$$

$$SS_3 = m_c b_3^2 = 8 \times (-0.0125 \times 10^{-4})^2 = 1.25 \times 10^{-11}$$

$$SS_{12} = m_c b_{12}^2 = 8 \times (0.0075 \times 10^{-4})^2 = 4.50 \times 10^{-12}$$

$$SS_{13} = m_c b_{13}^2 = 8 \times (0.015 \times 10^{-4})^2 = 1.80 \times 10^{-11}$$

$$SS_R = SS_1 + SS_2 + SS_3 + SS_{12} + SS_{13}$$
$$= (1.80 + 51.20 + 1.25 + 0.45 + 1.80) \times 10^{-11} = 5.65 \times 10^{-10}$$

$$SS_e = SS_T - SS_R = (5.875 - 5.650) \times 10^{-10} = 2.25 \times 10^{-11}$$

方差分析结果见表2-15，对于显著性水平 $\alpha = 0.05$，只有因素 $z_2$ 对实验指标 $\sigma$ 有显著的影响，其他所有因素和交互作用对实验指标都无显著影响，所以应将 $z_1$、$z_3$、$z_1z_2$、$z_1z_3$ 的平方和及自由度并入残差项，然后再进行方差分析。这时的方差分析为一元方差分析，分析结果见表2-16。

**表2-15　例题2-3方差分析**

| 差异源 | $SS$ | $df$ | $MS$ | $F$ | 显著性 |
|---|---|---|---|---|---|
| $z_1$ | $1.80\times10^{-11}$ | 1 | $1.80\times10^{-11}$ | 1.60 | |
| $z_2$ | $52.10\times10^{-11}$ | 1 | $52.1\times10^{-11}$ | 46.31 | * |
| $z_3$ | $1.25\times10^{-11}$ | 1 | $1.25\times10^{-11}$ | 1.11 | |
| $z_1z_2$ | $0.45\times10^{-11}$ | 1 | $0.45\times10^{-11}$ | 0.40 | |
| $z_1z_3$ | $1.80\times10^{-11}$ | 1 | $1.80\times10^{-11}$ | 1.60 | |
| 回归 | $56.50\times10^{-11}$ | 5 | $11.30\times10^{-11}$ | 10.04 | |
| 残差 $e$ | $2.25\times10^{-11}$ | 2 | $1.13\times10^{-11}$ | | |
| 总和 | $58.75\times10^{-11}$ | $n-1=7$ | | | |

注：$F_{0.05}(1, 2) = 18.51$，$F_{0.01}(1, 2) = 98.49$，$F_{0.05}(5, 2) = 19.30$，$F_{0.01}(5, 2) = 99.30$。

表 2-16 例题 2-3 第二次方差分析

| 差异源 | $SS$ | $df$ | $MS$ | $F$ | 显著性 |
| --- | --- | --- | --- | --- | --- |
| 回归（$z_2$） | $52.10\times10^{-11}$ | 1 | $52.10\times10^{-11}$ | 47.01 | ** |
| 残差 $e$ | $6.65\times10^{-11}$ | 6 | $1.11\times10^{-11}$ | | |
| 总和 | $58.75\times10^{-11}$ | $n-1=7$ | | | |

注：$F_{0.05}(1,6)=5.99$，$F_{0.01}(1,6)=13.74$。

由表 2-16 可知，因素 $z_2$ 对实验指标 $\sigma$ 有非常显著的影响，因此原回归方程可以简化为

$$y=(3.1625+0.08z_2)\times10^{-4}$$

可见，只有 $z_2$ 对电导率有显著影响，两者之间存在显著的线性关系，而且烧结温度取上水平时实验结果最好。

根据编码公式 $z_2=\dfrac{x_2-x_{20}}{\Delta_2}=\dfrac{x_2-1550}{150}$，将上述线性回归方程进行回代：

$$y=\left[3.1625+0.08\left(\frac{x_2-1550}{150}\right)\right]\times10^{-4}$$

整理后得到：

$$y=2.3358\times10^{-4}+5.3333\times10^{-8}x_2$$

### 2.6.2 正交实验的二次回归分析法

二次回归正交实验法适用于较复杂的情形，当实验指标与实验因素之间的关系无法用一次回归方程来描述，且当所建立的一元回归方程经检验不显著时，就需用二次或更高次方程来拟合。

假设有 $m$ 个实验因素（自变量）$z_j(j=1,2,\cdots,m)$，实验指标为因变量 $y$，则二次回归方程的一般形式为

$$\hat{y}=b_0+\sum_{j=1}^{m}b_jx_j+\sum_{j=1}^{m}b_{kj}x_kx_j+\sum_{k<j}b_{kj}x_kx_j+\sum_{j=1}^{m}b_{jj}x_j^2,\ k=1,2,\cdots,m-1(j\neq k)$$

式中，$b_0$，$\{b_j\}$，$\{b_{kj}\}$，$\{b_{jj}\}$ 为回归系数，该方程共有 $\mathrm{sum}=1+m+m(m-1)/2+m$ 项，要使回归系数的估算成为可能，必要条件为实验次数 $n\geqslant \mathrm{sum}$，用一元回归正交设计的方法来安排实验，不能满足这一条件。为解决这一问题，可基于一次回归正交实验设计，加上一些特定的实验点，形成适合的实验方案。

设有两个因素 $x_1$ 和 $x_2$，实验指标为 $y$，则它们之间的二次回归方程为

$$\hat{y}=a+b_1x_1+b_2x_2+b_{12}x_1x_2+b_{11}x_1^2+b_{22}x_2^2 \tag{2-35}$$

该方程共有 6 个回归系数，所以要求实验次数 $n\geqslant6$，而二水平全面实验的次数为 $2^2=4$ 次，显然不能满足要求，于是在此基础上再增加 5 次实验，实验方案见表 2-17。

表 2-17 二元二次回归正交组合设计实验方案

| 实验号 | $z_1$ | $z_2$ | $z_3$ | 说明 |
|---|---|---|---|---|
| 1 | 1 | 1 | $y_1$ | 二水平实验 |
| 2 | 1 | -1 | $y_2$ | |
| 3 | -1 | 1 | $y_3$ | |
| 4 | -1 | -1 | $y_4$ | |
| 5 | $\gamma$ | 0 | $y_5$ | 星号实验 |
| 6 | $-\gamma$ | 0 | $y_6$ | |
| 7 | 0 | $\gamma$ | $y_7$ | |
| 8 | 0 | $-\gamma$ | $y_8$ | |
| 9 | 0 | 0 | $y_9$ | 零水平实验 |

可见，正交组合设计由三类实验点组成，即二水平实验、星号实验和零水平实验。

二水平实验是一次回归正交实验设计中的实验点，设二水平实验的次数为 $m_c$，若为全面实验（全实施），则 $m_c=2^m$，若根据正交表只进行部分二水平实验（1/2 或 1/4 实施），这时 $m_c=2^{m-1}$或 $m_c=2^{m-2}$，对于二元二次回归正交组合设计，$m_c=2^2=4$。

星号实验次数为 $m_\gamma$ 与实验因素数 $m$ 有关，即 $m_\gamma=2m$，对于二元二次回归正交组合设计，$m_\gamma=2\times2=4$。零水平实验次数记为 $m_0$。

所以，二次回归正交组合设计的总实验次数为

$$n = m_c + 2m + m_0 \tag{2-36}$$

类似的，如果有三个因素 $x_1$，$x_2$ 和 $x_3$，则它们与实验指标 $y$ 的三元二次回归方程为

$$y = a + b_1x_1 + b_2x_2 + b_3x_3 + b_{12}x_1x_2 + b_{13}x_1x_3 + b_{23}x_2x_3 + b_{11}x_1^2 + b_{22}x_2^2 + b_{33}x_3^2$$

三元二次回归正交组合设计的实验方案见表 2-18。

表 2-18 三元二次回归正交组合设计实验方案

| 实验号 | $z_1$ | $z_2$ | $z_3$ | $y$ | 说明 |
|---|---|---|---|---|---|
| 1 | 1 | 1 | 1 | $y_1$ | 二水平全面实验，$m_c=2^3=8$；星号实验，$m_\gamma=2\times3=6$；零水平实验，$m_0=1$ |
| 2 | 1 | 1 | -1 | $y_2$ | |
| 3 | 1 | -1 | 1 | $y_3$ | |
| 4 | 1 | -1 | -1 | $y_4$ | |
| 5 | -1 | 1 | 1 | $y_5$ | |
| 6 | -1 | 1 | -1 | $y_6$ | |
| 7 | -1 | -1 | 1 | $y_7$ | |
| 8 | -1 | -1 | -1 | $y_8$ | |
| 9 | $\gamma$ | 0 | 0 | $y_9$ | |
| 10 | $-\gamma$ | 0 | 0 | $y_{10}$ | |
| 11 | 0 | $\gamma$ | 0 | $y_{11}$ | |
| 12 | 0 | $-\gamma$ | 0 | $y_{12}$ | |
| 13 | 0 | 0 | $\gamma$ | $y_{13}$ | |
| 14 | 0 | 0 | $-\gamma$ | $y_{14}$ | |
| 15 | 0 | 0 | 0 | $y_{15}$ | |

如果将两因素的交互项和二次项列入组合设计表中，则可得到表 2-19 和表 2-20。其中交互列和二次项列中的编码可直接由 $z_1$ 和 $z_2$ 写出。例如，交互列 $z_1z_2$ 的编码是对应 $z_1$ 和 $z_2$ 的乘积，而 $z_1^2$ 的编码则是 $z_1$ 列编码的平方。

由表 2-19 和表 2-20 可以看出，增加了星号实验和零水平实验之后，二次项失去了正交性，即该列编码的和不为零，与其他任一列编码的乘积和也不为零。为了使表 2-19 和表 2-20 具有正交性，就应该确定合适的星号臂长度，并对二次项进行中心化处理。

**表 2-19　二元二次回归正交组合设计**

| 实验号 | $z_1$ | $z_2$ | $z_1z_2$ | $z_{12}$ | $z_{22}$ |
|---|---|---|---|---|---|
| 1 | 1 | 1 | 1 | 1 | 1 |
| 2 | 1 | −1 | −1 | 1 | 1 |
| 3 | −1 | 1 | −1 | 1 | 1 |
| 4 | −1 | −1 | 1 | 1 | 1 |
| 5 | $\gamma$ | 0 | 0 | $\gamma^2$ | 0 |
| 6 | $-\gamma$ | 0 | 0 | $\gamma^2$ | 0 |
| 7 | 0 | $\gamma$ | 0 | 0 | $\gamma^2$ |
| 8 | 0 | $-\gamma$ | 0 | 0 | $\gamma^2$ |
| 9 | 0 | 0 | 0 | 0 | 0 |

**表 2-20　三元二次回归正交组合设计**

| 实验号 | $z_1$ | $z_2$ | $z_3$ | $z_1z_2$ | $z_1z_3$ | $z_2z_3$ | $z_1^2$ | $z_2^2$ | $z_3^2$ |
|---|---|---|---|---|---|---|---|---|---|
| 1 | 1 | 1 | 1 | 1 | 1 | 1 | 1 | 1 | 1 |
| 2 | 1 | 1 | −1 | 1 | −1 | −1 | 1 | 1 | 1 |
| 3 | 1 | −1 | 1 | −1 | 1 | −1 | 1 | 1 | 1 |
| 4 | 1 | −1 | −1 | −1 | −1 | 1 | 1 | 1 | 1 |
| 5 | −1 | 1 | 1 | −1 | −1 | 1 | 1 | 1 | 1 |
| 6 | −1 | 1 | −1 | −1 | 1 | −1 | 1 | 1 | 1 |
| 7 | −1 | −1 | 1 | 1 | −1 | −1 | 1 | 1 | 1 |
| 8 | −1 | −1 | −1 | 1 | 1 | 1 | 1 | 1 | 1 |
| 9 | $\gamma$ | 0 | 0 | 0 | 0 | 0 | $\gamma^2$ | 0 | 0 |
| 10 | $-\gamma$ | 0 | 0 | 0 | 0 | 0 | $\gamma^2$ | 0 | 0 |
| 11 | 0 | $\gamma$ | 0 | 0 | 0 | 0 | 0 | $\gamma^2$ | 0 |
| 12 | 0 | $-\gamma$ | 0 | 0 | 0 | 0 | 0 | $\gamma^2$ | 0 |
| 13 | 0 | 0 | $\gamma$ | 0 | 0 | 0 | 0 | 0 | $\gamma^2$ |
| 14 | 0 | 0 | $-\gamma$ | 0 | 0 | 0 | 0 | 0 | $\gamma^2$ |
| 15 | 0 | 0 | 0 | 0 | 0 | 0 | 0 | 0 | 0 |

#### 2.6.2.1 星号臂长度 $\gamma$ 的确定

根据正交性的要求，可以推导出星号臂长度必须满足如下关系式：

$$\gamma = \sqrt{\frac{\sqrt{(m_c + 2m + m_0)m_c} - m_c}{2}} \tag{2-37}$$

可见，星号臂长度 $\gamma$ 与因素数 $m$，零水平实验次数 $m_0$ 及二水平实验数 $m_c$ 有关。为了设计方便，将上述公式计算出来的一些常用的 $\gamma$ 值列于表 2-21。

**表 2-21　二次回归正交组合设计 $\gamma$ 值**

| $m_0$ | 因素数 $m$ | | | | | |
|---|---|---|---|---|---|---|
| | 2 | 3 | 4（1/2 实施） | 4 | 5（1/2 实施） | 5 |
| 1 | 1.000 | 1.215 | 1.353 | 1.414 | 1.547 | 1.596 |
| 2 | 1.078 | 1.287 | 1.414 | 1.483 | 1.607 | 1.662 |
| 3 | 1.147 | 1.353 | 1.471 | 1.547 | 1.664 | 1.724 |
| 4 | 1.210 | 1.414 | 1.525 | 1.607 | 1.719 | 1.784 |
| 5 | 1.267 | 1.471 | 1.575 | 1.664 | 1.771 | 1.841 |
| 6 | 1.320 | 1.525 | 1.623 | 1.719 | 1.820 | 1.896 |
| 7 | 1.369 | 1.575 | 1.668 | 1.771 | 1.868 | 1.949 |
| 8 | 1.414 | 1.623 | 1.711 | 1.820 | 1.914 | 2.000 |
| 9 | 1.457 | 1.668 | 1.752 | 1.868 | 1.958 | 2.049 |
| 10 | 1.498 | 1.721 | 1.792 | 1.914 | 2.000 | 2.097 |

根据表 2-21 可知，对于二元二次回归正交组合设计，当零水平实验次数 $m_0 = 1$ 时，$\gamma = 1$。

#### 2.6.2.2 二次项的中心化

设二次回归方程中的二次项为 $z_{ji}^2$（$j=1, 2, \cdots, m$；$i=1, 2, \cdots, n$），其对应的编码用 $z'_{ji}$ 表示，可以用下式对二次项的每个编码进行中心化处理：

$$z'_{ji} = z_{ji}^2 - \frac{1}{n}\sum_{i=1}^{n} z_{ji}^2 \tag{2-38}$$

式中，$z'_{ji}$ 为中心化之后的编码。这样组合设计表中的 $z_j^2$ 列就可变为 $z'_j$ 列。表 2-22 是二次项中心化之后的二元二次回归正交组合设计编码表。

**表 2-22　二元二次回归正交组合设计编码**

| 实验号 | $z_1$ | $z_2$ | $z_1z_2$ | $z_1^2$ | $z_2^2$ | $z'_1$ | $z'_2$ |
|---|---|---|---|---|---|---|---|
| 1 | 1 | 1 | 1 | 1 | 1 | 1/3 | 1/3 |
| 2 | 1 | −1 | −1 | 1 | 1 | 1/3 | 1/3 |
| 3 | −1 | 1 | −1 | 1 | 1 | 1/3 | 1/3 |
| 4 | −1 | −1 | 1 | 1 | 1 | 1/3 | 1/3 |
| 5 | 1 | 0 | 0 | 1 | 0 | 1/3 | −2/3 |

续表 2-22

| 实验号 | $z_1$ | $z_2$ | $z_1z_2$ | $z_1^2$ | $z_2^2$ | $z_1'$ | $z_2'$ |
|---|---|---|---|---|---|---|---|
| 6 | -1 | 0 | 0 | 1 | 0 | 1/3 | -2/3 |
| 7 | 0 | 1 | 0 | 0 | 1 | -2/3 | 1/3 |
| 8 | 0 | -1 | 0 | 0 | 1 | -2/3 | 1/3 |
| 9 | 0 | 0 | 0 | 0 | 0 | -2/3 | -2/3 |

表 2-22 中后两列是根据公式（2-38）计算得到的，以 $z_1^2$ 列的中心化为例，该列的和 $\sum_{i=1}^{9} z_{1i}^2=6$，所以有 $z_{11}'=z_{11}^2-\frac{1}{9}\sum_{i=1}^{n} z_{1i}^2=1-\frac{6}{9}=\frac{1}{3}$，…，$z_{17}'=z_{17}^2-\frac{1}{9}\sum_{i=1}^{9} z_{1i}^2=0-\frac{6}{9}=-\frac{2}{3}$ 等。

对于三元二次回归正交组合设计，可用同样的方法得到具有正交性的组合设计编码表，见表 2-23。

**表 2-23　三元二次回归正交组合设计编码**

| 实验号 | $z_1$ | $z_2$ | $z_3$ | $z_1z_2$ | $z_1z_3$ | $z_2z_3$ | $z_1'$ | $z_2'$ | $z_3'$ |
|---|---|---|---|---|---|---|---|---|---|
| 1 | 1 | 1 | 1 | 1 | 1 | 1 | 0.270 | 0.270 | 0.270 |
| 2 | 1 | 1 | -1 | 1 | -1 | -1 | 0.270 | 0.270 | 0.270 |
| 3 | 1 | -1 | 1 | -1 | 1 | -1 | 0.270 | 0.270 | 0.270 |
| 4 | 1 | -1 | -1 | -1 | -1 | 1 | 0.270 | 0.270 | 0.270 |
| 5 | -1 | 1 | 1 | -1 | -1 | 1 | 0.270 | 0.270 | 0.270 |
| 6 | -1 | 1 | -1 | -1 | 1 | -1 | 0.270 | 0.270 | 0.270 |
| 7 | -1 | -1 | 1 | 1 | -1 | -1 | 0.270 | 0.270 | 0.270 |
| 8 | -1 | -1 | -1 | 1 | 1 | 1 | 0.270 | 0.270 | 0.270 |
| 9 | 1.215 | 0 | 0 | 0 | 0 | 0 | 0.747 | -0.730 | -0.730 |
| 10 | -1.215 | 0 | 0 | 0 | 0 | 0 | 0.747 | -0.730 | -0.730 |
| 11 | 0 | 1.215 | 0 | 0 | 0 | 0 | -0.730 | 0.747 | -0.730 |
| 12 | 0 | -1.215 | 0 | 0 | 0 | 0 | -0.730 | 0.747 | -0.730 |
| 13 | 0 | 0 | 1.215 | 0 | 0 | 0 | -0.730 | -0.730 | 0.747 |
| 14 | 0 | 0 | -1.215 | 0 | 0 | 0 | -0.730 | -0.730 | 0.747 |
| 15 | 0 | 0 | 0 | 0 | 0 | 0 | -0.730 | -0.730 | -0.730 |

二次回归正交组合设计的基本步骤如下。

A　因素水平编码

确定因素 $x_j(j=1, 2, \cdots, m)$ 的变化范围和零水平实验的次数 $m_0$。再根据星号臂长 $\gamma$ 的计算公式（2-37）或表 2-25 确定 $\gamma$ 值，对因素水平进行编码，得到规范变量 $z_j$（$j=1, 2, \cdots, m$）。如果以 $x_{j2}$ 和 $x_{j1}$ 分别表示因素 $x_j$ 的上下水平，则它们的算术平均值就是因素 $x_j$ 的零水平，以 $x_{j0}$ 表示。设 $x_{j\gamma}$ 与 $x_{-j\gamma}$ 为因素 $x_j$ 的上下星号臂水平，则 $x_{j\gamma}$ 与 $x_{-j\gamma}$ 为因素 $x_j$ 的上下限，于是有

$$x_{j0} = \frac{x_{j1} + x_{j2}}{2} = \frac{x_{j\gamma} + x_{-j\gamma}}{2} \tag{2-39}$$

所以，该因素的变化间距为

$$\Delta_j = \frac{x_{j\gamma} - x_{j0}}{\gamma} \tag{2-40}$$

然后对因素 $x_j$ 的各个水平进行线性变换，得到水平的编码为

$$z_j = \frac{x_j - x_{j0}}{\Delta_j} \tag{2-41}$$

这样，编码公式就将因素的实际取值 $x_j$ 与编码值 $z_j$ 一一对应起来（见表2-24），编码后，实验因素的水平被编为 $-\gamma$，-1，0，1，$\gamma$。

**表 2-24 因素水平的编码表**

| 规范变量 | 自然变量 $x_j$ | | | |
|---|---|---|---|---|
| | | | | |
| 上星号臂 $\gamma$ | | | | |
| 上水平 1 | | | | |
| 零水平 0 | | | | |
| 下水平 -1 | | | | |
| 下星号臂 $-\gamma$ | | | | |
| 变化间距 $\Delta_j$ | | | | |

B 确定合适的二次回归正交组合设计

首先根据因素数 $m$ 选择合适的正交表进行变换，明确二水平实验方案，二水平实验次数 $m_c$ 和星号实验次数 $m_\gamma$ 也能随之确定，这一过程可以参考表 2-25。

**表 2-25 正交表的选用**

| 因素数 $m$ | 选用正交表 | 表头设计 | $m_c$ | $m_\gamma$ |
|---|---|---|---|---|
| 2 | $L_4(2^3)$ | 1，2 列 | $2^2=4$ | 4 |
| 3 | $L_8(2^7)$ | 1，2，4 列 | $2^3=8$ | 6 |
| 4（1/2 实施） | $L_8(2^7)$ | 1，2，4，7 列 | $2^{4-1}=8$ | 8 |
| 4 | $L_{16}(2^{15})$ | 1，2，4，8 列 | $2^4=16$ | 8 |
| 5（1/2 实施） | $L_{16}(2^{15})$ | 1，2，4，8，15 列 | $2^{5-1}=16$ | 10 |
| 5 | $L_{32}(2^{31})$ | 1，2，4，8，16 列 | $2^5=32$ | 10 |

然后对二次项进行中心化处理，就可以得到具有正交性的二次回归正交组合设计编码表（$m_0=2$ 时的常用二次回归正交组合设计表）。

C 实验方案的实施

根据二次回归正交组合设计表确定的实验方案，进行 $n$ 次实验，得到 $n$ 个实验指标。

D 回归方程的建立

计算各回归系数，建立含规范变量的回归方程。回归系数的计算公式如下。

$$a = \frac{1}{n}\sum_{i=1}^{n} y_i = \bar{y} \tag{2-42}$$

$$b_j = \frac{\sum_{i=1}^{n} z_{ji} y_i}{\sum_{i=1}^{n} z_{ji}^2}, \quad j = 1, 2, \cdots, m \tag{2-43}$$

$$b_{kj} = \frac{\sum_{i=1}^{n} (z_k z_j)_i y_i}{\sum_{i=1}^{n} (z_k z_j)_i^2}, \quad j > k, k = 1, 2, \cdots, m-1 \tag{2-44}$$

$$b_{jj} = \frac{\sum_{i=1}^{n} (z'_{ji}) y_i}{\sum_{i=1}^{n} (z'_{ji})^2} \tag{2-45}$$

E　回归方程显著性检验

总平方和为

$$SS_T = \sum_{i=1}^{n} (y_i - \bar{y})^2 = \sum_{i=1}^{n} y_i^2 - \frac{1}{n}\left(\sum_{i=1}^{n} y_i\right)^2 \tag{2-46}$$

其自由度为 $df_T = n - 1$。

一次项偏回归平方和：

$$SS_j = b_j^2 \sum_{i=1}^{n} z_{ji}^2, \; j = 1, 2, \cdots, m \tag{2-47}$$

交互项偏回归平方和：

$$SS_{kj} = b_{kj}^2 \sum_{i=1}^{n} (z_k z_j)_i^2, \; j > k, \; k = 1, 2, \cdots, m-1 \tag{2-48}$$

二次项偏回归平方和：

$$SS_{jj} = b_{jj}^2 \sum_{i=1}^{n} (z'_{ji})^2 \tag{2-49}$$

各种偏回归平方和的自由度都为1。

一次项、二次项、交互项偏回归平方和的总和就是回归平方和：

$$SS_R = \sum SS_{一次项} + \sum SS_{交互项} + \sum SS_{二次项} \tag{2-50}$$

所以回归平方和的自由度也是各偏回归平方和的自由度之和：

$$df_R = \sum df_{一次项} + \sum df_{交互项} + \sum df_{二次项} \tag{2-51}$$

于是残差平方和为

$$SS_e = SS_T - SS_R \tag{2-52}$$

其自由度为

$$df_e = df_T - df_R \tag{2-53}$$

回归系数的检验：

$$F_j = \frac{MS_j}{MS_e} = \frac{SS_j}{SS_e / df_e} \tag{2-54}$$

$$F_{kj}=\frac{MS_{kj}}{MS_e}=\frac{SS_{kj}}{SS_e/df_e} \tag{2-55}$$

$$F_{jj}=\frac{MS_{jj}}{MS_e}=\frac{SS_{jj}}{SS_e/df_e} \tag{2-56}$$

F 失拟性检验

失拟性检验与一次回归正交设计是相同的，这里不再重复。

G 回归方程的回代

根据编码公式或二次项的中心化公式，将 $z_j$，$x_j$ 与实验指标 $y$ 之间的回归关系式转换成自然变量 $x_j$ 与实验指标 $y$ 之间的回归关系式。

H 最优实验方案的确定

根据极值必要条件：$\frac{\partial y}{\partial x_1}=0$，$\frac{\partial y}{\partial x_2}=0$，$\frac{\partial y}{\partial x_3}=0$，…，可以求出最优的实验条件。

**例题 2-4** 为了提高某种产品质量，在其他合成条件一定的情况下，重点考察两种溶剂对实验指标的影响，已知溶剂 1($x_1$) 的变化范围为 0.7~0.9mL，溶剂 2($x_2$) 的变化范围为 1~3mL，试用二次正交组合设计分析出这两个因素与实验指标（$y$）之间的关系。

**解：**(1) 因素水平编码。由于因素数 $m=2$，如果取零水平实验次数 $m_0=2$，根据星号臂长 $\gamma$ 的计算公式或表 2-25 得 $\gamma=1.078$。

依题意，溶剂 1($x_1$) 的上限为 $x_{1\gamma}=0.9$，下限为 $x_{-1\gamma}=0.7$，所以零水平为 $x_{10}=0.8$，根据式（2-40）得变化间距 $\Delta_1=(0.9-0.8)/1.078=0.093$，同理可以计算出因素 $x_2$ 的编码，见表 2-26。

**表 2-26 因素水平的编码**

| 规范变量 $z_j$ | 自然变量 $x_j$ | | 规范变量 $z_j$ | 自然变量 $x_j$ | |
|---|---|---|---|---|---|
| | $x_1$/mL | $x_2$/mL | | $x_1$/mL | $x_2$/mL |
| 上星号臂 $\gamma$ | 0.9 | 3 | 下水平 −1 | 0.707 | 1.07 |
| 上水平 1 | 0.893 | 2.93 | 下星号臂 $-\gamma$ | 0.7 | 1 |
| 零水平 0 | 0.8 | 2 | 变化间距 $\Delta_j$ | 0.093 | 0.93 |

(2) 正交组合设计。由于因素数 $m=2$，参考表 2-25，可以选用正交表 $L_4(2^3)$ 进行变换，二水平实验次数 $m_c=2^2=4$，星号实验的次数为 $2m=4$。实验方案见表 2-27，实验结果见表 2-28。

**表 2-27 例题 2-4 实验方案**

| 实验号 | $z_1$ | $z_2$ | $x_1$/mL | $x_2$/mL |
|---|---|---|---|---|
| 1 | 1 | 1 | 0.893 | 2.93 |
| 2 | 1 | −1 | 0.893 | 1.07 |
| 3 | −1 | 1 | 0.707 | 2.93 |
| 4 | −1 | −1 | 0.707 | 1.07 |

续表 2-27

| 实验号 | $z_1$ | $z_2$ | $x_1$/mL | $x_2$/mL |
|---|---|---|---|---|
| 5 | 1.078 | 0 | 0.9 | 2 |
| 6 | -1.078 | 0 | 0.7 | 2 |
| 7 | 0 | 1.078 | 0.8 | 3 |
| 8 | 0 | -1.078 | 0.8 | 1 |
| 9 | 0 | 0 | 0.8 | 2 |
| 10 | 0 | 0 | 0.8 | 2 |

**表 2-28 例题 2-4 二元二次回归正交组合设计表及实验结果**

| 实验号 | $z_1$ | $z_2$ | $z_1z_2$ | $z_1^2$ | $z_2^2$ | $z'_1$ | $z'_2$ | $y$ |
|---|---|---|---|---|---|---|---|---|
| 1 | 1 | 1 | 1 | 1 | 1 | 0.368 | 0.368 | 423 |
| 2 | 1 | -1 | -1 | 1 | 1 | 0.368 | 0.368 | 486 |
| 3 | -1 | 1 | -1 | 1 | 1 | 0.368 | 0.368 | 418 |
| 4 | -1 | -1 | 1 | 1 | 1 | 0.368 | 0.368 | 454 |
| 5 | 1.078 | 0 | 0 | 1.162 | 0 | 0.530 | -0.632 | 491 |
| 6 | -1.078 | 0 | 0 | 1.162 | 0 | 0.530 | -0.632 | 472 |
| 7 | 0 | 1.078 | 0 | 0 | 1.162 | -0.632 | 0.530 | 428 |
| 8 | 0 | -1.078 | 0 | 0 | 1.162 | -0.632 | 0.530 | 492 |
| 9 | 0 | 0 | 0 | 0 | 0 | -0.632 | -0.632 | 512 |
| 10 | 0 | 0 | 0 | 0 | 0 | -0.632 | -0.632 | 509 |

根据二元二次回归正交组合设计的要求，参照式（2-38）将二次项 $z_1^2$ 和 $z_2^2$ 分别进行中心化，得到 $z'_1$ 和 $z'_2$，二次项中心化结果见表 2-29。

**表 2-29 例题 2-4 二元二次回归正交组合设计计算**

| $i$ | $z_1$ | $z_2$ | $z_1z_2$ | $z'_1$ | $z'_2$ | $y$ | $y^2$ | $z_1y$ | $z_2y$ |
|---|---|---|---|---|---|---|---|---|---|
| 1 | 1 | 1 | 1 | 0.368 | 0.368 | 423 | 178929 | 423 | 423 |
| 2 | 1 | -1 | -1 | 0.368 | 0.368 | 486 | 236196 | 486 | -486 |
| 3 | -1 | 1 | -1 | 0.368 | 0.368 | 418 | 174724 | -418 | 418 |
| 4 | -1 | -1 | 1 | 0.368 | 0.368 | 454 | 206116 | -454 | -454 |
| 5 | 1.078 | 0 | 0 | 0.530 | -0.632 | 491 | 241081 | 529.298 | 0 |
| 6 | 1.078 | 0 | 0 | 0.530 | -0.632 | 472 | 222784 | -508.816 | 0 |
| 7 | 0 | 1.078 | 0 | -0.632 | 0.530 | 428 | 183184 | 0 | 461.384 |
| 8 | 0 | -1.078 | 0 | -0.632 | 0.530 | 492 | 242064 | 0 | -530.376 |

续表 2-29

| $i$ | $z_1$ | $z_2$ | $z_1z_2$ | $z'_1$ | $z'_2$ | $y$ | $y^2$ | $z_1y$ | $z_2y$ |
|---|---|---|---|---|---|---|---|---|---|
| 9 | 0 | 0 | 0 | -0.632 | -0.632 | 512 | 262144 | 0 | 0 |
| 10 | 0 | 0 | 0 | -0.632 | -0.632 | 509 | 259081 | 0 | 0 |
| Σ | | | | | | 4685 | 2206303 | 57.482 | -167.992 |
| $i$ | $(z_1z_2)y$ | $z'_1y$ | $z'_2y$ | $z_1^2$ | $z_2^2$ | $(z_1z_2)^2$ | $z_1'^2$ | $z_2'^2$ | |
| 1 | 423 | 155.4882 | 155.4884 | 1 | 1 | 1 | 0.135 | 0.135 | |
| 2 | -486 | 178.6451 | 178.6453 | 1 | 1 | 1 | 0.135 | 0.135 | |
| 3 | -418 | 153.6504 | 153.6503 | 1 | 1 | 1 | 0.135 | 0.135 | |
| 4 | 454 | 166.8832 | 166.8832 | 1 | 1 | 1 | 0.135 | 0.135 | |
| 5 | 0 | 260.0671 | -310.5165 | 1.162 | 0 | 0 | 0.281 | 0.400 | |
| 6 | 0 | 250.0032 | -298.5006 | 1.162 | 0 | 0 | 0.281 | 0.400 | |
| 7 | 0 | -270.6744 | 226.6984 | 0 | 1.162 | 0 | 0.400 | 0.281 | |
| 8 | 0 | -311.1494 | 260.5968 | 0 | 1.162 | 0 | 0.400 | 0.281 | |
| 9 | 0 | -323.7976 | -323.7965 | 0 | 0 | 0 | 0.400 | 0.400 | |
| 10 | 0 | -321.9004 | -321.8997 | 0 | 0 | 0 | 0.400 | 0.400 | |
| Σ | -27 | -62.7846 | -112.7509 | 6.324 | 6.324 | 4 | 2.701 | 2.701 | |

（3）回归方程的建立。根据计算表 2-29 可知，$\sum_{i=1}^{n} y_i = 4685$，$\sum_{i=1}^{n} z_{1i}y_i = 57.482$，$\sum_{i=1}^{n} z_{2i}y_i = -167.992$，$\sum_{i=1}^{n} z_{1i}^2 = \sum_{i=1}^{n} z_{2i}^2 = 6.324$，$\sum_{i=1}^{n} (z_1z_2)_i y_i = -27$，$\sum_{i=1}^{n} (z_1z_2)_i^2 = 4$，$\sum_{i=1}^{n} (z'_{1i})y_i = -62.7846$，$\sum_{i=1}^{n} (z'_{2i})y_i = -112.7509$，$\sum_{i=1}^{n} (z'_{1i})^2 = \sum_{i=1}^{n} (z'_{2i})^2 = 2.701$，所以：

$$a = \frac{1}{n}\sum_{i=1}^{n} y_i = \bar{y} = \frac{4685}{10} = 468.5$$

$$b_1 = \frac{\sum_{i=1}^{n} z_{1i}y_i}{\sum_{i=1}^{n} z_{1i}^2} = \frac{57.482}{6.324} = 9.09$$

$$b_2 = \frac{\sum_{i=1}^{n} z_{2i}y_i}{\sum_{i=1}^{n} z_{2i}^2} = \frac{-167.992}{6.324} = -26.56$$

$$b_{12} = \frac{\sum_{i=1}^{n} (z_1z_2)_i y_i}{\sum_{i=1}^{n} (z_1z_2)_i^2} = \frac{-27}{4} = -6.75$$

$$b_{11}=\frac{\sum_{i=1}^{n}(z'_{1i})y_i}{\sum_{i=1}^{n}(z'_{1i})^2}=\frac{-62.7846}{2.701}=-23.24$$

$$b_{22}=\frac{\sum_{i=1}^{n}(z'_{2i})y_i}{\sum_{i=1}^{n}(z'_{2i})^2}=\frac{-112.7509}{2.701}=-41.74$$

所以规范变量与实验指标之间的回归关系式为

$$y=468.5+9.09z_1-26.56z_2-6.75z_1z_2-23.24z'_1-41.74z'_2$$

（4）回归方程及偏回归系数的显著性检验。由计算表 2-29 知，$\sum_{i=1}^{n}y_i^2=2206303$，所以：

$$SS_T=\sum_{i=1}^{n}y_i^2-\frac{1}{n}\left(\sum_{i=1}^{n}y_i\right)^2=2206303-\frac{4685^2}{10}=11380.5$$

$$SS_1=b\sum_{i=1}^{n}z_{1i}^2=9.09^2\times 6.324=522.5$$

$$SS_2=b_2^2\sum_{i=1}^{n}z_{2i}^2=26.56^2\times 6.324=4461.2$$

$$SS_{12}=b_{12}^2\sum_{i=1}^{n}(z_1z_2)_i^2=6.75^2\times 4=182.3$$

$$SS_{11}=b_{11}^2\sum_{i=1}^{n}(z'_{1i})^2=23.24^2\times 2.701=1458.8$$

$$SS_{22}=b_{22}^2\sum_{i=1}^{n}(z'_{2i})^2=41.74^2\times 2.701=4705.8$$

故

$$\begin{aligned}SS_R&=SS_1+SS_2+SS_{12}+SS_{11}+SS_{22}\\&=522.5+4461.2+182.3+1458.8+4705.8=11330.6\end{aligned}$$

所以：

$$SS_e=SS_T-SS_R=11380.5-11330.6=49.9$$

方差分析结果见表 2-30。

**表 2-30　例题 2-4 的方差分析**

| 差异源 | *SS* | *df* | *MS* | *F* | 显著性 |
|---|---|---|---|---|---|
| $z_1$ | 522.5 | 1 | 522.5 | 41.8 | ** |
| $z_2$ | 4461.2 | 1 | 4461.2 | 356.9 | ** |
| $z_1z_2$ | 182.3 | 1 | 182.3 | 14.6 | * |
| $z'_1$ | 1458.8 | 1 | 1458.8 | 116.7 | ** |
| $z'_2$ | 4705.8 | 1 | 4705.8 | 376.5 | ** |

续表 2-30

| 差异源 | SS | df | MS | F | 显著性 |
|---|---|---|---|---|---|
| 回归 | 11330.6 | 5 | 2266.1 | 181.3 | ** |
| 残差 | 49.9 | 4 | 12.5 | | |
| 总和 | 11380.5 | n-1=9 | | | |

注：$F_{0.05}(1,4)=7.71$，$F_{0.01}(1,4)=21.20$，$F_{0.01}(5,4)=15.52$。

方差分析结果表明，所建立的回归方程以及各偏回归系数都达到显著水平。如果某个偏回归系数不显著，则可以将其归入残差平方和中，这与正交实验设计的方差分析类似。

1）失拟性检验。根据本例的计算表（见表 2-29），重复实验的平方和为

$$SS_{e1}=\sum_{i=1}^{m_0}y_{0i}^2-\frac{1}{m_0}\Big(\sum_{i=1}^{m_0}y_{0i}\Big)^2=262144+259081-\frac{1}{2}\times(512+509)^2=4.5$$

其自由度为

$$df_{e1}=m_0-1=2-1=1$$

失拟平方和为

$$SS_{Lf}=SS_e-SS_{e1}=49.9-4.5=45.4$$

其自由度为

$$df_{Lf}=df_e-df_{e1}=4-1=3$$

所以：

$$F_{Lf}=\frac{SS_{Lf}/df_{Lf}}{SS_{e1}/df_{e1}}=\frac{45.5/3}{4.5/1}=3.37<F_{0.1}(3,1)=53.59$$

检验结果表明，失拟不显著，回归模型与实际情况拟合得很好。

2）回归方程的回代。由二次项中心化公式可得

$$z'_1=z_1^2-\frac{1}{n}\sum_{i=1}^{n}z_{1i}^2=z_1^2-\frac{6.324}{10}=z_1^2-0.6324$$

$$z'_2=z_2^2-\frac{1}{n}\sum_{i=1}^{n}z_{2i}^2=z_2^2-\frac{6.324}{10}=z_2^2-0.6324$$

如果代入回归方程，则有

$$y=468.5+9.09z_1-26.56z_2-6.75z_1z_2-23.24(z_1^2-0.6324)-41.74(z_2^2-0.6324)$$
$$=509.6+9.09z_1-26.56z_2-6.75z_1z_2-23.24z_1^2-41.74z_2^2$$

根据编码公式：

$$z_1=\frac{x_1-0.8}{0.093},\quad z_2=\frac{x_1-2}{0.93}$$

所以：

$$y=509.6+9.09\left(\frac{x_1-0.8}{0.093}\right)-26.56\left(\frac{x_2-2}{0.93}\right)-6.75\left(\frac{x_1-0.8}{0.093}\right)\left(\frac{x_2-2}{0.93}\right)-$$
$$23.24\left(\frac{x_1-0.8}{0.093}\right)^2-41.74\left(\frac{x_2-2}{0.93}\right)^2$$

整理后得到：

$$y = -1544.0 + 4539.8x_1 + 227.0x_2 - 78.0x_1x_2 - 2678.7x_1^2 - 48.3x_2^2$$

3）最优实验方案的确定。根据极值的必要条件：$\frac{\partial y}{\partial x_1} = 0$，$\frac{\partial y}{\partial x_2} = 0$，即

$$\begin{cases} 4539.8 - 78.0x_2 - 5357.4x_1 = 0 \\ 227.0 - 78.0x_1 - 96.6x_2 = 0 \end{cases}$$

解得 $x_1 = 0.8$，$x_2 = 1.7$ 时，实验指标 $y$ 可以达到最大值 514。

通过回归设计的几个例子可以看出，由于回归设计表具有正交性，使得回归分析的计算量大为简化。但随着因素数和回归方程次数的增加，回归分析也变得更复杂。

**例题 2-5** 某化工产品的得率与发生化学反应温度 $x_1$(60~90℃)，反应时间 $x_2$(2~5h) 及反应溶液浓度 $x_3$(40%~70%) 有关，不考虑因素间的交互作用，选用正交表 $L_8(2^7)$ 进行一次正交实验，并多安排 3 次零水平实验，实验结果（得率）依次为：12.5%，9.8%，11.2%，8.8%，11.3%，9.3%，10.3%，7.6%，10.2%，10.7%，10.4%。

（1）用一次回归正交实验设计求出回归方程；

（2）对回归方程和回归系数进行显著检验；

（3）失拟性检验；

（4）确定因素主次和优方案。

**解**：（1）用一次回归正交实验设计求出回归方程。

因素水平编码及实验方案的确定，见表 2-31。

**表 2-31 因素水平编码表**

| 编码 $z_j$ | 化学反应温度 $x_1$/℃ | 反应时间 $x_2$/h | 反应溶液浓度 $x_3$/% |
|---|---|---|---|
| 下水平（-1） | 60 | 2 | 40 |
| 上水平（+1） | 90 | 5 | 70 |
| 零水平（0） | 75 | 3.5 | 55 |
| 变化间距 $\Delta_j$ | 15 | 1.5 | 15 |

由于不考虑交互作用，所以本例要求建立三元线性方程，选正交表 $L_8(2^7)$ 安排实验，实验方案和实验结果见表 2-32 和表 2-33。

**表 2-32 实验方案**

| 实验号 | $z_1$ | $z_2$ | $z_3$ | $x_1$ | $x_2$ | $x_3$ | $y$ |
|---|---|---|---|---|---|---|---|
| 1 | 1 | 1 | 1 | 90 | 5 | 70 | 12.5 |
| 2 | 1 | 1 | -1 | 90 | 5 | 40 | 9.8 |
| 3 | 1 | -1 | 1 | 90 | 2 | 70 | 11.2 |
| 4 | 1 | -1 | -1 | 90 | 2 | 40 | 8.8 |
| 5 | -1 | 1 | 1 | 60 | 5 | 70 | 11.3 |
| 6 | -1 | 1 | -1 | 60 | 5 | 40 | 9.3 |
| 7 | -1 | -1 | 1 | 60 | 2 | 70 | 10.3 |

续表 2-32

| 实验号 | $z_1$ | $z_2$ | $z_3$ | $x_1$ | $x_2$ | $x_3$ | $y$ |
|---|---|---|---|---|---|---|---|
| 8 | -1 | -1 | -1 | 60 | 2 | 40 | 7.6 |
| 9 | 0 | 0 | 0 | 75 | 3.5 | 55 | 10.2 |
| 10 | 0 | 0 | 0 | 75 | 3.5 | 55 | 10.7 |
| 11 | 0 | 0 | 0 | 75 | 3.5 | 55 | 10.4 |

**表 2-33　实验结果及计算**

| 实验号 | $z_1$ | $z_2$ | $z_3$ | $y$ | $y^2$ | $z_1y$ | $z_2y$ | $z_3y$ |
|---|---|---|---|---|---|---|---|---|
| 1 | 1 | 1 | 1 | 12.5 | 156.25 | 12.5 | 12.5 | 12.5 |
| 2 | 1 | 1 | -1 | 9.8 | 96.04 | 9.8 | 9.8 | -9.8 |
| 3 | 1 | -1 | 1 | 11.2 | 125.44 | 11.2 | -11.2 | 11.2 |
| 4 | 1 | -1 | -1 | 8.8 | 77.44 | 8.8 | -8.8 | -8.8 |
| 5 | -1 | 1 | 1 | 11.3 | 127.69 | -11.3 | 11.3 | 11.3 |
| 6 | -1 | 1 | -1 | 9.3 | 86.49 | -9.3 | 9.3 | -9.3 |
| 7 | -1 | -1 | 1 | 10.3 | 106.09 | -10.3 | -10.3 | 10.3 |
| 8 | -1 | -1 | -1 | 7.6 | 57.76 | -7.6 | -7.6 | -7.6 |
| 9 | 0 | 0 | 0 | 10.2 | 104.04 | 0 | 0 | 0 |
| 10 | 0 | 0 | 0 | 10.7 | 114.49 | 0 | 0 | 0 |
| 11 | 0 | 0 | 0 | 10.4 | 108.16 | 0 | 0 | 0 |
| $\sum$ | | | | 112.1 | 1159.89 | 3.8 | 5 | 9.8 |

回归方程的建立：

$$a = \frac{1}{n}\sum_{i=1}^{n} y_i = \bar{y} = \frac{112.1}{11} = 10.191$$

$$b_1 = \frac{\sum_{i=1}^{n} z_{1i}y_i}{m_c} = \frac{3.8}{8} = 0.475$$

$$b_2 = \frac{\sum_{i=1}^{n} z_{2i}y_i}{m_c} = \frac{5}{8} = 0.625$$

$$b_3 = \frac{\sum_{i=1}^{n} z_{3i}y_i}{m_c} = \frac{9.8}{8} = 1.225$$

回归方程：

$$y = 10.191 + 0.475z_1 + 0.625z_2 + 1.225z_3$$

（2）对回归方程和回归系数进行显著检验。

$$SS_T = \sum_{i=1}^{n} y_i^2 - \frac{\left(\sum_{i=1}^{n} y_i\right)^2}{n} = 1159.89 - \frac{112.1^2}{11} = 17.4891$$

$$SS_1 = m_c b_1^2 = 8 \times 0.475^2 = 1.805$$

$$SS_2 = m_c b_2^2 = 8 \times 0.625^2 = 3.125$$

$$SS_3 = m_c b_3^2 = 8 \times 1.225^2 = 12.005$$

$$SS_R = SS_1 + SS_2 + SS_3 = 16.935$$

$$SS_e = SS_T - SS_R = 0.5541$$

方差分析见表2-34。

**表2-34 方差分析**

| 差异源 | $SS$ | $df$ | $MS$ | $F$ | 显著性 |
|---|---|---|---|---|---|
| $z_1$ | 1.805 | 1 | 1.805 | 22.8 | ** |
| $z_2$ | 3.125 | 1 | 3.125 | 39.5 | ** |
| $z_3$ | 12.005 | 1 | 12.005 | 151.6 | ** |
| 回归 | 16.935 | 3 | 5.645 | 71.3 | ** |
| 残差 | 0.5541 | 7 | 0.0792 | | |
| 总和 | 17.4891 | 10 | | | |

注：$F_{0.01}(1, 7) = 12.25$，$F_{0.01}(3, 7) = 8.45$。

可见，三个因素对实验指标都有非常显著的影响，所建立的回归方程也非常显著。

（3）失拟性检验。本例中，零水平实验次数 $m_0 = 3$，可以进行失拟性检验，有关计算如下：

重复实验的平方和为

$$SS_{e1} = \sum_{i=1}^{m_0} y_{0i}^2 - \frac{\left(\sum_{i=1}^{m_0} y_{0i}\right)^2}{m_0} = 326.69 - \frac{31.3^2}{3} = 0.12667$$

其自由度为

$$df_{e1} = m_0 - 1 = 3 - 1 = 2$$

失拟平方和为

$$SS_{Lf} = SS_e - SS_{e1} = 0.5541 - 0.12667 = 0.42743$$

其自由度为

$$df_{Lf} = df_e - df_{e1} = 7 - 2 = 5$$

所以：

$$F_{Lf} = \frac{SS_{Lf}/df_{Lf}}{SS_{e1}/df_{e1}} = \frac{0.42743/5}{0.12667/2} = 1.3497 < F_{0.1}(5, 2) = 9.29$$

检验结果表明，失拟不显著，回归模型与实际情况拟合得很好。

（4）确定因素主次和优方案。由回归方程偏回归系数绝对值的大小，可以得到各因素的主次顺序为：$x_3>x_2>x_1$。又因为各偏回归系数都为正，所以这些影响因素取上水平，实验指标最好。

回归方程的回代。根据编码公式：

$$z_1 = \frac{x_1 - 75}{15}$$

$$z_2 = \frac{x_2 - 3.5}{1.5}$$

$$z_3 = \frac{x_3 - 55}{15}$$

代入回归方程得

$$y = 1.8866 + 0.0317x_1 + 0.4167x_2 + 0.0817x_3$$

## 2.7 配方实验设计

配方配比问题是工业生产及科学实验中经常遇到的一个问题。通常实验者要通过实验分析得出产品的各种成分比例与性能指标的关系。例如，某种不锈钢由铁、镍、铜和铬四种元素组成，我们想知道每种元素所占比例与抗拉强度的数量关系。怎样实验可以得到精度较好而且易于计算的回归方程呢？这是一种特殊的回归设计问题，实验指标如不锈钢的抗拉强度，仅与各种成分，如铁、镍、铜和铬所占的百分比有关系，而与混料的总数量没有关系。通过利用混料回归设计就能合理地选择少量的实验点，通过一些不同百分比的组合实验，得到实验指标成分百分比的回归方程，通过探索响应曲面来估计多分量系统的内在规律，即为混料实验设计又称配方实验设计，其目的就是合理地选择少量的实验点，通过一些不同配比的实验，得到实验指标与成分百分比之间的回归方程，并进一步探讨组成与实验指标之间的内在规律。配方设计的方法主要有单纯形格子点的设计、单纯形重心设计和配方均匀设计。

### 2.7.1 配方实验设计的约束条件

在配方实验或混料实验中，如果用 $y$ 表示实验指标，$x_1$，$x_2$，…，$x_m$ 表示配方中 $m$ 组分各占的百分比，显然每个组分的比例必须都是非负的，而且它们的总和必须为 1，所以混料约束条件可以表示为

$$x_j \geqslant 0(j = 1,\ 2,\ \cdots,\ m),\ x_1 + x_2 + \cdots + x_m = 1 \tag{2-57}$$

如果产品含有三种成分，其比例分别为 $x_1$、$x_2$、$x_3$，则实验指标 $y$ 与 $x_1$、$x_2$、$x_3$ 之间的三元二次回归方程可以表示为

$$\hat{y} = b_0 + b_1x_1 + b_2x_2 + b_3x_3 + b_{12}x_1x_2 + b_{13}x_1x_3 + b_{23}x_2x_3 + b_{11}x_1^2 + b_{22}x_2^2 + b_{33}x_3^2 \tag{2-58}$$

由于：

$$b_0 = b_0(x_1 + x_2 + x_3)$$
$$x_1^2 = x_1(1 - x_2 - x_3)$$
$$x_2^2 = x_2(1 - x_1 - x_3)$$
$$x_3^2 = x_3(1 - x_1 - x_2)$$

整理可得

$$\hat{y} = b_1x_1 + b_2x_2 + b_3x_3 + b_{12}x_1x_2 + b_{13}x_1x_3 + b_{23}x_2x_3 \tag{2-59}$$

回归方程没有了常数项和二次项，只有一次项和交互项。

又由于 $x_3=1-x_1-x_2$，所以上述回归方程还可以表示如下：

$$\hat{y} = b_0 + b_1x_1 + b_2x_2 + b_{12}x_1x_2 + b_{11}x_1^2 + b_{22}x_2^2 \tag{2-60}$$

可见，在配方实验中，实验因素为各组分的百分比，而且是无量纲的，这些因素一般是不独立的，所以往往不能直接使用前面介绍的用于独立变量的实验设计方法。

### 2.7.2 单纯形配方设计

#### 2.7.2.1 单纯形的概念

单纯形是指在一定空间中最简单的图形，它是 $n$ 维空间中 $n+1$ 个点的集合所形成的最简单封闭几何图形，如二维空间的单纯形为一个正三角形，三维空间的单纯形是一个正四面体，$n$ 维空间的单纯形有 $n+1$ 个顶点。

若单纯形中任意两个顶点的距离都相等，则称这种单纯形为正规单纯形。例如组分数 $m=3$ 的配方实验，各组分百分比 $x_j(j=1, 2, 3)$ 只能取在二维正规单纯形——等边三角形上，如图 2-5 所示。

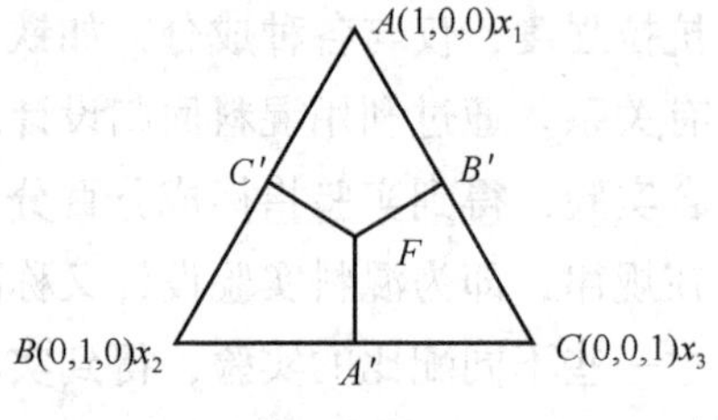

图 2-5 等边三角形

等边三角形的高为 1，三角形内任一点 $F$ 到三边的距离之和为 1。

三角形的三个顶点分别代表单一组分的混料，三条边上的点表示对应两顶点纯组分的二元混合物，$FA'$代表 $F$ 点的 $x_1$，$FB'$和 $FC'$分别代表 $F$ 点的 $x_2$、$x_3$。

#### 2.7.2.2 单纯形配方设计的回归模型

$m$ 种组分的 $d$ 次多项式回归模型如下。

（1）一次式（$d=1$）：

$$\hat{y} = \sum_{j=1}^{m} b_jx_j$$

（2）二次式（$d=2$）：

$$\hat{y} = \sum_{j=1}^{m} b_jx_j + \sum_{k<j} b_{kj}x_kx_j$$

#### 2.7.2.3 单纯形格子点设计

单纯形格子点设计是 Scheffe 于 1958 年提出的，它是混合配方设计中最早出现和最基本的一种设计方案。

A 单纯形格子点的表示

如果将图 2-6 中高为 1 的等边三角形三个边各二等分，则次三角形的三个顶点与三个边中点的总体成为二阶格子点数，记为 {3, 2} 单纯形格子点设计，其中 3 表示正规单纯形的顶点个数，即组分数 $m=3$，2 表示每个边的等分数，即阶数 $d=2$。

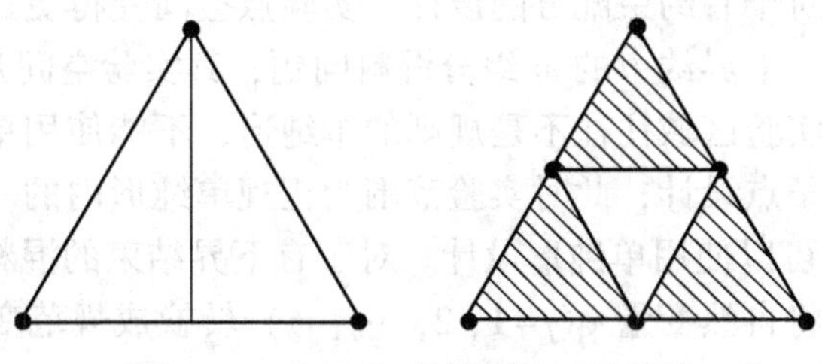

图 2-6 {3-$d$} 单纯形格子点设计

如果将等边三角形各边三等分，对应分点连成线，则在等边三角形上形成许多三角形格子，则这些小等边三角形点顶点，即这些格子的顶点的总体称为三阶格子点集，记为 {3, 3}。单纯形格子点设计，前面的 3 表示了正规单纯形顶点个数，即组分数 $m$，后面的 3 表示每边的等分数，即阶数 $d$。同理，三顶点正规单纯形点四阶格子点集记为 {3, 4}，总共有 15 个点。四顶点正规单纯形点二阶和三阶格子点集分别用 {4, 2} 和 {4, 3} 表示。如果将实验点取在相应阶数点正规单纯形格子点上，这样的实验设计称为单纯形格子点设计，可以保证实验点均匀分布，而且计算简单、准确。

在单纯形格子点设计中，$m$ 组分 $d$ 阶格子点集 {$m$, $d$} 中共有 $\frac{(m+d-1)!}{d!(m-1)!}$ 个点，正好与所采用的 $d$ 阶完全型规范多项式回归方程中待估计点回归系数个数相等，故单纯形格子点设计是饱和设计。表 2-35 为 {$m$, $d$} 单纯形格子点设计实验点数。

**表 2-35 {$m$, $d$} 单纯形格子点设计实验点数**

| 组分数 $m$ | 2 阶 | 3 阶 | 4 阶 |
|---|---|---|---|
| 3 | 6 | 10 | 14 |
| 4 | 10 | 20 | 35 |
| 5 | 15 | 35 | 70 |
| 6 | 21 | 56 | 126 |
| 8 | 36 | 120 | 330 |
| 10 | 55 | 220 | 715 |

B 单纯形格子点设计实验方案的确定

a 无约束单纯形格子点设计

无约束的配方设计是指除了约束条件式（2-57）以外，不再有对各组分含量加以限制的其他条件。在无约束配方设计中，各组分含量 $x_j$ 的变化范围可以用高为 1 的正单纯形表示。每种组分的百分比 $x_j$ 的取值与阶数 $d$ 有关，为 $1/d$ 的倍数，即 $x_j=0$, $1/d$, $2/d$, …, $d/d=1$。如果对每种组分的百分比 $x_j$ 进行线性变换，则规范变量 $z_j$ 与 $x_j$ 的值相等，所以对于无约束单纯形格子点设计，不必区分规范变量与自然变量。

b 有约束单纯形格子点设计

在实际的配方实验中，有些成分的含量除受约束条件限制外，还有其他约束条件限制，如：

$$a_j \leqslant x_j \leqslant b_j,\ j = 1, 2, \cdots, m$$

则称为有约束的配方。对于有约束配方的设计，实验点空间变得更加复杂，是正规单纯形内的一个几何体，有上、下界约束的 $m$ 组分混料问题，其实验空间是正规单纯形内的一个凸几何体。由于实际的实验区域往往不是规则的单纯形，不能使用单纯形格子点设计。对于有下约束的单纯形格子点设计，此时实验范围为正规单纯形内的一个小正规单纯形，如图 2-6 所示。所以仍然可以使用单纯形设计。对于有下界结束的混料设计，在选用单纯形格子点设计表之前，应将自然变量 $x_j(j=1, 2, \cdots, m)$ 转换成规范变量 $z_j$。编码公式如下：

$$x_j - a_j = \left(1 - \sum_{j=1}^{m} a_j\right) z_j \quad 或 \quad z_j = \frac{x_j - a_j}{1 - \sum_{j=1}^{m} a_j}$$

式中，$a_j$ 为各自然变量 $x_j$ 对应的最小值，即 $x_j \geqslant a_j$。

C 单纯形格子点设计基本步骤

单纯形格子点设计基本步骤包括如下几步：

（1）明确实验指标，确定混料组分。结合专业知识选择配方组成及各组分点百分比范围。

（2）选择单纯形格子点设计表，进行实验设计。根据配方实验中的组分数 $m$ 和所确定点阶数 $d$，选择相应点 $\{m, d\}$，计算自然变量的值，并列出实验方案。

（3）回归方程的建立。在回归模型已知的情况下，直接将实验编码和结果代入对应的回归模型中，求出回归系数。对于 $\{m, 1\}$ 单纯形格子点设计，规范变量 $z_j$ 与实验指标 $y$ 之间的回归模型为

$$\hat{y} = \sum_{j=1}^{m} b_j z_j$$

其中回归系数的计算公式如下：

$$b_j = y_j (j = 1, 2, \cdots, m)$$

对于 $\{m, 2\}$ 单纯形格子点设计，回归变量 $z_j$ 与实验指标 $y$ 之间的回归模型为

$$\hat{y} = \sum_{j=1}^{m} b_j z_j + \sum_{k<j} b_{kj} x_k z_j$$

其中回归系数的计算公式如下：

$$\begin{cases} b_j = y_j \\ b_{kj} = 4y_{kj} - 2(y_k + y_j) \end{cases},\ k < j,\ k = 1, 2, \cdots, m - 1$$

（4）最优配方的确定。根据规范变量 $z_j$ 与实验指标 $y$ 之间的回归方程即有关约束条件，预测最佳的实验指标值，及其对应规范变量 $z_j$ 的最佳取值，如果将最佳规范变量 $z_j$ 转换成自然变量，就可得到最优配方。

（5）回归方程的回代。如果各组百分比 $x_j$ 有下界约束，可根据编码公式，将实验指标 $y$ 与规范变量 $z_j$ 的回归关系转换成实验指标 $y$ 与自然变量 $x_j$ 的回归关系；如果各组百分比 $x_j$ 无下界约束，则不需要转换。

**例题 2-6** 某混合物溶液中含有三种物质 $x_1$，$x_2$，$x_3$，要求 $x_3$ 的含量不得低于10%，试通过配方实验确定使实验指标 $y$ 最大的最优配方。实验指标为综合评分，越高越好。

**解**：依题意，$x_1 \geqslant 0$，$x_2 \geqslant 0$，$x_3 \geqslant 0.1$，即 $a_1 = 0$，$a_2 = 0$，$a_3 = 0.1$，所以有

$$x_1 = \left(1 - \sum_{j=1}^{3} a_j\right) z_1 + a_1 = (1 - 0.1) z_1 + 0 = 0.9 z_1$$

$$x_2 = \left(1 - \sum_{j=1}^{3} a_j\right) z_2 + a_2 = (1 - 0.1) z_2 + 0 = 0.9 z_2$$

$$x_3 = \left(1 - \sum_{j=1}^{3} a_j\right) z_3 + a_3 = (1 - 0.1) z_3 + 0.1 = 0.9 z_3 + 0.1$$

由于 $m = 3$，因此选择｛3，2｝单纯形格子点设计，实验方案和实验结果见表 2-36。

**表 2-36　｛3，2｝单纯形格子点设计方案及实验结果**

| 实验号 | $z_1$ | $z_2$ | $z_3$ | $x_1$ | $x_2$ | $x_3$ | $y$ |
|---|---|---|---|---|---|---|---|
| 1 | 1 | 0 | 0 | 0.9 | 0 | 0.1 | 6.5($y_1$) |
| 2 | 0 | 1 | 0 | 0 | 0.9 | 0.1 | 5.5($y_2$) |
| 3 | 0 | 0 | 1 | 0 | 0 | 1 | 7.5($y_3$) |
| 4 | 1/2 | 1/2 | 0 | 0.45 | 0.45 | 0.1 | 8.5($y_{12}$) |
| 5 | 1/2 | 0 | 1/2 | 0.45 | 0 | 0.55 | 6.8($y_{13}$) |
| 6 | 0 | 1/2 | 1/2 | 0 | 0.45 | 0.55 | 5.4($y_{23}$) |

｛3，2｝单纯形格子点设计的回归方程为

$$y = b_1 z_1 + b_2 z_2 + b_3 z_3 + b_{12} z_1 z_2 + b_{13} z_1 z_3 + b_{23} z_2 z_3$$

将每号实验代入上述方程，得

$$b_1 = y_1 = 6.5$$

$$b_2 = y_2 = 5.5$$

$$b_3 = y_3 = 7.5$$

$$\frac{b_1}{2} + \frac{b_2}{2} + \frac{b_{12}}{4} = y_{12} = 8.5$$

$$\frac{b_1}{2} + \frac{b_3}{2} + \frac{b_{13}}{4} = y_{13} = 6.8$$

$$\frac{b_2}{2} + \frac{b_3}{2} + \frac{b_{23}}{4} = y_{23} = 5.4$$

得到：

$$b_{12} = 4y_{12} - 2(y_1 + y_2) = 4 \times 8.5 - 2 \times (6.5 + 5.5) = 10$$

$$b_{13} = 4y_{13} - 2(y_1 + y_3) = 4 \times 6.8 - 2 \times (6.5 + 7.5) = -0.8$$

$$b_{23} = 4y_{23} - 2(y_2 + y_3) = 4 \times 5.4 - 2 \times (5.5 + 7.5) = -4.4$$

实验指标 $y$ 与规范变量之间的回归方程为

$$y = 6.5 z_1 + 5.5 z_2 + 7.5 z_3 + 10 z_1 z_2 - 0.8 z_1 z_3 - 4.4 z_2 z_3$$

根据上述回归方程和有关约束条件，得到该回归方程在 $z_1 = 0.55$，$z_2 = 0.45$，$z_3 = 0$ 时，

指标值 $y$ 取得最大值8.525。

由于 $z_1=\frac{x_1}{0.9}$，$z_2=\frac{x_2}{0.9}$，$z_3=\frac{x_3-0.1}{0.9}$，所以有 $x_1=0.495$，$x_2=0.405$，$x_3=0.1$ 时，评分最高。由于最佳配方是根据回归方程预测的，还应进行验证实验。

将上述编码计算式代入实验指标 $y$ 与规范变量之间的回归方程，得到

$$y=6.5\times\left(\frac{x_1}{0.9}\right)+5.5\times\left(\frac{x_2}{0.9}\right)+7.5\times\left(\frac{x_3-0.1}{0.9}\right)+10\times\left(\frac{x_1}{0.9}\right)\times\left(\frac{x_2}{0.9}\right)-$$
$$0.8\times\left(\frac{x_1}{0.9}\right)\times\left(\frac{x_3-0.1}{0.9}\right)-4.4\times\left(\frac{x_2}{0.9}\right)\times\left(\frac{x_3-0.1}{0.9}\right)$$
$$=-0.833+7.32x_1+6.65x_2+8.33x_3+12.35x_1x_2-0.99x_1x_3-5.43x_2x_3$$
$$=7.5-2x_1-7.11x_2+18.87x_1x_2+0.99x_1^2+5.43x_2^2$$

2.7.2.4 单纯形重心设计及结果分析

单纯形重心设计是将实验点安排在单纯形的重心上，对于一个 $m-1$ 维的单纯形，单个顶点的重心就是顶点本身，共 $m$ 个；任意两个顶点组成一条棱边，棱的中点即为两顶点的重心，共有 $\frac{m(m-1)}{2}$ 个；任意三个顶点组成一个正三角形，该三角形的中心称为三顶点的重心，共有 $\frac{m(m-1)(m-2)}{3!}$ 个；四个顶点的重心有 $\frac{m(m-1)(m-2)(m-3)}{4!}$，…，$m$ 个顶点的重心，即单纯形的中心有1个。例如正三角形的重心数为 $2^3-1=7$，正四面体的重心数 $2^4-1=15$。$m$ 维的单纯形重心设计共有 $2^m-1$ 个重心，即实验点数为 $2^m-1$ 个。

单纯形重心设计与单纯形格子点设计的结果分析步骤是一致的。规范变量与自然变量之间的转换公式也是相同的。若 $m=3$，则单纯形重心设计规范变量 $z_j$ 与实验指标 $y$ 之间的回归方程为

$$\hat{y}=\sum_{j=1}^{3}b_jz_j+\sum_{k<j}b_{kj}z_kz_j+b_{123}z_1z_2z_3$$

将每号实验的编码及实验结果代入上式，得到各回归系数的计算公式如下：

$$\begin{cases}b_j=y_j\\ b_{kj}=4y_{kj}-2(y_k+y_j)\\ b_{123}=27y_{123}-12(y_{12}+y_{13}+y_{23})+3(y_1+y_2+y_3)\end{cases}\qquad(k<j)$$

如果 $m=4$，则规范变量 $z_j$ 与实验指标 $y$ 之间的回归方程为

$$\hat{y}=\sum_{j=1}^{4}b_jz_j+\sum_{k<j}b_{kj}z_kz_j+\sum_{l<k<j}b_{lkj}z_lz_kz_j+b_{1234}z_1z_2z_3z_4$$

各回归系数的计算公式如下：

$$\begin{cases}b_j=y_j\\ b_{kj}=4y_{kj}-2(y_k+y_j)\\ b_{lkj}=27y_{lkj}-12(y_{lk}+y_{lj}+y_{kj})+3(y_l+y_k+y_j)\\ b_{1234}=256y_{1234}-4\sum_{j=1}^{4}y_j+32\sum_{k<j}y_{kj}-108\sum_{l<k<j}y_{lkj}\end{cases}$$

## 习　题

2-1　两水平的正交表是如何构造的，三水平的正交表是如何构造的？

2-2　什么是正交设计，正交设计有何特点？

2-3　一次回归正交设计、二次回归组合设计各有什么优缺点？

2-4　什么是正交性，如何实现正交性？

2-5　炼某种合金钢，需添加某种化学元素以增加强度，加入范围是1000~2000g，用黄金分割法求最佳加入量。

2-6　某厂在弹簧生产中，有时发生弹簧断裂现象，因而增加了废品损失。为了提高弹簧的弹性，减少断裂现象，决定用正交实验法安排弹簧回火实验，寻求最佳的回火工艺条件。实验考察的指标为弹性（越大越好），因素水平如下：

| 因子 / 水平 | 因素 $A$ 回火温度/℃ | 因素 $B$ 保温时间/h | 因素 $C$ 工件质量/kg |
| --- | --- | --- | --- |
| 水平 1 | 440 | 3 | 7.5 |
| 水平 2 | 460 | 4 | 9 |
| 水平 3 | 500 | 5 | 10.5 |

2-7　某农科站进行品种实验，共有四个因素：A（品种），B（氮肥量），C（氮、磷、钾肥比例），D（规格）。因素A是4水平因素，B、C、D都是2水平因素，实验的指标是产量，产量越高越好。各因素的具体水平如下，采用混合正交表安排实验，找出最好的实验方案。

| 因子 / 水平 | 因素 A 品种 | 因素 B 氮肥量 | 因素 C 氮、磷、钾肥比例 | 因素 D 规格 |
| --- | --- | --- | --- | --- |
| 水平 1 | 甲 | 2.5 | 3：3：1 | 6×6 |
| 水平 2 | 乙 | 3.0 | 2：1：2 | 7×7 |
| 水平 3 | 丙 | | | |
| 水平 4 | 丁 | | | |

2-8　为了提高烧结矿的质量，做如下配料实验，各因素及水平如下（单位：t）。反映质量好坏的实验指标为含铁量，指标越高越好。用正交表 $L_8(2^7)$ 安排实验，各因素依次放在正交表的1~6列上，8次实验所得含铁量依次为50.9%，47.1%，51.4%，51.8%，54.3%，49.8%，51.5%，51.3%，试对结果进行分析，找出最优配料方案。

| 因子 / 水平 | A 精矿 | B 生矿 | C 焦粉 | D 石灰 | E 白云石 | F 铁屑 |
| --- | --- | --- | --- | --- | --- | --- |
| 1 | 8.0 | 5.0 | 0.8 | 2.0 | 1.0 | 0.5 |
| 2 | 9.5 | 4.0 | 0.9 | 3.0 | 0.5 | 1.0 |

2-9　免烧砖是由水泥、石灰和黏土三种材料组成，为进一步提高免烧砖的软化系数，必须进行优化配比。由于成本及其他条件的要求，水泥、石灰和黏土三种材料有以下的约束条件：黏土 $x_1$ >

90%，水泥 $x_2 > 4\%$，石灰 $x_3 > 0$，且 $x_1 + x_2 + x_3 = 1$，选用{3，2}单纯形格子点设计，测得6个实验结果（软化系数）依次为：0.82，0.65，0.66，0.95，0.83，0.77，试推出回归方程的表达式。

2-10 为符合环保要求，某冶炼厂含有锌和镉的废水需经处理达标后才能排放，用正交表摸索沉淀条件。其因素水平如下：

| 水平 \ 因子 | pH 值 | 凝聚剂 | 沉淀剂 | $CaCl_2$ | 废水浓度 |
|---|---|---|---|---|---|
| 1 | 7~8 | 加 | NaOH | 加 | 稀 |
| 2 | 8~9 | 不加 | $Na_2CO_3$ | 不加 | 浓 |
| 3 | 9~10 | | | | |
| 4 | 10~11 | | | | |

选用混合型正交表安排实验，实验结果综合评分如下：

| 实验号 | 1 | 2 | 3 | 4 | 5 | 6 | 7 | 8 |
|---|---|---|---|---|---|---|---|---|
| 综合评分 | 45 | 70 | 55 | 65 | 85 | 95 | 90 | 100 |

找出最优组合方案。

# 3 温场获得与温度测量技术

在冶金相关的实验研究工作中，温度是影响材料性能的一个核心参数，因此，必须掌握获得温场的基本知识，以便更好地使用和维护实验装置中的低温及高温设备，使其发挥最好的性能与最大的效率。

## 3.1 温场的获得

实验室中，最为常见的稳定温场有0℃的冰水混合物和100℃的沸点水，它们是利用物质的相变点温度来产生稳定温场。常见的加热设备有煤气灯、酒精灯、酒精喷灯等，它们是通过煤气和酒精的燃烧来产生高温。此外实验室中还常用烘箱、电炉、电热套来作为加热设备，它们利用电阻丝通电来获得高温。但上述几种设备通常只能产生几百度的高温，难于满足钢铁材料的熔炼及无机氧化物合成中对温度的更高要求。表3-1列出了一些产生温场的方法及其所能达到的温度。

**表3-1 获得高温的各种方法**

| 获得高温的方法 | 温度/K |
| --- | --- |
| 各种高温电阻炉 | 1273~3273 |
| 聚焦炉 | 4000~6000 |
| 闪光放电 | >4273 |
| 等离子放电 | 20000 |
| 激光 | $10^5$~$10^6$ |
| 核裂变与核聚变 | $10^6$~$10^9$ |
| 高温粒子 | $10^{10}$~$10^{14}$ |

## 3.2 低温场的获得

冶金相关的实验研究中除超导技术外一般不需要深冷技术（42~173.15K），但有时会用到普冷技术（173.15~273.15K）。常用的方法是利用某些盐溶解时吸热的性能，将盐溶解在水、冰中而获得低温。将不同的盐与水和冰等按一定的比例配制，可使混合物的温度下降到一定的值，从而获得所需的低温场（-20~0℃），若需要-100℃的低温场，多采用低温液体作为低温源。所谓低温液体就是沸点低于90K（氧的沸点）的液化气体。试样或装置只要浸泡在低温液体中，就可进行各种低温测试工作。低温液体有：液态氯、液态氦、液态氢、液态氖、液态氧和液态空气等。考虑安全性及经济、技术等方面的因素，在

50K 以下的温度范围，一般使用液氦作制冷液体，而在 50K 以上，则使用液氮。下面分别简单介绍这两种常用低温液体的性质和用途。

### 3.2.1 常用低温液体

常用低温液体有：

（1）氮的化学性质很稳定，不会爆炸，也无毒性，液化后是一种安全的低温液体。液氮可以在空气液化分离后获得，是目前工业制氧的副产品。因此生产比较经济，储运也较方便。液态氮是近于无色透明的液体，沸点为 77.344K。对液氮减压，将在约 63K 变为无色透明的晶体；继续减压，温度可达 40K，但此时的制冷量很小，实用性不大，而到 50K 还是极有价值的。在低温技术中，液氮主要应用于下列几个方面：

1）作为低温实验的冷源。液氮的冷却温区可由三相点（63K）到室温。

2）预冷和保护。由于液氦的蒸发潜热小及获得困难，实验时为了节省液氦，常常先用液氮把装置预冷到 77K，这样可大大节省液氦。除此之外，目前大部分的氢液化器和氦液化器，运转时都是先用液氮进行预冷。

（2）氦是惰性气体，有两种同位素，按其原子量的不同，分别称为$^4$He 和$^3$He。$^4$He 的沸点为 4.2K，$^3$He 的沸点为 3.2K。在大气中，$^4$He 的含量约为 $1/10^6$，而$^3$He 的含量仅约为 $1/10^{12}$，所以，若无特殊说明，通常说的液氦是指液态$^4$He；液态氦无色透明，在低温技术中有着非常特殊的地位：在所有气体中，氦的沸点最低。利用它可以获得毫开（mK）级的超低温，是目前主要的低温源。

### 3.2.2 获得低温的方法

获得低温的方法很多，其中常用的绝热膨胀、节流过程、低温液体减压、稀释制冷及绝热去磁等，方法不同，所获得低温温度范围亦不相同。

#### 3.2.2.1 绝热膨胀

在绝热的条件下，让气体对外做功。根据热力学第一定律，系统的温度将降低。1902 年，克洛德利用此法液化了空气，卡皮查于 1934 年也利用它得到了液氦。

#### 3.2.2.2 节流过程（焦耳-汤姆逊效应）

焦耳-汤姆逊效应是气体在节流过程中温度随压强变化而变化的现象。气体通过多孔塞或节流阀膨胀的过程称为绝热节流膨胀。这种方法广泛地用来液化气体。值得注意的是，每种气体都有一个转换温度，当高于此温度时，节流会使温度升高；只有低于此温度时，才会使气体降温。因此必须在温度低于转换温度时，才能利用此法获得低温。氢的转换温度为 205K，氦为 51K。

#### 3.2.2.3 低温液体减压

为了降低低温液体的温度，可以用真空泵抽取液体上方的气体，使其迅速蒸发，达到降低温度的目的。该方法的降温能力有限，而且温度越低其制冷量越低，以致最后制冷量等于漏热量时，温度无法再继续降低。

#### 3.2.2.4 稀释制冷

纯净的$^4$He 液体在低于 2.17K 时表现出超流动性。这时，即使混入少量的$^3$He，仍可保持超流动性。根据$^4He$和$^3He$的混合液体的相变规律，在一定温度下，$^3He$和$^4He$的混合液体分为两相，上面是富$^3He$的浓相，下面是贫$^3He$的稀相，在这个温度下$^3He$表现得相当活跃，将由浓相向稀相大量扩散，而$^4He$表现得惰性大，好像只是给$^3He$提供了活动的空间。它们的行为差别需用量子力学来说明，但亦可以用液体在空气中蒸发作类比。液体急速蒸发时温度要降低，此处，$^3He$穿过分界面向稀相“蒸发”时温度也要降低。由于上面的真空泵不断地抽走$^3He$，这一“蒸发”就不断地继续进行，最终可达到$2\times10^{-8}K$。

3.2.2.5 *磁冷却*

这是一种利用等温磁化与绝热去磁制冷原理而获得超低温的一种有效方法。它是由顺磁盐绝热去磁与核绝热去磁两部分组成。它们的原理相同，但制冷物质和获得低温范围却不相同。顺磁质的每个分子都具有固有的磁矩，它的行为像一个微小的磁体一样，在磁场的作用下要沿磁场排列起来。此时若将顺磁质和外界绝热隔离，当撤去外磁场时，由于它的内能减小，温度就要降低。

某些顺磁盐中的电子自旋磁矩在液态$^4He$温度范围内是完全无序的，但是可以借助于磁场将它排列有序。通过磁场使顺磁盐被等温磁化，用液态$^4He$移去磁化热，再将顺磁盐绝热，然后撤去磁场。绝热去磁时也要做功，功来源于顺磁盐内能，因此顺磁盐的温度降低，达到制冷目的。这种方法可达到电子自旋磁矩的下限温度$10^{-3}K$数量级。为了获得比顺磁盐绝热去磁制冷法所能达到的低温还要低的温度，必须采用核绝热去磁制冷。这种方法是用某些物质的核自旋磁矩代替电子自旋磁矩作绝热去磁。

3.2.2.6 *冶金实验中获取低温的方法*

（1）冰盐共溶体系：将冰块和盐弄细充分混合（通常用冰磨将其磨细），可以达到比较低的温度。

例如：3 份冰+1 份 NaCl（质量比）可以得到-20℃的温度。

3 份冰+3 份 $CaCl_2$（质量比）可以得到-40℃的温度。

2 份冰+1 份浓 $HNO_3$ 可以得到-56℃的温度。

（2）干冰浴：干冰的升华温度为-78.5℃，用时常加一些惰性溶剂，如丙酮、醇、氯仿等以便它的导热性更好些。

（3）液氮：氮气液化的温度是-195.8℃，在科学实验中经常用到。

（4）液氦：液化温度为-268.95℃，可获得更低的温度。

## 3.3 高温场的获得

冶金过程及无机氧化物合成大多是在高温下进行的，因此只有掌握获得高温的技术，才能保证冶金过程的顺利实施。

一般称获得高温的设备为高温炉。近代实验室使用的高温炉的能源几乎都是电力，而采用固体、气体及液体燃料为能源的高温炉虽然易于达到较高的温度，但燃烧后常产生有害气体，而且炉温难于精确控制，所以应用较少。

根据加热方式的不同，电炉可大致分为：电阻炉、感应炉、电弧炉、等离子炉、电子束炉等。

### 3.3.1　高温炉的结构

3.3.1.1　电阻炉

电流通过导体要产生热量，产生热量的多少与通过导体的电流和导体的电阻有关，遵循焦耳楞次定律。通电产生热量的导体称为电热元件，运用这一原理加热的电加热炉称为电阻炉。

电阻炉按结构不同，划分为井式电阻炉、箱式电阻炉、管式电阻炉、盐浴电阻炉、真空电阻炉及实验电阻炉等，如果按用途再细划分，有几十种之多。在冶金相关的实验研究工作中，最为常用的电阻炉为井式电阻炉、箱式电阻炉及管式电阻炉。

A　井式电阻炉

井式电阻炉又名坩埚式电阻炉，以圆柱形居多，常用于钢、铁、铝等金属材料的熔炼。因井式电阻炉的炉体较长，为了装出工件操作方便，大中型井式电阻炉通常安装在地坑中，只有部分露在地面之上。图 3-1 是外加热井式电阻炉的结构示意图，炉外壳由钢板加工而成，炉衬由隔热耐火层和保温层组成。根据工作温度的不同，分为高温、中温和低温井式电阻炉，各采用不同的炉衬材料。有的井式电阻炉为了减小体积，炉体和炉盖均采用水冷方式，这种炉子没有耐火层和保温层，采用金属材料做隔热屏，其能量消耗要比采用保温材料做成的炉衬大得多。

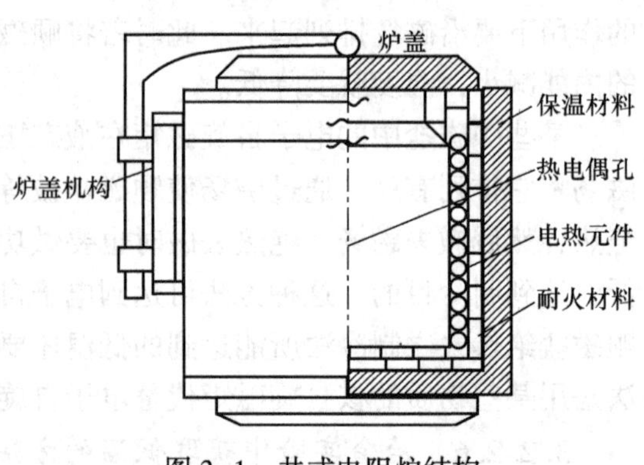

图 3-1　井式电阻炉结构

目前井式电阻炉一般采用金属合金作电热元件，嵌在耐火材料炉衬内。无炉衬的井式电阻炉，电热元件则通过绝缘子固定在金属隔热屏上。大中型井式电阻炉的炉腔较大，为保证其温度均匀性，减少炉腔内上下的温度差，通常把炉腔分成几个加热区，每个区安装一组电热元件，由温度控制装置对每区的温度单独控制。

B　箱式电阻炉

箱式电阻炉常用于金属材料的正火、退火、淬火等热处理及无机氧化物材料的合成，主要由炉体和控制箱两大部分组成。箱式电阻炉一般工作在自然气氛条件下，多为内加热工作方式，采用耐火材料和保温材料做炉衬。

图 3-2 给出了炉体结构示意图，由炉架、炉壳、炉衬、炉门装置、电热元件及辅助装置构成。为了减少热量损失，一般高温箱式电阻炉的炉衬采用三层隔热设计，内层采用耐火材料，如高铝砖砌的耐火层；中间层和外层采用保温材料，如用轻质黏土砖、硅藻土粉、蛭石粉或纤维制品等。中温箱式电阻炉炉衬由轻质耐火砖和硅酸铝耐火纤维等轻质耐火、保温材料砌成，在靠近炉壳的一层填充有蛭石粉。

箱式电阻炉的电热元件常采用碳化硅棒、二硅化钼或金属合金，这些电热元件垂直或水平安装在炉腔的两侧，有的炉子安装在炉腔的顶部和底部。

C　管式电阻炉

图 3-3 是管式电阻丝炉结构示意图。管式电炉主要由电热体和绝热材料两部分组成。

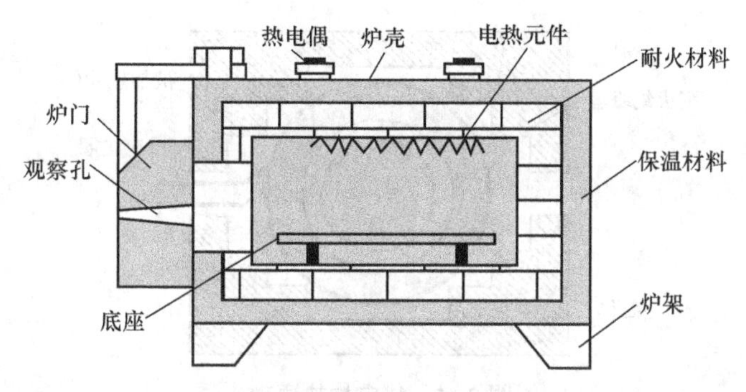


图 3-2 箱式电阻炉结构

其中，电热体是用来将电能转换成热能，绝热材料起保温作用，以使炉膛达到要求的高温，并有一合适的温度分布。除此之外，炉体还包括炉管、炉架、炉壳和接线柱等。炉管是用以支撑发热体和放置试料的，炉壳内放有绝热材料，炉架支撑整个炉体质量，接线柱保证电源线与电热体安全连接。对于不同的实验要求，炉体还可能包括密封系统、水冷系统等。

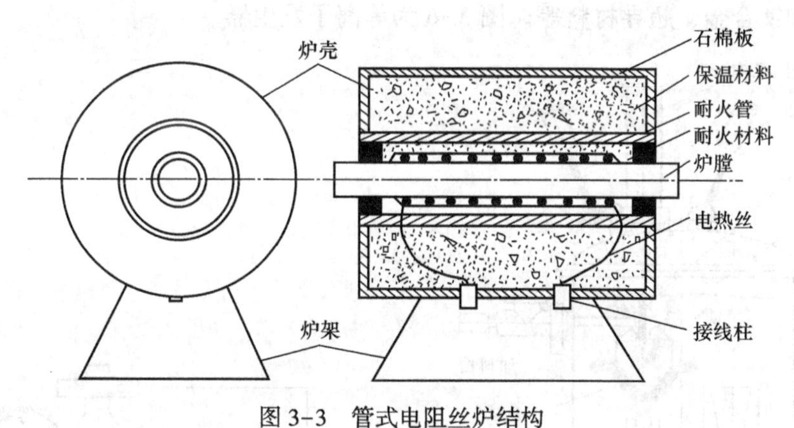


图 3-3 管式电阻丝炉结构

3.3.1.2 感应炉

在线圈中放一导体，当线圈中通以交流电时，在导体中便感应出电流，借助于导体的电阻而发热。此感应电流称为涡流。由于导体的电阻小，涡流很大；又由于交流的线圈产生的磁力线不断改变方向，感应涡流也会不断改变方向，新感应的涡流受到反向涡流的阻滞，就导致电能转化为热能，使被加热物体很快加热并达到高温。感应加热时无电极接触，便于被加热体系密封和气氛控制。另外，感应炉操作起来也很方便，并且十分清洁。感应炉按其工作电源频率的不同有中频和高频之分，前者多用于工业熔炼，后者多用于实验室。目前感应加热主要用于粉末热压烧结和金、银、铜、铁、铝等金属的真空熔炼等。图 3-4 为感应加热原理。

3.3.1.3 电弧炉和等离子炉

电弧炉（见图 3-5）是利用电弧弧光为热源加热物质的，广泛应用于工业熔炼炉，可熔炼熔点高的金属，如钛、锆等，也可用于制备高熔点化合物，如碳化物、硼化物以及低价氧化物等。在实验室中，为了熔化高熔点金属，常使用小型电弧炉。等离子炉是利用工

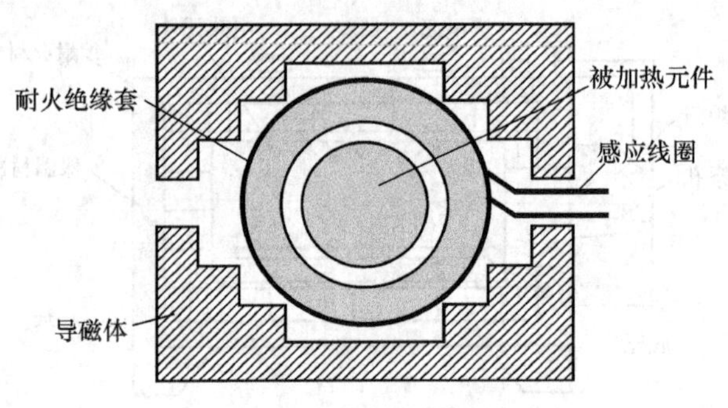


图 3-4 感应加热原理

作气体被电离时产生的等离子体来进行加热或熔炼的电炉。把工作气体通入等离子枪中，枪中有产生电弧或高频（5~20MHz）电场的装置，工作气体受作用后电离，生成由电子、正离子以及气体原子和分子混合组成的等离子体。等离子体从等离子枪喷口喷出后，形成高速高温的等离子弧焰，温度比一般电弧高得多。最常用的工作气体是氩气，它是单原子气体，容易电离，而且是惰性气体，可以保护物料。工作温度可高达 20000K；用于熔炼特殊钢、钛和钛合金、超导材料等。图 3-6 为等离子发生器。

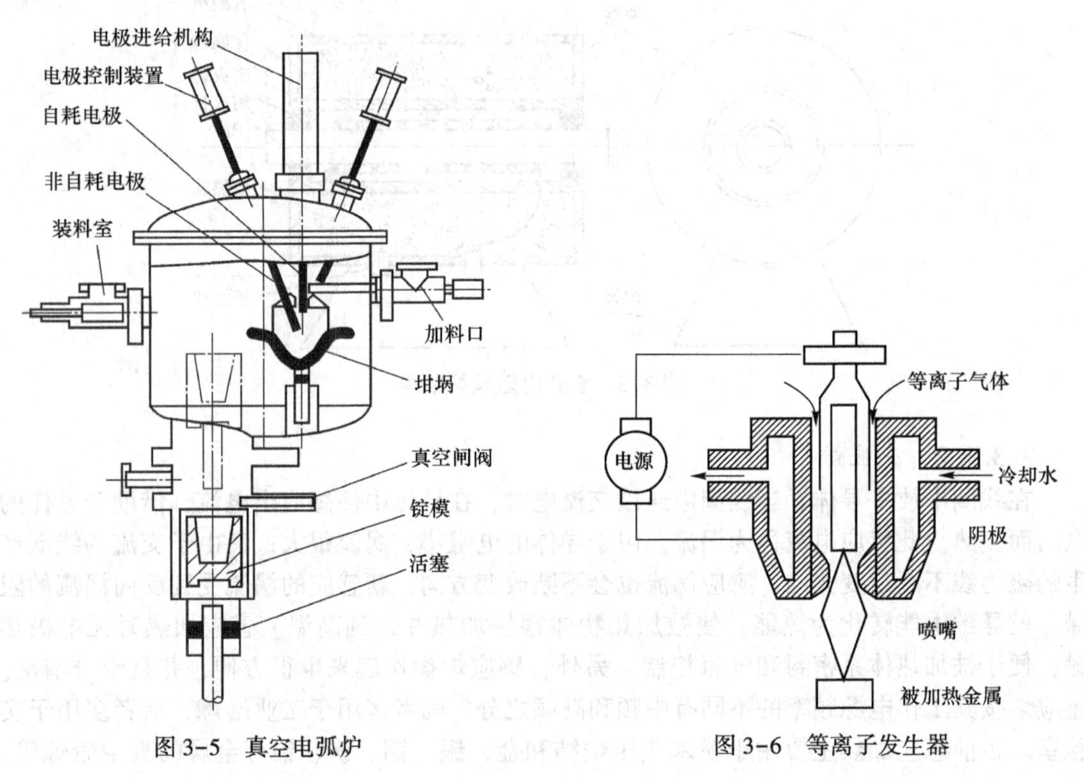


图 3-5 真空电弧炉

图 3-6 等离子发生器

#### 3.3.1.4 电子束炉

电子束炉是利用高速电子轰击炉料时产生的热能来进行熔炼的一种电炉，可产生3500℃以上的高温，用来熔炼在熔化时蒸气压低的金属材料或蒸气压低而高温时能够导电的非金属材料。主要用来熔炼钨、钼、钽、铌、锆、铅等难熔金属。在直流高压下，电子冲击会产生X光辐射，对人体有害，故一般不希望采用过高的电子加速电压。电子束炉比电弧炉的温度容易控制，但它仅适用于局部加热和在真空条件下使用。图3-7为电子束炉结构。

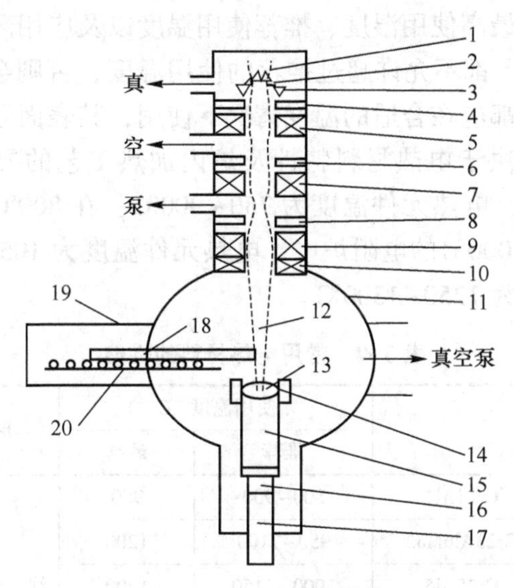


图3-7 电子束炉结构

1—钨丝阴极；2—阻极；3—聚束极；4—加速阳极；5—一次磁聚焦透镜；6，8—栏孔板；7，9—二次磁聚焦透镜；10—磁偏转扫描透镜；11—炉体；12—电子束流；13—熔池；14—水冷铜坩埚（结晶器）；15—凝固的金属锭；16—锭座；17—拖锭杆；18—原料棒；19—给料箱；20—给料装置

### 3.3.2 电热体

电热体是电阻炉的发热元件，合理选用电热体是电阻炉设计的重要内容。为了叙述方便，一般将电热体分为金属电热体与非金属电热体两大类。

#### 3.3.2.1 电热元件的表面负荷

当电流通过电热元件时，由于电热元件本身电阻的作用，把电能转化为热能，能量转换的规律符合焦耳定律。电热元件把电能转化的热能，通过热传导、热对流和热辐射向炉内散发，其散发的能力一般用表面负荷表示。电热元件的表面负荷定义为元件表面上单位面积所能散发的功率，单位是W/cm。电热元件的表面负荷越大，散发出来的热量就越多，则电热元件本身的温度也就越高。从电阻炉加热功率方面考虑，增大元件的表面负荷可相应减小电热元件的表面积，减少电热元件的用量，但不利于元件的使用寿命。反之，减小元件的表面负荷可相应增加元件的表面积，有利于元件的使用寿命，但增加了电热元件的用量。除表面负荷对电热元件的散热影响外，它的形状也有一定的影响，一般说来，带状的元件比线状的散热条件好，其表面负荷也较大。

#### 3.3.2.2 电热元件的常见形状

电热元件的形状取决于材料和安装方式，有线状、螺旋状、网状、带状和棒状等结构形式，其中金属电热元件一般为线状、螺旋状、网状或带状，而非金属电热元件一般为棒状。线状电热元件由金属丝在炉腔内按一定的要求绕制而成；螺旋状电热元件是由金属丝先绕制成螺旋形再安装到炉腔内；网状电热元件由金属丝编织而成；带状电热元件是由金属直接加工成的。

#### 3.3.2.3　常用电热材料

每种电热材料都有其最高使用温度、推荐使用温度以及应用环境条件，常用电热材料见表3-2，电热元件原则上都不允许超过推荐的使用温度，否则会缩短使用寿命，严重时导致很快损坏。电热元件都应在合适的温度情况下使用，其表面温度与炉内工作温度之间有一个温差，这个温差取决于电热材料特性及炉内加热工艺的要求。一般可参照下列数值：在650℃的电阻炉中，电热元件温度为750~900℃；在800℃的电阻炉中，电热元件温度为850~1000℃；在1000℃的电阻炉中，电热元件温度为1050~1100℃；在1200℃的电阻炉中，电热元件温度为1250~1300℃。

**表3-2　常用电热材料的性能**

| 材　料 | | | 使用温度/℃ | | 形状 | 使用范围 |
|---|---|---|---|---|---|---|
| | | | 推荐 | 最高 | | |
| 金属 | 铁铬铝合金 | Cr13Al4 | 800~900 | 950 | 线、带、板 | 适用于氧化及可控气氛的高、中、低温电阻炉 |
| | | Cr23Al6Mo2 | 950~1100 | 1200 | | |
| | | Cr25Al5 | 1000~1150 | 1200 | | |
| | | Cr21Al6Nb | 1000~1150 | 1200 | | |
| | | Cr27Al7Mo2 | 1200~1300 | 1400 | | |
| | 镍铬合金 | Cr20Ni80Ti3 | 1000~1050 | 1050 | 线、带 | 适用于含氮及氧化气氛的中、低温电阻炉 |
| | | Cr15Ni60 | 850~900 | 1000 | | |
| | | Cr20Ni80 | 950~1000 | 1100 | | |
| | | Cr30Ni70 | 1000~1150 | 1150 | | |
| | 纯金属 | Mo | 1350~1600 | 1600 | 线、带、网 | 适用于真空、氢气及惰性气体的高温电阻炉 |
| | | Pt | 1350~1600 | 1700 | | |
| | | Ta | 1350~1600 | 2200 | | |
| | | W | 1600~2200 | 2400 | | |
| 非金属 | 硅碳棒 | SiC | 1250~1400 | 1450 | 棒、管 | 高温电阻炉 |
| | 硅钼棒 | $MoSi_2$ | 1500~1600 | 1700 | 棒 | |
| | 碳棒 | C | 1700~2300 | 3000 | 棒 | 真空、氢气及惰性气体高温电阻炉 |

电热元件作为把电能转化为热能的热源，除要求电热元件能达到所需要的温度外，还要求制成电热元件的材料具备以下性能：

（1）较高的电阻率。当通过电热元件电流一定时，电阻越大，获得的功率越大，电能转化为热能也就越多，炉子温度上升得越快。使用高电阻率的材料，加工成长度短、截面大的电热元件，既节约了材料又能延长电热元件的使用寿命。

（2）较小的电阻温度系数。电阻温度系数是指电热材料的电阻随温度变化的数值。正电阻温度系数的电热元件，随着温度的升高电阻逐渐增大。温度系数太大不利于加热功率的稳定性，容易引起温度的波动。

（3）高温下耐热性好、强度高。电热元件本身的温度比炉子正常工作温度高，一般相差50~100℃，为了使它不发生严重的变形、熔化和断裂，采用的电热材料应具有良好的耐热性和高温强度。

（4）线膨胀系数要小。线膨胀系数大的电热元件，温度升高会变粗变长，可能使固定元件损坏而导致电热元件脱落或短路，因而，应选择线膨胀系数小的电热材料。

（5）良好的加工性能。选择电热元件材料时，要考虑到它的易加工性，也就是便于加工成型，便于绕制和安装等。

下面对几种常见电热体进行详细说明。

A　Ni-Cr 和 Fe-Cr-Al 合金电热体

Ni-Cr 和 Fe-Cr-Al 合金电热体是在1000~1300℃高温范围内，在空气中使用最多的电热元件。这是因为它们具有抗氧化、价格便宜、易加工、电阻大和电阻温度系数小等特点。Ni-Cr 和 Fe-Cr-Al 合金有较好的抗氧化性，在高温下由于空气的氧化能生成致密的 $Cr_2O_3$ 或 $NiCrO_4$ 氧化膜，能阻止空气对合金进一步氧化。为了不使保护膜破坏，此种电热体不能在还原气氛中使用，此外还应尽量避免与碳、硫酸盐、水玻璃、石棉以及有色金属及其氧化物接触。电热体不应急剧地升降温，因为会使致密的氧化膜产生裂纹以致脱落，起不到应有的保护作用。

Ni-Cr 合金经高温使用后，只要没有过烧，仍然比较柔软。Fe-Cr-Al 合金丝经高温使用后，因晶粒长大而变脆。温度越高、时间越长，脆化越严重。因此，高温使用过的 Fe-Cr-Al 丝，不要拉伸和弯折，需要弯折时，可用喷灯加热至暗红色后再进行操作。

表3-3和表3-4列出了国内外部分 Ni-Cr、Fe-Cr-Al 合金产品及性能。表3-5列出了国内部分产品的适用气氛和对耐火材料的稳定性。

**表3-3　国产 Ni-Cr、Fe-Cr-Al 合金性能**

| 合金种类 | 化学成分的质量分数/% | | | | 相对密度 | 20℃电阻率 /$\Omega \cdot mm^2 \cdot m^{-1}$ |
|---|---|---|---|---|---|---|
| | Cr | Al | Ni | Fe | | |
| Cr25Al5 | 23.0~27.0 | 4.5~6.5 | — | 余量 | 7.1 | 1.45 |
| Cr17Al5 | 16.0~19.0 | 4.0~6.0 | — | 余量 | 7.2 | 1.30 |
| Cr13Al4 | 13.0~15.0 | 3.5~5.5 | — | 余量 | 7.4 | 1.26 |
| Cr20Ni80 | 20.0~23.0 | — | 75.0~78.0 | 余量 | 8.4 | 1.11 |
| Cr15Ni60 | 15.0~18.0 | — | 55.0~61.0 | 余量 | 8.15 | 1.10 |

| 合金种类 | 熔点/℃ | 电阻温度系数 /$℃^{-1}$ | 导热系数 /$W \cdot (m \cdot K)^{-1}$ | 线膨胀系数 /$℃^{-1}$ | 最高使用温度/℃ | 常温加工性能 |
|---|---|---|---|---|---|---|
| Cr25Al5 | 1500 | $(3 \sim 4) \times 10^{-5}$ | 16.7 | $15.0 \times 10^{-6}$ | 1200 | 有产生裂纹倾向 |
| Cr17Al5 | 1500 | $6 \times 10^{-5}$ | 16.7 | $15.5 \times 10^{-6}$ | 1000 | 有产生裂纹倾向 |
| Cr13Al4 | 1450 | $15 \times 10^{-5}$ | 16.7 | $16.5 \times 10^{-6}$ | 850 | 有产生裂纹倾向 |
| Cr20Ni80 | 1400 | $8.5 \times 10^{-5}$ | 16.7 | $14.0 \times 10^{-6}$ | 1100 | 良好 |
| Cr15Ni60 | 1390 | $14 \times 10^{-5}$ | 12.6 | $13.0 \times 10^{-6}$ | 1000 | 良好 |

**表 3-4 国外高性能 Ni-Cr、Fe-Cr-Al 合金性能**

| 种类 | 名称 | 主要化学成分的质量分数/% | | | | | | 相对密度 | 20℃电阻率/μΩ·cm | 熔点/℃ | 最高使用温度/℃ |
|---|---|---|---|---|---|---|---|---|---|---|---|
| | | Ni | Cr | Al | Co | Ti | Fe | | | | |
| Ni-Cr | Nichrome V（英） | 80 | 20 | — | — | — | — | 8.41 | 108 | 1400 | 1175 |
| | NTK SN（日） | 80 | 20 | — | — | — | — | 8.41 | 108 | 1400 | 1200 |
| Fe-Cr-Al | Kanthal A1（瑞典） | — | 23 | 6 | 22 | — | 69 | 7.1 | 145 | 1510 | 1375 |
| | Pyromax C（日） | — | 28 | 8 | — | 0.5 | 63 | 7.0 | 165 | 1490 | 1350 |
| | Pyromax D（日） | — | 20 | 5 | — | 0.5 | 74 | 7.16 | 140 | 1500 | 1250 |
| | NTK No30（日） | — | >20 | >4 | <1 | — | 余量 | 7.20 | 142 | | 1300 |

**表 3-5 Ni-Cr、Fe-Cr-Al 合金的适用气氛和对耐火材料的稳定性**

| 条件 \ 种类 | | Cr25Al5 | Cr17Al5 | Cr13Al4 | Cr20Ni80 | Cr15Ni60 |
|---|---|---|---|---|---|---|
| 在气氛中特性 | 含 S、C-H 气 | 耐腐蚀性强 | 耐腐蚀性强 | 耐腐蚀性强 | 易腐蚀 | 易腐蚀 |
| | $N_2$ | 耐腐蚀性差 | 耐腐蚀性差 | 耐腐蚀性差 | 耐腐蚀性强 | 耐腐蚀性强 |
| | 还原性气氛 | 稳定性较差 | 稳定性较差 | 稳定性较差 | 不能用 | 不能用 |
| | 氧化性气氛 | 适宜 | 适宜 | 适宜 | 适宜 | 适宜 |
| | 渗碳气氛 | 不能用 | 不能用 | 不能用 | 不能用 | 不能用 |
| 对耐火材料稳定性 | $Al_2O_3$ | 1350℃以下不起作用 | | | 1200℃以下不起作用 | |
| | BeO | 1350℃以下不起作用 | | | 1200℃以下不起作用 | |
| | MgO | 1350℃以下不起作用 | | | 1200℃以下不起作用 | |
| | $ZrO_2$ | 1350℃以下不起作用 | | | 1200℃以下不起作用 | |
| | $ThO_2$ | 1350℃以下不起作用 | | | 1200℃以下不起作用 | |
| | 耐火砖 | 1350℃以下不起作用 | | | 1200℃以下不起作用 | |

实验室用的 Ni-Cr 或 Fe-Cr-Al 电热体，大部分制成直径为 0.5~3.0mm 的丝状。电热丝一般绕在耐火炉管外侧，有的绕在特制炉膛的沟槽中。

为了避免单绕炉子产生电磁感应，可采取双绕法，即将计算好的炉丝，从中间对折绑在炉管欲绕丝部位的一端，然后将双丝平行绕在炉管上，末端绝缘好，两根丝分别作为电流的输入端和输出端。

B　碳化硅（SiC）

碳和硅都是周期表第四类主族元素，外层电子排布分别为 $2s^2p^2$ 和 $3s^23p^2$，在 C 和 Si 化合时通过 $sp$ 杂化形成 $sp^3$ 共价键，每一个 C 原子均被 4 个 Si 原子包围，而每一个 Si 原子也都被 4 个 C 原子包围。这种结构使 SiC 具有高化学稳定性、高强度、高硬度、抗高温氧化等特性，又因其具有高电子迁移率，所以在耐火材料、高温结构陶瓷等方面得到广泛应用。

碳化硅电热体是由 SiC 粉加黏结剂成型后烧结而成。质量优良的碳化硅电热体在空气中可使用到 1600℃，国内产品一般使用到 1550℃左右，它是一种比较理想的高温电热材料。碳化硅电热体通常制成棒状和管状，故也称为硅碳棒和硅碳管。

硅碳棒有不同规格，它可以灵活地布置在炉膛内需要的位置上，它的两个接线端露于炉外。使用硅碳棒的缺点是炉内温度场不够均匀，并且各支硅碳棒电阻匹配困难。

硅碳管是直接把SiC制成管状发热体，故温度场比较均匀。SiC电热体有良好的抗热震稳定性能。目前国产硅碳管最大直径为100mm。硅碳管有无螺纹、单螺纹和双螺纹之分。为了减小SiC电热体接线电阻，一般在接线端喷镀一层金属铝，用镍或不锈钢片制成电极卡头。在安装SiC电热体时，切忌使发热部位与其他物体接触，以免高温下互相作用。

在800℃左右，SiC电热体电阻率出现最低点，说明SiC在低温区呈半导体特性，而在高温区呈金属特性。因此，高温时炉温控制稳定，因为随炉温升高而元件电阻增大，具有自动限流作用。室温时元件电阻很大，需要较高的启动电压。但应注意，启动通电后由于炉温升高（800℃前元件电阻下降），电流有自动增加的趋势。

SiC电热体在使用过程中电阻率缓慢增大的现象称为“老化”。这种老化现象在高温时尤为严重。SiC的老化是电热体氧化的结果，在空气中使用温度过高，或空气中水气含量很大时，都可使SiC老化加速。但在CO气氛中，SiC发热体最高能够使用到1800℃。SiC发热体不能在真空下于氢气氛中使用。老化后的SiC发热体仍可勉强使用，但应提升工作电压并注意安全。一般认为，SiC发热体有效寿命结束在其常温下电阻值为初始值两倍的时候。

C　二硅化钼（$MoSi_2$）电热体

$MoSi_2$在高温下使用具有良好的抗氧化性，这是因为在高温下，发热体表面生成$MoO_3$而挥发，于是形成一层很致密的$SiO_2$保护膜，阻止了$MoSi_2$进一步氧化。$MoSi_2$发热体在空气中可安全使用到1700℃，但在氮和惰性气体中，最高使用温度将要下降，而且也不能在氢气或真空中使用。$MoSi_2$电热体不宜在低温下（500~700℃）空气中使用，此时会产生“$MoSi_2$疫”，即Mo被大量氧化而又不能形成$SiO_2$保护膜。故一般认为，$MoSi_2$不宜在低于1000℃下长时间使用。

从Si、Mo体系相图可知，$MoSi_2$是硅钼合金中硅含量最高的一种金属间化合物。由于Si、Mo原子半径相近，所以它们组成严格化学成分配比的金属间化合物。由于$MoSi_2$晶体结构中，Si、Mo原子的结合具有金属键和共价键共存的特性，因此它具有金属和陶瓷的双重性，熔点为2030℃，$MoSi_2$在空气中长时间使用，其电阻率保持不变，无所谓“老化”现象，这是$MoSi_2$所特有的优点，为其他电热体所不及。为了使$SiO_2$保护膜不被破坏，应防止电热体与可能生成硅酸盐的材料接触。当然，电热体表面温度不宜过高，以免$SiO_2$膜熔融。

$MoSi_2$电阻率较SiC小，故供电需配用大电流变压器。$MoSi_2$电热体长时间使用，其力学强度逐渐下降，以致最终被破坏，但总的使用寿命比SiC长。

$MoSi_2$发热体通常做成棒状或U形两种，大多在垂直状态下使用。若水平使用，必须用耐火材料支持发热体，但最高使用温度不超过1500℃，$MoSi_2$在常温下很脆，安装使用时应特别小心，以免折断，并需要留有一定的伸缩余地。

### 3.3.3 实验室用耐火材料

凡具有抵抗高温作用以及高温下不产生物理化学作用的材料称为耐火材料。耐火材料种类繁多，一般分为普通耐火材料、轻质耐火材料和特种耐火材料三类。但从其组成特征可分为四个主要系列：硅铝系列、含镁系列、含碳系列和特种耐火材料系列，按材料耐火度的高低，耐火材料又分为普通耐火材料：耐火度为1580~1770℃；高级耐火材料：耐火度为1700~2000℃；特级耐火材料：耐火度高于2000℃。烧成耐火制品是用已经破碎的耐火原料（煅烧过或未煅烧的），经过配料，制成泥料，成型成砖坯、管坯等，干燥后，再经高温煅烧而成的制品。

不烧耐火制品是采用煅烧过的耐火原料经破碎、配料、加入结合剂（如水玻璃、矾土水泥、磷酸、硫酸铝等），混成泥料，用模制、浇注、涂抹或喷涂等方法制成的制品或预制件。

电炉通常在高温下进行操作，所以筑炉材料最为重要。在设计、制造电炉时，对耐火材料的性能、具体要求以及选用原则等进行全面的了解，是提高炉子寿命、降低成本、节约电耗的重要环节。

耐火材料性能参数：

（1）耐火度。指耐火材料的标准三角锥试样，在高温下仅仅由自重而软化弯到一定角度的温度，耐火材料的使用温度不允许超过耐火度，耐火度也不能作为使用温度的上限。

（2）荷重软化温度。指耐火材料制品在每平方厘米面积上承受一定荷重，以一定速度升温，达到一定变形量的温度。荷重软化温度一般可作为烧成制品使用温度的上限。

（3）抗蚀性。指耐火材料在高温下抵抗炉气或与之接触的材料的化学侵蚀性能。

（4）抗热震性。又称耐急冷急热性，表示耐火材料制品抵抗温度急剧变化，不发生破裂或剥落的能力，用反复加热、冷却而不损坏的次数衡量。

（5）重烧线变化。又称残余线变化，是指耐火制品烧结后重新加热至高温时不能恢复的长度变化，即残余收缩或残余膨胀。重烧线变化直接关系到砌体的高温体积稳定性。

（6）透气性。在压力差为133Pa下，每小时通过面积为1m$^2$，厚为1m的制品的空气升数，称为制品的透气系数。一般情况下，耐火制品的透气系数越小越好，但对于真空炉或有特殊需要的电炉，要求高的透气性。

（7）高温绝缘性能。指耐火材料制品在高温下保证电热体或热电偶间不产生漏电的绝缘性能。

电炉对耐火材料的要求主要有：

（1）在高温条件下使用时，不软化、不熔融，即应具有一定的耐火度；规定耐火度的下限为1580℃，低于这个温度即不属于耐火材料。

（2）能承受结构的建筑荷重和操作中的作用应力，在高温下也不丧失结构强度。

（3）在高温下体积稳定，不致产生过大的膨胀应力和收缩裂缝。

（4）在温度急剧变化时，不致崩裂破坏。

（5）对熔融金属、炉渣、氧化铁皮、炉气的侵蚀有一定抵抗作用，即具有良好的化学稳定性。

（6）具有较好的耐磨性和抗震性。

（7）外形整齐，尺寸准确，保证公差不超过一定范围。

表3-6列出了常用耐火材料的主要物理性能，表3-7列出了某些氧化物耐火材料的主要物理性能。

**表 3-6 实验室常用耐火材料主要物理性能**

| 材料 | 耐火度/℃ | $2kg/cm^2$ 荷重软化温度/℃ | 使用温度/℃ | 导热系数 $/W\cdot(m\cdot K)^{-1}$ | 线膨胀系数 $/℃^{-1}$ | 密度 $/g\cdot cm^{-3}$ |
|---|---|---|---|---|---|---|
| 硅砖 | 1690~1710 | 1620~1650 | 1600~1650 | $1.0+0.9\frac{t}{1000}$① | $(11.5\sim13)\times10^{-6}$ (200~1000℃) | 1~9 |
| 黏土砖 | 1610~1730 | 1250~1400 | <1400 | $0.7+0.6\frac{t}{1000}$ | $(4.5\sim6)\times10^{-6}$ (200~1000℃) | 1.8~2.2 |
| 高铝砖 | 1750~1790 | 1400~1530 | 1650~1670 | $2.1+1.9\frac{t}{1000}$ | $6\times10^{-6}$ (200~1000℃) | 2~3.2 |
| 刚玉砖 | 2000 | 1240~1850 | 1600~1670 | 2.7(300℃), 2.1(1000℃) | $(8.0\sim8.5)\times10^{-6}$ (200~1000℃) | 2.96~3.10 |
| 镁砖 | 2000 | 1470~1520 | 1650~1670 | $4.3-0.48\frac{t}{1000}$ | $(14\sim15)\times10^{-6}$ (200~1000℃) | 2.5~2.9 |
| 轻质黏土砖 | 1670~1710 | 1200 | 1200~1400 | 0.7~0.86 (1300℃) | 0.1%~0.2% (1450℃) | 0.4~1.3 |
| 硅藻土砖 | 1280 | | 900~950 | 0.20~0.34 (1000℃) | $0.9\times10^{-6}$ | 0.45~0.65 |

①$t$ 为使用温度。

**表 3-7 氧化物耐火材料的特性**

| 材料 | 成分质量分数/% | 熔点/℃ | 最高使用温度/℃ | 密度 $/g\cdot cm^{-3}$ | 20~1000℃线膨胀系数 $/℃^{-1}$ | 1000℃热导率 $/W\cdot(m\cdot K)^{-1}$ | 1000℃电阻率 $/\Omega\cdot cm$ | 耐热冲击性能 |
|---|---|---|---|---|---|---|---|---|
| 氧化钍 | $99.8ThO_2$ | 3050 | 2500 | 10.00 | $9.0\times10^{-6}$ | 2.90 | $10^4$ | 稍差 |
| 稳定氧化锆 | $92ZrO_2-4HfO_2-4CaO$ | 2550 | 2220 | 5.58 | $10.0\times10^{-6}$ | 2.1 | $5\times10^2$ | 较好 |
| 氧化铍 | $99.8BeO$ | 2570 | 1900 | 3.03 | $8.9\times10^{-6}$ | 19 | $10^8$ | 优 |
| 氧化镁 | $99.8MgO$ | 2800 | 1900 | 3.58 | $13.5\times10^{-6}$ | 6.7 | $10^7$ | 稍差 |
| 氧化铝 | $99.8Al_2O_3$ | 2030 | 1900 | 3.97 | $8.6\times10^{-6}$ | 5.8 | $5\times10^7$ | 良 |
| | $72Al_2O_3$ | 1810 | 1750 | 3.03 | $5.3\times10^{-6}$ | 3.3 | | 良 |
| 莫来石 | $28SiO_2$ | | | | | | | |
| 石英 | $99.8SiO_2$ | 1710 | 1110 | 2.20 | $0.5\times10^{-6}$ | 1.2 | $10^6$ | 特优 |

从表 3-6 和表 3-7 看出，大部分以天然矿物为原料的复合氧化物耐火材料（如硅砖黏土砖等）使用在 1600℃以下，一般做成通用型耐火砖，作为炉子的砌筑材料。但从具有更高的耐火度和优秀的物理、化学性质出发，实验室中往往选用纯氧化物作为高温耐火材料，如石英、刚玉等。下面简单介绍这些氧化物的性能。

$ThO_2$ 是氧化物中熔点最高的（3050℃），化学稳定性良好，但因其价格昂贵，并有一定的放射性，使其应用受到限制。

纯 $ZrO_2$ 在 1100℃附近由于晶型转变有较大的体积变化，故抗热震性较差。在 $ZrO_2$ 中加入一定量 CaO（5%左右），则在常用温度范围内，大部分呈立方晶型结构，称为稳定的 $ZrO_2$，具有较好的抗热震性能。

BeO 的最大特点是具有异常高的导热系数，抗热震性强，绝缘性能好（1000℃，电阻率为 $10^8\Omega\cdot cm$），是热电偶保护管和绝缘管的理想材料。在高温差热分析仪中，常用 BeO 作载热体可使温度场均匀。然而 BeO 对人体有害，特别是吸入其粉末将引起重大功能性障碍，故在 BeO 制品制作及使用过程中，要有安全防护措施。

MgO 的熔点高，但其蒸汽压大，最高使用温度为 1900℃。在氧化性气氛中，使用温度可进一步提高。

最常见的耐热陶瓷材料是 $Al_2O_3$-$SiO_2$ 体系，其中 $Al_2O_3$ 含量越高，最高使用温度越高。高温烧成的熔融的纯的 $Al_2O_3$ 称为刚玉或人工宝石，是高级的半透明的耐火材料。刚玉中含有 $SiO_2$，呈莫来石（$3Al_2O_3\cdot 2SiO_2$）状态存在。莫来石一般用作炉管或热电偶套管，使用温度不高于 1500℃。在 $Al_2O_3\cdot SiO_2$ 系耐火材料中，最常见的杂质是 $Fe_2O_3$，如果作为炉管使用，$Fe_2O_3$ 会与电热体发生有害作用，应予注意。

纯 $SiO_2$ 即所谓石英玻璃，它是气密性好、易于加工、抗热震性极强的耐火材料。石英玻璃有透明与不透明两种，后者含有无数多的微细气孔。透明石英玻璃的一个主要缺点是它会变得“失透”，即变得不透明，这是由亚稳的玻璃态转变成 $SiO_2$ 的结晶态而引起的。在高温下，经反复的升降温过程，石英玻璃表面开始层层脱落，直至脆断。在一般实验条件下，1200℃左右石英玻璃可以作为真空容器使用，短时间可用到 1500℃。耐热金属材料一般为不锈钢和普通耐热合金，使用温度在 1000℃左右。耐更高温度的金属材料有 Mo、W、Ta 等高熔点金属，它们须在真空或保护气氛中使用。

### 3.3.4 电阻丝炉的设计与制作

前面就电阻炉的结构、电热体和耐火材料等做了介绍，目的是为着手设计制作电阻丝炉打下基础。在实验室中，根据各种需要设计制作的电阻炉，大部分是功率在 10kW 以下的小型管式电炉。所谓电阻炉设计，主要包括炉子功率的确定、电热体选择、耐火材料和保温材料的选择、设计炉体结构等方面。

#### 3.3.4.1 电炉功率的确定

电炉功率是从能量角度衡量电炉大小的指标。由于实际电炉散热条件的复杂性，要想从理论上确定炉子的功率消耗和炉子在一定功率输入下所能达到的温度，是非常困难的，所以一般都采用一些经验或半经验的方法和辅以能量平衡的基本概念来确定。下面介绍一种确定实验用小型电炉所需功率的简单方法。

对一圆筒型炉管（炉膛），首先求出欲加热的炉管部分的内表面积，假定炉子为中等保温程度，则可由表 3-8 的经验数据查出每 $100cm^2$ 加热内表面积所需的功率。

**表 3-8 不同温度下每 $100cm^2$ 炉管表面积所需功率**

| 温度/℃ | 300 | 400 | 500 | 600 | 700 | 800 | 900 | 1000 | 1100 | 1200 | 1300 | 1400 | 1500 | 1600 | 1700 | 1800 | 1900 | 2000 |
|---|---|---|---|---|---|---|---|---|---|---|---|---|---|---|---|---|---|---|
| 功率/W | 20 | 40 | 60 | 80 | 100 | 130 | 160 | 190 | 220 | 260 | 300 | 350 | 400 | 450 | 510 | 570 | 630 | 700 |

假如有一炉管，内径 3cm，加热部分长度 40cm，欲加热到 800℃，求在中等保温情况下炉子所需功率。

首先算出被加热炉膛内表面积 $S=\pi\times3\times40\approx377\text{cm}^2$。由表 3-8 查得，800℃时，每 $100\text{cm}^2$ 炉膛表面积所需功率 $\sigma=130\text{W}$，因此，上述炉管所需功率 $P=\sigma\dfrac{S}{100}\approx490\text{W}$。

应当指出，用上述经验办法计算小型电炉所需功率，虽不十分严格，但实践证明是很适用的。至于什么是中等保温程度，则需要自行在实践经验基础上摸索建立。如果不采取特殊的绝热或强制冷却措施，一般电炉均可认为属于中等保温程度。

3.3.4.2 电热体的选择

根据炉膛所要达到的最高温度和炉子的工作气氛，决定电热体种类。

例如欲制作一台在空气中最高使用温度为 1200℃的电阻丝炉，参考表 3-3，可以选择 Cr25Al5 电热丝作为电热体。选择电热体时，除了考虑最高使用温度和工作气氛外，还应考虑炉体的温度分布、性价比和附属设备的复杂程度。如使用 SiC 棒与 $MoSi_2$ 棒为发热体，炉膛内温度的分布可能不均匀；虽然 Pt 或 Pt-Rh 炉的温度分布好且抗氧化，但因价格昂贵所以使用受到限制；碳质发热体虽可达到很高的工作温度，但需要保护气氛和大电流变压器。可见，在电阻炉设计中，电热体的正确选用是非常重要的环节。

3.3.4.3 电热体的计算

A 有关电热体的几个参数

有关电热体的几个参数包括：

（1）元件最高使用温度。电热元件最高使用温度是指电热体在干燥空气中表面的最高温度，并非指炉膛温度。由于散热条件的不同，一般要求炉膛最高温度比电热体最高使用温度低 100℃左右为宜。

（2）电热体的表面负荷。电热体的表面负荷是指电热体在单位表面积上所承担炉子的功率数。在一定炉子功率条件下，电热体表面负荷越大，电热体的用量就越少。但电热体表面负荷越大，其寿命也越短。因此，在实际实验中，只有选择适当，才能得到最佳效果。对不同电热体，在一定条件下（散热条件、使用温度等）都规定有允许的表面负荷值，它是电热体计算的重要参数。表 3-9~表 3-13 是不同种类电热体的表面负荷值。

**表 3-9 Fe-Cr-Al 与 Ni-Cr 电热体的表面负荷值**

| 温度/℃ | 正常表面负荷/$\text{W}\cdot\text{cm}^{-2}$ | | | | | | |
|---|---|---|---|---|---|---|---|
| | Fe-Cr-Al 电热体 | | | Ni-Cr 电热体 | | | |
| | Cr27Al6 | Cr27Al5 | Cr25Al5 | Cr23Ni18 | Cr25Ni20Si2 | Cr20Ni80 | Cr15Ni60 |
| 500 | 5.10~8.40 | 3.90~8.45 | 2.6~4.2 | 2.40~3.40 | | | |
| 550 | 4.75~7.95 | 3.65~7.90 | 2.4~4.0 | 2.25~3.15 | | | |
| 600 | 4.44~7.50 | 3.44~7.35 | 2.2~3.8 | 2.05~2.95 | | | |
| 650 | 4.05~7.05 | 3.15~6.80 | 2.0~3.7 | 1.90~2.75 | | | |
| 700 | 3.75~6.60 | 2.90~6.25 | 1.85~3.5 | 1.70~2.55 | | | |
| 750 | 3.45~6.15 | 2.70~5.70 | 1.7~3.3 | 1.55~2.30 | | | |
| 800 | 3.15~5.70 | 2.50~5.15 | 1.6~3.05 | 1.35~2.10 | | | |

续表 3-9

| 温度/℃ | 正常表面负荷/W·cm⁻² | | | | | | |
|---|---|---|---|---|---|---|---|
| | Fe-Cr-Al 电热体 | | | Ni-Cr 电热体 | | | |
| | Cr27Al6 | Cr27Al5 | Cr25Al5 | Cr23Ni18 | Cr25Ni20Si2 | Cr20Ni80 | Cr15Ni60 |
| 850 | 2.80~5.25 | 2.25~4.60 | 1.5~2.75 | 1.20~1.85 | | | |
| 900 | 2.50~4.80 | 2.00~4.05 | 1.35~2.4 | 1.05~1.65 | | | |
| 950 | 2.25~4.36 | 1.80~3.50 | 1.25~2.0 | 0.9~1.45 | | | |
| 1000 | 1.95~3.90 | 1.60~2.90 | 1.15~1.5 | | | 0.75~1.25 | |
| 1050 | 1.75~3.45 | 1.45~2.55 | 1.05~1.2 | | | 0.60~1.0 | |
| 1100 | 1.55~3.00 | 1.25~2.20 | 1.0 | | | | |
| 1150 | 1.40~2.45 | 1.15~1.90 | | | | | 0.5~0.8 |
| 1200 | 1.25~2.00 | 1.00~1.65 | | | | | |
| 1250 | 1.11~1.70 | | | | | | |
| 1300 | 1.0~1.6 | | | | | | |

**表 3-10 Mo、W、Ta 电热体表面负荷值**

| 材料 | 表面负荷/W·cm⁻² | |
|---|---|---|
| | 温度低于 1800℃连续使用 | 温度高于 1800℃短时间使用 |
| Mo | 10~20 | 20~40 |
| W | 10~20 | 20~40 |
| Ta | 10~20 | 20~40 |

**表 3-11 $MoSi_2$ 电热体表面负荷值**

| 温度/℃ | 1470~1500 | 1520~1600 | 1590~1650 |
|---|---|---|---|
| 表面负荷/W·cm⁻² | 14~22 | 11~18 | 9~15 |

**表 3-12 SiC 棒表面负荷值**

| 温度/℃ | 800 | 1000 | 1200 | 1400 |
|---|---|---|---|---|
| 表面负荷/W·cm⁻² | 40~50 | 28~31 | 15~18 | 10~12 |

**表 3-13 SiC 管（国产双螺纹）表面负荷值**

| 温度/℃ | 1100 | 1200 | 1300 | 1400 |
|---|---|---|---|---|
| 表面负荷/W·cm⁻² | 24 | 20 | 14 | 6 |

B 电热体尺寸及表面负荷计算公式

电热体尺寸计算公式。

圆线：

$$d = \sqrt[3]{\frac{4 \times 10^5 \rho_t P^2}{\pi^2 V^2 W}} \tag{3-1}$$

$$R = \frac{V^2}{10^3 P} \tag{3-2}$$

$$L = \frac{Rf}{\rho_t} \tag{3-3}$$

$$f = 0.785d^2 \tag{3-4}$$

$$\rho_t = \rho_0(1 + \alpha t) \tag{3-5}$$

扁线：

$$a = \sqrt[3]{\frac{10^5 \rho_t P^2}{2m(m+1)V^2 W}} \tag{3-6}$$

$$m = \frac{b}{a} \approx 10 \tag{3-7}$$

$$f = ab \tag{3-8}$$

电热体表面负荷计算公式。

圆线：

$$W = \frac{P \times 10^3}{\pi d L} \tag{3-9}$$

扁线：

$$W = \frac{P \times 10^3}{2(a+b)L} \tag{3-10}$$

式中，$a$ 为电阻带厚度，mm；$b$ 为电阻带宽度，mm；$\rho_t$ 为在工作温度 $t$ 时的电阻率，$\Omega \cdot mm^2/m$；$\rho_0$ 为室温时电阻率，$\Omega \cdot mm^2/m$；$\alpha$ 为电阻温度系数，1/℃；$P$ 为炉子功率，kW；$V$ 为电压，V；$W$ 为电热体表面负荷，$W/cm^2$；$R$ 为电热体总电阻，Ω；$f$ 为电阻丝（带）截面积，$mm^2$；$L$ 为电热体总长度，m。

在进行电热体计算时，为了使用安全，电热体允许表面负荷值一般取下限。对于小型电炉，使用单相市电（220V）十分方便，因此在设计计算时，为了留出电压可调余地，工作电压通常以200V计算。

下面以实验室小电阻丝炉设计为例，说明计算步骤：

（1）已知条件，炉管尺寸50mm×60mm×600mm，要求炉膛工作温度为1000℃，电源电压220V，氧化性工作气氛，炉体中等保温，加热带长度为400mm。求电热丝的直径与长度。

（2）加热面积计算，加热面积 $S=\pi Dl=3.14\times5\times40=6.28\times10^2 cm^2$，式中，$D$ 为炉管内径，$l$ 为加热带长度。

（3）功率计算，由表3-8查得1000℃时，每 $100cm^2$ 炉管面积所需功率 $\sigma=190W$，所以电炉所需功率 $P=\sigma\frac{S}{100}=190\times\frac{6.28\times10^2}{100}\approx1.2kW$。

（4）电热体及其参数确定，已知电炉在氧化性气氛中达1000℃高温，参考表3-3可选Cr25Al5铁铬铝丝为电热体。再查表3-9，Cr25Al5电热体在1000℃工作温度允许的表面负荷为 $1.15\sim1.5W/cm^2$，为了安全，取下限值 $1.15W/cm^2$。由表3-3知Cr25Al5在20℃时的电阻率 $\rho_0=1.45\Omega\cdot mm^2/m$，其温度系数 $\alpha=(3\sim4)\times10^{-5}/℃$，因此，1000℃时的电阻率 $\rho_t=\rho_0(1+\alpha t)\approx1.51\Omega\cdot mm^2/m$。

（5）据式（3-1）计算电热丝直径：

$$d = \sqrt[3]{\frac{4 \times 10^5 \rho_t P^2}{\pi^2 V^2 W}} = \sqrt[3]{\frac{4 \times 10^5 \times 1.51 \times 1.2^2}{3.14^2 \times 200^2 \times 1.15}} \approx 1.2\text{mm} \tag{3-11}$$

（6）据式（3-3）计算电热丝长度：

$$R = \frac{V^2}{10^3 P} \approx 33.3\Omega \tag{3-12}$$

$$f = 0.785 d^2 \approx 1.13\text{mm}^2 \tag{3-13}$$

$$L = \frac{Rf}{\rho_t} \approx 25\text{m} \tag{3-14}$$

用式（3-9）进行核算，$W = \frac{P \times 10^3}{\pi d L} \approx 1.27\text{W/cm}^2$，与设计时选用表面负荷（$W = 1.15\text{W/cm}^2$）是相近的，故可保证安全使用。

采用上述步骤，便可计算出所需电热丝的直径与长度，接着便是如何绕制的问题。

3.3.4.4　电阻丝炉的制作

结合上节计算实例，简单介绍手工制作电炉的方法。上例中已确定采用 Cr25Al5 铁铬铝丝，其直径 $d=1.2\text{mm}$，总长 $L=25\text{m}$，炉膛外径 60mm，加热带长度 400mm。设计将电热丝均匀绕在炉管发热带长度上，则可计算电热丝匝数 $n = \frac{L}{l} = 132$ 匝。式中，$l$ 为炉管外周长度；$L$ 为炉丝总长度。于是得到匝间距离（电热丝中心线间距离）$h = \frac{H}{n} \approx 3\text{mm}$，式中，$H$ 为加热带长度。

根据上面粗略计算，便可在炉管 400mm 发热带长度上，以匝间距 3mm 距离划上标记，以使布线均匀。将电热丝一头留出 1m 左右长度，将其对折绞扭在一起作为电极引线。

取一小段同材质电热丝作为绑线，与上述双股引线后面的电热丝绞扭 3~4 扣，一起缠于炉管加热带始端，绕完一周后，用钳子钳住绑线两端，向上用力提拉并扭紧，这样才能扭牢而不易扭断。万一扭断绑线，可另换一支，而电热丝主体不受损害，这是这种固定方法的最大优点。电热丝在炉管上按匝间距绕好后，末端电热丝固定方法与始端相同，同样留出双股电极引线。

对于炉子的不同使用方式（横式或竖式）或对温度场的特殊要求，可以调整电热丝匝间距离。上述的均匀缠绕，是一种最简单形式。

炉丝绕好后，为了避免匝间短路，一般用 $Al_2O_3$（不含 $SiO_2$）粉加水（少加些淀粉）调成糊状，涂在炉管外面，但不宜过厚，以免干裂脱落。涂层涂好后，先在空气中阴干，然后在烘箱烘干后便可装炉。

炉壳可用薄铁板制作，为使保温均匀，形状以圆筒形为佳。炉壳尺寸一般都采用经验方法确定。对于 1000℃以下的炉子，炉壳内可直接填充保温材料。而 1000℃以上的炉子，则靠近电热体部分，应有一层耐火材料，其外层为保温材料。对于 1200℃左右的电阻丝炉，耐火层厚度约为 50~70mm，保温层厚度约为 100~130mm。若加入的耐火、保温材料均为粉料，则在两层之间应使用耐火陶瓷管隔开，以免两种粉料掺混后在高温下发生造渣反应。

炉管与耐火保温材料装好后，为避免短路，两端电极引线需套上绝缘瓷珠。将电极固定在炉壳的接线柱上，务必接触良好，否则会因接触电阻过大而烧毁。在接线处，尽量不使保温材料混入，以免引起接触不良。两接线柱不应距离太近，以防短路。

为了降低炉壳温度，加强保温性能，通常在炉壳内壁衬以石棉板，将 3~5mm 厚石棉板用水润湿，慢慢卷成筒形衬在炉壳内，待其基本晾干后，再填充耐火保温材料。

装好的电炉，应在 300~400℃下通电烘干 6~8h，使其彻底干燥。

在实际工作条件下，往往找不到用式（3-1）计算的合适的电热丝尺寸，而实际有的电热丝尺寸可能与计算值稍有出入，此时为了尽量使用已有的电热丝，必须对设计中的电热丝尺寸与绕法进行某些调整。当然，使用现有电热丝的种类，应符合工作温度与气氛的要求。

由于电热丝的加工硬化，往往使缠绕发生困难，此时可事先进行退火处理。退火可直接通电加热，也可置于退火炉中处理。退火时应注意退火温度、时间与气氛。但 Fe-Cr-Al 电热丝不宜高温退火处理，因为高温处理会使晶粒长大而变脆。

向炉管上缠绕电热丝时，应特别避免电热丝弯折和打结，这不仅容易折断，而且会产生应力，导致局部电阻改变，缩短炉丝寿命。有些电热体不能在空气中直接使用，应满足其应有的工作气氛，否则电热体很快会被烧毁。例如钼丝炉，需要在惰性或还原性气氛中工作，这样才能保证钼丝不被氧化。从钼丝氧化机理来看$\left(\frac{2}{3}Mo+O_2 = \frac{2}{3}MoO_3\right)$，保护气氛对钼丝的保护效果取决于保护气氛中的氧分压。其氧分压应小于 $MoO_2$ 分解的平衡氧分压自行设计制作的小型电阻炉，要求达到足够的和合理的温度分布。由于炉子的非通用性及设计计算的粗略，炉子的实际功率消耗会在一定范围内变动。为了适应较大范围的温度调节，备有较大容量的可调电源（5~10kV · A）是必要的，常用的有自耦调压器和可控硅调压器两种。

### 3.3.5 电阻丝炉恒温带的测量

在实验研究中，往往需要进行恒温实验。但由于试样有一定的尺寸，故要求试样能置于炉膛内具有一定恒温精度的恒温带中，否则由于试样各处温度不同，将给实验结果带来很大偏差。一台电阻丝炉制成后，一定要测定炉膛内的温度分布规律，以确定试样合理的放置位置，也便于进行实验精度的分析。

图 3-8 是测定电炉横向恒温带装置图。首先用温控仪（或手动调节）将炉温控制在要求温度上，此温度应尽量与工作温度相近。将控制热电偶工作端置于炉膛中央，靠近管壁。另取一只较长热电偶为测量热电偶，用双孔绝缘瓷管套上，工作端应露出 10mm 左右，以减小热惰性。应用精密电位差计准确测量热电偶的热电势。当控温仪指示恒温后（表示控温热电偶工作端温度恒定），用测量热电偶抽检炉内不同位置是否恒温，若有较大温度变化时，则需等待一段时间，以使炉内趋于热平衡。炉膛内各处恒温后，把测量热电偶置于炉管的轴线位置上，其工作端由炉口一端拉向另一端，每隔一定距离停留片刻，并测出处于停留点的温度值，于是便可画出炉膛纵向温度分布曲线。为了减小测量误差，可重复测定几次，取其平均值。

应当指出，所谓电炉恒温带，是对具有一定恒温精度的加热带长度而言。因此，在得出炉子恒温带长度的同时还一定要指出其工作温度与恒温精度。

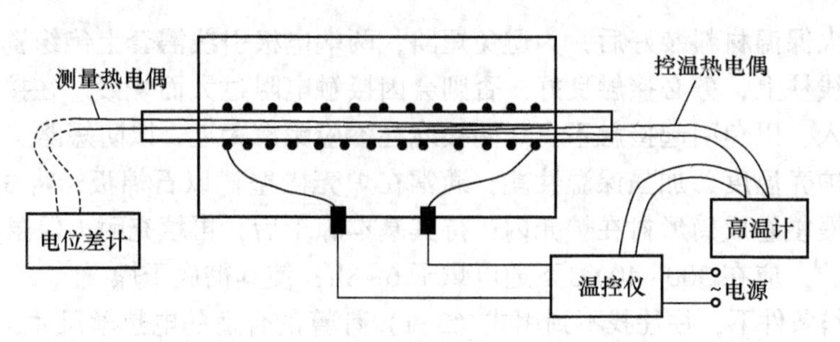


图 3-8 测定电炉横向恒温带装置

例如，采用上述测定电炉横向恒温带的方法，沿炉管横向等距离上测得一系列温度值如下：

| 测温点 | *a* | *b* | *c* | *d* | *e* | *f* | *g* |
|---|---|---|---|---|---|---|---|
| 温度/℃ | 940 | 956 | 963 | 962 | 960 | 958 | 950 |

试求 *ag* 和 *bf* 长度上的恒温带。

在 *ag* 两点间共测 7 点温度，其平均值为

$$\overline{t} = \frac{\sum t_i}{n} = 956℃ \tag{3-15}$$

式中，$t_i$ 为各点的测定值；$n$ 为测定点数。

设 $\Delta t_i$ 为各测量值与平均值之差，则其算术平均偏差 $\Delta t$ 为

$$\Delta t = \frac{\sum |\Delta t_i|}{n} \approx 6℃ \tag{3-16}$$

由此得到炉管 *ag* 间的恒温带为 (956±6)℃。

用同样方法求得 *bf* 间恒温带为 (959±2)℃。

从上例中可见，恒温带的恒温精度与恒温带长度有关。一般恒温带越短，其恒温精度越高。当然，恒温带长度应满足试样及其容器的尺寸要求。

关于炉子结构对恒温带的影响，有图 3-9 所示的几种情况。首先，在一炉管上均匀绕有电热丝，但没有保温材料覆盖［见图 3-9（a）］通电加热时，虽然热损失很大，但轴向温度分布均匀。如果炉丝外面覆盖一层保温材料（如石棉），通电加热时热损失小，炉温升高，并在炉膛中间出现温度最高点［见图 3-9（b）］。因此，一台保温很差的炉子，温度分布通常比较均匀，但炉温低；而保温材料的使用可使炉温提高，但此时电炉的恒温带较短。为了克服温度的不均匀性，通常采取电热丝炉口密绕的方法，以获得较长的恒温带［见图 3-9（c）］。电热丝密绕的方式有两种，一种是全部电热丝为一根，用一个电源供电，只是炉管两端密绕；另一种是三段电热丝单独供电。后一种方式容易调整温度场，但所用设备较多，并要注意三段电热丝间电的联系。

对于竖式电炉而言，提高恒温带质量（恒温带长度与恒温精度），关键在于减少热对流。一般在炉膛内上下装有多层辐射挡板，可以起到防辐射与减少热对流的作用。

对某些恒温精度要求极高的场合，除了在电炉设计上采取措施外，往往在炉内加一导

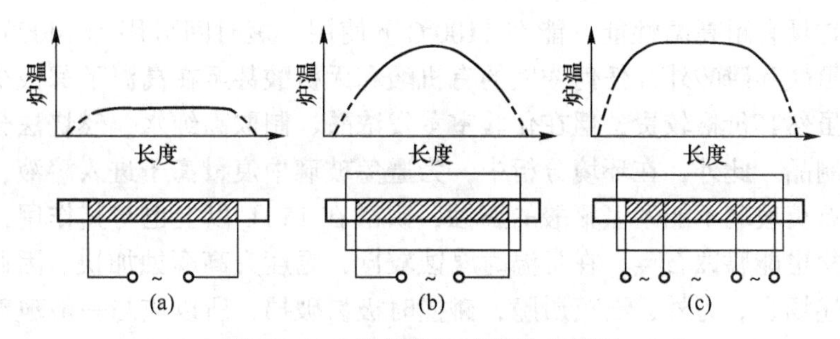


图 3-9 电炉结构与温度分布情况

热系数大的均热体（或称载热体）。常用的均热体材料有铜、不锈钢、镍和氧化铍等。不同的均热体，适用于不同的温度范围与气氛。实验所用试料，对称地置于均热体中，以确保良好的恒温效果。

上面讨论的恒温带，均指最常见的横向温度场。在某些特殊场合（如差热分析技术），要求竖炉纵向温度均匀，同样可用热电偶测定炉管纵截面上径向温度分布。

当然，实验研究不全都要求在均匀温度场中进行，有时会需要非均匀的温度场，在这种情况下，可根据前述原理设计或购置。

### 3.3.6 坩埚的选择

待熔炼或烧结的样品一般不能直接放入炉中，否则会污染炉衬或炉管。坩埚是熔炼金属及合成无机氧化物的重要反应容器，挑选合适材质、尺寸、形状的坩埚可以保证实验的顺利进行。

#### 3.3.6.1 铂坩埚

铂坩埚用金属铂制作，由于铂的熔点高、性质稳定、耐腐蚀，可用于高温材料分析，腐蚀性材料分析，高温晶体合成，玻璃分析，烧残渣等领域。

铂坩埚不可接触王水、卤素溶液或能产生卤素的溶液，易还原金属及其化合物，含碳的硅酸盐、磷、砷、硫及其化合物，过氧化钠、苛性碱、碱和硫的混合剂、硫代硫酸钠及硝酸盐、亚硝酸盐、氰化物等会同铂反应的化合物。

由于铂的价格很高，在使用时需要严格遵守实验室的相关规定。

#### 3.3.6.2 镍坩埚

镍的熔点较高为1450℃，镍与强碱几乎不发生反应，镍坩埚可用于铁合金、矿渣、黏土、耐火材料、过氧化钠等物质的熔融。镍坩埚用于熔样时，温度一般不超过700℃。镍在空气中会生成氧化膜，加热时质量有变化，所以镍坩埚不能作恒重沉淀分析用。不能在镍坩埚中熔融含铝、锌、锡、铅、汞等的金属盐和硼砂。镍易溶于酸，浸取熔块时不可用酸。镍坩埚使用前可放在水中煮沸数分钟，以除去污物，必要时可加少量盐酸煮沸片刻。新的镍坩埚使用前应先在马弗炉中灼烧成蓝紫色或灰黑色，除去表面的油污并使表面氧化，延长使用寿命，然后用稀盐酸煮沸片刻，用水冲洗干净。镍坩埚中常含有微量铬，使用时应注意。

#### 3.3.6.3 石英坩埚

石英坩埚的化学成分是二氧化硅，线膨胀系数很小，可耐急冷急热。软化温度是

1650℃。由于它具有耐高温性能，能在1100℃下使用，短时间可用到1400℃，耐酸性能非常好，除氢氟酸和磷酸外，任何浓度的有机酸和无机酸甚至在高温下都极少和石英玻璃作用。因此，虽然其价格较贵，但在化验室蒸发浓酸、制取高纯水、燃烧法分解样品等仍常要用到石英制品。此外，在环境分析中，为避免玻璃中痕量离子进入溶液，也较多使用石英容器。但石英玻璃不能耐氢氟酸的腐蚀，磷酸在150℃以上也与其作用，强碱溶液包括碱金属碳酸盐也能腐蚀石英，在常温时腐蚀较慢，温度升高腐蚀加快。因此，石英坩埚应避免用于上述场合。另外，石英质脆，碰撞时极易破损，所以应与一般玻璃仪器分别存放，妥加保管。清洗时，除氢氟酸外，普通稀无机酸均可用做清洗液。

#### 3.3.6.4 刚玉坩埚

刚玉坩埚由多孔性熔融氧化铝制成，质坚而耐熔，耐高温，熔点2045℃，是一种难熔氧化物的坩埚，广泛应用于无机物合成的高温实验中，可适用于无水碳酸钠等一些弱碱性熔剂熔融样品，不适于$Na_2O_2$、NaOH和酸性熔剂（$K_2S_2O_7$等）样品。

#### 3.3.6.5 氧化锆坩埚

氧化锆坩埚的最高使用温度可以达到2400℃，且高温稳定性好，是理想的实验高温耐火制品，可以耐$Na_2O_2$等化合物的腐蚀。但氧化锆坩埚的抗热震性低于刚玉坩埚，使用过程中需要温度缓慢变化。

#### 3.3.6.6 聚四氟乙烯坩埚

聚四氟乙烯是热塑性塑料，色泽白，有蜡状感觉，耐热性好，最高工作温度为250℃，除熔融态钠和液态氟外能耐一切浓酸、浓碱、强氧化剂的腐蚀，即使在王水中煮沸也不发生变化。聚四氟乙烯的电绝缘性好，并可以切削加工。

聚四氟乙烯坩埚可用于氢氟酸处理样品。不锈钢外罩的聚四氟乙烯坩埚在加压加热（一般要求低于200℃）处理矿样和消解生物材料方面得到应用。聚四氟乙烯超过250℃开始分解，在415℃以上会急剧分解释放出剧毒的全氟异丁烯气体。洗涤塑料坩埚时一般可用对该塑料无溶解性的溶剂，如乙醇等。如塑料器皿被金属离子或氧化物沾污可用（1+3）盐酸洗涤。

#### 3.3.6.7 瓷坩埚

瓷制器皿能耐高温，可在高至1200℃的温度下使用，耐酸碱的化学腐蚀性高于玻璃，瓷制品比玻璃坚固，且价格便宜，在实验室中经常用到。涂有釉的瓷坩埚灼烧后失重甚微，可在质量分析中使用。

瓷制品均不耐苛性碱和碳酸钠的腐蚀，尤其不能在其中进行熔融操作。用一些不与瓷作用的物质如MgO、C粉等作为填垫剂，在瓷坩埚中用定量滤纸包住碱性熔剂熔融处理硅酸盐试样，可部分代替铂制品。瓷坩埚常用于灼烧沉淀及高温处理试样，高型瓷坩埚用于隔绝空气条件下处理试样。

#### 3.3.6.8 石墨坩埚

裂解石墨是在高温、低压、氮气氛下，由碳氢化合物裂解制成的。它致密、有金属光泽、渗透性小、易清洗，能耐800℃高温，如外罩一个瓷坩埚能耐1000℃高温。它能耐除高氯酸以外的一切强酸（包括王水）。耐中、低温下强碱作用，耐过氧化钠和高温熔盐腐蚀，使用寿命长，可以代替一些贵金属坩埚使用。

扫一扫看简介

# 3.4 温度的测量

## 3.4.1 温度

温度是表征物体冷热程度的一个物理量。物体愈热，通常就说它的温度愈高。温度的本质与物体内部质点（分子、原子、离子、电子）的运动相联系，温度的高低反映物体内部质点运动剧烈的程度。物体的温度愈高，它内部质点的运动愈剧烈，即平均运动动能愈大。

温度是无法直接测量的。但可以利用两个与温度有关的物理现象来实现测温。一个现象是当两个温度不同的物体相接触时，必然发生热交换现象，热量将由温度高的物体传到温度低的物体直到两物体的温度趋于一致，即达到热平衡状态为止；另一个现象是当温度变化时，物体的某些物理量（如体积、电阻等）相应发生变化。

## 3.4.2 温标

用来度量温度高低而规定的标尺称为温度标尺，简称温标。温标规定了温度的读数起点和测量温度的基本单位，它是温度数值的表示方法。各种温度计的刻度均由温标来确定。温标有好几种，在国际上常用的温标有华氏温标，摄氏温标和热力学温标。

### 3.4.2.1 华氏温标（℉）

华氏温标是1714年由德国物理学家华伦海特所确立，故而得名。这个温标把在标准大气压下冰的熔点定为32℉，水的沸点定为212℉，再用一支水银玻璃温度计放在冰点和水沸点中。因为水银的膨胀系数比玻璃大得多，温度变化时，玻璃毛细管中的水银面就会上升或下降，分别记下水沸腾时和冰融化时水银面的位置，并刻上线，在两线之间再等分成180份，每一份就称为华氏一度。华氏温标目前仍为美国等极少数国家所使用。

### 3.4.2.2 摄氏温标（℃）

摄氏温标是瑞典化学家摄尔修斯在1742年建立的一种温标。它把标准大气压下冰的熔点定为0℃。水的沸点定为100℃，也是用水银温度计进行刻度，把两者之间等分成100份，每一份称为摄氏一度。故摄氏温标又叫百分温标。因为它比华氏温标的分度简单，所以，百分温标通用于世界各国。

摄氏温标 $t_C$ 和华氏温标 $t_F$ 之间的换算关系如下式所示：

$$t_C = \frac{5}{9}(t_F - 32) \tag{3-17}$$

$$t_F = \frac{9}{5}t_C + 32 \tag{3-18}$$

随着生产和科学技术的发展，人们又发现不同材质的玻璃和不同纯度的水银制成的水银温度计，尽管在0℃和100℃指示是一致的，但是在中间温度的示值就不完全一样，这是由于不同材质玻璃和不同纯度水银的膨胀系数有所差别而引起的。这样，势必造成温度量值上的不同。同时，上述温标只规定了冰点和水沸点之间的温标，该范围太窄，不能满足日益发展的生产和科学研究的要求。因此有必要制定一个统一的更为科学的温标。

#### 3.4.2.3　热力学温标（K）

热力学温标由英国物理学家开尔文于 1848 年提出，它规定理想气体分子热运动停止时的温度为绝对零度，因此，热力学温标又称开氏温标或绝对温标。

热力学温标是根据热力学第二定律推导出的，它与物质的种类和性质无关。因此，热力学温标是理想的科学的温标，已由国际权度大会规定为国际统一的基本温标。但是，热力学温标是纯理论的，不能付诸实用，只能借助于气体温度计来复现热力学温标。因为理想气体实际并不存在，所以，实际采用的氢、氦和氮等近似理想气体制作的定容式气体温度计，在复现热力学温标时，必须根据热力学第二定律定出气体温度计的修正值。此外，气体温度计结构复杂、不适于实际应用。因此，有必要建立一种既非常接近热力学温标，在使用上又很方便的温标，这就是国际实用温标。

国际实用温标是用来复现热力学温标的，它是一种国际协议性的统一温标。自 1927 年建立国际温标以来，随着科学技术的发展，人们对热力学温标的认识越来越精确，曾先后对国际温标做了多次修改，使它越来越接近热力学温标。1968 年第十三届国际权度委员会公布国际新温标，命名为“1968 年国际实用温标”（IPTS-68）。

“1968 年国际实用温标”规定以热力学温度为基本温度，用符号 $T$ 表示。温度的单位名称是开尔文，单位符号用 K。另外还规定水的三相点热力学温度为 273.16K，并定义开尔文一度为水三相点热力学温度的$\frac{1}{237.16}$。

为了实际测量“1968 年国际实用温标”，引用了两种国际实用温度，即国际实用开尔文温度和国际实用摄氏温度，分别用 $T_{68}$ 和 $t_{68}$ 表示。$T_{68}$ 和 $t_{68}$ 采用和热力学温度 $T$ 与摄氏温度 $t$ 相同的单位，即开尔文（符号 K）和摄氏度（符号℃）。按定义两者的换算关系是

$$t_{68} = T_{68} - 273.15 \tag{3-19}$$

可见，$t_{68}$ 和 $T_{68}$ 温度单位的量值相同，只是计算温度的起点不同，两者只相差一个常数 273.15，实际应用时，为计算方便，在不影响测量误差的许可范围内，此常数可简化为 273。此外，为书写方便，$t_{68}$ 和 $T_{68}$ 常简写为 $t$ 和 $T$。

1989 年第 77 届国际计量委员会批准建立了新的国际温标，简称 ITS-90，为和 IPTS-68 温标相区别，用 ITS-90 温标 $T_{90}$ 和 $t_{90}$ 表示。ITS-90 的基本内容为：

（1）重申国际实用温标单位仍为 K，1K 等于水的三相点时温度值的$\frac{1}{273.16}$。

（2）把水的三相点时温度值定义为 0.01℃，把绝对零度定义为-273.15℃。

（3）规定把整个温标分成 4 个温区，其相应的标准仪器如下：

1）0.65~5.0K，用 $^3$He 和 $^4$He 蒸汽温度计；

2）3.0~24.5561K，用 $^3$He 和 $^4$He 定容气体温度计；

3）13.803K~961.78℃，用铂电阻温度计；

4）961.78℃以上，用光学或光电高温计。

（4）新确认和规定 17 个固定点温度值以及借助依据这些固定点和规定的内插公式分度的标准仪器来实现整个热力学温标。

### 3.4.3　温度测量方法

测温仪表的种类繁多，但可按作用原理、测量方法、测量范围作如下分类。

3.4.3.1 按作用原理分类

温度的测量是借助于物体在温度变化时，它的某些性质随之变化的原理来实现的。但是，并不是任意选择某种物理性质的变化就可做成温度计。用于测温的物体的物理性质要求连续、单值的随温度变化，不与其他因素有关，而且复现性好，便于精确测量。

目前按作用原理制作的温度计主要有膨胀式温度计、压力式温度计、电阻温度计、热电偶高温计和辐射高温计等几种。它们是分别利用物体的膨胀、压力、电阻、热电势和辐射性质随温度变化的原理制成的。

3.4.3.2 按测量方法分类

测温时按感温元件是否直接接触被测温度场（或介质）而分成接触式测温仪表（膨胀式温度计、压力式温度计、电阻温度计和热电偶高温计属此类）和非接触式测温仪表（如辐射式高温计）两类。

3.4.3.3 按测量温度范围分类

通常将测量温度在600℃以下的测温仪表叫温度计，如膨胀式温度计、压力式温度计和电阻温度计等。测量温度在600℃以上的测温仪表通常叫高温计，如热电高温计和辐射高温计。

上述分类归纳于表3-14中。

**表3-14 测温仪表的分类**

| 测温仪表种类 | | 感温元件原理 | 测温范围/℃ | 测温应用 |
|---|---|---|---|---|
| 接触式 | 膨胀式温度计：液体膨胀式、固体膨胀式 | 利用液体或固体受热膨胀的特性 | -200~600 | 测量油槽、淬火槽、低温烘箱的温度 |
| | 压力式温度计：液体式、蒸汽式、气体式 | 利用封闭在一定容积中的介质受热后压力变化的特性 | -100~600 | 用于低温测量 |
| | 电阻式温度计 | 利用导体或半导体受热电阻变化的特性 | -200~500 | 用于低温测量 |
| | 热电式温度计 | 利用热电偶的热电效应 | 0~1600 | 广泛用于各种高温炉 |
| 非接触式 | 辐射式温度计：光学式、辐射式、比色式 | 利用物体的热辐射作用 | 600~6000 | 高温盐炉及感应加热工件的测温 |

### 3.4.4 膨胀式温度计

热膨胀式温度计应用液体、气体或固体热胀冷缩的性质测温，将温度转换为测温敏感元件的尺寸或体积变化，表现为位移；热膨胀式温度计分为液体膨胀式（酒精温度计、水银温度计）和固体膨胀式（热敏双金属温度计）两种。下面以双金属温度计为例进行介绍。

双金属温度计是利用两种不同的金属在温度改变时膨胀程度不同的原理工作的。双金属温度计敏感元件如图3-10所示。它是由两种或多种线膨胀系数，不同的金属片粘贴组合而成的，其中线膨胀系数大的材料 A 为主动层，线膨胀系数小的材料 B 为被动层，其一端固定，另一端为自由端，自由端与指示系统的指针相连接。为增加测温灵敏度，通常金属片制成螺旋卷形状，如图 3-11 所示。

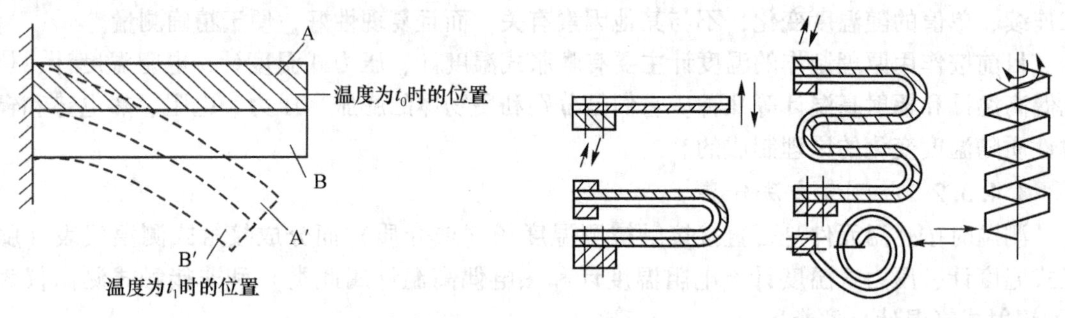


图 3-10 双金属温度计工作原理示意图

图 3-11 双金属温度计金属片形状

当温度变化时，由于 A、B 两种金属的膨胀不一致而向被动层一侧弯曲，受冷则向主动层一侧弯曲，导致自由端产生一定的角位移，温度恢复到原有温度则仍然平直。自由端角位移的大小与温度变化成一定的函数关系，通过温度标定，在圆形分度标尺上指示出温度，实现温度测量。可以实现工业现场-80~550℃温度的液体、蒸汽和气体的中低温检测。

双金属温度计常被用作恒定温度的控制元件，如恒温箱、加热炉、电热水壶等就是采用双金属片温度计控制和调节恒温。比如电热水壶工作原理：当壶中水沸腾时，蒸汽会冲击蒸汽开关上面的双金属片，双金属片受热变形顶开开关触点断开电源，从而实现自动断电。

### 3.4.5 电阻式温度计

利用导体或半导体的电阻率随温度变化的物理特性，实现温度测量的方法，称电阻测温法。很多物体的电阻率与温度有关，但能制作温度计的材料不仅要考虑它的耐温程度，而且其电阻率与温度特性的单一性、稳定性和变化率都应符合测量温度的要求。电阻温度计的测温范围和准确度与选用的材料有关。通常用来制造电阻温度计的纯金属有铂、铜、铟等，选用的合金材料有铑-铁、铂-钴，制造半导体温度计的材料有锗、硅以及铁、镍等金属氧化物。图 3-12 与图 3-13 分别为导体型高温铂电阻与半导体型锗电阻温度计的结构。

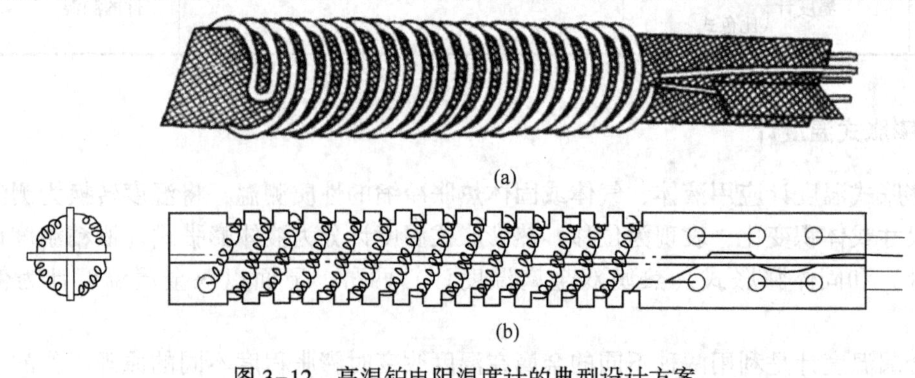


图 3-12 高温铂电阻温度计的典型设计方案

（a）$R_{tp}=0.25\Omega$；（b）$R_{tp}=2.5\Omega$

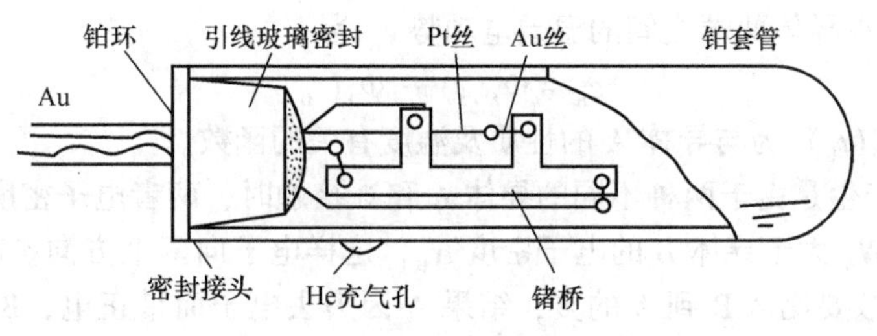


图 3-13 典型的锗电阻温度计结构

### 3.4.6 热电式温度计

热电式温度计是以热电偶作为测温元件，测得与温度相对应的热电动势，再通过仪表显示温度。热电温度计是由热电偶、测量仪表及补偿导线构成的。常用于测量 300～1800℃范围内的温度，在个别情况下，可测 2300℃的高温或 4K 的低温。热电温度计具有结构简单、准确度高、使用方便、适于远距离测量与自动控制等优点。因此，无论在生产还是在科学研究中，热电温度计都是主要的测温工具。

#### 3.4.6.1 热电偶工作原理

在两种不同的导体 A、B 组成的闭合回路中（见图 3-14），如果使两个接点 1、2 处于不同的温度，回路中就会产生电动势（即汤姆逊电势），这就是著名的“塞贝克温差热电动势”，简称“热电势”，记为 $E_{AB}$。导体 A、B 称为热电偶的热电极，如果在接点 2 电流是从导体 A 流向导体 B，则 A 称为正极而 B 称为负极。接点 1 通常是用焊接法连在一起的，使用时被置于测温场所，故称为测量端（或工作端），接点 2 要求恒定在某一温度下称为参考端（或自由端）。总之，热电偶是一种换能器，它将热能转变成电能，用所产生的电动势来测量温度，该热电势是由温差电势和接触电势所组成。

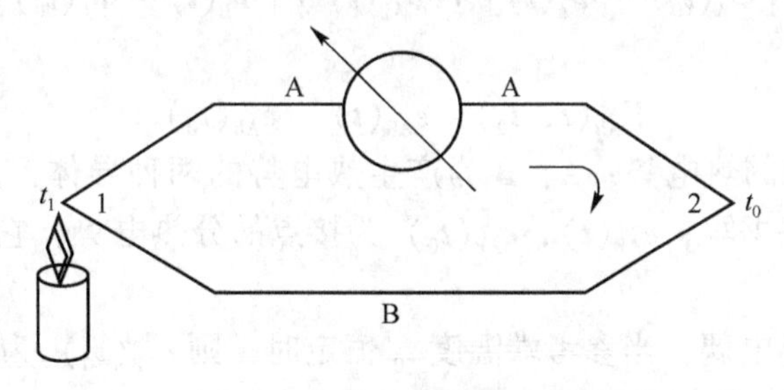


图 3-14 塞贝克效应示意图

温差电势（即汤姆逊电势）产生的原理为：当同一导体的两端温度不同时，由于高温端的电子能量比低温端的电子能量大，因而电子从高温端向低温端迁移的数目比低温端向高温端迁移的多，这就导致高温端因失去电子而带正电，低温端因得到电子而带负电。从而在高、低温端之间形成一个从高温端指向低温端的静电场，该电场将阻止电子从高温端向低温端迁移，同时加速电子从低温端向高温端迁移，最后达到动平衡状态，也即是两端互相迁移的电子数相等。此时在导体两端便产生一个相应的电位差，该电位差称为温差电势。此电势只与导体的性质和导体两端的温度有关，如均匀导体 A 两端的温度为 $t$ 和 $t_0$

（见图 3-15），则在导体两端之间的温差电动势 $e_A$ 为

$$e_A = \Phi_A(t) - \Phi_A(t_0) \tag{3-20}$$

式中，$\Phi_A(t)$，$\Phi_A(t_0)$ 为与导体 A 的性质及温度有关的函数。

接触电势的产生是由于两种不同的导体 A 和 B 接触时，两者电子密度不同，比如说导体 A 的电子密度 $N_A$ 大于导体 B 的电子密度 $N_B$，这样电子向两个方向扩散的速率就不同，从 A 到 B 的电子数要比从 B 到 A 的多，结果 A 因失去电子而带正电，B 因得到电子而带负电，在 A、B 接触面上形成了一个从 A 到 B 的静电场，这个电场将阻碍电子扩散作用的继续进行，同时加速电子向相反方向转移，使从 B 到 A 的电子数增多，最后达到动平衡状态，此时 A、B 间也形成一个电位差，这个电位差称为接触电势（见图 3-16），其数值取决于两种不同导体的性质和接触点的温度。如导体 A 和 B 接触，接点温度为 $t$，则接点处的电位差为 $\Phi_{AB}(t)$，它只与 A 和 B 的性质有关。

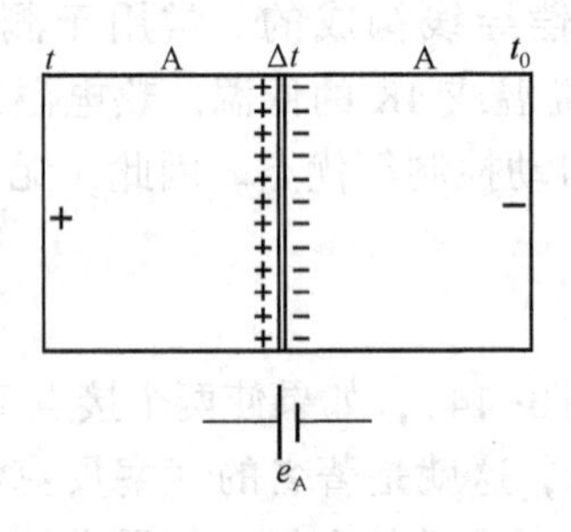


图 3-15　温差电势

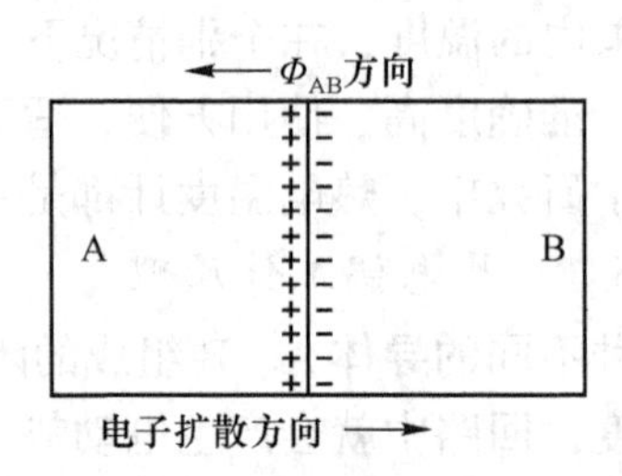


图 3-16　接触电势

因此，一个由 A、B 均匀导体组成的热电偶，当两个接点温度分别为 $t$ 和 $t_0$ 时（见图 3-14），所产生的热电势 $E_{AB}(t,\ t_0)$ 应为整个热电偶回路的温差电势与接触电势的代数和：

$$E_{AB}(t,\ t_0) = [\Phi_A(t_0) - \Phi_A(t)] + \Phi_{AB}(t) + [\Phi_B(t) - \Phi_B(t_0)] - \Phi_{AB}(t_0) \tag{3-21}$$

整理上式得：

$$E_{AB}(t,\ t_0) = e_{AB}(t) - e_{AB}(t_0) \tag{3-22}$$

式中，$E_{AB}(t,\ t_0)$ 为总的热电势；A，B 为产生热电势的两种导体，角码的次序均按正极在前，负极在后的顺序书写；$e_{AB}(t)$，$e_{AB}(t_0)$ 为接点的分热电势，它只与 A、B 材料性质及温度 $t$、$t_0$ 有关。

若对于已选定的热电偶，当参考端温度 $t_0$ 恒定时，则 $e_{AB}(t_0)$ 为常数 $C$，则总的热电势就变成测量端温度 $t$ 的单值函数：

$$E_{AB}(t,\ t_0) = e_{AB}(t) - C = f(t) \tag{3-23}$$

即热电偶所产生的热电势只与测量端温度 $t$ 有关，一定的热电势对应一定的温度。因此，可用测量热电势的方法达到测量温度的目的，这就是用热电偶测量温度的工作原理。

#### 3.4.6.2　热电偶的基本定律

热电偶的基本定律如下。

##### A　均质导体定律

由一种均质导体组成的闭合回路，不论导体的截面、长度以及各处的温度分布如何，均不产生热电动势。该定律说明，如果热电偶的两根热电极是由两种均质导体组成，那

么，热电偶的热电动势仅与两接点温度有关，与热电极的温度分布无关。如果热电极为非均质导体，当它处于具有温度梯度的温度场时，将产生附加电势，如果此时仅从热电偶的热电动势大小来判断温度的高低，就会引起误差。所以，热电极材料的均匀性是衡量热电偶质量的主要标志之一。同时也可以依此定律校验两根热电极的成分和应力分布是否相同，如不同则有电动势产生。该定律是同名极法检定热电偶的基础。

B　中间金属定律

在热电偶测温回路内，串接第三种导体，只要其两端温度相同，则热电偶所产生的热电动势与串接的中间金属无关。在热电偶实际测温线路中，必须有导线和显示仪表连接[见图3-17（a）]，若把连接导线和显示仪表看作是串接的第三种金属，只要它们两端温度相同，就不影响热电偶所产生的热电动势。因此，在测量液态金属或固体表面温度时，常常不是把热电偶先焊好再去测温，而是把热电偶丝的端头直接插入或焊在被测金属表面上，这样就可以把液态金属或固体金属表面看作是串接的第三种导体［见图3-17（b）（c）]。只要保证热电极丝A、B插入处的温度相同，那么，对热电动势不产生任何影响。假如插入处的温度不同，就会引起附加电势。附加电势的大小，取决于串接导体的性质与接点温度。

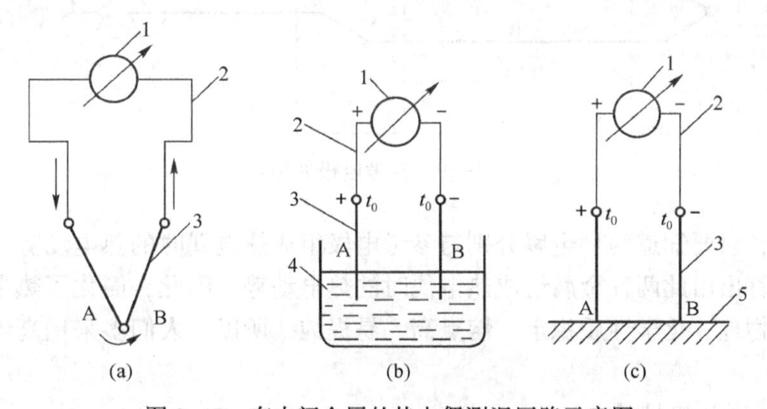


图3-17　有中间金属的热电偶测温回路示意图

（a）有中间金属的热电偶测温回路示意图；（b）利用中间金属测量金属熔体温度的示意图；（c）利用第三种金属测量表面温度示意图

1—显示仪表；2—连接导线；3—热电偶；4—金属熔体；5—固态金属或合金

C　中间温度定律

在热电偶测温回路中，热电偶测量端温度为 $t$，连接导线各端点温度分别为 $t_n$、$t_0$（见图3-18），若A与A′、B与B′的热电性质相同，则总的热电动势仅取决于 $t_1$、$t_0$ 的变化，与热电偶参考端温度 $t_n$ 变化无关。回路中总的热电动势为

$$E_{AB}(t_1,\ t_n,\ t_0) = E_{AB}(t_1,\ t_n) + E_{AB}(t_n,\ t_0) \tag{3-24}$$

在实际测温线路中，为消除热电偶参考端温度变化的影响，常常根据中间温度定律采用补偿导线连接仪表。如果连接导线A′与B′具有相同的热电性

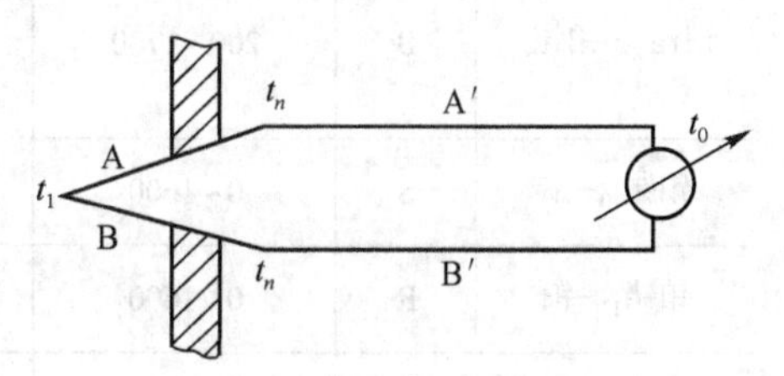


图3-18　用导线连接热电偶的测温回路示意图

A，B—热电偶电极；A′，B′—补偿导线或铜线

质，则按中间金属定律总的热电动势只取决于 $t_1$、$t_n$，而与 $t_0$ 无关。在实验室内用热电偶测温时，常用紫铜线连接热电偶参考端和电位差计，因为在此种情况下，多是参考端温度恒定（常常是冰点），所以，测温准确度只取决于 $t_1$ 与 $t_n$，而环境温度 $t_0$ 对测量结果无影响。值得注意的是，只有在同一根导线上取的两段线，才有可能在化学成分和物理性质方面相近似。

D 参考电极定律

如果两种金属或合金 A、B 分别与参考电极 C（或称标准电极）组成热电偶（见图 3-19），若它们所产生的热电动势为已知，那么，A 与 B 两热电极配对后的热电动势可按下式求得

$$E_{AB}(t,\ t_0) = E_{AC}(t,\ t_0) - E_{BC}(t,\ t_0) \tag{3-25}$$

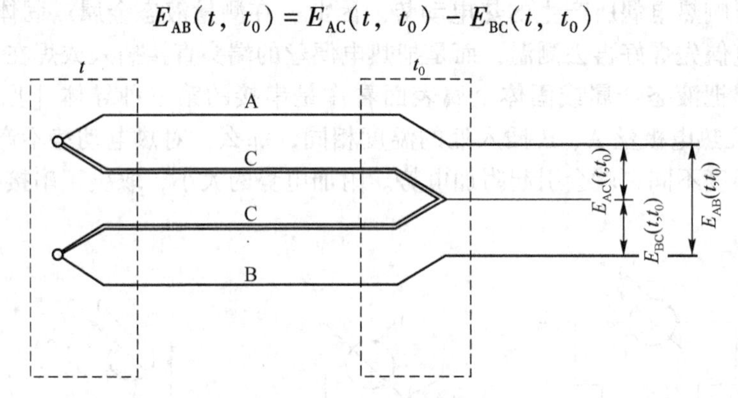


图 3-19 参考电极回路

这样一来，只要知道两种金属分别与参考电极组成热电偶时的热电动势，就可依据参考电极定律计算出由此两种金属组成热电偶时的热电动势。因此，简化了热电偶的选配工作。由于铂的物理、化学性质稳定，熔点高，易提纯，所以，人们多采用高纯铂丝作为参考电极。

3.4.6.3 热电偶材料

根据热电偶电极材料的不同，形成不同的热电偶，温度测量范围和使用环境也各不相同，表 3-15 给出了常见的热电偶种类及其使用环境与温度，供在选择热电偶时参考。

**表 3-15 常见的热电偶种类及其特点**

| 名称 | 分度号 | 长期使用温度/℃ | 短期最高温度/℃ | 特点 |
|---|---|---|---|---|
| 铂铑$_{30}$-铂铑$_6$ | B | 200~1700 | 1820 | 适于测量 1000℃ 以上的高温，可不用补偿导线，抗氧化、耐化学腐蚀能力强。缺点是 600℃ 以下测量误差较大，且热电动势的线性不好 |
| 铂铑$_{10}$-铂 | S | 0~1600 | 1750 | 精度高、稳定性好，抗氧化、耐化学腐蚀，可作标准热电偶使用。缺点是灵敏度低，不适用于还原性气氛，热电动势的线性不好 |
| 铂铑$_{13}$-铂 | R | 0~1600 | 1700 | |
| 镍铬-镍硅 | K | 0~1100 | 1300 | 热电动势线性好，1000℃ 下抗氧化性能好，在廉价金属热电偶中稳定性最好。缺点是不适用于还原性气氛 |

续表 3-15

| 名称 | 分度号 | 长期使用温度/℃ | 短期最高温度/℃ | 特 点 |
| --- | --- | --- | --- | --- |
| 镍硅-铜镍 | E | 0~800 | 900 | 在现有的热电偶中，灵敏度最高。缺点是不适用于还原性气氛，热导率低，具有微滞后现象 |
| 铁-铜镍 | J | 0~700 | 800 | 可用于还原性气氛。缺点是铁正极易生锈，热电特性漂移较大 |
| 铜-铜镍 | T | 0~300 | 400 | 热电动势线性好，低温特性好，可用于还原性气氛。缺点是使用温度低，铜正极易氧化，热传导误差大 |
| 镍铬硅-镍硅镁 | N | 0~1100 | 1300 | 热电动势线性好，抗氧化性能强，耐核辐射能力强，耐低温性能好。缺点是不适用于还原性气氛 |
| 钨铼系 $WRe_5$-$WRe_{26}$；$WRe_3$-$WRe_{25}$ | C；D | 0~2000 | 2300 | 测量温度高，适用于还原性、$H_2$ 及惰性气体，但质脆，易断 |

对热电偶材料的基本要求：

(1) 热电动势要足够大，并与温度的关系最好呈线性或近似线性；

(2) 在使用时，热电性能稳定；

(3) 高温下仍具有足够的机械强度；

(4) 耐腐蚀，化学性能稳定；

(5) 同类热电偶互换性好；

(6) 加工方便、价格便宜、资源丰富。

但在实际使用中，很难找到能完全满足上述要求的热电偶材料。只能按使用条件选择适宜的热电偶材料。

#### 3.4.6.4 热电偶保护管

在热电偶的使用中，合理地选用热电偶保护管对于延长热电偶的使用寿命以及提高测温准确度都是很重要的。

选用的热电偶保护管应具有如下性能：

(1) 物理化学性能稳定，不产生对热电偶有害的气氛；

(2) 耐高温、抗热震、机械强度高；

(3) 气密性好，不使外部介质渗透到保护管内，以免热电极损坏和变质。

作为热电偶保护管材料，主要有金属、非金属和金属陶瓷三类。

A 金属保护管

金属保护管具有机械强度高，韧性好，抗熔渣腐蚀性强的特点。因此，多用于要求具有足够机械强度的场合。金属保护套管的种类很多（见表 3-16），在一般情况下，铜及铜合金保护管多用于测量 300℃以下，无侵蚀性介质的温度，为防止氧化，表面常常镀镍或铬；无缝钢管用于 600℃左右，温度过高会出现氧化层，由于钢管可渗透气体，故其表面镀镍或铬更好；不锈钢管长期工作温度为 850℃左右；耐热不锈钢管，使用温度可达

1100℃；铁、钴、镍基高温合金可用于1300℃以下；铂、铂铑合金、铱等贵金属材料，在氧化性气氛下，可用于1400℃或更高的温度范围；钨、钼、铌、钽等难熔金属材料，主要用于非氧化性的高温或超高温领域。因金属材料在高温下，易与碳、熔融金属发生反应，故不能用来测定金属熔体的温度，经常作为测量熔渣温度的热电偶保护管。

**表3-16 金属保护套管的种类及特性**

| 材料 | 熔点/℃ | 空气中适用的温度上限/℃ | 适用范围 | |
|---|---|---|---|---|
| | | | 气氛 | 长期工作温度上限/℃ |
| 铜 | 1084 | 350 | V、R、N、O | 350 |
| 低碳钢 | | 600 | R、N、O | |
| 不锈钢（Cr18Ni9Ti） | 1400 | 900 | V、R、N、O | 870 |
| 不锈钢（Cr25Ni20） | 1406 | 1100 | V、R、N、O | 1150 |
| 高铬铸铁（Cr28） | 1484 | 1100 | V、R、N、O | 1100 |
| 镍铬合金 | 1401 | 1200 | V、R、N、O | 1100 |
| 铂铑$_{10}$ | 1853 | 1700 | N、O | 1700 |
| 钼 | 2615 | 200 | R、N、O | 1850 |
| 铱 | 2447 | 2100 | V、N | 2000 |
| 钽 | 3002 | 400 | V | 2770 |

注：V—真空；R—还原性；N—中性；O—氧化性。

B 非金属保护管

当$t<1000$℃时，金属与非金属保护管材料均可使用。但当$t>1000$℃时，特别当$t>1300$℃时，由于金属材料耐热性能欠佳，绝大多数采用非金属保护管，常用的非金属保护管列于表3-17，在实际测温时，当$t<1400$℃时，多采用石英管、瓷管及莫来石管。当$t>1500$℃时，要采用刚玉管。当$t>1700$℃时，往往要采用BeO、$Y_2O_3$、$ThO_2$等特殊保护管，但由于这些保护管制造困难、价格很贵，因而难以使用。在非金属保护管中，氧化物适于在氧化性气氛中应用，高熔点的硼化物、碳化物不易挥发，适于在2000℃以上的高真空中应用，$Si_3N_4$等氮化物具有耐有色金属熔体侵蚀的性质，可用来做测量铝液温度的热电偶保护管。

**表3-17 非金属保护套管的种类及特性**

| 保护管材料 | 长期使用温度上限/℃ | 最高使用温度/℃ | 特 点 |
|---|---|---|---|
| 石英 | 1100 | 1200 | 适用于氧化性气氛。气密性、抗热震性和耐腐蚀性都很好。若长期使用，则石英透明度逐渐消失，在1500℃以上会产生有害气体 |

续表 3-17

| 保护管材料 | 长期使用温度上限/℃ | 最高使用温度/℃ | 特 点 |
|---|---|---|---|
| 陶瓷管 | 1300 | 1400 | 超过 1300℃会产生软化现象，在氧化性气氛中使用其性能较稳定。但气密性较差，抗热震性稍差 |
| 高纯氧化铝 | 1700 | 1800 | 在 1700℃以上时能在空气、水气、氩气、氮气和一氧化碳等气氛下使用。在 2000℃时不与钨、铱反应，抗热震性稍差，高温下在氢气中蒸发 |
| 氧化镁 | 1700 | 2400 | 在高温下由于分解而迅速损坏。1800℃以上受卤素和硫气氛腐蚀，抗熔融金属侵蚀的能力比氧化铝差 |
| 硼化锆 | 2500 | 2600 | 具有和金属一样好的导热性和导电性。电阻率为 $10^{-5}\Omega\cdot cm$，耐热冲击和高温强度较好。常用温度 1600℃ |

C 金属陶瓷保护管

金属材料虽然坚韧，但往往不耐高温、易腐蚀，而陶瓷材料恰好相反，既耐高温又抗腐蚀，然而它的强度低、很脆。为此，人们将金属与陶瓷相结合，用粉末冶金的方法制成既耐高温抗腐蚀，又坚韧的复合材料，即金属陶瓷。目前，用作保护管材料的有 $Al_2O_3$ 基、$ZrO_2$ 基和 MgO 基金属陶瓷，主要性能见表 3-18。在氧化性气氛中，选用 $Al_2O_3$-Cr 金属陶瓷，在还原性、中性气氛中采用 MgO-Mo 金属陶瓷；在碱性渣中，采用碱性氧化物为基的金属陶瓷，在酸性渣中，采用中性或酸性氧化物为基的金属陶瓷；为了提高保护管的抗热震性能，可选用金属成分比例大的金属质金属陶瓷；当增大陶瓷相比例时，可以得到既耐高温又抗腐蚀的陶瓷质金属陶瓷，但降低了耐热冲击能力和抗热震性能。

**表 3-18 金属陶瓷保护管及特性**

| 型号 | 主要成分 | 常用温度/℃ | 最高温度/℃ | 使用介质 | 特性 |
|---|---|---|---|---|---|
| LT1 | $Al_2O_3$-Cr | 1300 | 1400 | 铜及有色金属熔体 | 耐热、耐磨 |
| MCPT-3 | $Al_2O_3$-$ZrO_2$-Mo-Cr | 1600 | 1800 | 真空熔炼高温合金、钢水 | 钼基金属陶瓷不适用于氧化性气氛 |
| MCPT-4 | $Al_2O_3$-$Cr_2O_3$-$TiO_2$-Mo | 1200 | 1400 | $BaCl_2$ | |
| MCPT-6 | $Al_2O_3$-$Cr_2O_3$-MgO-Mo-$TiO_2$-Cr | 1100 | 1300 | 铜及铜合金 | |

### 3.4.6.5 铠装热电偶

20 世纪 60 年代铠装热电偶的出现，使热电偶的应用变得更加灵活、方便。铠装热电偶是由热电偶丝、绝缘材料和套管经过整体拉伸加工而成的坚实组合体，其基本结构如图 3-20 所示。热电偶丝周围是极致密的耐高温氧化物绝缘材料（如氧化镁材料），热电偶丝也可穿在陶瓷绝缘套管中。外套管起保护热电偶的作用，其材质可用金属材料，也可用非金属材料。金属材料套管可弯曲，便于安装和使用。金属合金或陶瓷套管能承受较高温度，在高温电阻炉中使用较多。铠装热电偶可以加工得很细，直径范围为 0.25～25mm，长度也可以加工得很长，可达几十米；品种也较多，可制成单偶式、双偶式或多偶式等；规格齐全，测量范围宽，使用十分方便，能满足各种测量环境的要求。铠装热电偶的测量端通常有三种形式，如图 3-21 所示。

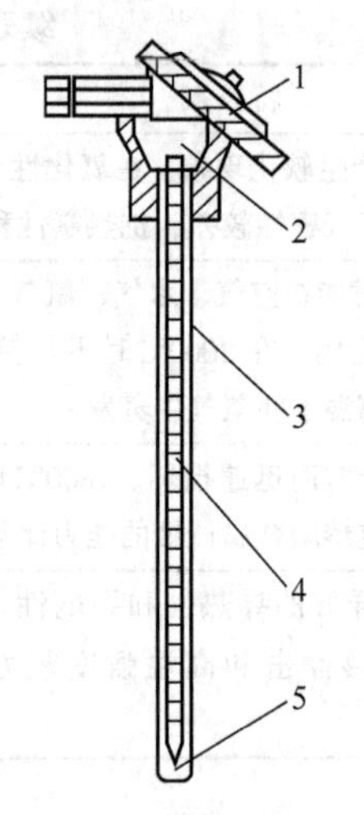


图 3-20　铠装热电偶的基本结构

1—接线盒；2—接线端子；3—保护管；
4—绝缘套管；5—热电极

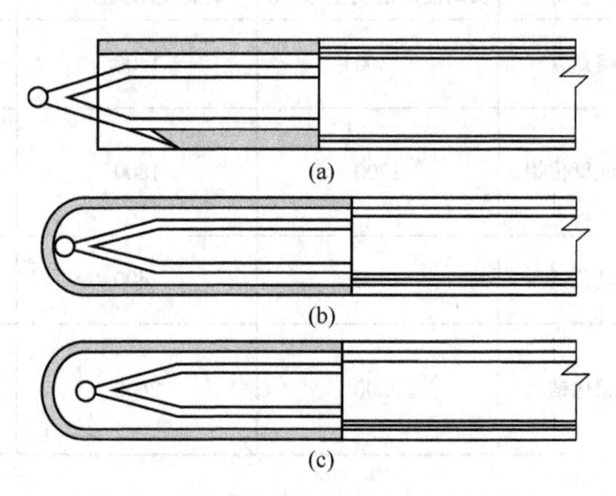


图 3-21　铠装热电偶测量端的常见形式

（a）露端式；（b）接壳式；（c）绝缘式

铠装热电偶的主要特点如下：

（1）铠装热电偶可以做得很小、很细，因此具有较小的热惯性和热容量，即使被测物体的热容量非常小，也能测量得很准确；

（2）金属外部套管经过完全退火处理，具有很好的可挠性，可任意弯曲，安装、使用方便；

（3）由于热电偶丝、绝缘材料和金属套管的组合体结构坚实，耐振动和冲击，也耐高压，因而有较强的环境适应性；

（4）热电偶丝有套管的气密性保护，并用化学稳定性好的材料进行绝缘覆盖，具有较长的使用寿命；

（5）无论是铠装热电偶长度，还是外径的粗细，都能满足特殊用途的需要；

（6）可以加工成一支多偶的形式，即在一支铠装热电偶中，集成两个或两个以上的热电偶，用于不同的温度测量与控制。

铠装热电偶的使用温度范围及允许误差见表 3-19。

**表 3-19　铠装热电偶的使用温度范围及允许误差**

| 允差等级 | 型号 | 分度号 | 允差值 | 测温范围/℃ |
|---|---|---|---|---|
| I | KK | K | ±1.50℃或±0.4%$t$ | -40~1100 |
| | KN | N | | -40~1100 |
| | KE | E | | -40~800 |
| | KJ | J | | -40~750 |
| | KT | T | ±0.50℃或±0.4%$t$ | -40~350 |

续表 3-19

| 允差等级 | 型号 | 分度号 | 允差值 | 测温范围/℃ |
|---|---|---|---|---|
| Ⅱ | KK | K | ±2.5℃或±0.75%$t$ | -40~1100 |
| | KN | N | | -40~1100 |
| | KE | E | | -40~800 |
| | KJ | J | | -40~750 |
| | KT | T | ±1.0℃或±0.75%$t$ | -40~400 |
| Ⅲ | KK | K | ±2.5℃或±1.5%$t$ | -200~40 |
| | KN | N | | -200~40 |
| | KE | E | | -200~40 |
| | KT | T | ±1.0℃或±1.5%$t$ | -200~40 |

注：表中 $t$ 为被测温度的绝对值。

#### 3.4.6.6 补偿导线

随着工业生产过程自动化程度的提高，要求把温度测量的信号从现场传送到集中控制室里，或者由于其他原因，显示仪表不能安装在被测对象的附近，而需要通过连接导线将热电偶延伸到温度恒定的场所。必须设法找到一种导线，使它在温度为 0~150℃范围内，其热电特性与热电偶近似相同，而且价格便宜。这种利用中间温度定律的导线就叫作热电偶补偿导线，或称做延长导线（见图 3-22），使用补偿导线的优点在于，可以改善热电偶回路的机械和物理特性，譬如，使用软的或者硬而细的补偿导线，可以增加一部分回路的柔软可挠性，补偿导线同样还可以用来调整回路的电阻值和屏蔽外界干扰等。

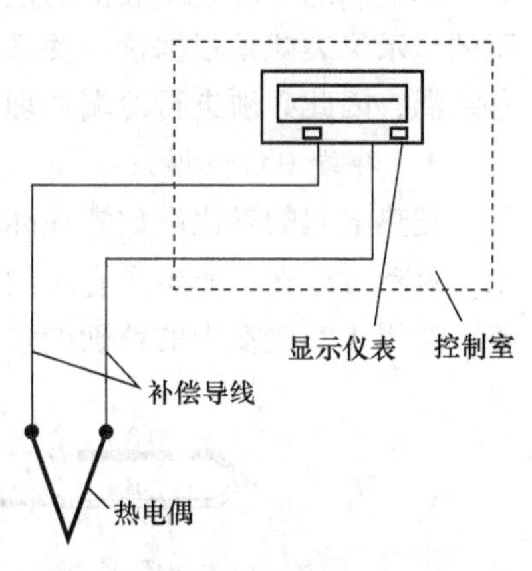

图 3-22 补偿导线连接回路

目前我国在工业生产过程和科学实验的温度测量中，大量地使用着补偿导线，而供配用各种热电偶的补偿导线也已有定型产品并大量地生产，同时还制订了相关标准。

补偿导线的类型很多，根据工业条件中使用环境的多样性，补偿导线的绝缘保护层也各不相同，例如有电磁场的环境，就要选用一种抗电磁场干扰的屏蔽型补偿导线，根据使用的环境温度不同，一般规定有普通级和耐热级。普通级补偿导线的长期允许工作温度分为不超过 60℃和 80℃两种，耐热级补偿导线的长期允许工作温度分为不超过 100℃和 150℃两种。

根据补偿导线材料性能，补偿导线又可以分为具有不同特点的两种类型：Ⅰ类本质上是和所使用的热电极相同的合金，这种类型的补偿导线，一般都是配用于廉金属热电偶；Ⅱ类是和所使用的热电极不相同的合金，这种类型的补偿导线，一般都是配用于贵金属热电偶以及某些非标准的热电偶。表 3-20 中给出了某些常用的热电偶补偿导线的比较数据。

表 3-20 常用热电偶补偿导线的特性

| 热电偶类型 | 补偿导线类型 | 合金材料 | | 温度范围/℃ | 磁性 | |
|---|---|---|---|---|---|---|
| | | 正极 | 负极 | | 正极 | 负极 |
| 镍铬-考铜 | 镍铬-考铜 | 镍铬 | 考铜 | 0~150 | 无 | 无 |
| 铁-康铜 | 铁-康铜 | 铁 | 康铜 | 0~150 | 有 | 无 |
| 镍铬-镍硅（镍铝） | 镍铬-镍硅（镍铝） | 镍铬 | 镍硅（镍铝） | 0~150 | 无 | 有 |
| 铜-康铜 | 铜-康铜 | 铜 | 康铜 | 0~150 | 无 | 无 |
| 镍铬-镍硅（镍铝） | 铜-康铜 | 铜 | 康铜 | 0~150 | 无 | 无 |
| 钨铼$_6$-钨铼$_{20}$ | 铜-铜镍合金 | 铜 | 铜镍合金 | 0~150 | 无 | 无 |
| 铂铑$_{10}$-铂 | 铜-铜镍合金 | 铜 | 铜镍合金 | 0~150 | 无 | 无 |

注：铂铑$_{30}$-铂铑$_6$ 热电偶在100℃以下时，其热电势很小，可以不用补偿导线，而直接用铜线连接。

#### 3.4.6.7 热电偶的冷端温度补偿

热电偶的分度表所表征的是冷端温度为0℃时的热电势-温度关系，与热电偶配套使用的显示仪表就是根据这一关系进行刻度的，而实际应用过程中冷端温度往往不是0℃而是室温，因此必须进行冷端处理才能利用分度表或公式法。

A 冷端0℃恒温法

把热电偶的参比端放置在冰水混合物的容器中，保证冷端温度 $t_0=0$℃，如图 3-23 所示。这种方法在工业生产有时候并不方便，同时需要注意防止冰水混合物导电导致冷端短路；适用于实验室中的精确测量和标定热电偶时使用。

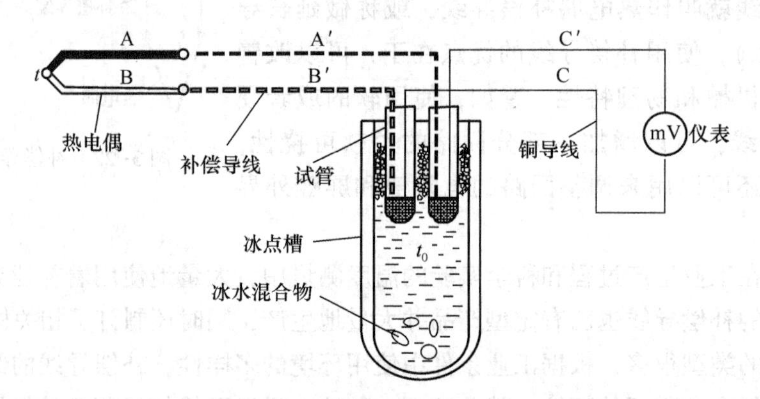


图 3-23 热电偶冷端补偿的冷端恒温法

B 计算修正冷端温度法

设冷端温度恒为 $t_0(t_0 \neq 0℃)$，被测温度为 $t$，根据热电偶中间温度定律，即 $E_{AB}(t, 0) = E_{AB}(t, t_0) + E_{AB}(t_0, 0)$，对冷端温度不是0℃的情况予以计算修正。

C 修正冷端温度系数法

这种方法实际上也是一种计算修正法，只是修正方法是根据工业生产实际，把参比端实际温度乘以一个修正系数 $k$ 加到根据实际测量得到的热电动势查分度表得到温度上，得到被测热端温度 $t$。用公式表示即

$$t = t' + kt_{\mathrm{M}} \tag{3-26}$$

式中，$t$ 为未知的热端温度；$t'$为根据参比端实际温度测得的热电动势查分度表得到温度；$t_{\mathrm{M}}$ 为参比端的实际温度；$k$ 为修正系数，该系数可通过查询热电偶修正系数表得到。

D 仪表机械零点调整法

如果冷端温度虽然不是0℃，但却稳定不变，其值变为 $t_0$，那么根据中间温度定则 $E_{\mathrm{AB}}(t,\ 0)= E_{\mathrm{AB}}(t,\ t_0) + E_{\mathrm{AB}}(t_0,\ 0)$，$E_{\mathrm{AB}}(t,\ 0)$ 保持不变，因此可以人为地在测量结果中加上一个恒定值进行调整。将显示仪表的机械零点调至 $t_0$ 处，相当于在输入热电偶热电势之前就给显示仪表输入了电势 $E_{\mathrm{AB}}(t_0,\ 0)$。

### 3.4.7 辐射温度计

与电阻测温、热电偶等接触式测温不同，辐射测温直接应用基本的辐射定律，是一种非接触式测温方法。它的测量可以与热力学温度联系起来，因此可以直接测量热力学温度。在制订国际温标 ITS-90 的过程中，铝凝固点（630℃）以上的某些数值来自于辐射的测量结果就是一个证明。

辐射测温法的测量不干扰被测温场，不影响温场分布，从而具有较高的测量准确度。辐射测温的另一个特点是，在理论上无测量上限，所以它可以测到相当高的温度。此外，其探测器的响应时间短，易于快速与动态测量。在一些特定的条件下，例如核子辐射场，辐射测温可以进行准确而可靠的测量。

辐射测温法的主要缺点在于，一般来说，它不能直接测得被测对象的实际温度。要得到实际温度，需要进行材料发射率的修正，而发射率是一个影响因素相当复杂的参数，这就增加了对测量结果进行处理的难度。另外，由于是非接触，辐射温度计的测量受到中间介质的影响。特别是在工业现场条件下，周围环境比较恶劣，中间介质对测量结果的影响更大。在这方面，温度计波长范围的选择是很重要的。此外，由于辐射测温的相对复杂的原理，温度计的结构也相对复杂，从而其价格较高。这也限制了辐射温度计在某些方面的使用。

辐射温度计的类型包括单波段温度计、全辐射温度计、比色温度计等。

（1）在单波段温度计中，最常用的是隐丝式高温计，其原理图如图 3-24 所示。

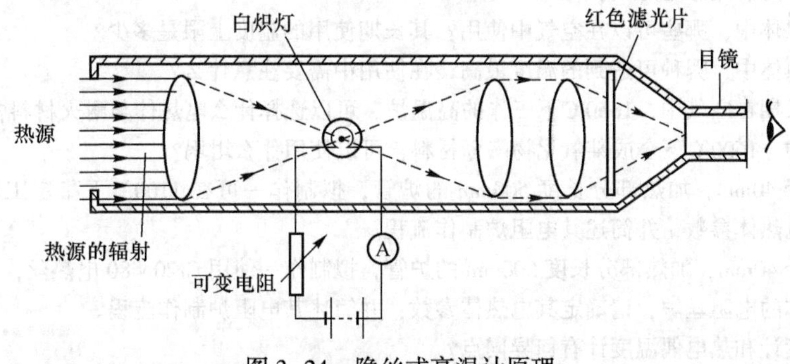


图 3-24 隐丝式高温计原理

其测量方法有两种：一是调节电阻以改变灯丝亮度，当它与待测光源像的亮度相等时，灯丝在光源的像上消失，这时由电表读出物体的亮度温度；二是保持灯丝亮度为某一恒定值，旋转一块厚度随角度改变的吸收玻璃，当物体像的亮度与灯丝亮度相同，由吸收玻璃的转角可读取物体的亮度温度值。

利用隐丝式光学高温计可测出700～3000℃的温度。更换灯泡和物镜附加的吸收玻璃还可测更高的温度。

（2）全辐射高温计是将来自辐射源的辐射，经凹面镜会聚到热电堆或热敏电阻上，根据热电堆或热敏电阻的温度可得知辐射源的温度。全辐射温度计的主要优点在于它的坚固性和稳定性，而且价格比较便宜。然而，全辐射温度计在宽波段下工作时，测得的辐射温度总小于真实温度，导致误差较大。

（3）比色温度计也可称为颜色温度计或比值温度计。在比色温度计中，温度是通过测量在入射辐射的两个不同波段下的探测器的信号比而求得的。图3-25给出了典型的比色温度计原理的示意图。在图中，两个带通滤光片被安装在一个转盘上，以交替地进入光路。探测器依次接收两个不同波段的辐射通量，由得到的信号比计算出被测的目标温度。

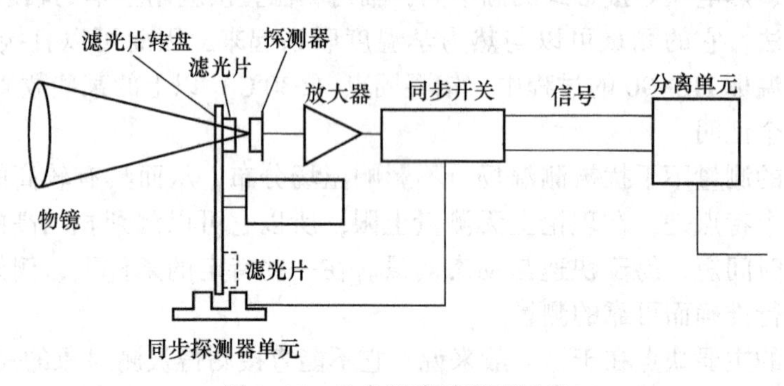


图3-25 比色温度计原理示意

3-1 本章的温场获得方法中，哪种方法可得到的温度最低，可达到多少度？

3-2 哪种高温炉可以用来熔炼钢？

3-3 本章的电热体中，哪些可以在空气中使用？其长期使用的温度上限是多少？

3-4 本章的电热体中，哪种可达到的温度最高，在使用中需要注意什么？

3-5 拟制作一长期在空气中，1650℃下工作的高温炉，可以选择什么电热体与耐火材料？

3-6 拟在空气中，1600℃下合成某氧化物陶瓷材料，可以使用什么坩埚？

3-7 现有一内径40mm，加热部分长度500mm的炉管，拟制作一可在1100℃下稳定工作的电阻丝炉，请确定其电热体参数，并简述其电阻炉制作流程。

3-8 现有一内径40mm，加热部分长度500mm的炉管，拟制作一使用Cr20Ni80电热丝，并长期在900℃下稳定工作的电阻丝炉，请确定其电热体参数，并简述其电阻炉制作流程。

3-9 电阻式温度计和热电偶温度计有何异同点？

3-10 用热电偶测温时，为什么要进行冷端补偿，冷端补偿的方法有哪几种？

3-11 热电偶在使用时为什么要连接补偿导线？

3-12 用一K型热电偶测量温度，已知冷端温度为30℃（热电势为1.203mV），仪表测得此时的热电动势为24.905mV，此时实际电动势为多少？

# 4 真空技术

## 4.1 真空技术基础

真空技术始于1643年，意大利物理学家托里拆利将一根一端密封的细长玻璃管注满水银，并倒置在盛有水银（Hg）的小槽中时，发现密封的玻璃管中汞面在下降，直至与管外的汞面产生760mm的高度差，汞面不再下降，托里拆利认为水银柱顶端产生的空间是真空。随后，帕斯卡等人在不同海拔进行上述实验，发现在高海拔地区水银柱高度低于760mm，说明大气压与海拔高度有关。

1654年，德国的奥托·冯·格里克进行了著名的马德堡半球实验：将两个直径为14in（35.5cm）的铜半球紧贴在一起，内用真空泵抽空，在其两边各用8匹马向相反方向拉两个半球，未能将其拉开，实验充分证明了大气压的存在。其后，1662年和1738年，英国人玻义尔和瑞士人伯努利分别提出玻义尔定律和气体分子运动论，这为之后真空技术的进一步发展奠定了最初的理论基础。

19世纪中后期，英国工业革命的成功，促进了生产力和科学实验迅速发展，同时也推动了真空技术的发展。从1643年获得真空到1893年杜瓦瓶问世，这200多年间，真空技术经历了漫长的发展过程。1850年和1865年，先后发明了汞柱真空泵和汞滴真空泵，对后续很多发明有深远影响。爱迪生对白炽灯的研制（1879年）表明低分子密度的用途（除去大气的活性组分）；克鲁克斯的阴极射线管（1879年）是增大了的平均自由程开创性利用；麦克劳真空计（1874年）首次使低压测量成为可能；杜瓦瓶（1893年）是真空绝热的第一次使用。

电子技术的发展推动了真空技术的革新。随着真空二极管（1902年）、三极管（1907年）以及钨丝（1909年）的出现，开始了电子管的研制，促使真空技术向高真空技术发展。1906年皮拉尼发明的热阻真空计、1913年和1915年盖德先后发明的分子泵和扩散泵以及1916年贝克利发明的热阴极电离真空计为高真空技术的获得和测量提供了可能。1935~1937年，气镇真空泵、油扩散泵和冷阴极电离计这三项成果问世，至今仍是大多数真空系统的常用部件。

1940年以后，真空技术应用扩大到核研究（回旋加速器和同位素分离等）、真空冶金、真空镀膜和真空冷冻干燥等设备方面，真空技术开始成为一个独立的学科。第二次世界大战期间，由于原子物理试验的需要和通信对高质量电真空器件的需要，又进一步促进了真空技术的发展。

1950年前受到测量技术的限制，还不能测量高真空。真空达到的程度通常采用真空度表达，真空度指气体的稀薄程度，通常用气体的压力值来表示，是真空泵、微型真空泵、微型抽气泵等抽真空设备的一个主要参数。常用的真空度的单位为帕（Pa）、千帕

(kPa)、兆帕（MPa）、大气压、kg/cm²、毫米汞柱（mmHg）等。

1950年，贝阿德-阿尔伯特发明的B-A真空计，为测量更低的压强创造了条件，随之进入超高真空领域，真空度能达到$10^{-13}$~$10^{-12}$ Pa。1953年，研制的离子泵能获得更低的压强，进入了所谓的“清洁真空”时代。在过去的几十年间，因最尖端科学技术的需求，真空技术也向着大容量化、高真空化和高清洁化的方向发展。

## 4.2 真空获得设备

真空获得技术是指在特定容器中，利用机械、物理或化学等手段获得真空的专门技术。用以产生、改善和维持真空的装置称为真空泵。按其机理可分为压缩型真空泵、吸附型真空泵两大类。

(1) 压缩型真空泵。其原理是将气体由泵的入口一方压缩到出口一方。例如：利用膨胀-压缩作用的旋转式机械真空泵；利用气体黏滞牵引作用的蒸汽流喷射泵；利用高速表面分子牵引作用的分子泵。

(2) 吸附型真空泵。其原理是利用各种吸气作用将气体吸除。例如：利用电离吸气作用的离子泵；利用物理或化学吸附作用的吸附泵、低温泵和吸气剂泵等。在这类泵中气体分子不会被排出泵外，而是永久贮存或暂时贮存于泵内。

获得真空要注意以下方面：

(1) 要保证真空室的气密性，真空室接口处采用密封圈密封，尽力减小孔缝漏率，密封效果用检漏仪检漏。

(2) 真空室内所有的部件放气量要小，装配好的真空室要经过清洁处理，不能有油污和水汽。

(3) 金属真空室在装配前应放置在真空炉中加热烘烤，以去除真空室内部件表面吸附的杂气。

(4) 选择合适的真空泵，具体可咨询真空泵厂商。

### 4.2.1 机械泵

利用机械方法不断地改变泵内吸气空腔的容积，使被抽容器内气体的体积不断膨胀从而获得真空体系的泵，称为机械真空泵。按照工作原理及其性能特点，主要分为以下几类。

#### 4.2.1.1 旋片式机械真空泵

旋片式机械真空泵（简称旋片泵），是一种变容式和油封式机械真空泵。其工作压强范围为$1.33\times10^{-2}$~$1.01\times10^{5}$Pa，属于低真空泵。它可以单独使用，也可以作为其他高真空泵或超高真空泵的前级泵。

旋片泵主要由泵体、转子、旋片、弹簧、端盖等组成。旋片泵的旋片将转子、泵腔和两个端盖所围成的月牙形体积分隔成$A$、$B$和$C$三部分。在工作时，当旋片随着转子按图4-1所示箭头方向旋转时，与吸气口相通的$A$空间容积逐渐增大，此时处于吸气状态。而与排气口相通的$B$空间容积逐渐缩小，正处于排气状态。居中的$C$空间容积也逐渐减小，此时处于压缩状态。

由于空间 $A$ 的容积是逐渐增大（即膨胀），气体压强降低，泵的入口处外部气体压强大于空间 $A$ 内的压强，因此将气体吸入。当空间 $A$ 与吸气口隔绝时，即转至空间 $B$ 的位置，气体开始被压缩，容积逐渐缩小，最后与排气口相通。当被压缩气体超过排气压强时，排气阀被压缩气体推开，气体穿过油箱内的油层排至大气中。由泵的连续运转，达到连续抽气的目的。

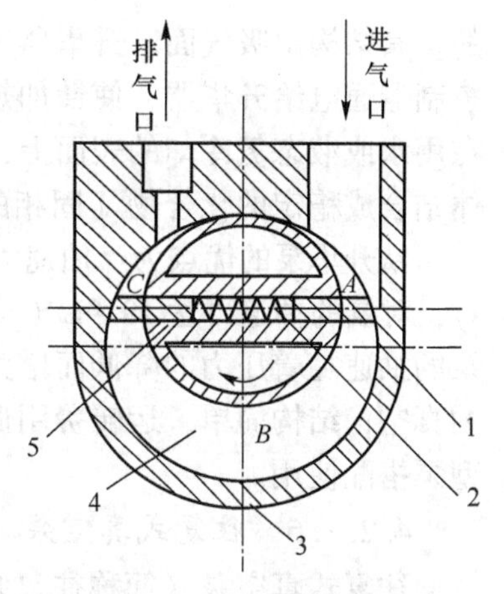


图 4-1　旋片泵工作原理
1—旋片；2—旋片弹簧；3—泵体；4—端盖；5—转子

旋片泵的性能优点包括：体积小、质量轻、噪声低；设有气镇阀，可抽除少量水蒸气；设有自动防返油止回阀，启动方便。其缺点为：进气口连续畅通大气运转不得超过1min；不适用于抽除对金属有腐蚀性的，对泵油起化学反应的，含有颗粒尘埃的气体，以及含氧过高，有爆炸性及有毒的气体。

4.2.1.2　涡轮分子泵

涡轮分子泵泵内装有许多轮叶，每一轮叶上有许多斜置叶片。轮叶转动时有电风扇轮叶类似的作用，能将气体从一方抽向另一方。实际泵中各个轮叶是动轮叶与静轮叶相间安装的。其工作原理是：碰撞于表面的分子，离开表面时获得了与表面速率相近的切向速率，这就是动量传输作用。

涡轮分子泵正常工作需要一般的机械泵作为前级泵。中频电动机的启动，由中频电源内的电子装置控制，在几分钟内升至额定转速。中频电动机工作时要用冷却水进行冷却。泵进入正常转速后，为达到极限真空，应对被抽容器及泵体烘烤除气。

涡轮分子泵的性能优点包括：涡轮分子泵对分子量大的气体压缩比大；具有启动快、停止快的优点，又能承受大气的冲击。其缺点为：由于具有高速旋转的部件，不能在磁场下运用，会产生涡流导致发热、叶片变形等；对 $H_2$、He 等分子量小的气体压缩比小。

4.2.1.3　低温吸附泵

低温吸附泵是利用分子筛的物理吸附作用进行抽气，过程是可逆的。将分子筛装在一个容器里，则分子筛增加的吸附量正好等于容器中气体量的减少，此即分子筛的抽气作用。

分子筛的吸附特性：分子筛晶体是离子型的，其骨架由铝硅酸盐阴离子构成。它对气体的吸附能力与气体分子的极性有关。例如，对于极性强的水分子，它就具有极强的吸附能力，而对惰性气体的吸附能力就很弱。因此，对于混合气体，分子筛能先吸附某些气体。分子筛吸附了某些气体以后，对其他气体的吸附能力就大为减弱了。

分子筛吸附泵的结构相对比较简单。在带有进口法兰的泵壳内，安放着导热性能良好的液氮容器和许多翼片，分子筛置放在翼片上。由于分子筛本身导热性能很差，所以要用许多翼片，以保证分子筛能得到充分的均匀冷却或烘烤。为了加强物理吸附作用，一般用液氮冷剂进行冷却。

4.2.1.4　钛升华泵

利用加热的方法升华钛并使其沉积在一个冷却的表面上，对气体进行薄膜吸附的抽气装置，称为钛升华泵。即钛升华泵是根据活性金属钛对气体有强烈的化学吸附作用而制成的。其结构由吸气面、升华器（热丝或加热器）和控制器组成。钛升华泵的工作过程是由控制器通电给升华器，使钛加热到足够高的温度（1100℃）直接升华。升华出来的钛沉积在用水或液态氮冷却的表面上，形成新鲜的钛膜层。钛在升华和沉积的过程中，与活性气体结合成稳定的化合物（固相的 TiO 或 TiN），将空间的气体分子抽除。

钛升华泵的优点为：抽速大，新鲜钛膜在液氮温度下，对氮的抽速可达 10. 1L/($cm^2$·s)，对氢的抽速可达 19. 9L/($cm^2$·s)；极限真空度高，可达 $10^{-10}$Pa；在超高真空状态下，泵的抽速随着压力的降低而增大，这时泵的抽速主要受泵口流导的限制；可获得“清洁”的真空；结构简单，运转费用低。其主要缺点是对惰性气体的抽速较小，因此常与其他类型泵搭配使用。

#### 4. 2. 1. 5　往复式真空泵

往复式真空泵（简称往复泵）又名活塞式真空泵。工作时，在电动机驱动下，通过曲柄连杆机构的作用，活塞从左向右移动，由于气缸左腔体积逐渐增大，气缸内气体密度减小，腔内压力降低，将上活门压下，下活门顶起，液体吸入；当活塞到达最右端位置时，气缸左腔充满了气体，接着活塞从右向左移动，腔内压力增高，将上活门顶起，下活门压下，液体排出，完成一个工作循环。当活塞再次从左向右移动时，重复前面的动作，如此往复。

往复泵的性能优点为：可获得很高的排压，且流量与压力无关，吸入性能好，效率较高，其中蒸汽往复泵效率可达 80%~95%；传送介质范围广，原则上可输送任何介质，几乎不受介质的物理或化学性质的限制；泵的性能不随压力和输送介质黏度的变动而变动。其缺点为：流量稳定性欠缺；机构复杂；资金用量大；不易维修等。

#### 4. 2. 1. 6　液环式真空泵

液环式真空泵的叶轮与泵壳成偏心安装，泵壳内充一定量的工作液，叶轮旋转使液体被抛向四周，由于离心力的作用，形成封闭圆环。相邻叶片旋转时，与圆环形成的空间（气室）变大即进气，空气（气室）逐渐变小，即空气被压缩。多组相邻叶片，即多组往复压缩。当小腔与排气口相通时，气体便被排出泵外。

综上所述，液环泵是靠泵腔容积的变化来实现吸气、压缩和排气的，因此它属于容积真空泵。化工生产中多用来输送或抽吸易燃、易爆和有腐蚀性的气体。

液环式真空泵的性能优点为：结构简单，制造精度要求不高，易加工；结构紧凑，泵的转数较高，一般可与电动机直联，无需减速装置。故用小的结构尺寸，可以获得大的排气量，占地面积也小；压缩气体基本上是等温的，即压缩气体过程中温度变化小；由于泵腔内没有金属摩擦表面，无须对泵内进行润滑，而且磨损很小。转动件和固定件之间的密封可直接用液体来密封；吸气均匀，工作平稳可靠，操作简单，维修方便。其缺点为：运转时，功率消耗大，效率低，一般在 30%左右，较好的可达 50%；真空度低，受到结构上和工作液饱和蒸汽压的限制。如用水作工作液，极限真空度只能达到 2000~4000Pa；用油作工作液，真空度可达 130Pa。

#### 4. 2. 1. 7　蒸汽喷射泵

蒸汽喷射泵是喷射泵的一种，利用气体的高速射流携带被抽气体，使被抽容器内获得一定真空度的一种低真空泵。工作时蒸汽进入喷嘴后，经高速喷出，产生低压，将气体吸入并在混合室混合，两者进行动量和能量交换，使速度逐渐趋于一致。经扩大管后，在扩张段速度降低，压力逐步升高，克服出口反压而排到泵外，实现动能向压强能转变。

蒸汽喷射泵的性能优点为：该泵无机械运动部分，不受摩擦、润滑、振动等条件限制，因此可制成抽气量很大的泵。只要泵的结构材料选择适当，对于排除具有腐蚀性气体、粉尘、易燃易爆的气体以及水蒸气等场合极为有利，在冶金、化工、医药、食品等领域应用广泛；结构简单、质量轻，占地面积小。其缺点为：能量损失较大；抽气效率较低。

#### 4.2.1.8 活塞泵

活塞泵又叫电动往复泵，从结构分为单缸和多缸。活塞泵工作时借活塞在气缸内的往复运动使缸内容积反复变化，以吸入和排出流体。适用于输送常温无固体颗粒的油乳化液等。用于油田、煤层注水、注油、采油；膛压机水压机的动力泵，水力清砂，化肥厂输送氨液等。若过流部件为不锈钢时，可输送腐蚀性液体。低中速活塞泵速度低，可用人力操作和畜力拖动，适用于农村给水和小型灌溉。另外根据结构材质的不同还可以输送高温焦油、矿泥、高浓度灰浆、高黏度液体等。

活塞泵的优点包括：在高压、小流量的场合，显示出它较高的效率和良好的运行性能；吸入性能好，能抽吸各种不同介质、不同黏度的液体。因此，在石油化学工业、机械制造工业、造纸、食品加工、医药生产等方面应用很广；结构坚固耐用。其缺点为：结构笨重，消耗动力大；效率低，逐渐多被其他泵取代。

#### 4.2.1.9 罗茨真空泵

罗茨真空泵（简称罗茨泵）是一种无内压缩的旋转变容式真空泵。罗茨泵的工作原理与罗茨鼓风机相似，由其演变而来。根据工作压力范围不同，可分为直排大气的干式真空泵和湿式罗茨泵两类。

罗茨泵是一种双转子的容积式真空泵。在泵腔内分布有两个形状对称的转子，转子形状有两叶、三叶和四叶三种类型。抽气时，两个转子的旋转方向相反。由于转子的不断旋转，被抽气体从进气口吸入到转子与泵壳之间的空间内，再经排气口排出。在这个过程中，转子之间以及转子与泵腔壁之间无接触。

罗茨真空泵的性能特点为：在较宽的压强范围内有较大的抽速；启动快，能立即工作；对被抽气体中含有的灰尘和水蒸气不敏感；转子不必润滑，泵腔内无油；振动小，转子动平衡条件较好，没有排气阀；驱动功率小，机械摩擦损失小；结构紧凑，占地面积小；运转维护费用低。

#### 4.2.1.10 低温泵

低温抽气是获得洁净真空环境的一种快捷而有效的方法。低温泵是利用低温表面将被抽空间的气体冷凝、捕集、吸附或冷凝+吸附，使被抽空间的压力大大降低，从而获得并维持真空状态的抽气装置。低温表面抽气的原理主要是依据物质的饱和蒸汽压随温度降低而降低的特性。

低温泵抽气是一种储存式捕集排气，它所抽走的气体不是直接排到泵外，而是储留在泵内，一旦冷凝表面温度发生变化，它所抽走的气体又会重新放出，而破坏泵的正常工作。

低温泵的抽气基本原理是：设法使某一固体表面温度足够低，使其低于空气中主要气体成分的饱和蒸汽压温度，则空气中的大部分气体被凝结。

低温泵的优点为：抽气压力范围宽，其抽气工作压力范围为$10^{-12}$～$10^{-1}$Pa；抽气速率大，由于冷面尺寸不受限制，实际上可制出很大抽速的泵；抽气种类广，低温泵可以抽除各种气体，获得清洁的真空；泵的结构形式灵活，低温吸气面可以做成插入式，用于无法布置其他类型泵的场合，使得泵结构设计的自由度增大；作为大容量的排气系统，占地面积小。其缺点为：造价较昂贵。低温泵运行时需要制冷剂或制冷设备；凝结层的处理也是较不方便的。

### 4.2.2 扩散泵

扩散泵是利用从伞形喷嘴喷出的高速工作介质蒸气射流，携带扩散到蒸气射流里的被抽气体到泵出口，从而实现抽真空的一种设备。在真空泵的大家族中，扩散泵属于高真空获得设备，主要由泵体、锅炉、多级喷嘴、导流管等组成。

扩散泵的工作原理是：由电加热器将装在泵腔内的液态工作介质（一般为扩散泵油）加热，使其变成蒸气；蒸气经由安装在泵腔里的泵芯喷嘴高速喷出，形成低密度、高速度的蒸汽射流；被抽气体通过扩散进入蒸汽射流中，被下一级蒸汽射流带走，最后由前级泵排出，而工作蒸汽到达水冷的泵壁，冷凝成为液态沿着泵壁流回油锅。在油锅里重新被加热变成油蒸气。这样周而复始的工作，形成了扩散泵的正常抽气过程。

扩散泵的性能特点：（1）优点。结构简单、无运动件、噪声很小、使用方便、维护容易、在高真空段有较大抽速，单位抽速所需制造成本较低等，因此，其应用广泛。（2）缺点。返油、能耗高、热效率低。提高加热效率、降低能耗、降低返油率是多少年来扩散泵需要解决而至今尚未完全解决的主要问题。

### 4.2.3 真空机组

完善的真空系统是由真空泵或真空机组以及各种管路、测量装置、阀门、电气控制系统等一系列配套辅助元件设施构成。其中，真空机组是将真空泵与相应真空元件按其性能要求组合而构成的抽气装置。

真空机组一般根据主泵的类型来命名，按真空应用范围可划分为低真空机组、中真空机组、高真空机组及超高真空机组。

#### 4.2.3.1 低真空机组

主要特点是：工作压力高、排气量大，多用于真空输送、真空浸渍、真空过滤、真空脱气、真空干燥等。

低真空机组的主泵常采用：往复式真空泵、水环泵、油封机械泵、螺杆真空泵、湿式罗茨泵、水蒸气喷射泵、分子筛吸附泵等直排大气型真空泵。使用低真空机组应根据被抽气体的清洁程度、湿度及其他特殊条件，需配置除尘器、气水分离器、油水分离器、干燥阱等设施。

#### 4.2.3.2 中真空机组

机组适用于需要大抽速和获得中真空的各种真空系统，如镀膜机、真空冶炼、真空热处理、医药、化工、焊接、电工等行业。

中真空机组常采用罗茨真空泵+油封机械泵、罗茨真空+水环真空泵以及双罗茨真空泵这样的组合。随着螺杆真空泵这样的无油真空泵的兴起，罗茨真空泵+螺杆真空泵这样的无油真空机组也逐渐增多，适应性更广。

4.2.3.3 高真空机组

工作于分子流状态下，工作压力区间在 $10^{-6} \sim 10^{-2}$Pa，排气量小、抽速大。

高真空机组一般情况下主泵由扩散泵、分子泵、钛升华泵以及低温冷凝泵等来承担，由于它们无法直接在大气下工作，因此必须配置前级泵、预抽泵等，特殊情况下为防止气压波动，改善机组性能还需配置维持泵与储气罐等。

4.2.3.4 超高真空机组

工作压力范围在 $10^{-10} \sim 10^{-6}$Pa，需要主泵的极限真空要在 $10^{-8} \sim 10^{-7}$Pa 以上且在工作压力区间内保证相应的抽速，如溅射离子泵、涡轮分子泵等，而且对系统组成的材料要求能经受 200~450℃高温烘烤并保证低漏气率与出气率等。

组合真空泵构成真空机组：简单的真空系统只是能获得一个粗真空，而想要获得高真空时，通常在真空系统中串联一个高真空泵，比如罗茨泵和螺杆泵等都是获得高真空的泵。当串联一个高真空泵之后，通常需要在高真空泵的入口和出口分别安装阀门，以便高真空泵能单独保持真空。如果所串联的高真空泵是一个油扩散泵，为了防止大量的油蒸气返流进入被抽容器，通常在油扩散泵的入口加一个捕集器-水冷障板。根据要求，还可以在管路中加上除尘器、真空继电器规头、真空软连接管道、真空泵入口放气阀、散热器等，这样就构成了一个较完善的高真空系统。

## 4.3 真空度测试技术

在一般真空系统中，通常以各向同性的中性气体的压力这一流体静力学的物理量表示真空度，因此，真空度的测量仅仅归结于压力的测量。但特别应注意测量条件。测量的对象是在有限的容器内、静止（随机运动）、稳态、各向同性单一的中性气氛。在这种情况下，麦克斯韦速度分布、余弦散射定律和流体静力学压力概念都较好地符合客观实际，真空度的测量也比较简单容易。

根据真空度定义，真空度最好用分子密度 $n$ 表示，而以压力表示真空度与此并不矛盾。测量压力时，一般气体处于平衡态并满足麦克斯韦速度分布定律，即 $P=nkT$ 成立。测量时气体温度 $T$ 一定，所以气体压力 $P$ 正比于分子密度 $n$。也就是说，此时压力是分子密度的量度，所以可以用压力表示真空度。

真空测试技术主要分为以下几类。

### 4.3.1 U 形真空计

人类最早对于气体压强的测量，是通过测量大气的压力，即用一根一端封闭的玻璃管，内盛水银，使其倒置，观察大气压力能支持的水银柱高度，并以此高度来表示大气压强数值大小。如某地大气能支持 760mm 的水银柱，该地的压强可表示为 760mm 汞柱。

U 形真空计测量原理与此类似，也是利用水银柱的高度差来测量气体压强。其型式有开式与闭式两种。

### 4.3.2 压缩真空计

压缩真空计也被称为麦克劳真空计。工作原理是：在压缩真空计中，取一定量气体样品，对其进行压缩。普遍采用的方法是升高水银面，即将一大球形玻璃容器中的气体，压缩到一支玻璃毛细管 A 中，由于毛细管 A 中的气体是进行压缩后的气体，其压强比毛细管 B 的气体压强高，因而两根毛细管的水银面会出现高度差，这个高度差 $h$ 等于压缩后压强 $p^*$ 与压缩前压强 $p$ 之间的差值，即 $h=p^*-p$，或 $p^*=p+h$，$p^*$、$p$ 应以毫米汞柱表示。

压缩真空计的优点为：它是一种绝对真空计，压强的数值完全取决于它的尺寸，无需与别的仪器校准。其缺点为：设备笨重、操作费时、不能连续读数。此外，水银蒸气有毒。故目前只作为测量标准使用，一般不用于工业生产。

### 4.3.3 弹性变形真空计

弹性变形真空计是利用弹性元件在压力差作用下产生弹性变形的原理而制成的一种直接测量真空计，可以在压力为 $10\sim10^5$Pa 的范围内进行低真空测量。

这种真空计的优点为：规管灵敏度与气体种类无关。由于其自身的吸气与放气均较小，因此对被测系统干扰较少，可用于对腐蚀性气体和可凝性蒸气进行测量。其缺点主要为金属弹性元件的蠕变和弹性系数的温度效应。

根据弹性元件结构的不同，这种真空计分为三种类型，即弹簧管式、膜盒式和膜片式。按照弹性变形量的测量方式划分，有机械传动式和电量测量式。

### 4.3.4 热传导真空计

热传导真空计本质上是测定规管的热丝温度随管内气体压力而变化的一种真空测量仪器。热传导真空计是利用分子热传导能力在一定压力范围内与气体压力有关的原理而制成。在一个由玻璃或金属制成的圆形管壳内，其中心线处设置一根用两个边杆支撑的热丝，当热丝通电加热后，其温度高于周围气体和管壳的温度，于是在热丝和管壳间产生因气体分子热运动而引起的热传导。热传导速率大小与管内气体分子密度多少有关。当达到热平衡时，热丝的温度取决于气体的热传导，因此也就对应于气体的压力。如事先将规管进行校准，就可以通过测量热丝的温度变化来指示气体的压力数值。

目前，常用热传导真空计根据热丝温度测量方法的不同，可分为测量热丝电阻随温度变化的电阻真空计和采用热电偶直接测量热丝温度的热电偶真空计两种类型。

### 4.3.5 电离真空计

普通型电离真空计常用于低于 $10^{-1}$Pa 的高真空测量，在结构上由作为传感元件的规管和控制及指示电路所组成的测量仪表两部分组成。其工作原理是：采用一些方法使进入规管中的部分气体分子发生电离，这些离子汇集形成离子流；由于被测气体分子所产生的离子流在一定压力范围内与气体的压力呈现正比关系，因此通过测量离子流的大小就可以反映出被测气体的压力值，电离真空计因此而得名。

电离真空计按电离方式的不同可分为三类：（1）应用最广、依靠高温阴极热电子发射原理工作的热阴极电离真空计；（2）没有热阴极而靠冷发射（场致发射）原理工作的冷阴极电离真空计；（3）采用放射性同位素作为电离源的放射性电离真空计。

### 4.3.6 分压力真空计

随着真空技术不断发展，除了准确测量气体的全压力，而且还希望对真空容器内残余气体的成分进行分析，了解气体的纯度，掌握气体中各种组分气体所占比例；或者直接测量真空中混合气体组分和相应的分压力值。这就是残余气体分析或分压力测量技术。所采用的仪器称为残余气体分析仪或分压力真空计。

采用分压力真空计测得的混合气体各组分分压力之和就是其全压力，这同时给出了真空的量与质两个方面的指标。分压力测量或残余气体以便分析其过程及主要性能，分压力测量所使用的仪器大多都是专用的小型质谱类仪器（真空质谱计）。

## 4.4 真空系统相关附件

### 4.4.1 真空阀门

真空阀门是指在真空系统中，用来开关气路，调节气流量大小和真空度，定量充气的真空系统元件。真空阀门关闭件是用橡胶密封圈或金属密封圈来密封的。

真空阀门的主要性能是它的流导、漏气率、开闭动作的准确性和可靠程度，以及阀门的开闭时间。阀门的流导和漏气率的测试方法参见相关专业标准。阀门的准确性、可靠程度和它的开闭时间，则应根据具体的使用情况提出具体的要求。

真空阀门种类繁多，在设计真空系统时，根据用途、尺寸、性能、结构等进行选择真空阀门具有下列特点：介质的工作温度取决于使用装置的工艺过程。温度一般在-70～150℃的范围。对这类阀门最基本的要求是保证连接的高度密封性和结构与垫片材料的致密性。

按介质压力，真空阀门可分成4组：

（1）低真空阀门，介质压力 $p=1\sim760$mmHg（$1\times10^{2}\sim1\times10^{5}$Pa）。

（2）中真空阀门，$p=1\times10^{-3}$mmHg（$1\times10^{-1}\sim1\times10^{2}$Pa）。

（3）高真空阀门，$p=1\times10^{-7}\sim1\times10^{-4}$mmHg（$1\times10^{-5}\sim1\times10^{-1}$Pa）。

（4）超高真空阀门，$p\leqslant1\times10^{-8}$mmHg（不超过 $1\times10^{-5}$Pa）。

真空阀门既可用现场手控和遥控，也可用电动、电磁传动（电磁阀）、气动和液动控制。

### 4.4.2 密封材料

密封材料应满足密封功能的要求。由于被密封的介质不同，以及设备的工作条件不同，要求密封材质具有不同的适应性。

对密封材料的要求一般是：材料致密性好，不易发生泄漏；有适当的机械强度和硬度；压缩性和回弹性好，永久变形小；有足够的热稳定性：高温下不软化，不分解，低温下不硬化，不脆裂；抗腐蚀性能好，能在酸、碱、油等介质中长期工作，其体积和硬度变化小，且不会黏附在金属表面；摩擦系数小，耐磨性好；具有与密封面结合的柔软性；耐老化性能好，能长期使用；加工制造工艺简单，价格相对便宜，取材方便。

密封材料分为弹性的和塑性的。弹性材料一般是合橡胶，塑性材料一般为皮革；另外还有一些软金属材料也作为密封材料，而转动部件的端面（如轴向式柱塞泵）则常用碳作为表面材料。

高温密封材料在中性、氧化气氛下使用时能保持良好的抗拉强度、韧性和纤维结构。耐高温密封材料不受油蚀的影响，经过烘干即可恢复其热性能和物理特性。所有耐高温密封材料产品均采用甩丝法生产，与其对应的陶瓷纤维棉相比较具有同样优良的化学稳定性，常温和烧后强度较高，可广泛应用于耐火、隔热、保温等领域。

常用高温密封材料：（1）丁腈橡胶（-30~120℃），耐油、耐磨、耐热、寒性好、抗老化性能优良；（2）聚丙烯橡胶（-10~180℃）在高压下耐油性好；（3）硅橡胶（-70~270℃），耐热、寒、油，但强度低，不耐磨；（4）氟橡胶（-30~200℃），高的耐热、油、腐、极性溶剂。

## 4.5 真空系统检查

一个理想的真空系统或真空容器，应当不存在任何漏孔，不产生任何漏气现象。但是，就实际情况而言，这是不可能存在的。为此，检测真空系统或真空容器存在的漏气部位、确定漏孔的大小、堵塞漏孔从而消除漏气现象，就成为真空技术领域不可或缺的一项重要工作。

真空检测常用的有气压检漏、氨敏纸检漏、荧光检漏、高频火花检漏、放电管检漏和仪器检漏等多种方法。

### 4.5.1 气压检漏

被检漏真空容器内充以示漏物质（一般为空气、水等），充气压力的高低视容器的强度而定。充压后的容器如发出明显的嘶嘶声，音响源处就是漏孔位置。用这种方法可检最小漏率为 5Pa · L/s 的漏孔。如不能用声音直接察觉漏孔，则用皂液涂于零部件可疑表面处，有气泡出现处便是漏孔位置。用这种方法最小可检漏率为 $5\times10^{-3}$Pa · L/s 的漏孔。此外，还可将充气的零部件浸在清净的水槽中，气泡形成处便是漏孔位置。用水槽显示漏孔，方便可靠，并能同时全部显示出漏孔位置。

### 4.5.2 氨敏纸检漏

将被检零部件内腔抽真空后，充入压力为 $(1.5\sim2)\times10^5$Pa 的氨气，在其容器外侧可疑表面处贴上对氨气敏感的溴酚蓝的试纸或试布，用透明胶纸封住，试纸或试布上有蓝斑点出现，即是漏孔的位置，根据显色的时间、变色区域的大小等可以大致估计出漏孔率的大小。用这种方法可检漏率为 $7\times10^{-4}\sim7\times10^{6}$Pa · L/s 的漏孔。

氨敏纸检漏的优点为：装置简单，操作方便，氨气来源充足；灵敏度高，检漏范围较宽；检漏灵敏度与被检容积大小无关，可适用于大型容器及结构复杂的管道等检漏；可准确的确定漏孔位置，并可一次对整个容器检漏，不存在大漏孔掩盖小漏孔的现象。缺点为：氨气对操作人员有害，特别是对呼吸道和眼睛有强烈刺激，严重时会引起中毒，视力损伤等；氨气对铜、银等有腐蚀作用，故不能对含有这些金属的设备进行检漏；氨气易燃易爆。

氨敏纸检漏应该注意事项如下：检漏现场应保持通风或安装有良好的通风设备，废氨气应妥善处理，防止污染环境；操作人员要佩戴防护措施，防止中毒等；对用该法检漏过的设备，如需补焊时，必须保证其中氨气浓度低于安全操作浓度以下，以防止在补焊时引起燃烧甚至爆炸。

### 4.5.3　荧光检漏

荧光检漏法是一种利用荧光材料的发光行为作为漏孔指示的无损检漏法，常用于小型真空器件的检漏。其检漏过程是：将被检的零部件浸入溶有荧光粉的有机溶液（二氯乙烯、丙酮或四氯化碳）中，如有漏孔，溶液就会因毛细作用渗入漏孔，经一定时间后，将零部件取出后烘干，漏孔处留有荧光粉，在器壁另一面用紫外线照射，发光处即为漏孔位置。

荧光检漏法灵敏度高，但是等待时间长。

### 4.5.4　高频火花检漏

高频火花检漏仪本身结构实际上就是一个小功率、高频、高压的塔式线圈，在其次级线圈的尖端形成高频高压电脉冲，在大气中会不断引发随机、短促的脉冲放电，在尖端发出有尖细、曲折的电火花。检漏的原理就是利用其尖端产生的高频放电火花来搜寻漏孔。操作步骤是：先将系统抽成真空，高频火花检漏仪的火花端沿着玻璃表面移动，火花集中成束形成亮点处即是漏孔位置。高频火花检漏主要适用于玻璃真空系统或容器。

高频火花检漏火花束强，振荡较稳定，但是需要一个恒流变压器，故体积较大、笨重，使用不够方便。

### 4.5.5　放电管检漏

将放电管接到系统上，并将系统抽成中真空，在高频电压作用下，系统中残留的气体（空气）会产生紫红色或玫瑰色辉光放电。若在系统可疑表面处涂上丙酮、汽油、酒精或其他易挥发的碳氢化合物，有蓝色放电颜色出现之处便是漏孔位置。

### 4.5.6　真空计检漏

根据相对真空计（热导真空计和电离真空计等）的读数与被测气体的种类相关的一种检漏方法。真空计的工作压力范围就是检漏适用的压力范围。检漏时在可疑处喷吹示漏气体，例如：氢、氧、二氧化碳、乙烷或用棉花涂以乙醚、丙酮、甲醇等。示漏气体进入系统后会引起真空计读数的突然变化。热导真空计可检漏率为 $10^{-3}$Pa·L/s 的漏孔；电离真空计可检漏率为 $10^{-5}$~$10^{-4}$Pa·L/s 的漏孔。

### 4.5.7　卤素检漏仪检漏

铂阳极筒和不锈钢阴极筒构成一个间热式二极规管。当铂阳极被加热到 1027~1223K 时，铂发出的正离子在负电场下飞离表面，到达阴极形成电流。在卤素气体的催化作用下，正离子的发射急剧增加，这就是所谓的“卤素效应”。卤素检漏仪就是根据这种效应制成的。检漏时将规管接到系统中，并将系统抽真空，有喷枪把卤素气体（常用氟利昂R12）喷向被检零部件可疑表面处，引起离子流值急剧增加处即是漏孔位置。或与此相反将高于大气压力的卤素气体压入系统内，探测枪在被检零部件外表移动，卤素气体逸出处引起离子流值急剧增加，此处即为漏孔位置。用这种方法可检最小漏率为 $10^{-4} \sim 10^{-3}$ Pa · L/s 的漏气。

### 4.5.8 氦质谱检漏

氦质谱检漏是最常用的一种检漏法。用氦气作为示漏气体，以磁偏转型质谱计作为检漏工具，工作原理与真空质谱计相同，差别仅在于氦质谱检漏仪使用的磁场和加速电压基本上是固定的，因为它只对示漏气体氦气有响应信号，而对其他气体没有响应，属于唯一性检漏仪器。

为了提高离子流的输出，适当牺牲分辨能力以降低对测量放大器的要求，所以这种检漏仪具有结构简单、灵敏度高、性能稳定、操作方便等优点。氦质谱检漏仪的主要技术指标有：(1) 灵敏度，又称最小可检漏率，单位为 $10^{-4} \sim 10^{-3}$ Pa · L/s；(2) 反应时间与清除时间，单位为 s；(3) 工作压强与极限压强，单位为 Pa。

## 4.6 真空技术的应用

### 4.6.1 真空脱气技术

金属中溶解气体是一种普遍现象，溶解了气体的金属其性能往往会发生变化。现代冶金中改善金属性能的重要措施之一就是在真空环境中使金属脱气，经脱气处理后的金属不但在熔铸时不会因放出气体影响金属锭的结构，而且由于减少了晶粒边界的杂质，因此能明显提高金属的强度及若干物理性能。

当前金属中用量最大的是钢铁，解决钢铁脱气已经成为一个大规模的生产任务。钢液的真空脱气在一座特殊的真空室中进行。这个真空室内砌有耐火砖衬，其底部有两个用耐火材料制成的并可插入钢液中的管子，即钢液上升管和下降管，当向上升管中通入驱动气体，就能促使钢包中的钢液，经真空室而循环。

操作过程是：

(1) 首先将钢水吸入真空室，接着在管的侧壁向钢水内吹入氩气。这些氩气在钢水的高温和真空室上部的低压作用下迅速发生膨胀，导致钢水与气体的混合体的密度沿着浸入管的高度方向不断降低，在由密度差产生的压力差的作用下，使钢水进入真空室。

(2) 进入真空室的钢水与气体的混合体在高真空的作用之下释放出气体，与此同时，使钢水变成钢水珠，钢水珠在高真空的作用下向真空释放的过程中，钢水珠的体积变成更小体积的钢水珠，从而达到良好的脱气效果。释放了气体的钢水沿着下降管返回到钢包中。这样循环若干次后，可将钢液中的气体降到相当低的水平。

在循环处理初期，要求每隔 10min 取样和测温一次；在接近处理末期时，每隔 5min 取样测温各一次。根据取样分析的结果，如须补加合金材料（包括脱氧剂或其他添加剂）

时，可操作自动控制的加料料斗，在不破坏真空的条件下，以恒定的加料速率将合金料加入真空室中。

在钢液中使用真空脱气方法的优点：（1）脱气效果较好；（2）温降小；（3）处理范围较大。

### 4.6.2 真空熔炼技术

真空熔炼技术指在真空条件下进行金属与合金熔炼的特种熔炼技术。随着现代科学技术的飞速发展，特别是伴随着航天、海洋、能源开发及电子工业领域的发展，对金属材料（高级合金钢及合金）的品种、产量、所能承受的速度、载荷、温度等提出了越来越高的要求。高温合金、耐热金属及反应活性金属如钛的日益发展，都导致真空熔炼技术应用越来越广泛。

根据加热热源的不同，真空熔炼主要可分为真空感应熔炼，真空电弧熔炼，电子束熔炼和真空电弧凝壳炉 4 种类型。

#### 4.6.2.1 真空感应熔炼

将金属炉料放入置于线圈中的坩埚内，当线圈接通交流电源时，在线圈中间产生交变磁场，炉料中即产生感应电势，熔好的炉料放在真空感应炉精炼并随后浇铸成供锻造、轧制、挤压用的铸坯，或供真空电弧重熔的铸造电极。当采用真空感应熔炼时，原合金或废料的熔化应在真空或保护气体中进行，以避免氧化或为大气所污染。

真空感应熔炼的优点：精炼反应。钢中的杂质有氧、氮、氢和硫、磷、锡等。真空感应熔炼允许时间、温度与压力的熔炼参数在宽的范围内独立变化，因而可以加速某些元素的提纯反应；控制成分。真空感应熔炼能精确控制所熔炼材料的化学成分；能提高金属的清洁度；提高金属的机械和物理性能。

#### 4.6.2.2 真空电弧熔炼

真空电弧熔炼指利用电弧来加热和熔炼金属的方法。为有助于气体离化以及减小电极蒸发，一般在惰性气体的低压下进行，而不采用高真空。这种熔炼方法所使用的电极有自耗电极和非自耗电极两种。自耗电极是由被熔炼材料（即炉料）制成，在熔炼过程中它逐渐消耗；而非自耗电极系利用钨等高熔点材料制成，在炉料熔炼过程中它基本上不消耗。

#### 4.6.2.3 电子束熔炼

在高真空环境中，将阴极材料（通常选用难熔金属如钨等）加热至高温后，在高压直流电作用下发射电子，用磁透镜聚集成电子束，并在阳极的加速下，以高速射向阳极（做成电极的被熔物料相当于阳极），当高速的电子束射到电极表面碰撞时，由动能转变成的热能将被熔物料熔化。

#### 4.6.2.4 真空电弧凝壳炉

真空电弧凝壳熔炼是真空电弧熔炼的改型，简称真空凝壳炉。它是利用真空电弧炉的熔炼条件，采用可以倾动的浅底水冷坩埚、控制冷却水量使被熔炼金属在坩埚壁内形成一薄层“凝壳”，将被熔炼金属液与坩埚分离，这样就避免了坩埚对活性金属液的沾污。在真空电弧熔炼过程中，金属的熔化和凝固过程同时进行；而在真空电弧凝壳熔炼过程中，将聚集必需分量的液体金属，浇注于坩埚壁内形成凝壳，熔炼结束时快速将金属液注入锭模或铸型使其凝固。

### 4.6.3 真空干燥技术

减压状态下的蒸发实验在17世纪已经开始，到19世纪中叶真空技术已在石化领域开始推广。后来随着真空技术及干燥技术的发展，真空技术在干燥领域中应用越来越广泛。

以真空冷冻干燥技术为例，真空冷冻干燥技术最早出现于20世纪初期。在真空条件下加热物料，使其水分开始从内部扩散，内部蒸发，再到表面蒸发，从而进行低温低压干燥的工艺。

真空干燥技术与通常的热晒、热风干燥、红外干燥、高频干燥相比具有很多优势：由于冷冻工艺过程是先将被干燥物料冻结，然后抽真空，使物料中已冻结成冰的水分不经过液态而直接升华去除。因此冻干后的物品可以呈现多孔性状态而保持原来的形状，给其加水后易恢复原状；低温干燥还可以防止物料热分解，同时由于真空气氛下干燥的物料避免了氧化作用，因此干燥后的制品，其物理、化学和生物性能可基本不变；干燥温度低，可干燥热敏性物料；在真空状态下干燥，可以灭菌。

### 4.6.4 真空在测试技术中的应用

真空测量技术用于测量容器中或指定某部分空间气体的稀薄程度。由于指定空间内被测气体大多数为混合气体，因此，一般意义上的真空测量应属于混合气体的全压力测量。所用的真空计也是测量全压力的真空计。真空测量技术在真空电子器件工艺、固态电子器件工艺、集成电路工艺、表面分析技术等领域有广泛应用。

目前所采用的真空计，一种是从其本身测得的压强物理量中直接算出气体的压力值，这就是绝对真空计。另一种是通过与气体压力有关的物理量以间接的方法反映出所测的气体压力值，这就是相对真空计。由于相对真空计必须通过绝对真空计的校准才能准确地对真空度进行测量，因此在真空测量技术中除了应包括对气体全压力和分压力的测量外，还必须把真空计的校准问题纳入其内。

在选择真空计类型时，除考虑测量范围外，还应注意各种真空计的准确度、对工作条件的适应性、对被测环境的影响（如真空规头本身放气、吸气的影响）和压强读数是否与气体种类有关等。

## 习　题

4-1　试设计出一套真空机组，要求真空度达 $10^{-5}$Pa。

4-2　简述真空度达 $10^{-5}$Pa 的真空机组的真空度测试方法。

4-3　描述真空反应器检察泄漏点的方法。

4-4　采用热导真空计测试反应器真空度，抽真空后，向反应器中冲入氩气，此时真空计显示是否正确？并给出原因。

# 5 实验气氛控制

在实验研究中，实验气氛通常会对实验的进行有很大影响。这些气体或参与反应，或作为惰性气体用于吹洗、载气或保护气氛。气体的来源不同，纯度也各异。因此，需要学习如何对实验的气氛进行净化、混合及测定。

## 5.1 实验室常用气体

### 5.1.1 氮气

5.1.1.1 氮气的特征

氮气（$N_2$）可以被用作洁净管路的吹扫气体，气体循环的载气和保护气体。

氮在常温、常压下为无色、无臭、无味的气体，其不可燃、不助燃，广泛存在于自然界中。绝大部分以氮气分子的形式存在于大气中，还有以化合物的形式存在于矿物和生物体中。

氮在常温、常压下很稳定，几乎不与任何物质直接发生反应（除锂等外），但在特定条件下能与许多物质发生反应。氮在高温等条件下，能与一些金属元素（如碱金属、碱土金属、过渡金属等）反应，生成金属氮化物；在一定条件下可与氢、氧、碳等非金属元素反应，分别生成 $NH_3$、氮氧化物、$CN_2$、HCN 等；氮还可以与化合物反应，如与碳化钙反应生成氰氨化钙，与石墨和碳酸钠反应生成氰化钠。

氮是气体工业中最主要的产品之一，其主要用于化学品合成的原料气、化学反应中形成惰性介质保护气氛、电子工业吹扫气体和载气以及低温冷源等。

5.1.1.2 氮气的制备

氮是空气中主要成分（体积分数 78.48%），又以单质形式（$N_2$）存在，因此空气是制取氮气最方便、最廉价的原料，工业上氮气的制取方法主要是从空气中获得，其中包括深冷法、变压吸附法、膜分离法等。

深冷精馏法制氮是基于液体空气中各组分的挥发性不同，通过精馏将氮与其他组分（氧、氩等）分离而获得。深冷法的主要优点是生产量范围广（每小时可至几十万立方米）、产品纯度高（99.5%~99.9997%）、综合效益高（可同时生产 $O_2$、$N_2$ 和 Ar 等）、可同时生产液氮和液氧等。其缺点有设备组成复杂、操作困难、启动时间长（8h 以上）及占地面积大等。

变压吸附法是利用空气中氮、氧和氩在吸附剂（如碳分子筛）中吸附容量、吸附速率和吸附力等方面的差异及其性能随压力变化而具有不同吸附容量的选择吸附特性，实现氧、氮（含氩）分离而获得。因为吸附与解吸过程是通过压力变化实现的，故该工艺称作变压吸附。变压吸附法空分制氮通常采用加压吸附、冲洗解吸工艺，一般采用两个吸附塔，循环交替地变换所组合的各吸附塔压力，就可以达到连续分离气体混合物的目的。其主要步骤包括充压、吸附、顺放、逆放、冲洗等。

变压吸附法是在常温下进行，具有流程简单、设备少且紧凑、占地面积小、安全可靠、自动化程度较高、操作方便、供气快、可间断运行，产量（不超过10000$m^3/h$）易于调整、适应能力强，产品纯度高（98%~99.999%）等特点。变压吸附空分制氮一般适合于中小规模工业氮气和高纯氮气生产场合。

膜分离空分制氮也是非低温制氮技术的新的分支，是20世纪80年代国外迅速发展起来的一种新的制氮方法。膜分离制氮是以空气为原料，在一定的压力下，利用氧和氮在中空纤维膜中的不同渗透速率来使氧、氮分离制取氮气。它与上述两种制氮方法相比，具有设备结构更简单、体积更小、无切换阀门、操作维护也更为简便、产气更快（3min以内）、增容方便等特点，但中空纤维膜对压缩空气清洁度要求更严，膜易老化而失效，难以修复，需要定期换新膜。

5.1.1.3　氮气的纯化

工业氮气大都由空气深冷分离取得。在空气中分离氮气的主要杂质是氧、水汽和尘埃等。氮气纯化生产过程中，常用的除氧方法有两种，一种是根据氮气中的含氧量，添加稍微过量的（按化学计量）氢气，使氧与氢作用生成水汽；另一种是用脱氧剂，直接与混合在氮气中的微量氧作用，也能较彻底地清除氮气中的杂质氧。采用化学除氧和吸附干燥的方法，可使氮气中氧的含量降至$0.1\times10^{-6}$以下，露点降至-70℃以下。

一般来说，氮气中含氧量小于0.5%时，宜采用脱氧剂直接除氧；含氧量为0.5%~3%时，宜采用催化剂加氢除氧；含氧量大于3%时，可采用分级催化除氧。因为氮气中含氧量过高，按化学计量所需的氢气量大，一次全部加入时，可能有爆炸的危险，且反应中放出的热量较大，易烧坏催化剂。因此，必须严格控制加氢量进行分级除氧。原料氮气中含氧量过高时，亦可用部分纯氮稀释原料气，使混合气体中含氧量小于3%，再进行加氢催化除氧。

### 5.1.2　氧气

5.1.2.1　氧气的特征

氧是地球上最丰富的、分布最广的元素之一。水中氧的质量比为89%，地壳中氧的质量含量为46.6%，大气中氧气体积比为20.946%。

氧气在冶金、化工、生化、医疗、航空、电子、军事、科研领域中都得到广泛的应用。作为工业气体的氧，主要来源于大气，经过空气分离的手段而获得，也有少量来源于电解水和其他方法。

氧在常温、常压下为无色、无臭、无味的气体，它的密度稍大于空气，在标准状态下，1L氧气的质量是1.43g。氧气微溶于水，其特点是水温越低，溶解的氧气越多，液态氧呈淡蓝色，在-183.0℃沸腾。液态氧进一步冷却到-218.4℃时，则凝结成蓝色晶体。氧是一种顺磁性气体，能被磁铁吸引。其容积磁化率在常见气体中为最大，该性质可用于气体中氧含量的检测；在静电放电条件下，氧可转变为臭氧（$O_3$，强氧化剂）。

5.1.2.2　氧气的制备

氧气的制备方法可分为化学法和物理法。化学法一般采用含氧化合物的化学反应或电化学反应，实验室制取氧气一般采用化学法；物理法是利用氧气的物理特性，采用深冷精馏、物理吸附和筛滤等方法从空气中提取。氧的工业生产方法分两大类：一是空气分离物理法，二是电解水的化学法。

A 空分制氧

空分制氧的工业方法主要包括低温精馏法、变压吸附法和膜分离法。

低温精馏法是首先将空气净化（除去水分、$CO_2$、乙炔等碳氢化合物、粉尘等），再将净化空气进行压缩、冷却液化，再利用空气中氧组分、氩组分、氮组分的沸点不同（标准大气压下 $O_2$ 沸点 90.17K、Ar 沸点 87.29K、$N_2$ 沸点 77.35K），在精馏塔中进行氧、氮和氩的分离。通过低温精馏可分别获得 99.5%的氧、99.99%以上的氮及 95%以上的氩。

变压吸附法是利用空气中氧和氮在分子筛吸附剂中吸附性能不同，采用常温、低压或常压下进行氧、氮组分分离的方法。

变压吸附空分制氧装置主要设备包括鼓风机、真空泵、氧压机、吸附塔、贮罐、阀门、控制系统等，其工艺包括充压、吸附、均压降、抽真空（或冲洗）、均压升等步骤。其中主要吸附剂为合成的沸石类分子筛（如含锂分子筛、5A 或 13X 分子筛等）、活性氧化铝等，在分子筛吸附过程中主要是吸附空气中氮气（含水分、$CO_2$ 等微量杂质），由于氧与氩在分子筛上吸附性能相近难以分离，所以通过变压吸附空分装置制备的氧气理论上浓度最高不超过 95.6%（体积百分数），实际制氧装置生产的氧气浓度一般在 95%以内的富氧气体，一般在 70%~94%范围内。

膜分离法是通过将空气加压（或负压）的方式，利用氧与氮在有机聚合薄膜上渗透选择性的差异，将空气中氧与氮等分离的方法。一般膜法制富氧中膜的氧渗透系数比氮高，氧先通过膜，在膜后富集成富氧空气，一般单级膜分离制氧装置的氧浓度只能达到 30%~45%，且氧回收率也较低，要达到较高氧浓度需要多级循环提浓，如经过五级膜分离氧浓度才能达到 91%。

B 水电解法

水电解法在一定条件下，采用电极材料对碱性溶液（如 20%~30%的 KOH 溶液）进行电解，获得纯度 99.9%的 $H_2$ 和 99.3%~99.8%的 $O_2$，水电解装置结构形式有箱式、常压型过滤式和压力型过滤式，水电解产生 $1m^3$ 的 $H_2$ 和 $0.5m^3$ 的 $O_2$，水电解的能耗较高，其电解反应式如下：

阳极：
$$2OH^- - 2e \longrightarrow \frac{1}{2}O_2\uparrow + H_2O \tag{5-1}$$

阴极：
$$2H_2O + 2e \longrightarrow H_2\uparrow + 2OH^- \tag{5-2}$$

总电极反应：
$$H_2O \longrightarrow H_2\uparrow + \frac{1}{2}O_2\uparrow \tag{5-3}$$

#### 5.1.2.3 氧气的纯化

目前，工业氧气的来源，主要由水电解装置和空气分离装置所得。其纯度约为 99.5%。由水电解装置所得氧气中，主要杂质是氢气和水汽。由空气分离装置所得氧气中，主要杂质是甲烷和水汽等。

典型的化学除烃（或除氢）纯化氧气流程为：先使用钯或铂催化剂使氧气中杂质氢与氧作用生成水汽，再经水冷却器与吸附干燥器把生成的水汽和氧气中原有的水汽一起除去，最后通过过滤器滤去尘埃。市售钢瓶中的氧气由空气分离所得，普通氧气中所含杂质组分较多。应尽可能地除去甲烷、二氧化碳和水汽等杂质后方能用于实验研究。一般来说，在低于1000℃温度下烃类杂质不易分解。但有催化剂存在时，附载有铂或钯及其混合物，在氧气气氛中即使在150~350℃较低温度下，烃类也能分解生成二氧化碳和水汽。

氧气催化除烃纯化的典型流程为：首先对空气分离得到的氧气预加热，并进入催化反应器预加热，使用钯或铂催化剂使氧气中的杂质（烃类）与氧作用生成二氧化碳和水汽。再通过水冷却器和吸附干燥器除去二氧化碳和水汽，最后通过过滤器除去尘埃。

### 5.1.3 氢气

#### 5.1.3.1 氢气的特征

氢是主要的工业原料，也是最重要的工业气体和特种气体，在石油化工、电子工业、冶金工业、食品加工、浮法玻璃、精细有机合成、航空航天等方面有着广泛的应用。同时，氢也是一种理想的二次能源，这是因为氢的燃烧值较高，而且不会对环境造成污染。

氢在常温、常压下是一种无色、无味、无毒、易燃、易爆的气体，与氧、氟、氯、一氧化碳以及空气混合都有爆炸的危险，为非极性分子，导热系数大，微溶于水和一些有机溶剂，熔点13.95K、沸点20.38K、气体密度0.08988kg/m$^3$（标态下）、液体密度0.0709kg/L（21.15K）、相对分子质量2.016。公认的氢同位素有三种：氕（H，轻氢）、氘（D，重氢）和氚（T，超重氢），其中轻氢是天然气的主要成分，约占99.984%，重氢约为0.0156%，氚具有放射性。

与其他气体相比，氢具有更大的扩散能力和渗透能力，能大量溶于Ni、Pd、Pt等金属中，利用这一性质，可以在高真空中加热溶有氢气的金属获得极纯的氢气；氢可以化学吸附于许多金属（如过渡金属）表面，可用金属催化剂进行许多加氢化学反应。

氢分子具有很高的稳定性，仅在高温下会分解成原子氢，原子氢是氢的一种最具反应活性的形式，具有极强的还原性。氢几乎可与所有的元素形成化合物，氢能与活泼金属反应生成金属氢化物，与非金属生成工业所需的原料化合物；在加热和催化剂作用下，$H_2$与CO发生合成气反应，合成甲醇、甲烷、直链烷烃和烯烃等化工原材料；氢可用于脱硫和脱除有害杂质，尤其是石油和煤中含硫有害物的脱除；在高温下可与许多金属氧化物发生还原反应生成金属单质。在一次矿物能源中，氢的含量见表5-1。

**表5-1 一次矿物能源中氢的含量**

| 含氢量 | 天然气 | 液化气 | 汽油 | 重油 | 褐煤 | 烟煤 | 无烟煤 |
|---|---|---|---|---|---|---|---|
| 氢碳比 | 4.0 | 2.6 | 2.2 | 1.4 | 0.9 | 0.7 | 0.4 |
| 含氢质量/% | 25.0 | 18.0 | 15.5 | 10.5 | 7.0 | 5.5 | 3.2 |

#### 5.1.3.2 氢气的制备

氢气的制备方法主要有以下几种。

A 用水制氢

水电解制备氢气是一种成熟的制氢技术，到目前为止已有近100年的生产历史。水电解制氢是氢与氧燃烧生成水的逆过程，因此只要提供一定形式的能量，就可使水分解。水电解制氢的原理图如图 5-1 所示。

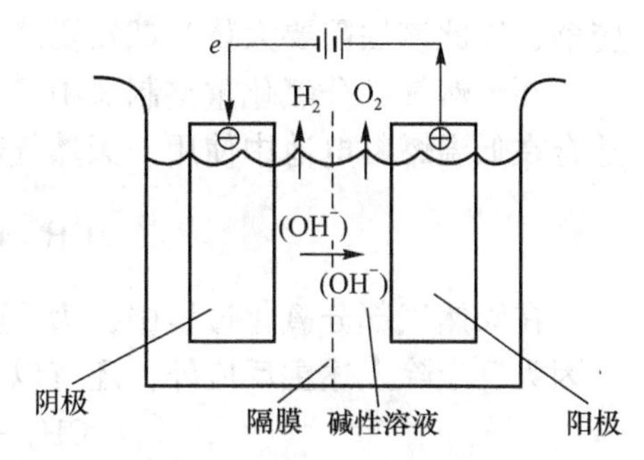

图 5-1 电解水制氢的过程示意

水电解制氢的工艺简单，无污染，其转化率一般为 75%~85%，但消耗电量大，每立方米氢气的电耗 4.5~5.5kW·h，电费占整个水电解制氢生产费用的 80%左右，使其与其他制氢技术相比不具有商业竞争力，电解水制氢仅占总制氢量的 4%左右。目前仅用于高纯度、产量小的制氢场合。

B 化石燃料制氢

目前全世界制氢的年产量约为 6300 万吨，并以每年 6%~7%的速度增加，其中煤、石油和天然气等的制氢约占 96%。

a 煤制氢

煤制氢技术主要以煤气化制氢为主，此项技术已经有近 200 年的历史，在我国也有近百年的历史，可分为直接制氢和间接制氢。煤的直接制氢包括：煤的干馏，在隔绝空气条件下，在 900~1000℃制取焦炭，副产品焦炉煤气中含氢气 55%~60%、甲烷 23%~27%、一氧化碳 6%~8%，以及少量其他气体；煤的气化，煤在高温、常压或加压下，与气化剂反应，转化成气体产物，气化剂为水蒸气或氧气（空气），气体产物中含有氢气等组分，其含量随不同气化方法而异。煤的间接制氢过程，是指将煤首先转化为甲醇，再由甲醇重整制氢。

煤气化制氢主要包括造气反应、水煤气变换反应、氢的提纯与压缩三个过程。煤气化反应如下：

$$C(s) + H_2O(g) \longrightarrow CO(g) + H_2(g) \tag{5-4}$$

$$CO(g) + H_2O(g) \longrightarrow CO_2(g) + H_2(g) \tag{5-5}$$

煤气化是一个吸热反应，反应所需的热量由氧气与碳的氧化反应（燃烧）提供。煤气化工艺有很多种，如 Koppers-Totzek 法、Texco 法、Lurqi 法、气流床法、流化床法等。近年来还研发了多种煤气化的新工艺、煤气化与高温电解结合的制氢工艺、煤热解制氢工艺等。

b 气体燃料制氢

天然气和煤层气是化石燃料主要的气体形态。气体燃料制氢主要是指天然气制氢。天然气的主要成分是甲烷。天然气制氢的主要方法有天然气水蒸气重整制氢、天然气部分氧化重整制氢、天然气催化裂解制氢等。

在天然气水蒸气重整制氢中，所发生的基本反应如下：

转化反应 $$CH_4 + H_2O \longrightarrow CO + 3H_2 \tag{5-6}$$

变换反应 $$CO + H_2O \longrightarrow CO_2 + H_2 \tag{5-7}$$

总反应式 $$CH_4 + 2H_2O \longrightarrow CO_2 + 4H_2 \tag{5-8}$$

转化反应和变换反应均在转化炉中完成，反应温度为 630~850℃，反应的出口温度为 820℃左右。若原料按式（5-9）比例进行混合，则可以得到 $CO : H_2 = 1 : 2$ 的合成气：

$$3CH_4 + CO_2 + 2H_2O \longrightarrow 4CO + 8H_2 \tag{5-9}$$

天然气水蒸气重整制氢反应是强吸热反应，因此该过程具有能耗高的缺点，燃料成本占生产成本的 52%~68%。另外，该过程反应速度慢，而且需要耐高温不锈钢管材制作反应器，因此该法需要大量初期投资。

在天然气部分氧化重整制氢中，氧化反应需要在高温下进行，有一定的爆炸危险，不适合在低温燃料电池中使用。天然气部分氧化制氢的主要反应为

$$CH_4 + \frac{1}{2}O_2 \longrightarrow CO + 2H_2 \tag{5-10}$$

在天然气部分氧化过程中，为了防止析碳，常在反应体系中加入一定量的水蒸气，这是因为反应除上述主反应外，还有以下反应：

$$CH_4 + H_2O \longrightarrow CO + 3H_2 \tag{5-11}$$

$$CH_4 + CO_2 \longrightarrow 2CO + 2H_2 \tag{5-12}$$

$$CO + H_2O \longrightarrow CO_2 + H_2 \tag{5-13}$$

天然气部分氧化重整是合成气制氢的重要方法之一，与水蒸气重整制氢方法相比，变强吸热为温和放热，具有低能耗的优点，可显著降低初期投资。但该工艺具有反应条件苛刻和不易控制的缺点，另外需要大量纯氧，需要增加昂贵的空分装置，增加了制氢的运行成本。天然气水蒸气重整与部分氧化重整联合制氢，比起部分氧化重整具有氢浓度高、反应温度低等优点。

在天然气催化热裂解制氢中，首先将天然气和空气按理论完全燃烧比例混合，同时进入炉内燃烧，使温度逐渐上升到1300℃时停止供给空气，只供给天然气，使之在高温下进行热解，生成氢气和炭黑。其反应式为

$$CH_4 \longrightarrow 2H_2 + C \tag{5-14}$$

天然气裂解吸收热量使炉温降至1000~1200℃时，再通入空气使原料气体完全燃烧升高温度后，再次停止供给空气进行热解，生成氢气和炭黑，如此往复间歇进行。

c　液体化石燃料制氢

液体化石燃料如甲醇、轻质油和重油也是制氢的重要原料，常用的工艺有甲醇裂解-变压吸附制氢、甲醇重整制氢、轻质油水蒸气转化制氢、重油部分氧化制氢等。

d　甲醇裂解

变压吸附制氢甲醇与水蒸气在一定的温度、压力和催化剂存在的条件下，同时发生催化裂解反应与一氧化碳变换反应，生成氢气、二氧化碳及少量的一氧化碳，同时由于副反应的作用会产生少量的甲烷、二甲醚等副产物。甲醇加水裂解反应是一个多组分、多个反应的气固催化复杂反应系统。主要反应为

$$CH_3OH + H_2O \longrightarrow CO_2 + 3H_2 \tag{5-15}$$

$$CH_3OH \longrightarrow CO + 2H_2 \tag{5-16}$$

$$CO + H_2O \longrightarrow CO_2 + H_2 \tag{5-17}$$

总反应为

$$CH_3OH + H_2O \longrightarrow CO_2 + 3H_2 \tag{5-18}$$

反应后的气体产物经过换热、冷凝、吸附分离后，冷凝吸收液可循环使用，未冷凝的裂解气体再经过进一步处理，脱去残余甲醇与杂质后，送到氢气提纯工序。甲醇裂解气体主要成分是 $H_2$ 和 $CO_2$，其他杂质成分是 $CH_4$、CO 和微量的 $CH_3OH$，利用变压吸附技术分离除去甲醇裂解气体中的杂质组分，可获得纯氢气。

甲醇裂解-变压吸附制氢技术具有工艺简单、技术成熟、初期投资小、建设周期短、制氢成本低等优点，是制氢厂家首选的制氢工艺。

e 甲醇重整制氢

甲醇在空气、水和催化剂存在的条件下，温度处于250~330℃时进行自热重整，甲醇水蒸气重整理论上能够获得的氢气浓度为75%。甲醇重整的典型催化剂是Cu-ZnO-$Al_2O_3$，这类催化剂也在不断更新使其活性更高。这类催化剂的缺点是其活性对氧化环境比较敏感，在实际运行中很难保证催化剂的活性，使该工艺的商业化推广应用受到一定限制。

f 轻质油水蒸气转化制氢

轻质油水蒸气转化制氢是在催化剂存在的情况下，温度达到800~820℃时进行如下主要反应：

$$C_nH_{2n+2} + nH_2O \longrightarrow nCO + (2n+1)H_2 \tag{5-19}$$

$$CO + H_2O \longrightarrow CO_2 + H_2 \tag{5-20}$$

用该工艺制氢的氢气体积浓度可达74%。生产成本主要取决于轻质油的价格。我国轻质油价格偏高，该工艺的应用在我国受到制氢成本高的限制。

g 重油部分氧化制氢

重油包括常压渣油、减压渣油及石油深度加工后剩余的燃料油。部分重油燃烧提供氧化反应所需的热量并保持反应系统维持在一定的温度，重油部分氧化制氢在一定的压力下进行，可以采用催化剂，也可以不采用催化剂，这取决于所选原料与工艺。催化部分氧化通常是以甲烷和石油脑为主的低碳烃为原料，而非催化部分氧化则以重油为原料，反应温度在1150~1315℃。重油部分氧化包括碳氢化合物与氧气、水蒸气反应生成氢气和碳氧化物，典型的部分氧化反应如下：

$$C_nH_m + \frac{1}{2}nO_2 \longrightarrow nCO + \frac{1}{2}mH_2 \tag{5-21}$$

$$C_nH_m + nH_2O \longrightarrow nCO + \frac{1}{2}(n+m)H_2 \tag{5-22}$$

$$CO + H_2O \longrightarrow CO_2 + H_2 \tag{5-23}$$

重油的碳氢比很高，因此重油部分氧化制氢获得的氢气主要来自水蒸气和一氧化碳，其中蒸汽制取的氢气占69%。与天然气蒸气转化制氢相比，重油部分氧化制氢需要配备空分设备来制备纯氧，这不仅使重油部分氧化制氢的系统复杂化，而且还增加了制氢的成本。

#### 5.1.3.3 氢气的纯化

根据原料氢气的来源和所要求的氢气纯度，采取不同的氢气纯化方法。常用的氢气纯化方法有催化除氧吸附干燥法、钯合金扩散法、变压吸附法和低温吸附法等。

A 催化除氧吸附干燥法

催化除氧吸附干燥法适用于水电解氢气的纯化，或含有微量杂质（氧气和水汽）的氢气纯化。设备、操作较简单，处理量适应范围较大。纯化处理后，所得氢气中的杂质氧含量可降至$0.1\times10^{-6}$以下，露点可降至-70℃以下。

采用水电解制氢时，制备的氢气的纯度约99%~99.8%，其中微量杂质（氧和水汽）可用活性铜、镍铬、钯A分子筛、钯氧化铝、钯碳纤维等催化剂催化去除，也可用A型分子筛、硅胶、活性氧化铝、活性炭等吸附干燥的方法除去。

这种氢气纯化装置用于氢氧站，使水电解氢气经过纯化后，通过管道送各车间使用。也可用于钢瓶氢气的纯化及各车间进行氢气终端纯化，即把氢气纯化装置放在使用点附近。

B 钯合金扩散纯化氢气

钯合金扩散法适用于各种含氢气体的分离和纯化，得到超纯氢。该法要求原料氢气具有一定的压力（如8~10kg/cm$^2$），且在原料氢气中不允许含有汞、硫化物、卤素和不饱和烃类等杂质。钯合金扩散氢气纯化装置比较昂贵，所得氢气纯度达99.99999%以上，杂质氧低于$0.1\times10^{-6}$，露点低于-76℃，适用于氢气纯度要求较高、处理气体量不大的情况。

由于原料气中的水汽会导致钯中毒，因此需要对原料气进行预纯化，然后将预纯化的氢气通向加热的钯合金膜上，在膜的另一侧可得扩散出的高纯氢。

C 变压吸附纯化氢气

变压吸附法适用于从烃类水汽转化、氨分解气体、甲醇水汽转化气等含氢大于40%的各种原料气体中提取纯氢。其特点是在常温下，原料气体通过吸附塔时，所含杂质几乎全部除去，所得氢气的纯度可达99.9%~99.999%。

早期的变压吸附装置的产品回收率较低。为了尽可能地利用气体，现在大都采用多塔工艺流程，原料气体的回收率可达90%以上。

D 低温吸附纯化氢气

用低温吸附法分离和纯化氢气，由于设备简单，操作容易，工作可靠而被广泛采用。一般来说，吸附温度越低，吸附剂的平衡吸附量越大，被吸附物质在气相中的平衡分压越小。因此在提取高纯气体的过程中，也采用低温吸附的方法。

采用低温吸附纯化氢气，常用的吸附剂有活性炭、硅胶、铝胶和分子筛等，需根据原料氢气中所含的杂质情况来选择。

### 5.1.4 氩气

5.1.4.1 氩气的特征

氩在常温、常压下为无色、无臭、无味的惰性气体，微溶于水和有机溶剂，其气体密度1.7838kg/m$^3$（标态下），液体密度1393.9kg/m$^3$（正常沸点时），常压下，熔点83.8K、沸点87.28K，氩的相对原子质量为39.944。在化学性质上，氩表现为化学惰性，不与任何元素化合。氩可以包容在笼状分子（如水和有机分子）内形成包合物，其中，在低温高压下氩与水的包合物分子式为$46H_2O\cdot8Ar$，在标准大气压下，其分解温度-42.8℃，在0℃时分解压力为10.5MPa，与氩形成包合物的有机物有丙酮、二氯甲烷、三氯甲烷、四氯甲烷、氢醌、苯酚及其衍生物等。

作为惰性气体，氩气在冶金工业、金属焊接与切割和电子工业与光源等方面有广泛的应用。如做钢铁表面气封，防止其被氧化；在金属电弧焊中做保护气；在电光源中用于填充气，可以增加其亮度和延长寿命。

5.1.4.2 氩气的制备

在干空气中氩的含量约为0.934%，合成氨尾气中含氩3%~8%，工业上一般从空气和合成氨尾气中提取氩。

A 空气分离提取氩

深冷空分的主要产品为纯氧和纯氮，其副产品为生产氩气的主要来源。氩馏分（含8%~12%Ar）是由空分装置的蒸馏塔上提取，其中含有氧和氮等组分，制氩流程有常规制氩和全精馏制氩两种，而纯氩的制取主要是脱除氩馏分中的氧、氮和氢等杂质。

常规制氩法分为三个步骤：粗氩的生产、化学法脱氧和精氩的制取。其中，氩馏分进入粗氩塔进行精馏分离，达到含95%~98%Ar、含1%~3%$O_2$，其余为氮氢等杂质的粗氩；对粗氩中氧杂质采用加氢催化法脱除，生成的水分经干燥器干燥获得露点-60℃以下工艺氩（1%~4%$N_2$和小于1%的$H_2$）；工艺氩再通过低温精馏法对其中的$N_2$和$H_2$进行分离脱除，从而制取纯氩产品。

全精馏制氩是目前较为主流的制氩方法，其是指在空分装置冷箱内设置粗氩塔和精馏塔，用全精馏的方式获得精氩。其主要优点体现为：流程简化（无化学法脱氧的加热设备）、减少投资（无净化车间、氢气站和加氢除氧炉等）、操作管理安全方便（与主塔一起操作、人员减少等）、氩提取率提高（70%~80%，而常规法提氩30%~50%）、制氩成本降低（年运转费为常规法的1/40）及操作弹性大等。

B　从合成氨尾气中提取氩

合成氨尾气由其弛放气和氨罐排放气组成，其组成为：60%~70% $H_2$、20%~25% $N_2$、3%~8% Ar、8%~12% $CH_4$及约3% $NH_3$。合成氨尾气提氩有低温精馏法和冷凝蒸发法，典型流程有三塔提氩流程和两塔提氩流程及带热泵循环提氩装置三种，其生产工艺包括原料气净化、脱氢、脱甲烷和脱氮四步工序。其中，原料气的净化通常采用软水洗涤法或冷凝法脱除氨，再采用硅胶或分子筛脱除微量的氨和水分。在常压下氢的沸点20.38K，氩的沸点87.29K，氮的沸点77.35K，由于氢与其他组分的沸点相差大，可采用部分冷凝法脱除，也可采用精馏法脱除氢，其氨回收率高，但氩设备投资多且复杂。又由于甲烷的沸点11.7K与氩、氢组分的沸点相差较大，甲烷的脱除几乎都采用低温精馏法，氩、氮的沸点相差9.9K，其中氮的脱除可采用类似于空分装置中的精馏塔进行低温精馏法脱除。

5.1.4.3　氩气的纯化

目前，除了在空气分离装置上采用低温精馏或低温吸附的方法提取高纯氩外，亦可按照惰性气体纯化的方法，采用化学除氧吸附干燥纯化氩气。此外，采用金属吸气剂在高温下能同时除去氩气中的杂质，如氢、氮、氧、二氧化碳、烃类和水汽等。

A　用吸气剂纯化氩气

在电真空技术中，常用各种金属或金属间化合物作为消气剂，消除各种电子管和灯泡中残留的气体，提高真空度，增加使用寿命。由于此类金属或金属间化合物能与氢、氧、氮、一氧化碳、二氧化碳、水汽和甲烷等许多气体作用，生成稳定化合物或固溶体。因此，它们也可作为稀有气体纯化的材料。

比如钛在高温下就可以与稀有气体中的微量杂质如氧、氢、氮和水汽等作用，其化学反应式为

$$Ti + H_2 \xrightarrow{350 \sim 500℃} TiH_2 \tag{5-24}$$

$$2Ti + O_2 \xrightarrow{700 \sim 1050℃} 2TiO \tag{5-25}$$

$$2Ti + H_2O \xrightarrow{700 \sim 1050℃} 2TiO + H_2 \tag{5-26}$$

$$Ti + N_2 \xrightarrow{800 \sim 1050℃} TiN_2 \tag{5-27}$$

在实际生产中，为增加接触面积，均使用海绵钛作为吸气剂。钛的温度越高，与氧、氮和水汽作用越剧烈，也越完全。但是，海绵钛在温度超过1050℃时，易于烧结成块，使

表面积减少，反应能力下降。因此，用海绵钛纯化气体的工作温度应小于1050℃。

锆-铝16是近年来发展的一种非蒸散型消气剂，也是一种合金型的金属间化合物体吸气剂。锆-铝16表示合金中含锆为84%、含铝为16%，在锆-铝合金结构中，存在着$Zr_2Al$、$Zr_3Al_2$、$Zr_5Al_3$和$Zr_6Al_4$等金属化合物，它们对各种气体有不同的吸附能力。锆-铝合金通过800~850℃高温激活处理后产生剧烈的相变，使吸气剂具有较高的吸气速率。

锆-铝16在400~700℃温度范围内，能与混合在稀有气体中的微量杂质如$H_2$、$O_2$、$N_2$、CO、$CO_2$、$H_2O$和$CH_4$等气体作用。除$H_2$外，对其他气体都是不可逆吸附。锆-铝16吸气剂在使用前，须进行激活处理，即在高真空或惰性保护气氛中，加热至800~850℃，保温2h，使其生成高度活性的表面。通过激活处理，也可使吸附气体杂质达到饱和的锆-铝吸气剂表面进行再生（使吸气剂表面吸附的氢气解吸除去，而表面吸附的其他气体则向内部渗透扩散），故吸气剂重新具有高度活性的表面。这种加热激活再生，只能进行20多次，过多吸气剂就不再有效。

B　低温精馏（或低温吸附）纯化氩气

在空气分离装置上提取高纯氩大致有两种方法：一是用催化反应器除氧和低温精馏塔除氮；一是在低温下用5A分子筛吸附除氮，4A分子筛吸附除氧。

空气分离装置双级精馏塔的氩馏分约含有Ar(8~10)%。经过粗氩塔精馏后，所得粗氩中约含有Ar(95~98)%，其中尚有$O_2$(0~3)%，$N_2$(0~2)%。粗氩再通过加氢催化除氧和吸附干燥，最后经精氩塔精馏除氮，可得含Ar 99.99%以上的高纯氩。

### 5.1.5 贮存及使用

目前，我国瓶装压缩气体的分类标准为《瓶装气体分类》（GB/T 16163—2012），于2012年9月1日开始实施。该标准按照FTSC编码对108种压缩气体、低温液化气体、液化气体和溶解气体的燃烧性、毒性、腐蚀性等性质进行了分组。熟悉和掌握这个标准，有利于了解瓶装压缩气体综合的安全性能，有助于辨认气体的共性和个性，防止混淆，对实施气体充装和使用方面的安全管理、指导压缩气体工业有序发展有着十分重要的意义。

实验室常用的气体多装在弹式高压贮气钢瓶内，由工厂购入。常用的钢瓶容量为40$dm^3$，空瓶质量60kg，可贮存6$m^3$（0℃，100kPa）气体，充气压力最大时为15MPa，而一般工厂为节约成本，常充气至9MPa或12MPa。

《气瓶颜色标志》（GB/T 7144—2016）使用涂膜颜色、字样、字色、色环等内容对气瓶进行了分类，作为识别瓶装气体的标志。该标准同样规定了108种气体的相关标志，部分在实验室中常用气体的标志见表5-2。

**表5-2　常用气体的标志**

| 充装气体 | 化学式 | 体色 | 字样 | 字色 | 色环 |
|---|---|---|---|---|---|
| 空气 | Air | 黑 | 空气 | 白 | P=20，白色单环；<br>P≥30，白色双环 |
| 氩 | Ar | 银灰 | 氩 | 深绿 | |
| 氮 | $N_2$ | 黑 | 氮 | 白 | |
| 氧 | $O_2$ | 淡（酞）蓝 | 氧 | 黑 | |
| 氦 | He | 银灰 | 氦 | 深绿 | |

续表 5-2

| 充装气体 | 化学式 | 体色 | 字样 | 字色 | 色环 |
|---|---|---|---|---|---|
| 氢 | $H_2$ | 淡绿 | 氢 | 大红 | P=20，大红单环；<br>P≥30，大红双环 |
| 二氧化碳 | $CO_2$ | 铝白 | 液化二氧化碳 | 黑 | P=20，黑色单环 |
| 一氧化碳 | CO | 银灰 | 一氧化碳 | 大红 | |
| 氯 | $Cl_2$ | 深绿 | 液氯 | 白 | |
| 氨 | $NH_3$ | 淡黄 | 液氨 | 黑 | |

注：P—气瓶的公称工作压力，MPa。

在气体的使用过程中，要注意安全，即防毒、防火和防爆。CO、$Cl_2$、$H_2S$、$SO_2$、$NH_3$ 等气体都有毒，这些气体在空气中允许的最高含量见表 5-3，使用这些有毒气体时，要严防泄漏，并注意室内通风。含有这些气体的尾气不能直接排入大气，应经过处理。例如，$H_2S$、$Cl_2$ 可以通过 NaOH 溶液吸收。无毒气体也不允许大量排入室内空气中，否则会使人缺氧甚至窒息。

**表 5-3 大气中有毒气体允许的最高含量** (%)

| 气体 | CO | $H_2S$ | $SO_2$ | $Cl_2$ | $NH_3$ |
|---|---|---|---|---|---|
| 允许的最高含量 | 0.02 | 0.01~0.03 | 0.02 | 0.001 | 0.02 |
| 可嗅出的最低浓度 | 无臭 | 0.008 | 0.007 | | |

可燃气体如 $H_2$、CO、$NH_3$ 等容易引起火灾，可燃性气体的爆炸危险性可以用爆炸危险度即爆炸浓度范围与爆炸下限浓度之比值来表示：

$$爆炸危险度 = \frac{爆炸上限浓度 - 爆炸下限浓度}{爆炸下限浓度} \tag{5-28}$$

典型的可燃性气体在空气和纯氧中爆炸危险度的比较见表 5-4。

**表 5-4 典型可燃性气体在空气和纯氧中爆炸危险度比较**

| 名称 | 爆炸极限浓度/% | | | | | |
|---|---|---|---|---|---|---|
| | 空气中 | | | 纯氧中 | | |
| | 下限 | 上限 | 危险度 | 下限 | 上限 | 危险度 |
| 乙炔 | 2.5 | 80.0 | 31.00 | 2.5 | 93.0 | 36.20 |
| 乙醚 | 1.9 | 36.0 | 17.95 | 2.1 | 82.0 | 38.05 |
| 氢 | 4.0 | 75.0 | 17.75 | 4.0 | 94.0 | 22.50 |
| 乙烯 | 3.1 | 32.0 | 9.32 | 3.0 | 80.0 | 25.67 |
| 一氧化碳 | 12.5 | 74.0 | 4.92 | 15.5 | 94.0 | 5.05 |
| 丙烷 | 2.2 | 9.5 | 3.32 | 2.3 | 55.0 | 22.91 |
| 甲烷 | 5.3 | 15.0 | 1.83 | 5.1 | 61.0 | 10.96 |
| 氨 | 15.5 | 27.0 | 0.74 | 13.5 | 79.0 | 4.85 |

## 5.2 常用气体的净化

实验室中净化气体常用的方法有：吸收、吸附、化学催化和冷凝。

### 5.2.1 吸收

吸收法是利用气体在液体中不同的溶解度，以适当的液体吸收剂分离和净化气体混合物的一种操作过程。吸收操作应用普遍，技术上较成熟，操作经验较丰富，适用性强。吸收过程可分为物理吸收和化学吸收两类。

物理吸收主要是溶解，吸收过程中没有化学反应或仅有弱化学反应，吸收质在溶液中呈游离或弱结合状态，过程可逆，热效应不明显。化学吸收过程存在化学反应，有较强的热效应（放热反应居多）。化学吸收过程净化气态污染物，特别是对于低浓度废气，其吸收速率和能达到的净化效率都明显高于物理吸收，所以净化气体多采用化学吸收。

吸收剂是吸收操作的关键之一，对吸收剂的主要要求是：

（1）为了提高吸收速度，增大对有害组分的吸收率，减少吸收液用量和设备尺寸，要求对有害组分的溶解度尽量大，对其余组分则尽量小；

（2）为了减少吸收液的损失，其蒸气压应尽量低；

（3）为了减少设备损耗，尽量不采用腐蚀性介质；

（4）黏度要低，热容不大，不起泡；

（5）尽可能无毒、难燃，且化学稳定性好，冰点要低；

（6）来源充足，价格低廉；

（7）使用中有利于有害组分的回收利用。

### 5.2.2 吸附

吸附法在环境工程中得到广泛的应用，因为吸附剂的选择性高，它能分开其他过程难以分开的混合物，有效地清除（或回收）浓度很低的有害物质，净化效率高，设备简单，操作方便，且能实现自动控制。但固体吸附剂的吸附容量小，需要的吸附剂量大，设备庞大，吸附后吸附剂需要再生处理。

吸附现象根据吸附剂表面与吸附质之间作用力的不同，分为物理吸附和化学吸附两类。物理吸附是由分子间引力引起的，通常称为“范德华力”，它是定向力、诱导力和逸散力的总称，它的特征是吸附质与吸附剂不发生化学作用，是一种可逆过程（吸附与脱附）。化学吸附是由于固体表面与被吸附物质间的化学键力起作用的结果，该吸附需要一定的活化能，故又称活化吸附。

吸附速率与下列 4 个因素有关：

（1）被吸气体向吸附剂表面的扩散（外部扩散）速率；

（2）被吸气体和吸附剂孔道的相对大小；

（3）吸附剂和被吸物质间的吸附力；

（4）温度。

在吸附剂和被吸气体确定后，温度一定时，吸附速率就取决于上述第（1）和第（2）

两个因素。孔径大小会影响内部扩散。一般说来，为加速内部扩散和增大吸附表面积，吸附剂颗粒应小些，但若过小则会使气流阻力增大。因此颗粒直径一般选为 0.25~0.50mm 为宜。

吸附剂表面吸满了被吸物质达到饱和后，吸附剂就需要更换或再生。吸附剂再生的方法是加热、减压或吹洗。这些方法是靠提高温度和降低被吸气体的分压以促进解吸。不同的吸附体系，其再生条件也不同。

对吸附剂的主要要求是：

（1）具有巨大的内表面，也就是要求具有较大的吸附容量；

（2）具有良好的选择性，以便达到净化某种或某几种污染物的目的；

（3）具有良好的再生特性和耐磨能力，还要求有对酸、碱、水、高温的适应性；

（4）来源广泛，成本低廉。

### 5.2.3 催化

催化法是指在催化剂的作用下，将气体中气态污染物变成无害物质排放，或转化为其他易于除去的物质的方法。例如，某厂脱除尾气中 $SO_2$ 可在催化剂（$V_2O_5$）作用下，将其氧化为 $SO_3$ 用水吸收变成有回收价值的硫酸；硝酸厂含 $NO_x$ 尾气可通过催化还原，将 $NO_x$ 转变成无害的 $N_2$ 排放；所有含烃类、恶臭物废气均可通过催化氧化过程，在相对较低的温度下将其氧化分解为 $H_2O$ 与 $CO_2$，予以排放。

催化反应中催化剂结构不发生任何变化，也没有加入到产物分子结构中；催化作用既能加快正反应速度，又能加快逆反应速度，但不改变该反应的化学平衡；特定的催化剂只能催化特定的反应，即催化剂的催化性能具有选择性。

良好的催化剂应满足如下条件：

（1）活性高，在较低的温度下达到较高的转化率；

（2）有一定的选择性，尽量不产生副反应；

（3）机械强度高、抗毒性强、热稳定性好；

（4）成本低。

目前催化理论尚不完善，催化剂的制备和选用经常需依靠经验和实验确定。一般而言，贵金属催化剂的活性较高，选择性较小，但资源少，成本高；非贵金属催化剂的活性较低，有一定的选择性，资源丰富，成本低，热稳定性较差。

在大气污染控制中，贵金属催化剂主要用于催化燃烧碳氢化合物以及非选择性催化还原氮氧化物；非贵金属催化剂，特别是复合金属氧化物催化剂主要用于选择性催化还原氮氧化物以及汽车排气净化；五氧化二钒则用于二氧化硫催化氧化成三氧化硫。

目前粒状催化剂应用较多，但阻力较大，而蜂窝状、网状催化剂的阻力较小，处理能力较大，正逐步推广应用。

### 5.2.4 冷凝

冷凝法是利用气态污染物在不同温度和压力下具有不同的饱和蒸气压，在降低温度或加大压力下，某些污染物凝结出来，以达到净化或回收的目的。可以借助于控制不同的冷凝温度，分离出不同的污染物来。冷凝法的优点是所需设备和操作条件比较简单，回收物质的纯度比较高，常作为吸附等净化方法的前端步骤，以减轻使用这些方法时的负荷。此外高湿度废气也用冷凝法使水蒸气冷凝下来，大大减少了气体量，有利于下一步操作。

常用的低温介质是冰和某些盐类的混合物。如果需要冷却到更低的温度，则需要使用干冰（固态二氧化碳）。由于干冰的导热能力差，通常总是将它与适量的丙酮或乙醇混合，调成糊状，再装入冷阱管道外壁的容器中。气体只从冷阱管道内通过，不与干冰直接接触。用干冰作冷凝介质可以达到-80℃的低温。

### 5.2.5 常用气体净化剂

#### 5.2.5.1 干燥剂

干燥是常用的除去固体、液体或气体中少量水分或少量有机溶剂的方法。如在进行定性或定量分析以及测试物理常数时，往往要求预先干燥，否则测定结果不准确。在这里，只对净化气体所用的干燥剂进行介绍，常用的干燥剂及其脱水能力见表5-5。

**表5-5 常用干燥剂在25℃的脱水能力**

| 干燥剂 | 脱水后气体中残留的水含量/$g \cdot cm^{-3}$ | 脱水机理 | 再生温度/℃ |
|---|---|---|---|
| $P_2O_5$ | $2\times10^{-5}$ | 生成磷酸 | |
| $Mg(ClO_4)_2$ | $2\times10^{-4}$ | 潮解 | 250（高真空） |
| A型分子筛 | $5\times10^{-4}$ | 吸附 | 250~350 |
| 活性氧化铝 | $3\times10^{-3}$ | 吸附 | 175（24h） |
| 浓硫酸 | $3\times10^{-3}$ | 生成水合物 | |
| 硅胶 | $3\times10^{-2}$ | 吸附 | 150 |
| $CaSO_4$ | $4\times10^{-2}$ | 潮解 | 225 |
| $CaCl_2$ | $2\times10^{-1}$ | 潮解 | |
| CaO | $2\times10^{-1}$ | 生成 $Ca(OH)_2$ | |
| NaOH | $8\times10^{-1}$ | 潮解 | |

五氧化二磷 $P_2O_5$ 亦称“磷酸酐”，是一种质软的白色粉末，具有很强的吸水性，强烈腐蚀皮肤，极易与水化合成为磷酸，同时放出大量热。在空气中会迅速潮解，在不同的吸收条件下会形成偏磷酸、焦磷酸或正磷酸。这些化合物呈黏稠状，附在 $P_2O_5$ 表面，妨碍它继续吸收水气，严重时会将干燥管堵塞。所以 $P_2O_5$ 在气体干燥技术中不宜作为前级的干燥剂。只有当气体已经过脱水处理后仍含有微量水分需要进一步干燥时，才用 $P_2O_5$ 作干燥剂。

高氯酸镁 $Mg(ClO_4)_2$ 的干燥能力仅次于 $P_2O_5$，是白色结晶或粉末，易潮解。对眼睛、皮肤、黏膜和上呼吸道有刺激作用。$Mg(ClO_4)_2$ 在吸水后不易形成黏稠状物质，使用要易于 $P_2O_5$。当 $Mg(ClO_4)_2$ 吸水后，可将其置于真空中加热使其脱水，从而反复使用。

分子筛中使用最广的是沸石分子筛，它是一种含铝硅酸盐的结晶。它具有高效能选择的吸附能力，按其结构和组成来分，已有三十余种类型可作为分子筛使用，常用的是A型和 X 型两种。在使用分子筛干燥时应注意：

（1）新分子筛使用前应先活化脱水，在温度为550℃左右及常压下烘干 2h。

（2）分子筛在使用后活性降低，须再经活化方可使用；活化前须用水蒸气或惰性气体把分子筛中的其他物质替代出来，然后按（1）进行处理。

（3）分子筛宜用于除去微量的水分，假若水分过多，应先用其他干燥剂去水，然后再用分子筛干燥。

变色硅胶是实验室中最常用的干燥剂。变色硅胶是以具有高活性吸附材料细孔硅胶为基础原料经过深加工制成的具有高附加值和较高技术含量的指示型吸附剂。它是以 $SiO_2$ 为主体的玻璃状物质，是硅酸水凝胶脱水后的产物，其孔径平均为 4nm，比表面 300~800$m^2$/g。有很强的吸附能力，也是常用的一种吸附剂。它适用于处理相对湿度较大（大于 40%）的气体。相对湿度低于 35%时，其吸附容量迅速降低。在真空系统中使用硅胶时，必须将它在真空下加热经过彻底脱水后才能用。硅胶吸水蒸气时要放热，用它来吸附高湿高温气体中的水蒸气时，须加适当冷却装置。硅胶还能吸附其他易液化的气体，但这会使它对水蒸气的吸附容量下降。硅胶为乳白色，为了指示其吸水程度，常将硅胶在氯化钴溶液中浸泡后再干燥而得到蓝色的硅胶。

无水氯化钴为蓝色，由于吸水程度的增加，含水氯化钴 $CoCl_2 \cdot xH_2O$ 的颜色随结晶水 $x$ 值的变化而改变如下：

| $x$ | 6 | 4 | 2 | 1.5 | 1 | 0 |
|---|---|---|---|---|---|---|
| 颜色 | 粉红 | 红 | 淡红紫 | 暗红紫 | 紫蓝 | 浅蓝 |

当指示颜色变为粉红色时，表示水含量已相当于 200Pa 的水蒸气压力，这时必须更换硅胶。经重新干燥处理后，含 $CoCl_2$ 的硅胶又恢复为蓝色。硅胶的优点是可以再生，即在 120~150℃的烘箱中除水后，可反复使用，更换也较方便，并可借氯化钴含水后颜色的改变来指示其吸水程度。

### 5.2.5.2 脱氧剂和催化剂

工业上常用的除氧催化剂有：（1）活性铜催化剂；（2）镍铬催化剂；（3）钯 A 分子筛；（4）钯氧化铝；（5）钯碳纤维等，其主要性能列于表 5-6。

**表 5-6 常见脱氧剂的特性**

| 催化剂 | 活性铜催化剂 | 镍铬催化剂 | 钯 A 分子筛 | 钯氧化铝 | 钯碳纤维 |
|---|---|---|---|---|---|
| 组成 | 活性铜负载于硅藻土上 | 镍与氧化铬为催化剂，用石墨黏结 | A 型分子筛离子交换少量钯 | 活性氧化铝负载少量钯 | 碳纤维负载少量钯 |
| 外观 | 棕黑色颗粒 | 黑色颗粒 | 灰色颗粒 | 灰色颗粒 | 黑色纤维 |
| 粒度 | $\phi$6mm×6mm 圆柱 | $\phi$5mm×5mm 圆柱 | 11.21~56μm 颗粒，$\phi$3~5mm 球 | $\phi$3~5mm 球 | 纤维直径约 10μm |
| 除氧温度/℃ | 180~250 | 约 80 | 约 120 | 50~80 | 常温 |
| 除氧空速①/h | 1000~3000 | 3000~5000 | 5000~10000 | 4000~8000 | 10000 |
| 除氧效果 | $<10\times10^{-6}$ | $<5\times10^{-6}$ | $<0.25\times10^{-6}$ | $<0.15\times10^{-6}$ | $<0.2\times10^{-6}$ |

续表 5-6

| 催化剂 | | 活性铜催化剂 | 镍铬催化剂 | 钯 A 分子筛 | 钯氧化铝 | 钯碳纤维 |
|---|---|---|---|---|---|---|
| 活化条件 | 氢气空速/h | 3000 | 2000~5000 | 5000~10000 | 1000~10000 | 10000 |
| | 活化温度/℃ | 250 | 200 | 常温② | 400~500 | 250 |
| | 恒温时间/h | 3~4 | 3~4 | 2~3 | 4~5 | 3~4 |

①空速是指单位时间内通过单位体积（或单位质量）催化剂的原料气体积（或质量）。

②使用分子筛作为载体的催化剂，需要先在 550℃（常压下）或 350℃（真空下）脱水活化，降至常温再用氢气还原。

除上述脱氧剂外，在实验室中亦可使用金属脱氧剂用于除去不活泼气体（如 $N_2$、Ar）中的微量氧。常用的金属脱氧剂有：铜丝或铜屑（600℃）、海绵钛（800~1000℃）、金属镁屑（600℃）和 Zr-Al 合金（700℃）。铜屑要预先用有机溶剂洗去其表面上的油脂。各种金属脱氧剂必须加热到一定温度才能保证有足够的脱氧速率。脱氧极限，即脱氧后气体中残留的最低氧分压，可由热力学数据加以估算。例如，铜的脱氧反应：

$$4Cu(s) + O_2(g) \xlongequal{} 2Cu_2O(s),\ \Delta G^{\ominus} = -338200 + 146.6T,\ \text{J/mol} \tag{5-29}$$

600℃时，$\Delta G^{\ominus} = -210.2\text{kJ/mol}$，$\ln(p_{O_2}/p^{\ominus}) = \dfrac{-210200}{8.314\times873} = -28.96$，$p_{O_2} = 2.65\times10^{-8}\text{Pa}$。

钛的脱氧反应：

$$Ti(s) + O_2(g) \xlongequal{} TiO_2(s),\ \Delta G^{\ominus} = -941000 + 177.57T,\ \text{J/mol} \tag{5-30}$$

800℃时，$\Delta G^{\ominus} = -750.5\text{kJ/mol}$，$\ln(p_{O_2}/p^{\ominus}) = \dfrac{-750500}{8.314\times1073} = -84.13$，$p_{O_2} = 2.90\times10^{-32}\text{Pa}$。

镁的脱氧反应：

$$2Mg(s) + O_2(g) \xlongequal{} 2MgO(s),\ \Delta G^{\ominus} = -1202460 + 215.18T,\ \text{J/mol} \tag{5-31}$$

600℃时，$\Delta G^{\ominus} = -1014.6\text{kJ/mol}$，$\ln(p_{O_2}/p^{\ominus}) = \dfrac{-1014600}{8.314\times873} = -139.79$，$p_{O_2} = 1.95\times10^{-56}\text{Pa}$。

上述氧分压值亦可通过氧势图划线求得。

#### 5.2.5.3 吸附剂

实验室常用的吸附剂有硅胶、活性炭、活性氧化铝和分子筛等。

硅胶是人造含硅石，是用硅酸钠与硫酸反应生成的硅酸凝胶，再经脱水制成。其化学式为 $SiO_2 \cdot nH_2O$，它是坚硬的玻璃状多孔结构的颗粒。本身呈中性，且有较高的化学稳定性和热稳定性，不溶于水和各种溶剂（除氢氟酸和强碱）。

活性炭是一种经特殊处理的炭，将有机原料（果壳、煤、木材等）在隔绝空气的条件下加热，以减少非碳成分（此过程称为炭化），然后与气体反应，表面被侵蚀，产生微孔发达的结构（此过程称为活化）。由于活化的过程是一个微观过程，即大量的分子碳化物表面侵蚀是点状侵蚀，所以造成了活性炭表面具有无数细小孔隙。

活性氧化铝又称铝胶，可用碱从铝盐溶液或用酸从铝酸盐溶液中沉淀出水合氧化铝。然后经过老化、洗涤、胶溶、干燥和成型，得到氢氧化铝，再经脱水而得氧化铝，其化学式为 $Al_2O_3$。它是白色具有较好的化学稳定性和机械强度的固体吸附剂。就其化学分子式

$Al_2O_3$ 而言，似乎是一种很简单的氧化物，按其晶态来说，目前已知它有八种以上的形态（x-$Al_2O_3$、η-$Al_2O_3$、γ-$Al_2O_3$、δ-$Al_2O_3$、k-$Al_2O_3$、θ-$Al_2O_3$、ρ-$Al_2O_3$、α-$Al_2O_3$ 等）用于气体干燥的活性氧化铝。

分子筛是人工合成泡沸石，硅铝酸盐的晶体，呈白色粉末，粒度为 0.5~10μm，加入黏结剂后可拼压成条状、片状和球状。分子筛无毒、无味、无腐蚀性，不溶于水及有机溶剂，能溶于强酸和强碱。分子筛经加热失去结晶水，晶体内形成许多孔穴，其孔径大小与气体分子直径相近，且非常均匀。它能把小于孔径的分子吸进孔隙内，把大于孔径的分子挡在孔隙外。因此，它可以根据分子的大小，把各种组分分离，“分子筛”亦由此得名。

分子筛的化学通式为

$$Me_{x/n}[(AlO_2)_x(SiO_2)_y]\cdot mH_2O$$

式中，Me 为金属阳离子，如 $Na^+$、$Ca^{2+}$等；$x$，$y$ 为正整数；$n$ 为金属氧离子价数；$m$ 为结晶水分子数。

分子筛的种类很多，目前应用较多的有 A 型、X 型和 Y 型三种。用于气体干燥、分离和纯化的主要是 A 型和 X 型。

A 型分子筛的化学通式为

$$Na_{12}[(AlO_2)_{12}(SiO_2)_{12}]\cdot 27H_2O$$

X 型分子筛的化学通式为

$$Na_{86}[(AlO_2)_{86}(SiO_2)_{106}]\cdot 264H_2O$$

吸附剂对各种气体的选择吸附能力，主要取决于吸附剂的组成和结构、气体分子的大小和极性，以及吸附的条件（如温度和压力）等。

各种吸附剂的孔径分布情况，如图 5-2 所示。各种分子筛的有效孔径，列于表 5-7，常用气体的分子大小，列于表 5-8，分子筛的孔径分布十分均匀。而硅胶的孔径分布约 $(10\sim1000)\times10^{-10}$m，活性氧化铝的孔径分布约 $(10\sim10000)\times10^{-10}$m，活性炭的孔径分布约 $(30\sim10000)\times10^{-10}$m，它们的孔径分布范围都十分宽广。因此，分子筛最适合利用孔径效应来分离各种气体。

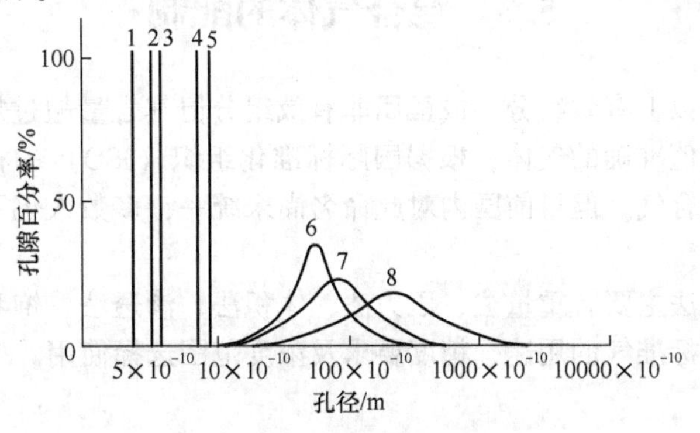


图 5-2 各种吸附剂的孔径分布

1—3A 分子筛；2—4A 分子筛；3—5A 分子筛；4—10X 分子筛；5—13X 分子筛；6—硅胶；7—活性氧化；8—活性炭

表 5-7 各种分子筛的有效孔径

| 分子筛型号 | 有效孔径/m |
| --- | --- |
| 钾 A（3A） | $3.0\times10^{-10}$（$3.2\times10^{-10}$） |
| 钠 A（4A） | $4.2\times10^{-10}$（$4.8\times10^{-10}$） |
| 钙 A（5A） | $5.0\times10^{-10}$（$5.5\times10^{-10}$） |
| 钙 A（10X） | $8.0\times10^{-10}$（$9.0\times10^{-10}$） |
| 钠 A（13X） | $9.0\times10^{-10}$（$10.0\times10^{-10}$） |

表 5-8 常见气体的分子大小

| 气体 | 分子临界直径/m | 分子长度/m |
| --- | --- | --- |
| He | $2.0\times10^{-10}$ | — |
| $H_2$ | $2.4\times10^{-10}$ | $3.0\times10^{-10}$ |
| $C_2H_2$ | $2.4\times10^{-10}$ | — |
| $H_2O$ | $(2.7\sim3.1)\times10^{-10}$ | $3.2\times10^{-10}$ |
| CO 和 $CO_2$ | $2.8\times10^{-10}$ | $4.1\times10^{-10}$ |
| $N_2$ | $(3.0\sim3.64)\times10^{-10}$ | $4.09\times10^{-10}$ |
| Ne | $(3.2\sim3.96)\times10^{-10}$ | — |
| $O_2$ | $(3.4\sim3.8)\times10^{-10}$ | $3.8\times10^{-10}$ |
| Ar | $(3.4\sim3.84)\times10^{-10}$ | — |
| Kr | $(3.6\sim3.9)\times10^{-10}$ | — |
| $NH_3$ | $(3.65\sim3.8)\times10^{-10}$ | — |
| $CH_4$ | $(4.0\sim4.25)\times10^{-10}$ | — |
| Xe | $4.4\times10^{-10}$ | — |

## 5.3 混合气体的配制

含有两种或两种以上有效组分，或虽属非有效组分但其含量超过规定限量的，浓度均匀的，良好稳定和量值准确的气体，根据国际标准化组织（ISO）的相关标准，一般称为校正混合气或校准混合气。但目前国内对此命名尚未统一，多数人仍习惯地称之为标准气或标准气体。

制备标准气的方法主要有重量法、压力法、体积法、渗透法、饱和法、电解法和指数稀释法等，可以根据标准气的用途、精度要求及浓度范围选择使用。

### 5.3.1 重量法

重量法以经典的称量方法为基础，是国际标准化组织推荐的，且公认的制备高精度标准气的一种方法。标准气中每一组分浓度的准确度至少优于 1%。重量法适用于气体组分之间、气体与钢瓶内壁之间不发生反应的各类气体；也适用于在试验条件下能汽化的各种冷凝物质。

重量法是先计算出所需各原料气体的质量，使用电子秤精确称量出所需的原料气体，并将气体通过增压泵、低温泵、汽化器、单向阀等元件注入到钢瓶内完成配制。

重量法配气的关键设备是称量负荷大、灵敏度高的电子秤。

重量法配气的操作比较费时，条件要求苛刻，对操作技术要求很严。对于浓度较高的标准气能达到很高的配气精度，制备低浓度标准气时则需经两次或三次重复稀释。随着组分浓度的降低，配气精度显著下降。

### 5.3.2 分压法

分压法适用于制备常温下是气体的，含量在1%~60%的标准混合气体，其配制方法的不确定度为2%~10%。

采用分压法配制标准气，主要依据理想气体的道尔顿定律：在任何容器内的气体混合物中，混合气总压力等于各组分分压之和。

分压法是每次向钢瓶内通入一个气体组分，静置几分钟待钢壁温度与室温相近后，测量钢瓶内的压力，混合气的含量以压力比表示之。即各组分的分压与总压之比，即为各组分的含量。

但是，实际气体并非理想气体，只有少数气体在较低压力下可用理想气体定律来计算。对于大多数气体，用理想气体定律计算会造成约2%~10%的相对误差。因此，对于实际气体需用压缩系数来修正。不过，用压缩系数修正，计算比较复杂，现在一般采用高精度分析方法如气相色谱法分析定值。

### 5.3.3 渗透法

渗透法是一种连续式动态配气方法，组分浓度一般在$10^{-9}$~$10^{-5}$（体积分数）范围内。该法的精度取决于渗透管的扩散速率和补充气流速的测定精度，一般精度可达1%~3%。

标准气中组分浓度是渗透管的渗透率与补充气流速的比值。由于渗透率主要依赖于温度和管材，因此必须选取合适的温度和管材，并严格恒温。渗透法制备的标准气一般稳定性较差，因而制备好以后应该及时就地使用。图5-3为渗透装置示意图。

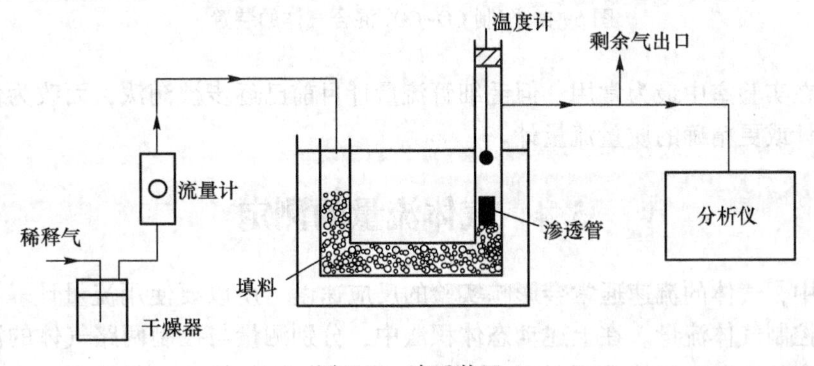


图5-3 渗透装置

### 5.3.4 饱和法

纯气体与它的冷凝相达到平衡时的蒸汽压仅与温度有关。因此，如果温度和气体混合物的总压力是已知的，就可以推算出组分的浓度。只要其中一种组分是容易冷凝的，就可以用饱和法制备标准气。该法的精度一般为3%左右。

### 5.3.5 体积法

体积法可分为静态体积法（针筒配气、真空配气法等）和动态体积法（气体计量泵、连续注入或通过膜渗透添加各种气体组分）。

静态体积法适用于制备压力接近于大气压力的标准气，可用于浓度范围为 $10^{-6}$ ~ $10^{-1}$（体积分数）、相对误差为 $10^{-3}$ ~ $10^{-2}$ 的标准气。校准分析仪器只需要少量标准气，使用静态体积法有很大的优越性。在较好的实验条件下，采用真空配气法也比较简便和经济。

动态体积法是将待混合的气体预先通过流量计准确地测出各自的流量，然后再汇合流在一起。流量比就是混合后的分压比。

例如，要配制 CO-$CO_2$ 混合气体，可以采用图 5-4 的装置。用两支毛细管流量计 $C_1$ 和 $C_2$ 来分别测量 CO 和 $CO_2$ 的流量。$CO_2$ 由高压钢瓶输出经过净化后，送入流量计 $C_2$。在另一支路中，由钢瓶送来的 $CO_2$ 通过加热到 1150~1200℃ 的木炭，转化为 CO，再经过吸收残余 $CO_2$ 的装置，得到净化后的 CO，送入流量计 $C_1$。这两种气体最后都进入混合器 M 内混合。得到的混合气体中 CO 和 $CO_2$ 的分压比就等于 $C_1$ 和 $C_2$ 读出的流量比。

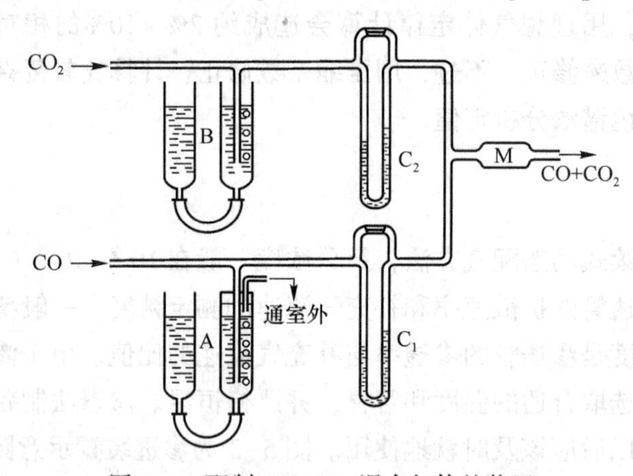


图 5-4 配制 CO-$CO_2$ 混合气体的装置

该方法在实验室中最为常用，但毛细管流量计目前已逐步被淘汰，而改为使用更方便的转子流量计或更精确的质量流量计。

扫一扫看简介

## 5.4 气体流量的测定

在实验中，气体的流速通常会影响实验的反应速度，所以要使用流量计精确测量与控制气体流量。在上述动态体积法中，分别测量与控制两路气体的流量也是保证混合气精度的关键。气体流量计按照原理分类可分为速度式、容积式、差压式、热式等。而具体实验室内最常用的气体流量计有毛细管流量计、转子流量计与质量流量计。下面对几种常见的气体流量计进行介绍。

## 5.4.1 速度式流量计

### 5.4.1.1 气体涡街流量计

涡街流量计（又称漩涡流量计）是根据“卡门涡街”原理研制成的一种流体振荡式流量测量仪表。所谓“卡门涡街”现象为：在流动的流体中插入一根（或多根）迎流面为非流线型柱状物时，流体在柱状物两侧交替地分离释放出两列规则的旋涡，如图 5-5 所示。

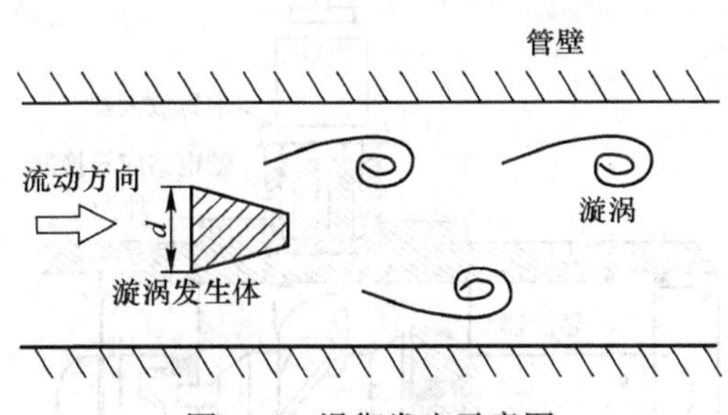


图 5-5 涡街发生示意图

人们研究“卡门涡街”现象时发现，漩涡分离频率与介质流速、漩涡发生体的几何形状以及尺寸有着内在的联系，也就是漩涡分离频率与流速成正比，与柱体宽度成反比。具体计算公式为

$$f = Sr \times v/d \tag{5-32}$$

式中，$f$ 为漩涡分离的频率；$Sr$ 为系数（斯特劳哈尔数）；$v$ 为流体流速；$d$ 为柱体迎流面宽度。

根据此原理，就可以开发测定流速和流量的仪表，其结构图如图 5-6 所示。

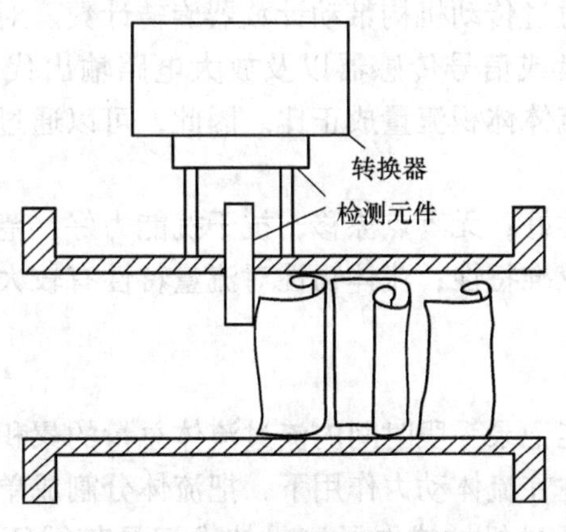


图 5-6 涡街流量计结构示意图

检测元件可以选用热敏电阻、差动电容、振动体、超声波探头、应变片等。

优点：无可动部件，测量元件结构简单，性能可靠，使用寿命长；测量范围宽；体积流量不受被测流体的温度、压力、密度或黏度等热工参数的影响，一般不需单独标定；压力损失小；准确度较高，重复性为0.5%，且维护量小。

缺点：测得的质量流量或标准体积流量都必须通过流体密度进行换算，必须考虑流体工况变化引起的流体密度变化；总测量误差会很大；抗振性能差；对测量脏污介质适应性差；直管段要求高；耐温性能差。

5.4.1.2　气体涡轮流量计

涡轮流量计是一种速度式流量计，它具有压力损失小、准确度高、流量量程比宽、抗振与抗脉动流性能好等特点。涡轮流量计的结构图如图5-7所示。

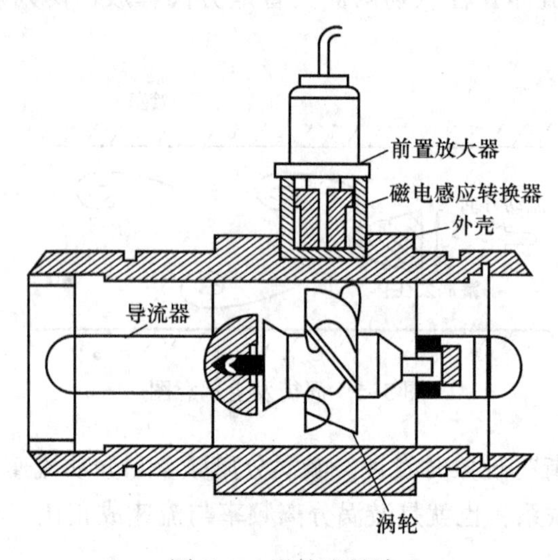


图5-7　涡轮流量计

当气流进入流量计时，首先经过机芯的前导流体并加速，在流体的作用下，由于涡轮叶片与流体流向成一定角度，此时涡轮产生转动力矩，在涡轮克服阻力矩和摩擦力矩后开始转动。当诸力矩达到平衡时，转速稳定，涡轮转动角速度与流量呈线性关系，对于机械计数器式的涡轮流量计，通过传动机构带动计数器旋转计数。对采用电子式流量计算仪的流量计，通过旋转的发讯盘或信号传感器以及放大电路输出代表涡轮旋转速度的脉冲信号，该脉冲信号的频率与流体体积流量成正比。因此，可以通过信号频率乘以仪表的系数计算出气体流量。

优点：高精度；重复性好；无零点漂移，抗干扰能力好；范围度宽；结构紧凑。

缺点：不能长期保持校准特性；流体物性对流量特性有较大影响。

### 5.4.2　容积式流量计

容积式流量计是一种能记录一段时间内流过流体总量的累积式流量仪表。当流体流过流量计时，内部机械运动件在流体动力作用下，把流体分割成单个已知回转体积，进行重复不断地充满和排空，并通过机械或电子测量技术记录其循环次数，得到流体的累积流量。气体腰轮流量计多用于工商业燃气计量，而湿式气体流量计由于自身的特点，通常在实验室场合使用。

图5-8为湿式气体流量计的原理图。容积式气体流量计内部有一个具有一定容积的计

量“斗”空间，该空间一般是由流量计内的运动部件和其外壳构成的，不同的“斗”空间类型就形成了不同的容积式气体流量计。当气体流过流量计时，流量计的进口和出口之间产生一个压力降（压损），在这个压力降的作用下，流量计内的运动部件不断运动（转动或移动），并将气体一次次充满计量“斗”空间并从进口送到出口。预先求出该空间的体积，测量出运动部件的运动次数，从而求出流过该空间的气体体积。另外根据每单位时间内测得的运动部件的运动次数，可以求出气体的流量。

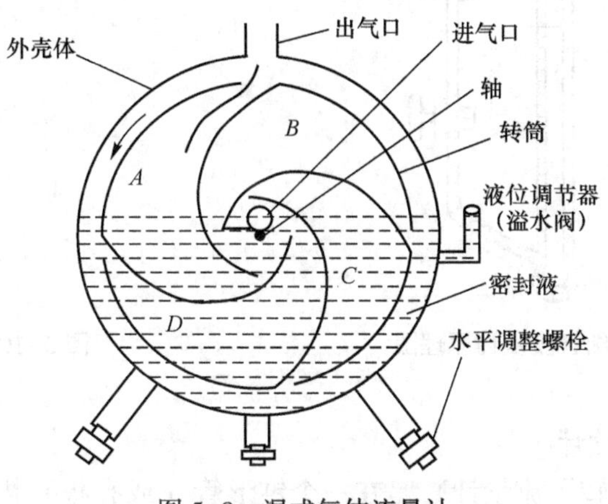


图 5-8 湿式气体流量计

容积式流量计的优点为：测量准确度高；安装条件对测量准确度几乎无影响；测量范围宽；无需外部电源。

缺点为：机械结构复杂，一般只能用于测量中小流量；被测介质的种类、口径、介质工作状况等的适用范围不够宽；部分仪表在测量时会发生振动。

### 5.4.3 差压式流量计

#### 5.4.3.1 毛细管流量计

毛细管流量计是根据流体力学原理制成的。当气体通过毛细管时，阻力增大，线速度增大，而压力降低，这样气体在毛细管前后就产生压差，借流量计中两液面高度差显示出来。当毛细管长度与其半径之比等于或大于 100 时，其流量与毛细管两端压差存在线性关系。图 5-9 为毛细管流量计原理图。

因为毛细管的形态难以完全统一，每只毛细管流量计显示的压差与流量均不相同，因此在使用毛细管流量计前必须进行标定。毛细管流量计的标定方法有几种。在此介绍一种简便易行的皂沫上升法。如图 5-10 所示，将一根带有体积刻度的玻璃管（如滴定管）下部接一段软橡皮管，橡皮管内装肥皂水。此玻璃管下侧还开一个支管。标定时，将经过待标定流量计后的气体由此支管引入量气管。待气流稳定后，压迫橡皮管使少许肥皂水上升到支管口而产生肥皂泡。用秒表测量肥皂泡在量气管内上升的速度，换算为气体体积，即可确定流量（一般取三次测量的平均值）。

此法在流量不大时，可获得较精确的结果。也可用洗衣粉水代替肥皂水，可以得到同样的效果。

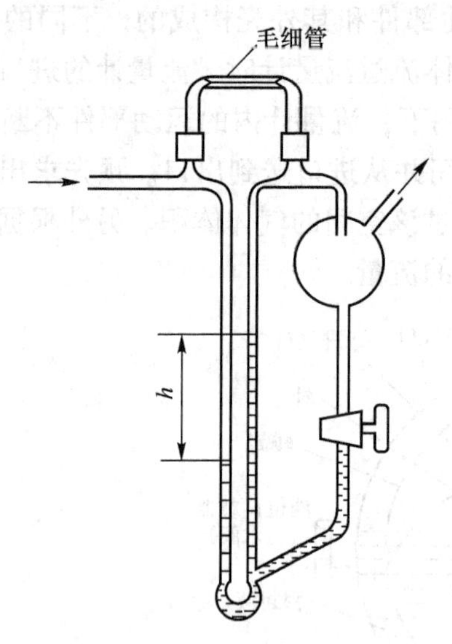


图 5-9　毛细管流量计原理图

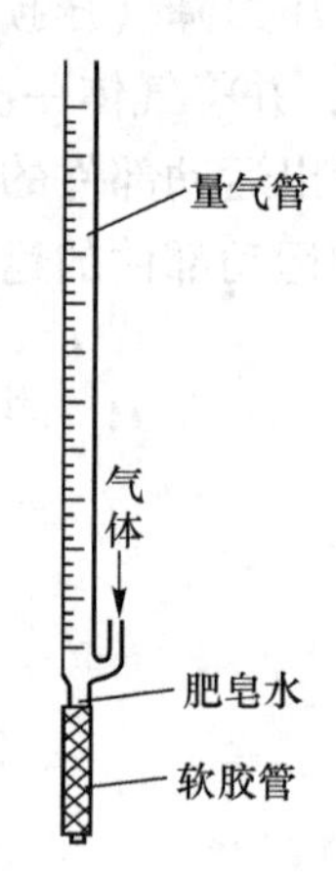


图 5-10　皂沫上升法示意图

5.4.3.2　浮子流量计

浮子流量计（又称转子流量计）是在一个锥形管（或孔板）内，装有可上下移动的浮子。流体流经锥形管时，由于浮子的节流降压，在浮子的上下游产生一个压力降，此压力降与浮子最大水平截面积的乘积，即为前述的上升力。对于某个给定的浮子流量计，在浮子的上下游产生压力降是一个恒定值。当流量发生变化时，浮子的上下游产生的压力降会发生变化，浮子就在锥形管内移动。当压力降达到某一个恒定值时，浮子就在新的位置上静止，这就是浮子流量计的等压力降原理。浮子流量计的原理图如图 5-11 所示。

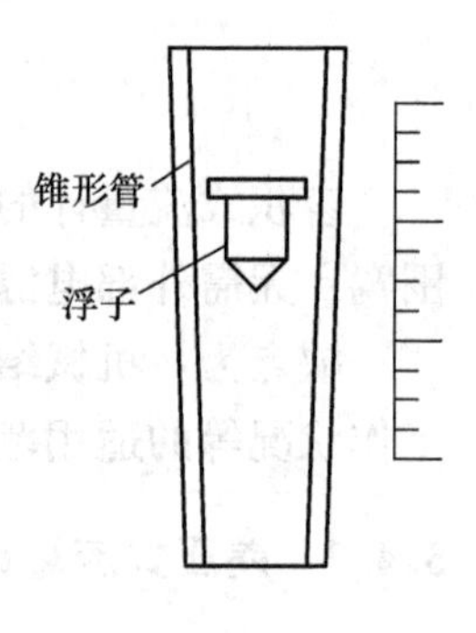


图 5-11　浮子流量计原理图

差压式流量计的优点有：结构牢固，性能稳定可靠；应用范围广泛。

其缺点为：测量精度普遍偏低；范围度窄，一般仅 3：1～4：1；现场安装条件要求高；压损大（指孔板、喷嘴等）；玻璃锥管浮子流量计耐压力低，玻璃管易碎，转子易卡住。

## 5.4.4　热式质量流量计

气体的体积会随着温度、压力条件的变化而变化，因此上述的流量计在不同的条件下使用时，均会产生一定误差。与此相对应，将不受测量条件影响，直接测量质量流量的流量计称为质量流量计。根据测量原理与结构的不同，热式质量流量计可分为旁通毛细管（分流毛细管）加热型与流量传感器（MEMS）型。

热式质量流量计的工作原理基于金氏定律。利用外部热源对管道内被测量的气体进行加热，热能随着气体一起流动，通过测量管道内因气体流动而产生的热量变化，即气体通过管路前后的温度变化，来计算气体的质量流量。另一种方法是通过测量加热气体时气体温度上升到某一点所需要的能量和气体质量之间的关系来计算得到气体的质量流量。

热式质量流量计内的传感器通常由两个基准级热电阻组成，一个是速度传感器，另一个是测量气体温度变化的温度传感器。当这两个热电阻被置于管道内被测气体中时，其中速度传感器被加热，另一个温度传感器则用于测量气体的温度。随着气体的流量增大，带走的热量就上升，那么温度传感器自身的温度就会下降。而温度传感器前后的温度变化值与通过该管路内的气体的质量流量是成线性比例的，由此工作原理则可推算出气体的质量流量。

热式质量流量计一般搭配控制器使用，控制器可直接设置具体流量值进行定量控制，一旦设置完成后，无需再考虑前端气流的变化。

优点：安装拆卸方便，并可以带压安装；测量值不受压力和温度影响；响应迅速；量程范围大；插入式类型的流量计，一支流量计可以用于测量多种管径。

缺点：精度略低，一般为3%；适用范围窄，只能用于测量干燥的非爆炸性的气体。

## 习　题

5-1　分别简述氮气、氧气、氢气与氩气的纯化流程。
5-2　简述工业上制氢的方法。
5-3　如何区分氮气、氧气、氢气与氩气的钢瓶？
5-4　简述常用气体的净化方法及其适用范围。
5-5　实验室中使用氢气、一氧化碳、甲烷时，应该注意哪些问题？
5-6　如何判断变色硅胶已失效，失效后的变色硅胶应如何处理？
5-7　实验室中，如何对钢瓶装的氩气进行脱氧、脱水？
5-8　混合气体有哪些常见方法，分别可以达到多少精度？
5-9　在实验室中，哪一种混气方法最容易实现，为什么？
5-10　分别简述速度式、容积式、差压式和热式流量计的优缺点。

# 6 表面张力及测量方法

冶金过程常常涉及到气-液、液-液、液-固等多相体系，各相之间通过界面发生物质传递、能量传递和化学反应等物理化学过程，界面通常是过程冶金的控制环节，与冶金高效生产息息相关。一般而言，气-液或气-固之间的界面被称为表面，两个凝聚相之间形成的每一相物理化学性质不连续的面则称之为界面。冶金工业中，氧气顶吹炼钢过程中熔渣的泡沫化、金属熔体的气体喷吹精炼等都涉及到典型的气-液界面现象；对于液-液界面现象而言，更是广泛的存在于金属冶炼过程中，典型的例子就是金属精炼中熔渣或熔盐与液态金属的界面；对于液-固界面而言，冶金中存在金属-夹杂物、金属-耐火材料、熔渣-夹杂物、熔渣-耐火材料等界面现象。因此，界面科学在冶金过程中发挥着重要作用。

相表面或界面与相内部的本质区别是：表面质点（分子、原子或离子）与内部质点所处的力场不同。以液体与其饱和蒸汽共存时的相界面为例，如图 6-1 所示，表面质点在液体一侧受到相邻同类分子的吸引力，该力远远大于另一侧蒸气分子对它的吸引力，因此表面质点处于不对称力场中，受到一个指向液体内部的合力作用；而液相内部的分子则完全被同种分子所包围，各方向受力对称，合力为零。表面质点受力的不对称性使得液体表面具有较高的势能，这种表面势能在恒温、恒压下称为表面吉布斯自由能，其单位是 $J/m^2$。此外，从力的观点可认为，液体表面受切向力的作用，该力的作用使液体表面积趋于缩小，这就是表面张力，其单位是 N/m。通常将凝聚相与气相之间的这种力称作表面张力，两凝聚相之间的这种力称作界面张力。

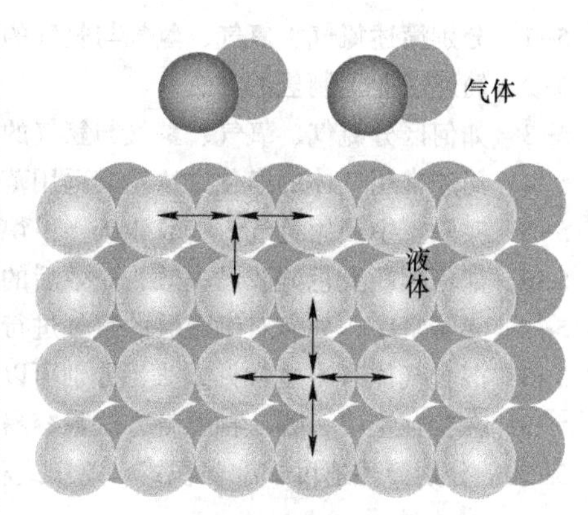

图 6-1　气-液界面和液体内质点力场的举例示意图

界面张力源于界面质点与相邻质点间的作用力，因此，影响质点间作用力的因素也会影响界面张力。首先，界面张力与物质性质有关，冶金熔体的组分，尤其是界面活性成分的含量，对界面张力有重要影响，界面活性元素倾向于在界面吸附，从而降低界面张力；其次，温度也是影响界面张力的重要因素。无论是界面活性成分的浓度梯度，还是熔体的温度梯度，都可能造成界面张力的局部变化，产生界面张力梯度，从而引起局部熔体的流动，这就是著名的马兰戈尼（Marangoni）效应。因此，界面张力的存在，对冶金过程中多相界面的物理化学过程有重要影响，它是过程冶金与材料中重要的热物理性质。

从能量角度而言，冶金体系的吉布斯自由能变如下所示：

$$dG = -SdT + Vdp + \sum \mu_i dn_i + \sum z_j F\varphi_j dn_j + \sum \sigma_k dA_k$$

熵项　体积功　　　　　　电功　　　表面功

对于通常的热力学计算，常忽略表面功项，因为其对总的自由能贡献很小，但对于表面发达的体系，即 $S/V$（表面积与体积之比）值很大的体系，表面能占总的自由能的比例很大。此时，不能忽略表面能的影响。一个简单的例子就是纳米金属颗粒的熔点，往往比大体积金属的熔点要低。

# 6.1 表面张力

### 6.1.1 表面张力的热力学基本理论

从热力学的角度看，表面张力与吉布斯自由能密切相关。对于液体，扩展表面所需的功等于表面自由能的增量，使液体表面积增大的过程是克服液相分子吸引力，使体相分子转移到表面相的过程，需要对环境做功，称之为表面功。表面功大小与形成的表面面积的增加呈正比，其比例系数为 $\gamma$，在可逆条件下有

$$W = -\gamma \mathrm{d}A \tag{6-1}$$

对同一成分体系的液体表面，根据热力学第一定律，在体系表面增加 $\mathrm{d}A$ 条件下，表面内能的变化 $\mathrm{d}U$ 为

$$\mathrm{d}U = \mathrm{d}Q + \gamma \mathrm{d}A \tag{6-2}$$

式中，$\mathrm{d}Q$ 为表面所吸收的热量；$\gamma \mathrm{d}A$ 为等温条件下表面积变化 $\mathrm{d}A$ 所需的表面功；$\gamma$ 为表面张力。对于可逆过程，表面吸收的热量 $\mathrm{d}Q$ 为

$$\mathrm{d}Q = T\mathrm{d}S \tag{6-3}$$

式中，$T$，$S$ 分别为表面的温度和熵。由式（6-2）和式（6-3）可知，

$$\mathrm{d}U = T\mathrm{d}S + \gamma \mathrm{d}A \tag{6-4}$$

根据亥姆霍兹自由能 $F$ 有

$$F = U - TS \tag{6-5}$$

对式（6-5）进行全微分得

$$\begin{aligned} \mathrm{d}F &= \mathrm{d}U - T\mathrm{d}S - S\mathrm{d}T \\ &= T\mathrm{d}S + \gamma \mathrm{d}A - T\mathrm{d}S - S\mathrm{d}T = \gamma \mathrm{d}A - S\mathrm{d}T \end{aligned} \tag{6-6}$$

在恒温条件下（$\mathrm{d}T=0$）得

$$\gamma = \left(\frac{\partial F}{\partial A}\right)_T \equiv f \tag{6-7}$$

因此，表面张力可以看作是每单位表面积的亥姆霍兹自由能的表面过剩量，根据表面自由能的定义，$f$ 可用下式表示：

$$f \equiv u - Ts = \gamma \tag{6-8}$$

式中，$u$ 为单位面积的内能；$s$ 为熵的表面过剩量，表面张力项由内能项和熵项组成，表面张力等于表面自由能。对于二元或多元系统，表面张力则可表示为

$$\gamma = \left(\frac{\partial F}{\partial A}\right)_T - \sum_{i=1}^{k} \mu_i \Gamma_i \tag{6-9}$$

式中，$\mu_i$ 为成分 $i$ 的化学势；$\Gamma_i$ 为成分 $i$ 的表面过剩量。

### 6.1.2 表面张力的力学解释

在力学上，对于位于气液界面上的分子，气相的作用力要比液相的作用力弱得多，这种不平衡被表面张力抵消了。

表面张力的存在及其力学意义，常用图6-2解释，即在长方形框内液膜的一边，由和外框无摩擦接触且可以左右移动的细线$AB$连接在一起，通过观察发现，如果放任其自然，这条细线会自然地向左侧移动，以减小液膜表面积。如果在细线上施加向右的力$F$，其大小与细线长度$l$成正比，比例系数以$\gamma$表示，因为液膜有两个面，受到上下两个面的表面张力作用，则

$$F = 2\gamma l \tag{6-10}$$

$$\gamma = \frac{F}{2l} \tag{6-11}$$

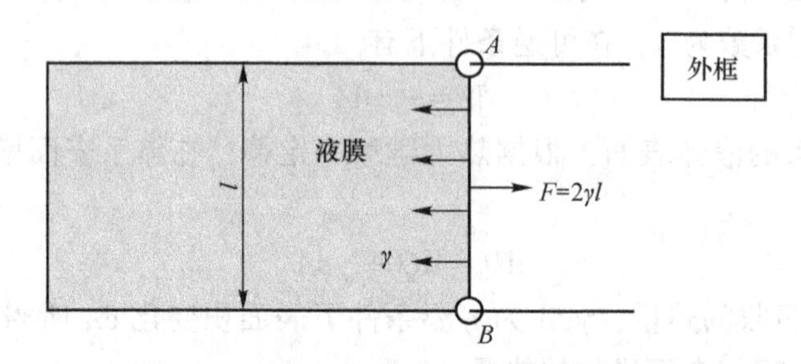


图6-2 液膜表面张力的力学解释示意图

这时可使细线静止，液膜面积维持不变，$\gamma$即为作用于膜的表面上单位长度的力，即表面张力。

### 6.1.3 表面张力和表面自由能的关系

对于表面相，从“能”和“力”的角度引出了两个不同的概念：表面自由能与表面张力，事实上两者之间有着密切联系。

（1）二者量纲相同。

$$\text{表面自由能}\frac{\mathrm{J}}{\mathrm{m}^2} = \frac{\mathrm{N}\cdot\mathrm{m}}{\mathrm{m}^2} = \frac{\mathrm{N}}{\mathrm{m}}\text{表面张力}$$

（2）二者数值相同。

1）用表面自由能计算： $W = \gamma_{\text{自由能}}\Delta A = \gamma_{\text{自由能}} \cdot 2l \cdot \mathrm{d}x$

2）用表面张力计算：液膜保持张力平衡（液膜有两个表面）。

$$W = F\mathrm{d}x = 2\gamma_{\text{表面张力}} \cdot l \cdot \mathrm{d}x$$

则

$$\gamma_{\text{自由能}} = \gamma_{\text{表面张力}}$$

由此可见，表面自由能和表面张力的量纲相同、数值相等，但它们代表的物理意义不同。表面张力是从力学角度来说明液体或固体分子间相互作用而存在着一种收缩力，这一收缩力总是倾向于使表面分子进入到本体相内部去，此张力与表面平行，它的大小反映了

表面自动收缩的趋势大小。表面自由能则是从能量的概念出发，表明形成单位新表面时体系自由能的增加，需要环境对体系做功，即表示物质本体相内的分子迁移到表面区，形成单位表面所需要的可逆功。

## 6.2 表面张力的影响因素

表面张力的大小取决于界面的性质，能够影响界面物质性质的因素，也会影响表面张力，对于冶金熔体而言，表面张力主要的影响因素有三个：物质成分、温度和环境氧分压。

### 6.2.1 物质组成

不同物质的质点之间的作用力不同，对界面上的质点的影响不同，因此，物质的表面张力和组成有密切关系。一般情况下，气相分子对凝聚相的表面张力影响不大，不同凝聚相表面张力之间的差异主要是由于凝聚相分子之间的作用力不同而造成的。通常极性液体有较大的表面张力，非极性液体的表面张力较小，熔盐和金属熔体分别以离子键和金属键结合，它们的表面张力比较大，固体质点间相互作用力远大于液体，所以固体一般比液体的表面张力要高。一般而言，熔体内原子的化学键型对其表面张力影响的规律为：金属键的熔体>共价键>离子键>分子键，不同物质的表面张力见表6-1。

表6-1 多种物质的表面张力

| 类型 | 物质 | 表面张力 $\gamma$/N·m$^{-1}$ | 温度/K |
|---|---|---|---|
| 金属 | Ni | 1.615（氦气中） | 1743 |
|  | Fe | 1.560（氦气中） | 1823 |
|  | Ca | 0.600 | 773 |
| 共价键结合 | FeO | 0.584 | 1673 |
|  | $Al_2O_3$ | 0.580 | 2323 |
|  | $Cu_2S$ | 0.410（氩气中） | 1403 |
| 熔渣 | $MnO \cdot SiO_2$ | 0.415 | 1843 |
|  | $CaO \cdot SiO_2$ | 0.400 | 1843 |
|  | $Na_2O \cdot SiO_2$ | 0.284 | 1673 |
| 离子键结合 | $Li_2SO_4$ | 0.220 | 1133 |
|  | $CaCl_2$ | 0.145（氩气中） | 1073 |
|  | $CuCl_2$ | 0.092（氩气中） | 723 |
| 分子力结合 | $H_2O$ | 0.076 | 273 |
|  | S | 0.056 | 393 |
|  | $P_4O_6$ | 0.037 | 307 |
|  | $CCl_4$ | 0.029 | 273 |

#### 6.2.1.1 金属的表面张力

金属熔体中，有些微量溶质的存在，能显著影响其表面张力。溶质元素对液态金属的表面张力的影响分为两大类，能降低其表面张力的溶质元素叫表面活性元素，而提高其表面张力的元素叫非表面活性元素，其中“活性”之意为表面的溶质浓度大于内部溶质浓度。金属液体中，氧和硫为常见的表面活性元素，这些表面活性元素倾向于吸附在金属液体的表面，从而降低金属的表面张力或表面能。微量溶质的存在对金属的表面性质的影响大小，通常用表面张力的浓度变化系数 $\left(\frac{\partial \gamma}{\partial c}\right)_T$ 来衡量。对于单一表面活性元素形成单分子层吸附时，假定溶质吸附能与表面覆盖率和表面吸附溶质的原子排列无关，可用朗缪尔（Langmuir）吸附等温式表示：

$$\frac{\theta_s}{1-\theta_s}=Ka_s \tag{6-12}$$

式中，$\theta_s$ 为表面被溶质覆盖的分数，即覆盖率；$K$ 为吸附平衡时的常数，也称为吸附系数；$a_s$ 为溶质的活度。Belton 在假定理想等温式对所有成分都成立的前提下，利用 Langmuir 吸附等温式和 Gibbs 吸附等温式，得到了熔体表面张力、纯溶剂表面张力及溶质活度的关系如下：

$$\gamma_0-\gamma=RT\Gamma_s^0\ln(1+Ka_s) \tag{6-13}$$

式中，$\gamma_0$ 为纯溶剂的表面张力，mN/m，等号左边（$\gamma_0-\gamma$）表示溶剂表面张力的变化量；$\Gamma_s^0$ 为溶质在表面的饱和覆盖度。公式（6-13）通过与实验确定的 $\Gamma_s^0$ 和 $K$ 值联合，可用来描述熔体表面张力随溶质浓度的变化，表 6-2 为部分熔体的表面张力与溶质活度关系式。

**表 6-2　部分熔体的表面张力与溶质活度关系式**

| 熔体 | 温度/℃ | 表面张力（单位：mN/m）与活度关系式 |
|---|---|---|
| Fe-S | 1550 | $1788-\gamma=195\ln(1+185a_s)$ |
| Fe-C(2.2%)-S | 1550 | $1765-\gamma=184\ln(1+325a_s)$ |
| Fe-O | 1550 | $1788-\gamma=240\ln(1+220a_o)$ |
| Fe-Se | 1550 | $1788-\gamma=176\ln(1+1200a_{se})$ |
| Cu-S | 1120 | $1276-\gamma=132\ln(1+140a_s)$ |
| Cu-S | 1300 | $1247-\gamma=149\ln(1+27a_s)$ |
| Ag-O | 980 | $923-\gamma=50\ln(1+340a_o)$ |
| Ag-O | 1107 | $904-\gamma=55\ln(1+57a_o)$ |

式（6-13）不仅被用来描述金属熔体表面张力与溶质活度的关系，同时，还被用来描述金属/熔渣的界面张力与金属中界面活性溶质活度的关系。此外，对于合金的表面张力，其数值往往小于各组分纯物质表面张力的组分权重叠加值，这是因为表面张力小的组分往往会富集到合金熔体的表面，从而降低体系的表面能。

对于二元合金，巴特勒推导出了描述表面张力的方程：

$$\begin{aligned}\gamma(T)&=\gamma_1+\frac{RT}{S_1}\ln\left(\frac{1-c_2^S}{1-c_2^B}\right)+\frac{1}{S_1}\{G_1^S(T,\ c_2^S)-G_1^B(T,\ c_2^B)\}\\&=\gamma_2+\frac{RT}{S_2}\ln\left(\frac{c_2^S}{c_2^B}\right)+\frac{1}{S_2}\{G_2^S(T,\ c_2^S)-G_2^B(T,\ c_2^B)\}\end{aligned} \tag{6-14}$$

式中，下角标 1，2 分别为纯金属 1 和 2 的表面张力；$R$ 为气体常数；$T$ 为温度；$S_1$ 为纯液体 1 单层的表面积；$S_2$ 为纯液体 2 单层的表面积；$c_2^S$ 为表面相中金属 2 的摩尔分数；$c_2^B$ 为体相中金属 2 的摩尔分数；$G_1^S$，$G_1^B$ 分别为表面相和体相中纯液体 1 的部分过剩吉布斯能量；$G_2^S$，$G_2^B$ 分别为表面相和体相中纯液体 2 的部分过剩吉布斯能量。$S_x$ 和 $G_x^S$ 分别由下面方程计算求得

$$S_x = 1.091 \cdot (6.02 \cdot 10^{23})^{1/3} \cdot V_x^{2/3} \tag{6-15}$$

$$G_x^S \approx \frac{3}{4} G_x^B \tag{6-16}$$

式中，$V_x$ 为元素 $x$ 的摩尔体积。

#### 6.2.1.2 熔渣的表面张力

熔渣不像金属那样含有强表面活性成分，由成分引起的表面张力变化一般不如金属熔体大。冶金中常见的熔渣如连铸保护渣等，主要为硅酸盐体系熔体，随着其成分变化，特别是 O/Si 比的变化，其聚合阴离子团的大小、形态和相互作用力矩（阴离子团所带电荷与其半径之比）大小也发生变化，一般而言，O/Si 比越小，阴离子团越大，力矩变小，相互作用力减小，这些聚合阴离子团就容易被排挤到熔体表面，从而降低体系表面能。熔渣的表面张力可用式（6-17）所示的经验式来估算：

$$\gamma = \sum m_i J_i \tag{6-17}$$

式中，$m_i$ 为成分 $i$ 的摩尔分数，%；$J_i$ 为成分 $i$ 的表面张力因子。Boni 和 Derget 根据已发表的 1～3 种组分的氧化物熔体的测定值计算了表面张力因子，其结果见表 6-3，并计算了 $SiO_2$-$Al_2O_3$-CaO-MgO-FeO 五元渣系的表面张力，计算值与实验测得的结果比较接近。

**表 6-3 氧化物表面张力因子**

| 氧化物 | 表面张力因子 $J_i$/mN·m$^{-1}$ | | | 熔渣体系 | 浓度范围（摩尔分数）/% |
|---|---|---|---|---|---|
| | 1300℃ | 1400℃ | 1500℃ | | |
| $K_2O$ | 168 | 156 | | $K_2O$-$SiO_2$ | 17～33 |
| $Na_2O$ | 308 | 297 | | $Na_2O$-$SiO_2$ | 20～49 |
| $Li_2O$ | 420 | 403 | | $Li_2O$-$SiO_2$ | 29～46 |
| BaO | | 366 | 366 | BaO-$SiO_2$-$Al_2O_3$ | 34～50 |
| PbO | 140 | 140 | | PbO-$SiO_2$ | 33～83 |
| PbO① | 138① | 140① | | PbO | 100 |
| CaO | | 602 | 586 | CaO-$SiO_2$ | 39～50 |
| CaO | | 614 | 586 | CaO-$SiO_2$ | 34～50 |
| MnO | | 653 | 641 | MnO-$SiO_2$ | 48～67 |
| ZnO | 550 | 540 | | ZnO-$B_2O_3$ | 52～67 |
| FeO | | 570 | 560 | FeO-$SiO_2$ | 60～77 |
| FeO① | | 584① | | FeO | 100 |
| MgO | | 512 | 502 | MgO-$SiO_2$ | 46～51 |
| $ZrO_2$ | | 470② | | $Na_2O$-$SiO_2$-$ZrO_2$ | 0～10 |
| $Al_2O_3$ | | 640③ | 630③ | $Al_2O_3$ | 100 |

续表 6-3

| 氧化物 | 表面张力因子 $J_i$/mN·m$^{-1}$ | | | 熔渣体系 | 浓度范围（摩尔分数）/% |
|---|---|---|---|---|---|
| | 1300℃ | 1400℃ | 1500℃ | | |
| $TiO_2$ | | 380 | | $TiO_2$-FeO | 0~18 |
| $SiO_2$④ | | 285 | 286 | Binary-$SiO_2$ | 50~83 |
| $SiO_2$⑤ | | 181 | 203 | Binary-$SiO_2$ | 33~50 |
| $B_2O_3$ | 33.6① | 96③ | | $B_2O_3$ | 100 |

①实验值；②Dietzel 的计算值；③实验的外插值；④高 $SiO_2$ 浓度二元系的计算值；⑤低 $SiO_2$ 浓度二元系的计算。

根据式（6-17）和表 6-3 的表面张力因子，可以推测到熔渣的表面张力随着渣中 $Al_2O_3$、CaO、FeO、MgO 含量的增加而增加，随着 $SiO_2$ 成分含量的增加而减少。同时，也可以推测到 $B_2O_3$、$K_2O$、PbO 可以较大幅度地降低熔渣表面张力。二元硅酸盐熔体的表面张力与 $SiO_2$ 的关系如图 6-3 所示。

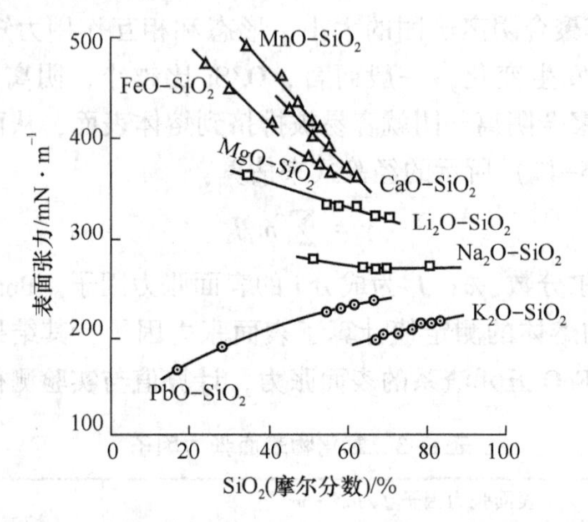


图 6-3　1843K 时表面张力与二氧化硅含量的变化

日本大阪大学的田中敏宏教授，则提出了以下半经验方程式来计算熔渣的表面张力：

$$\sigma = \sigma_i^{\text{Pure}} + \frac{RT}{S_i}\ln\frac{M_i^{\text{Surf}}}{M_i^{\text{Bulk}}} \tag{6-18}$$

$$M_i^{\text{P}} = \frac{\dfrac{R_{\text{A}}}{R_{\text{x}}}\cdot X_i^{\text{P}}}{\dfrac{R_{\text{Si}^{4+}}}{R_{\text{SiO}_4^{4-}}}\cdot X_{\text{SiO}_2}^{\text{P}} + \dfrac{R_{\text{Ca}^{2+}}}{R_{\text{O}^{2-}}}\cdot X_{\text{CaO}}^{\text{P}} + \dfrac{R_{\text{Al}^{3+}}}{R_{\text{O}^{2-}}}\cdot X_{\text{Al}_2\text{O}_3}^{\text{P}} + \dfrac{R_{\text{Mg}^{2+}}}{R_{\text{O}^{2-}}}\cdot X_{\text{MgO}}^{\text{P}} + \dfrac{R_{\text{Na}^{+}}}{R_{\text{O}^{2-}}}\cdot X_{\text{Na}_2\text{O}}^{\text{P}} + \dfrac{R_{\text{Ca}^{2+}}}{R_{\text{F}^{-}}}\cdot X_{\text{CaF}_2}^{\text{P}}} \tag{6-19}$$

式中，$i$ 为熔渣的组分；A，x 分别为 $i$ 组分的阳离子和阴离子；Surf，Bulk 为表面和本体；$R$ 为气体常数；$T$ 为温度；$\sigma_i$ 为纯组分 $i$ 的表面张力；$X_i^{\text{P}}$ 为组分 $i$ 的摩尔分数（P = Surf 或 Bulk）；$R_{\text{A}}$，$R_{\text{x}}$ 分别为组分 $i$ 的阳离子和阴离子的半径；$S_i$ 为组分 $i$ 的摩尔表面积，可由组分 $i$ 的摩尔体积用如下公式计算得出：

$$S_i = N_0^{1/3}\cdot V_i^{2/3} \tag{6-20}$$

如图6-4所示，利用上述半经验公式计算得到的表面张力数值与实验测得的值能较好的吻合，验证了上述公式的可靠性。

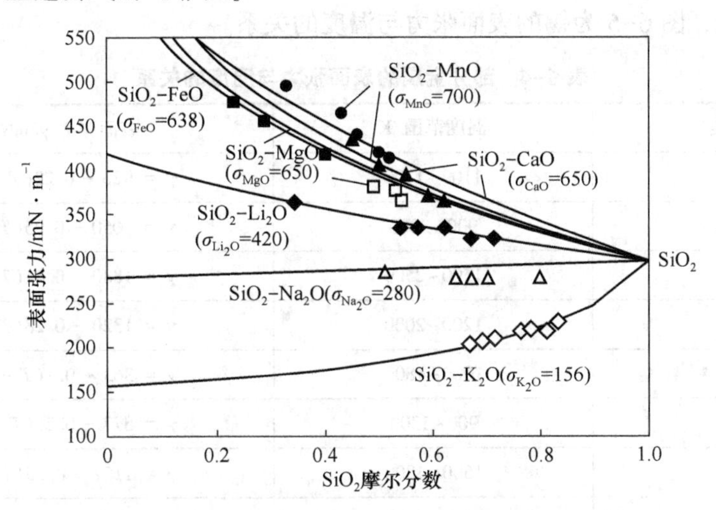


图6-4 $SiO_2$-X 二元渣系的表面张力实验值和计算值

### 6.2.2 温度

表面张力是质点间相互作用的结果，当物质温度升高时，质点间的距离增加，相互作用减弱，纯液体的表面张力一般随温度升高而减小，在临界点温度 $T_c$ 时，液相与气相的界面将消失，该温度下的表面张力值为零，因此，表面张力与温度密切相关，当提到表面张力时，必须说明相应的温度。根据匈牙利物理学家洛兰·尤特沃斯（Lorand Eotvos）提出的尤特沃斯（Eotvos）规则，液体纯净物质的表面张力与温度有如下关系：

$$\gamma V^{\frac{2}{3}} = k_\gamma (T_c - T) \tag{6-21}$$

式中，$V$ 为物质的摩尔体积；$T_c$ 为临界温度；$k_\gamma$ 为物质常数，对大部分液体，其数值大概为 $6.4\times10^{-8}$ J/(mol$^{2/3}$·K)。式（6-21）对 $T$ 求导，可以得到表面张力的温度变化系数：

$$\frac{d\gamma}{dT} = \frac{k_\gamma}{V^{2/3}}\left[\frac{2(T_c - T)}{3\rho}\frac{d\rho}{dT} - 1\right] = \frac{\gamma}{T_c - T}\left[\frac{2(T_c - T)}{3\rho}\frac{d\rho}{dT} - 1\right] \tag{6-22}$$

此外，古真海姆（Guggenheim）给出了一个纯物质表面张力的变形方程：

$$\gamma = \gamma_0\left(1 - \frac{T_c}{T}\right)^{11/9} \tag{6-23}$$

式中，$\gamma_0$ 为由液体决定的常数，由该式算出在氖、氩、氮等气体中纯净液体的表面张力值与实验值相吻合。范德瓦尔斯提出了下面的方程式，并进一步指出，$\gamma_0$ 可由下式计算：

$$\gamma_0 = K_2 T_c^{\frac{1}{3}} P_c^{\frac{2}{3}} \tag{6-24}$$

式中，$K_2$ 对所有液体来说几乎是恒定的；$P_c$ 为液体的临界压力。

液体的表面张力通常随温度的升高而降低（即温度系数 $d\gamma/dT$ 为负值），在临界温度下达到 0mN/m，在有限的温度范围内，其变化往往遵循线性关系，经验性的关系公式为

$$\gamma_T = \gamma_m + \frac{d\gamma}{dT}(T - T_m) \tag{6-25}$$

式中，$T_m$ 为熔化温度；$\gamma_m$ 为熔点处的表面张力。

过去的研究已经证明了金属液体与温度的上述关系，表 6-4 为部分金属的表面张力与温度的关系公式，图 6-5 为锡的表面张力与温度的关系。

**表 6-4　部分金属的表面张力与温度的关系**

| 金属种类 | 温度范围/K | 表面张力 $\gamma$/mN · $m^{-1}$ |
|---|---|---|
| Ag | 1100~1700 | $\gamma$ = 926 - 0.22($T$ - 1233K) |
| Al | 900~2200 | $\gamma$ = 1050 - 0.25($T$ - 933K) |
| Fe | 1500~2500 | $\gamma$ = 1880 - 0.41($T$ - 1811K) |
| Cu | 1200~2000 | $\gamma$ = 1320 - 0.28($T$ - 1358K) |
| Ca | 1000~1800 | $\gamma$ = 363 - 0.1($T$ - 1115K) |
| Mg | 900~1300 | $\gamma$ = 577 - 0.26($T$ - 923K) |
| Mn | 1500~1800 | $\gamma$ = 1152 - 0.35($T$ - 1518K) |
| Pt | 2000~2200 | $\gamma$ = 1746 - 0.307($T$ - 2042K) |

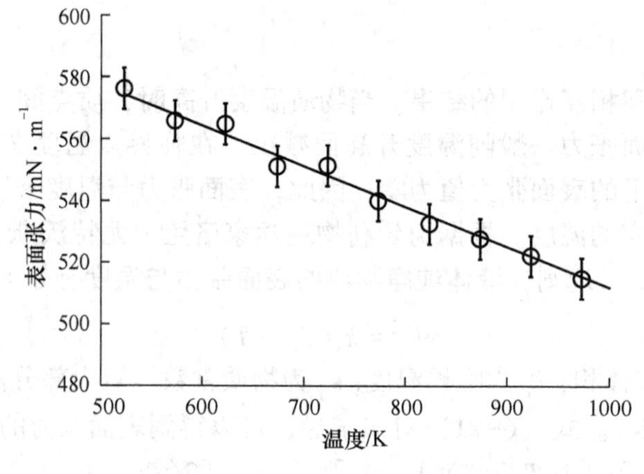


图 6-5　锡表面张力与温度的关系

但在一些特殊情况下，一些液体在从熔点到有限的温度范围内，$d\gamma/dT$ 的值为正，这类系统的例子有：

（1）铁水中，随着温度的升高，表面活性剂（O、S、Se、Te 等）逐渐从表面层脱离，从而使熔体的表面张力增加。

（2）有些 $SiO_2$ 含量高的硅酸盐熔体，表面张力的温度系数为正，但在低 $SiO_2$ 含量时为负值（见图 6-6），随着 $SiO_2$ 含量的增加，温度系数值趋于增大。$SiO_2$ 含量高的熔体中形成大而复杂的分子结构，随着温度的升高，这些结构逐渐分解，在表面产生越来越多未配位的分子键，从而增加了表面自由能。

此外，冶金熔体中常含有氟化物，Ejima 等人研究了氟化物（LiF、NaF、KF、$MgF_2$、$CaF_2$ 和 $BaF_2$）对表面张力的影响，图 6-7 为氟化物添加对 CaO-$SiO_2$ 渣系表面张力的影响，随着氟化物含量的增加，表面张力降低。

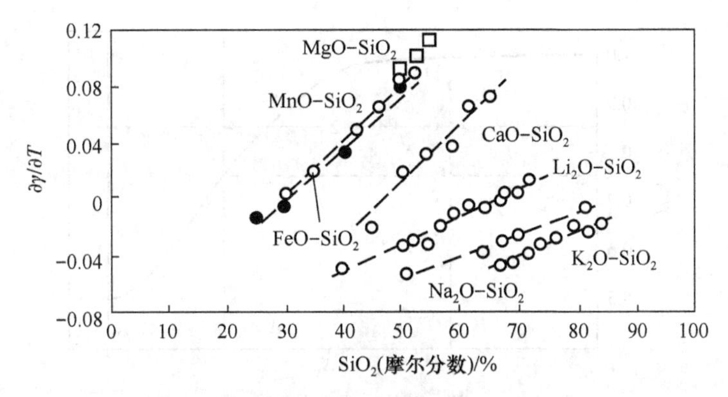


图 6-6 二元硅酸盐熔体表面张力的温度系数随二氧化硅浓度的变化曲线

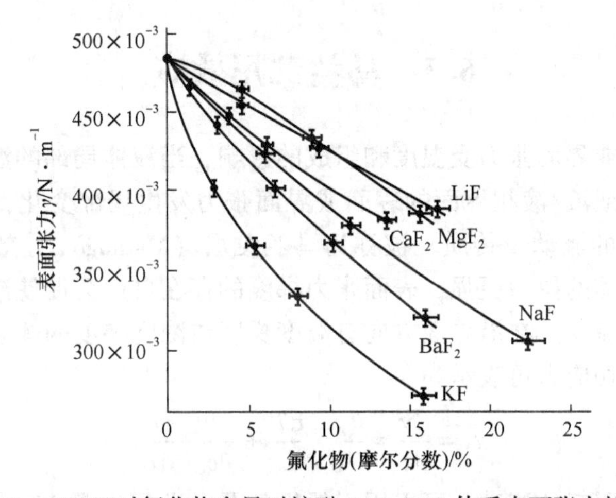


图 6-7 1550℃时氟化物含量对熔融 $CaO-SiO_2$ 体系表面张力的影响

### 6.2.3 氧分压

如前所述，氧是金属熔体非常强的表面活性元素，氧还会与很多金属发生化学反应生成相应的氧化物，从而使金属表面张力数据不可靠。在高于金属熔点的温度下，大多数金属氧化物的平衡氧分压很低，因此，表面张力的测定条件往往比较苛刻，需要严格控制到很低的氧分压。图 6-8 所示为一个典型的“S”形曲线，在一定恒定温度下，在从氧含量为零到饱和点（$X_0=X_{SAT}$）的范围内，可以清楚地观察到氧对表面张力的影响。根据不同氧含量下吸附速度的不同，该曲线可细分为三个区域：在第一个区域（$X_0\approx 0$），由于氧含量很低，表面张力几乎等于纯金属表面张力值；在第二个区域（$0<X_0\leqslant X_{\Gamma_{max}}$），表面张力随氧浓度的升高而下降，其中 $X_{\Gamma_{max}}$ 是曲线的拐点，此时氧的吸附速度达到最大值 $\Gamma_{max}$；在第三区域（$X_0\geqslant X_{\Gamma_{max}}$），表面张力缓慢下降，最终达到与饱和值 $X_{SAT}$ 相对应的恒定值。

对于熔渣而言，氧分压的影响通常没有金属那么强烈，但当熔渣中含有变价金属氧化物时，氧分压的影响可能会变大，应该给予严格控制。

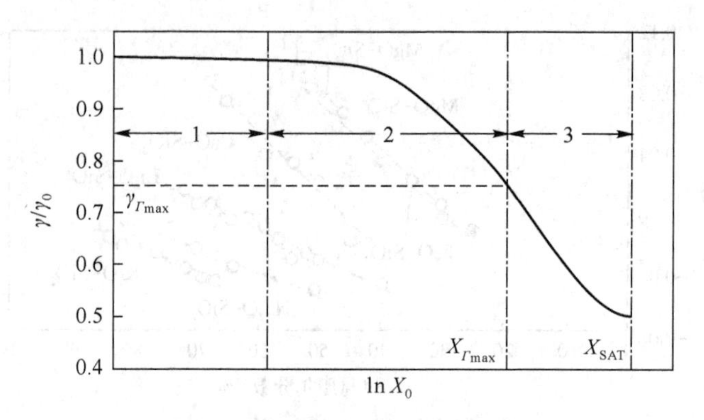


图 6-8　表面张力对氧压的依赖性

## 6.3　马兰戈尼效应

如前所述，表面或界面张力受温度和组成的影响，当液体局部的温度或组成发生变化时，会引起液相表面或液/液相界面的表面或界面张力发生局部变化，从而产生界面张力梯度，引起界面液体的流动及传质，被称为马兰戈尼（Marangoni）效应。由于表面张力较高的液体对周围液体的拉力更强，表面张力梯度的存在自然会促使液体从低表面张力区域向高表面张力区域流动。在沿界面方向有温度梯度或浓度梯度的体系，由表面或界面张力梯度所引起的界面切应力可表示为

$$\tau_s = \frac{d\gamma}{dx} = \frac{\partial \gamma}{\partial T} \cdot \frac{dT}{dx} + \frac{\partial \gamma}{\partial c} \cdot \frac{dc}{dx} \tag{6-26}$$

由马兰戈尼效应引起的流动，可以用无量纲的马兰戈尼准数 $Ma$ 来表示，如果表面张力梯度是由温度引起的，则称为热毛细对流，此时的 $Ma$ 数定义为

$$Ma = \frac{\partial \gamma}{\partial T} \cdot \Delta T \cdot \frac{L}{\alpha \mu} \tag{6-27}$$

式中，$\Delta T$ 为温度差；$L$ 为特征长度；$\alpha$ 为热扩散率；$\mu$ 为黏度。对于由浓度差产生的表面或界面张力梯度而引起的马兰戈尼流动，$Ma$ 可以用下式来表示：

$$Ma = \frac{\partial \gamma}{\partial c} \cdot \Delta c \cdot \frac{L}{D\mu} \tag{6-28}$$

式中，$\Delta c$ 为浓度差；$D$ 为扩散系数。因此，马兰戈尼效应与熔体的表面张力温度变化系数、温度差、浓度差、热扩散率、扩散系数，以及熔体表面张力对成分的敏感度等有关。马兰戈尼对流一般在界面上表现为激烈的扰乱运动，这种界面扰乱运动可加快界面处的物质迁移速度，这对于以物质迁移速度为限制环节的冶金过程十分重要。

## 6.4　润　　湿

润湿是一种重要的界面现象，一般指液相接触并掩盖固体表面，是液体取代固体表面的气体而与固体接触产生液-固界面的过程，通常用接触角来直观的表示液体对固体润湿

的程度。接触角 $\theta$，是当一液滴在固体表面上不完全展开时，在气、液、固三相会合点，液-固界面的水平线与气-液界面切线之间通过液体内部的夹角，如图 6-9 所示。

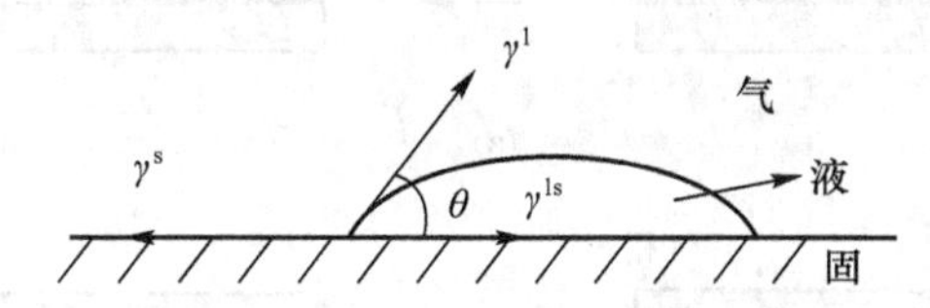


图 6-9　液滴与固体的接触角及各相之间的界面张力

在气、液、固三相相界线的会合点，受到三种界面张力的作用，分别是：(1) 固体表面张力 $\gamma^s$，力图将液体拉向左方，从而覆盖更多的气-固界面；(2) 液-固界面张力 $\gamma^{ls}$，其方向向右，力图减小液-固界面；(3) 液体表面张力 $\gamma^l$，该力在气-液界面的切线方向，力图缩小气-液界面。当固体表面为光滑水平面，三个力处于平衡状态时，则可以用杨氏 (Young) 方程表示：

$$\gamma^s = \gamma^{ls} + \gamma^l\cos\theta \tag{6-29}$$

由于接触角是三相交界处各界面张力的相互作用的结果，因此，接触角的大小由界面张力的大小决定。

按润湿程度的不同，一般可将润湿分为三类：附着润湿、渗透润湿和铺展润湿，如图 6-10 所示，图 6-10 (a) 所示为附着润湿，它是气-固界面和气-液界面消失，形成液-固界面的过程；图 6-10 (b) 所示为渗透润湿，它是气-固界面完全被液-固界面取代的过程；图 6-10 (c) 所示为铺展润湿，它是液体在固体表面上自动展开，形成一层薄膜的过程，在此过程中，液-固界面取代气-固界面，同时又增大了气-液界面。对于上述三种润湿，润湿前后界面自由能变化可由以下公式表示：

$$w_s = \gamma^s - \gamma^l - \gamma^{ls} \tag{6-30}$$

$$w_i = \gamma^s - \gamma^{ls} \tag{6-31}$$

$$w_a = \gamma^s + \gamma^l - \gamma^{ls} \tag{6-32}$$

式中，$w_s$，$w_i$，$w_a$ 分别为铺展功、渗透功、黏着功，是在各种润湿现象中增加或减小单位固-液接触面所需要做的功。当气-液-固三相相界线会合点处的力处于平衡时，根据杨氏方程，铺展功、渗透功、黏着功可分别表示为

$$w_s = \gamma^l(\cos\theta - 1) \tag{6-33}$$

$$w_i = \gamma^l\cos\theta \tag{6-34}$$

$$w_a = \gamma^l(\cos\theta + 1) \tag{6-35}$$

其中，式 (6-35) 为 Young-Dupré 公式。由上述公式可知，通过测量金属液体的表面张力及其与固体的接触角，就可以计算铺展功、渗透功和黏着功。由于液体的表面张力大于零，因此，如果 $\theta \leqslant 180°$，那么 $w_a \geqslant 0$，附着润湿处于自发状态；如果 $\theta < 90°$ 时，那么 $w_i \geqslant 0$，渗透润湿处于自发状态；如果 $\theta = 0°$ 时，那么 $w_s = 0$，铺展润湿处于自发状态。

上面讲到的接触角 $\theta$ 和界面张力 $\gamma^{ls}$ 是属于热力学平衡条件下的，当两相间有化学反应发生或有组分在两相间转移时，$\gamma^{ls}$ 常会发生变化，这称为动态或非平衡界面张力。冶金熔体中熔渣与金属液体、金属与固体氧化物接触后，常发生化学反应，并伴随有界面物质迁移，实验观察到的接触角常呈现动态变化。此外，固体表面的粗糙度也会影响接触角的

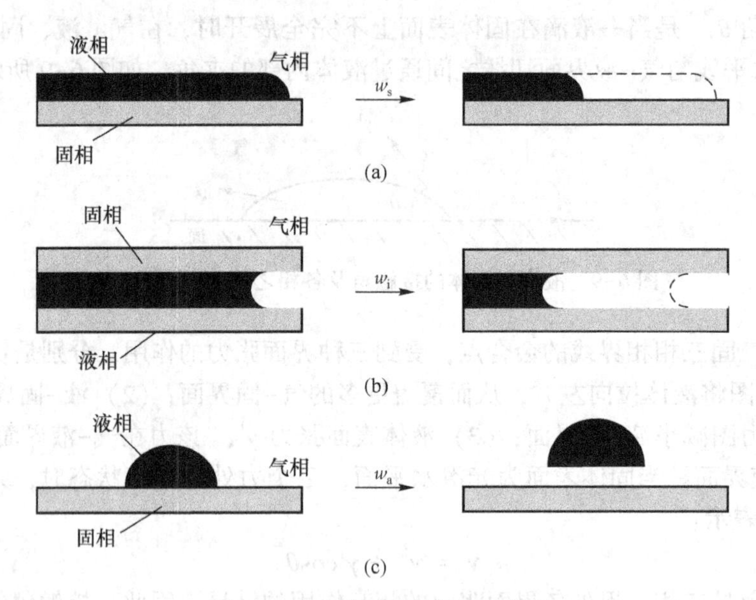


图 6-10　三种不同的润湿示意图

测量，对于粗糙的表面，杨氏方程已不再成立，根据 Eustathopoulos 等人的说法，为了获得准确的数据，平均表面粗糙度须低于 100nm。

## 6.5　拉普拉斯方程

液体的表面通常是水平的，而液滴、金属液体中的气泡和液态夹杂物等的表面是弯曲的。此外，将毛细管插入液体中，当液体润湿毛细管材料时，管内液面是凹的，但当液体不润湿毛细管时，液面则为凸的。在一定外压下，水平液面下的液体承受的压力等于外界压力，但对于凹凸液面下的液体，不仅要承受外界的压力，还要受到因液面弯曲而产生的附加压力。

当一个曲率半径为 $r$ 的球面在不同压力 $p^{\alpha}$ 和 $p^{\beta}$ 下保持两个流体相 α 和 β 之间的机械平衡时，假定界面厚度为零，机械平衡的条件提供了 $p^{\alpha}$ 和 $p^{\beta}$ 之间的简单关系，即弯曲液面对于单位水平面上的附加压力为

$$\Delta p = p^{\alpha} - p^{\beta} = 2\frac{\gamma}{r} \tag{6-36}$$

如果考虑的不是球面，而是任意曲面，则用拉普拉斯方程式（6-37）给出曲面各点的机械平衡条件：

$$\Delta p = p^{\alpha} - p^{\beta} = \gamma\left(\frac{1}{r_1} + \frac{1}{r_2}\right) \tag{6-37}$$

式中，$r_1$，$r_2$ 为表面曲率的两个主半径，如图 6-11 所示。

拉普拉斯方程表明弯曲液面的附加压力与液体表面张力成正比，与曲率半径成反比，该方程建立了附加压力、曲面形状和表面张力之间的关系，为测量静止状态下的表面张力提供了基本理论依据，是静滴法、悬滴法、最大气泡压力法等测量表面张力的理论基础。

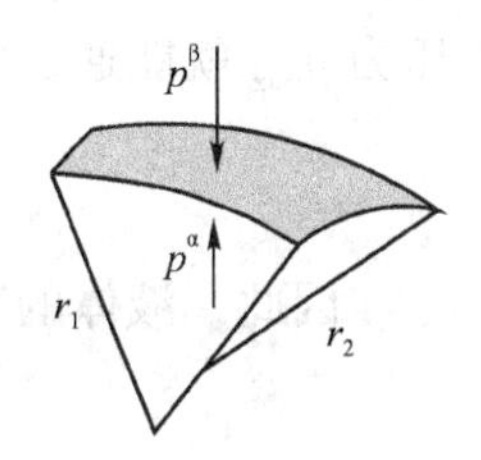

图 6-11　机械平衡中 α 相和 β 相之间的压力差

对于不同形状的表面，由拉普拉斯方程得到的附加压力如下所示。

（1）球面：由于 $r_1=r_2=r$，则式（6-37）变为

$$\Delta p = 2\,\frac{\gamma}{r} \tag{6-38}$$

若是液滴球面，$r$ 为正值，对于液体中的气泡，$r$ 则为负值。

（2）液膜气泡：由于液膜与内外气相有两个界面，忽略气泡膜的厚度，则两个曲面的曲率半径相等，都指向气泡中心，可以认为其表面积为液体中气泡的 2 倍，则有

$$\Delta p = 2 \cdot 2\,\frac{\gamma}{r} = 4\,\frac{\gamma}{r} \tag{6-39}$$

（3）圆柱形面：设 $r_1=\infty$，则有

$$\Delta p = \frac{\gamma}{r_2} \tag{6-40}$$

（4）平面：$r_1=r_2=\infty$，则 $\Delta p=0$，即在平面上跨过界面的内外压差为零。

## 6.6　表面张力的测定

表面张力的测量方法有很多，一般可将这些方法分为动态法和静态法两类。静态法是测定液体某一状态下的某些特征数值来计算表面张力，主要的方法有拉筒法、气泡最大压力法、静滴法、悬滴法、滴重法、毛细管上升法和电磁悬浮法等。动态法是以测量决定某一过程特征的数值来计算表面张力，主要有毛细管波法和振荡射流法。与静态法相比，动态法测量表面张力还不完善，测量误差较大，因此，静态法是现在常用的表面张力测量方法。对液态金属、熔盐和炉渣等冶金熔体，常用气泡最大压力法和静滴法测量其表面张力。

### 6.6.1　气泡最大压力法

气泡最大压力法是冶金熔体表面张力较为常用的测定方法。它是将一根半径为 $r$ 的毛细管垂直插入密度为 $\rho_1$ 的液体，插入深度为 $h_1$，向毛细管内缓慢吹入气体，毛细管端部会形成一个气泡，当所用的毛细管管径较小时，可以假定所产生的气泡是球面的一部分，随着吹入气体压力的增大，气泡逐渐长大，假定某一瞬时，气泡的曲率半径为 $r'$，毛细管内气体的压力 $p$ 等于毛细管端部液体的静压力和弯曲界面引起的附加力（或叫毛细附加力），该附加力可用拉普拉斯方程式（6-38）获得，因此压力 $p$ 可用如下公式计算：

$$p = \frac{2\gamma}{r'} + h_1\rho_1 g \tag{6-41}$$

当气泡的形状恰好是半球形时，其半径正好等于毛细管半径 $r$，气泡的曲率半径最小，弯曲液面的附加压力最大，因此，气泡内部压力达到最大值 $p_{max}$，此时继续通入惰性气体，气泡便会猛然长大，并且迅速地脱离管端逸出或突然破裂。如果在毛细管上连接一个开口的 U 形压力计，U 形压力计所用的液体密度为 $\rho_2$，两液柱的高度差为 $h_2$，那么气泡的最大

压力 $p_{max}$ 就能通过实验测定，则有

$$p_{max}=\rho_2g_2h_2=\frac{2\gamma}{r}+\rho_1g_1h_1 \tag{6-42}$$

因此，液体的表面张力就可以得到：

$$\gamma=\frac{r}{2}(\rho_2h_2-\rho_1h_1)g \tag{6-43}$$

对于冶金熔体而言，表面张力的测定通常在高温炉内进行，由于表面张力受温度、成分和氧分压等影响，因此实验中要对温度和气氛进行精确的控制，特别是金属液体和含有变价氧化物熔渣的表面张力的测量，无论是吹入毛细管的气体还是实验气氛控制气体，都需要经过深度净化，去除其中的氧、水分等。此外，装熔体的坩埚不能与熔体作用（发生反应或坩埚材料溶解到熔体中），以免导致熔体的成分变化，对于熔渣而言，可选用铂铑合金坩埚或金属钼坩埚。

图 6-12 为气泡最大压力法测量冶金熔体表面张力的装置示意图，其主要由高温炉、毛细管、测压装置和气体净化装置构成。实验时，将盛有足够量被测熔体的坩埚放到高温炉的恒温区，向炉内通入经净化处理的保护气体，同时，向毛细管内通入经净化的吹泡气体，排出炉内和毛细管内的空气，然后让高温炉升温，待炉温达到实验指定温度并保持稳定不变后，缓慢降低毛细管，并向毛细管送入稍大流量的气体。当毛细管端部接近熔体液面时，可发现 U 形管压力计液面稍有上升，此时应减慢毛细管下降速度，当毛细管端部与液面接触瞬间，压力计液面会发生突变，此时设为毛细管插入深度的零点。然后，将毛细管插入深度控制在 10mm 左右的一个确定位置，调节针型阀控制气泡生成速度，并读取气泡的最大压力，从而根据式（6-43）计算一定温度下熔体的表面张力。

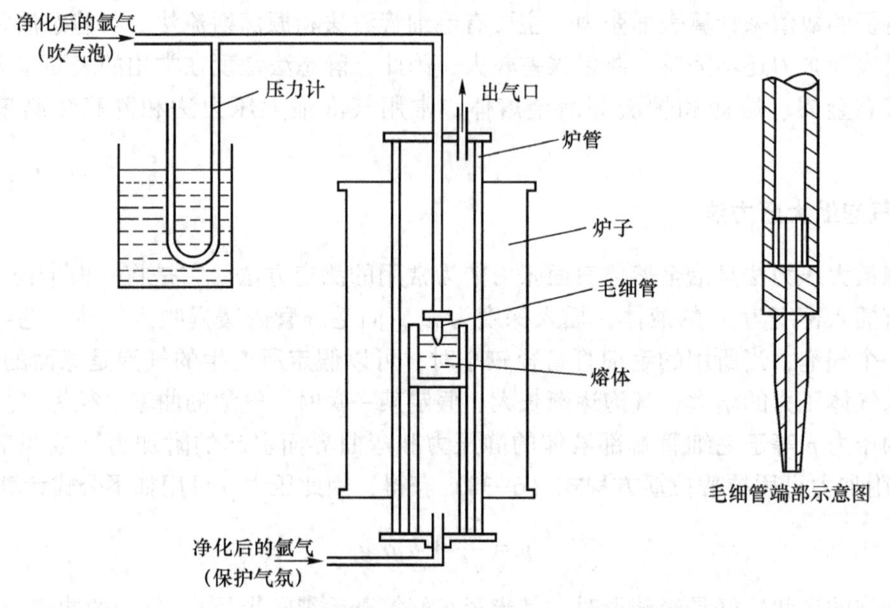


图 6-12　气泡最大压力法测量表面张力示意图

在采用气泡最大压力法测表面张力时，毛细管是装置中最重要的部分，应着重注意毛细管直径和材质的选择及毛细管插入深度的精确测定问题。毛细管的材质必须是致密不透

气，不与所测的物质发生反应，如果毛细管与熔体发生反应，既影响熔体的组成又使毛细管被侵蚀，失去原有的完整圆形，给测量结果带来很大误差。毛细管的材质与被测液体是否润湿，决定了气泡在毛细管端部最终长大和脱离的位置，如果两者润湿（接触角 $\theta<90°$），气泡在毛细管端部内径处长大并脱离，表面张力计算式（6-43）中，毛细管半径 $r$ 将用其内径代入计算。如果两者不润湿（$\theta>90°$），气泡最终在毛细管端部外径处长大并脱离，式（6-43）中 $r$ 应由毛细管端部外径代入计算，此时，表面张力值不受毛细管的材料和管壁厚度的影响。

毛细管直径的选择对表面张力测定的准确性有很大影响。通常总希望吹出来的气泡呈球形，这样计算方便、准确。为此，原则上要求毛细管直径要小些，使气泡保持球形的最大毛细管直径与被测熔体的性质有关，即取决于毛细管常数 $a^2 = 2\gamma/\rho g$。熔体的表面张力大，有利于气泡保持球形，故可用较大的毛细管直径；熔体的密度大，气泡上下面承受的静压力差大，气泡易压扁而偏离球形，故只能用较小的毛细管直径。例如，测液态铝的表面张力时，毛细管直径小于 0.7mm 可保持气泡为球形，而测汞的表面张力时，毛细管直径应小于 0.3mm。在测定熔渣表面张力时，要注意由于熔渣要往复进出毛细管端部，造成毛细管内壁高熔点物质凝结，这实际上改变了毛细管内径，此时会引起很大的测量误差。这种情况下，用较大直径的毛细管时引起的内径相对变化要小，反而可以得到误差较小的测量结果。

气泡最大压力法测量表面张力的计算公式与毛细管的插入深度有关，能否精确地测量出插入深度，对所测表面张力值的影响较大。毛细管插入深度测量的关键在于确定插入深度的零点，即确定毛细管端部接触液面时的位置。一般首先使通有较大气流（但不能将液面吹出凹坑）的毛细管缓慢下降，同时细心观察压力计中液面的变化。当毛细管刚刚接触液面时，压力计中的液面会突然波动，这个位置就是毛细管插入深度的零点。在测定表面张力时，也可采用双管法，能省去测量插入深度的步骤，即用两支同一材质，不同管径（$r_a$ 和 $r_b$）的毛细管，事先将它们的端面调至同一水平面并固定在一起，同时将它们插入熔体一定深度，分别测出它们的气泡最大压力（$p_a$ 和 $p_b$），则可根据下式算得表面张力：

$$p_a - p_b = 2\gamma\left(\frac{1}{r_a} - \frac{1}{r_b}\right) \tag{6-44}$$

在实验时，必须对两个相邻气泡的形成或破离时间加以控制，如气泡形成很快，两气泡形成间隔时间很短，气泡的破裂对熔体有严重搅动，因而影响了气泡的稳定长大和正常破离，每个气泡的最大压力的差值也很大，因而也影响了测量的准确性。气泡间隔超过 60s，则气泡压力趋于稳定，故应以每分钟形成一个气泡为宜，对于一般金属、熔盐和黏度不大的炉渣，可以选用每分钟 1~2 个气泡的时间间隔。

### 6.6.2 静滴法

静滴法可用于测定熔体的表面张力，也可以测定液体与固体之间的接触角。利用静滴法测量表面张力时，液滴放置在垫片上，要求水平垫片材料不能被液体润湿，液滴在不润湿的水平垫片上的形状如图 6-13 所示。该形状是由两种力相互平衡所决定，一种力是液体的静压力，它使液滴趋于铺展在垫片上，另一种力是毛细附加力，它使液滴趋于球形。静压力与密度有关，毛细附加力与表面张力有关。因而，从理论上可根据液滴的质量及几何形状计算出表面张力。

尽管在实验过程中样品可能受到污染，存在局限性，但该方法已被证明是确定熔融金属表面张力最流行技术之一。图 6-13 所示为静止在水平固体表面上的液滴的平衡轮廓，在表面上任何一点 $P$ 处的静压力为

$$p_0 + (\rho_A - \rho_B)gz$$

式中，$p_0$ 为顶点 $O$ 处的静压力；$\rho_A$，$\rho_B$ 为液相和气相的密度；$z$ 是以 $O$ 为原点，$P$ 点的垂直坐标。由于表面曲率而产生的附加压力，可由拉普拉斯方程式（6-37）给出：

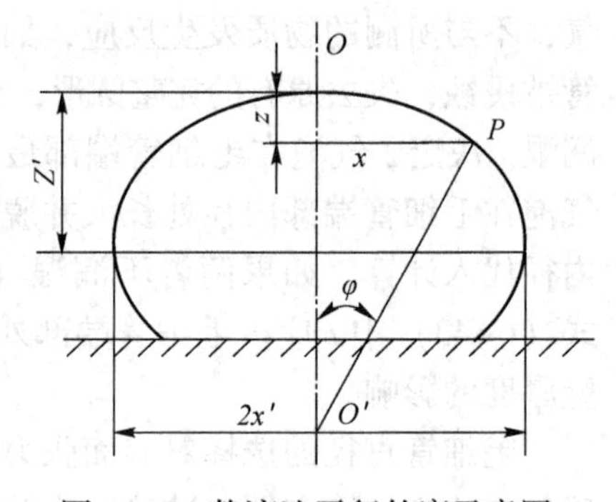

图 6-13　静滴法平行轮廓示意图

$$\gamma\left(\frac{1}{R_1} + \frac{1}{R_2}\right)$$

其中，$P$ 点处的曲率主半径为 $R_1$ 和 $R_2$。如果 $\varphi$ 是 $P$ 处的法线与 $O'$ 处的对称轴之间的夹角，则可以将 $P$ 处的两个主要曲率半径分别指定为 $R_1$ 和 $R_2$（$=x/\sin\varphi$）。当液滴形状稳定时，附加力和静压力处于平衡，则有

$$p_0 + (\rho_A - \rho_B)gz = \gamma\left(\frac{1}{R_1} + \frac{\sin\varphi}{x}\right) \tag{6-45}$$

在顶点 $O$ 处，$z=0$，$R_1=R_2=b$，参数 $b$ 被称为"尺寸系数"，根据拉普拉斯方程有 $p_0=\dfrac{2\gamma}{b}$，则上式可表示为

$$\frac{2\gamma}{b} + (\rho_A - \rho_B)gz = \gamma\left(\frac{1}{R_1} + \frac{\sin\varphi}{x}\right) \tag{6-46}$$

上式可变形为

$$\frac{1}{R_1/b} + \frac{\sin\varphi}{x/b} = 2 + \frac{(\rho_A - \rho_B)gb^2}{\gamma}\left(\frac{z}{b}\right) \tag{6-47}$$

为了方便求解，引入参数 $\beta$ 称为液滴的"校正因子"，相关定义为

$$\beta = \frac{\rho g b^2}{\gamma} \tag{6-48}$$

则无量纲方程变成：

$$\frac{1}{R_1/b} + \frac{\sin\varphi}{x/b} = 2 + \beta\left(\frac{z}{b}\right) \tag{6-49}$$

由该式可见，如果能够测出几何尺寸 $R_1$、$b$、$x$、$z$ 和 $\varphi$，就可以计算 $\beta$，当气体和液体的密度已知时，就可以计算出表面张力。但上述几何尺寸许多都是液滴的内部尺寸，难以直接测定。为此，Bashforth 和 Adams 计算了不同的 $\beta$ 和 $\varphi$ 值对应的 $x/b$、$z/b$、$x/z$ 的数值，并制成计算表。将实验中拍摄得到的液滴轮廓放大后，测量 $\varphi=90°$时的 $x$ 及 $z$ 值，即液滴的最大水平截面半径 $x_{最大}$ 和由此截面到液滴顶点的垂直距离 $z_{最大}$ 的值。利用计算表，查得 $\varphi=90°$时的 $x/z$ 值再对应得到$\beta$；再查得 $\varphi=90°$时，与$\beta$ 相对应的 $b$ 值，将$\beta$ 和 $b$ 值代入公式 $\gamma=\Delta\rho gb/\beta$ 中，可计算得到表面张力 $\gamma$ 的值。利用 Bashforth-Adams 计算表处理数据的方法较繁琐，测量过程复杂，且费时费力，摄得的液滴外形照片一旦收缩变形，会加

大液滴外形判断的误差，整个获取数据处理过程人为因素多，精确度在很大程度上依赖观测者的个人技巧。

随着计算机数字化技术的发展，现代数码图像处理技术与传统静滴法相结合，使静滴法测量表面张力和接触角实现自动化，测量过程简化为用改进的高分辨率 CCD 数码镜头摄得高清晰度的液滴轮廓图像，并直接输入到计算机中，编写特定的轮廓图像处理程序，就可计算得到液滴的表面张力和接触角值。数字化计算机处理液滴图像技术有着明显的优势，简化了手工的照相洗像和手工测量图像参数的过程，实现了数据的自动化采集和处理，消除了人为因素的实验误差，大大促进了静滴法在测量研究中的应用，也将在界面及相关学科中发挥巨大作用。

图 6-14 是静滴法测定熔融金属表面张力的实验装置举例。发热体可为圆筒形钼片或石墨，加热体外垂直放置隔热板，四块隔热板互成直角，从对角线方向的缝隙可以观察液滴的形状，并可以进行摄影，如测量 Fe-C-Si 熔体时，可选用再结晶的氧化镁做垫片，用铂-30%铑/铂-6%铑热电偶测温，热电偶垂直安放在液滴上部。

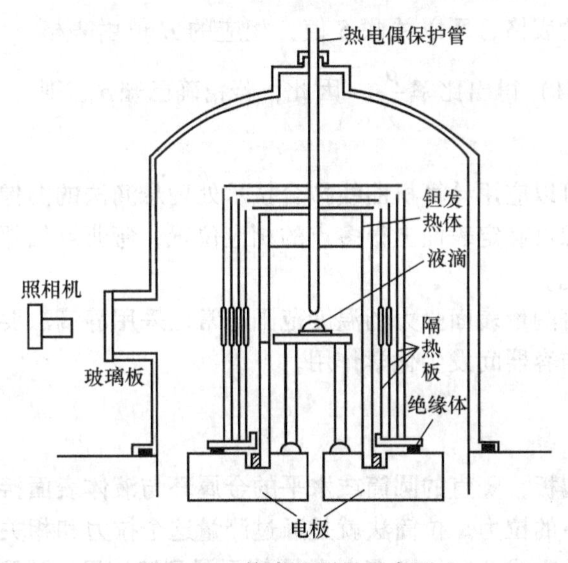


图 6-14　静滴法测量示意图

静滴法测量表面张力的实验步骤：将清洁的固体试样放置在垫片上，固体试样通常制成圆柱状，质量约 1.5~6.0g，调整垫片位置，使成水平状态，将体系抽真空并加热。根据试样的性质，试样熔化后可在真空或氩气气氛下进行测定，升温至实验温度后，保温 20min，使液滴形状稳定后对其摄影，冲洗摄影底片，并精确测量有关投影尺寸。

氧是众多液体金属的表面活性物质，能严重影响金属的表面张力，过高的氧分压能造成金属表面生成一层氧化物，影响液滴形状变化。因此，测金属表面张力时，要有高的真空度，这需要机械泵和扩散泵组合的真空机组实现，当真空度难以达到要求时，则需要用保护气氛来进行实验，一般需要用高度纯化的氩气充当实验过程的保护气体。静滴法的特点是设备易实现高真空，因此特别适合测量金属的表面张力，对于液态金属，常用的垫片材料是 $Al_2O_3$、MgO 和 $ZrO_2$ 等陶瓷片，但对熔渣和熔盐，由于较难找到既不与熔体润湿，又不与熔体反应的垫片，因而该方法应用较少。

### 6.6.3 悬滴法

当液滴自由悬挂于毛细管的孔口时，它的形状大体如图6-15所示。悬滴的形状由作用于体系中表面张力与重力的平衡得到。悬滴法实际是一种倒置的静滴法，Bashforth 和 Adams 对于静滴法的分析模式同样适用于悬滴法，但是在获得某些尺寸的大小时存在实际困难，例如式（6-51）中的 $b$。为解决此问题，Andreas 等提出引入第二个形状因子 $S$，通过赤道的直径 $d_e$ 与高于端点 $d_e$ 处的直径 $d_s$（见图6-15）的比率得出，即

$$S = d_e/d_s \tag{6-50}$$

同时，引入第三个形状因数 $H$，定义为

$$H = \beta\left(\frac{d_e}{b}\right)^2 = \frac{\rho g d_e^2}{\gamma} \tag{6-51}$$

从而建立一系列的表格，用以关联 $S$ 值，相应的 $H$ 值由表格中查到，代入式（6-51）得出比率 $\frac{\rho}{\gamma}$。因此，若精确已知 $\rho$，则可求得 $\gamma$。

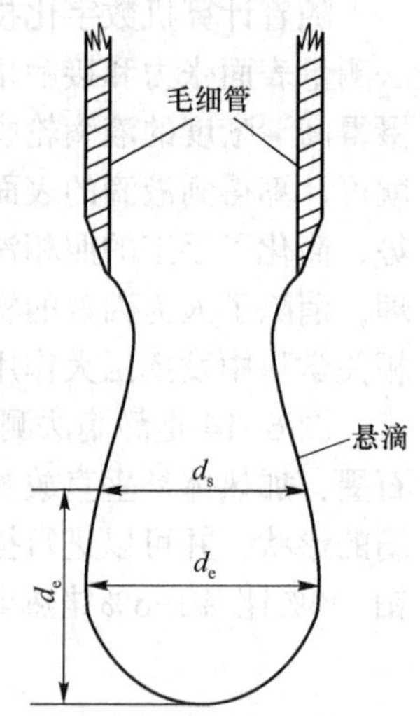

图6-15 悬滴法示意图

同静滴法一样，可以应用计算机曲线拟合技术处理悬滴法的图像。用手工难以确定弯曲点，但通过影像图像可确定表面上很多点的相应位置，弯曲点相邻区域的液滴轮廓能够很好地与多项式相匹配。

采用悬滴法实验可测量表面张力的温度范围通常比采用静滴法要小得多。悬滴法的一个优点是避免了液体与容器间发生化学作用。

### 6.6.4 拉筒法

当一个竖直的金属板、竖直的圆筒或水平的金属环与液体表面接触时，液体的表面张力对它们施加一个向下的拉力。拉筒法就是通过测量这个拉力和相关参数来计算表面张力的。此法有三种不同的方式：（1）将悬挂的圆筒下浸到液体里，达到平衡时，测量浸入深度；（2）圆筒浸入液体到一定深度后，再将圆筒拉起，当圆筒底部达到平静的液面时，直接测量此刻的拉力；（3）当处于液体表面上的金属环或圆筒被拉离液体表面时，测量此刻的最大拉力。后两种方式较为广泛地应用于测量硅酸盐熔体的表面张力，第三种方式又称为脱环法。

将金属环水平地放在液面上，然后测定将其拉离液面所需的力。金属环被拉起时，它带起的液体的形状如图6-16所示。

实验已证明，被环所拉起的液体的形状是 $R^3/V$ 和 $R/r$ 的函数，其中 $V$ 是拉起液体的体积，同时也是表面张力的函数，表面张力计算公式为

$$\gamma = (mg/4\pi R)f(R^3/V,\ R/r) = (mg/4\pi R)\Phi \tag{6-52}$$

式中，$R$ 为环的平均半径；$r$ 为环线的半径；$m$ 为拉起液体的质量；$g$ 为重力加速度；$\Phi$ 为校正函数。在很大范围内，$\Phi$ 值很接近1，在精确度要求不高的实验中可忽略。对于高密度及低表面张力的液体，则需进行校正，表6-5是弗克斯等人所研究的校正表。实验时

必须力求把金属环放呈水平状态，并选用较粗的金属线做成半径小的金属环，以免金属环发生扭弯变形。

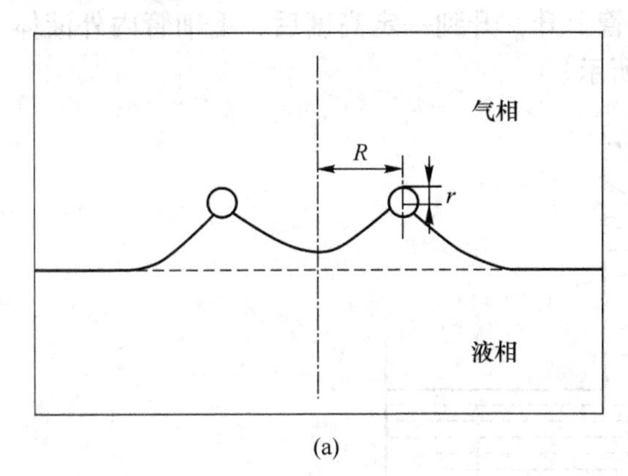


(a)

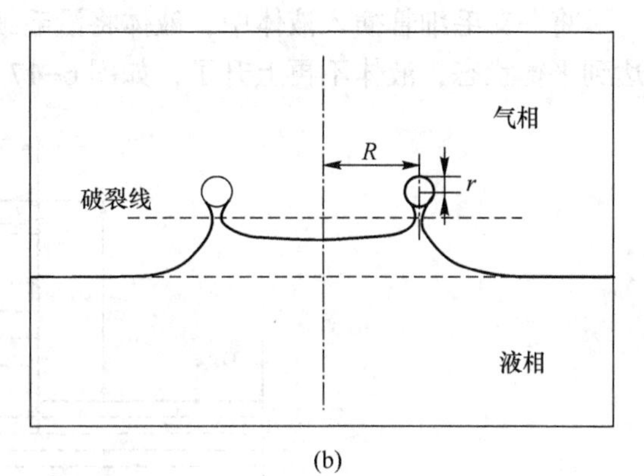


(b)

图 6-16　圆环拉起时液体表面的形变

（a）刚拉起时；（b）即将拉断时

**表 6-5　拉环法的校正表**

| $R^3/V$ | $R/r$ | | | | | | |
|---|---|---|---|---|---|---|---|
| | 40 | 50 | 52 | 54 | 56 | 58 | 60 |
| 3.50 | 0.8063 | 0.8407 | 0.847 | 0.852 | 0.858 | 0.863 | 0.8672 |
| 3.75 | 0.8002 | 0.8357 | 0.842 | 0.848 | 0.853 | 0.858 | 0.8629 |
| 4.00 | 0.7945 | 0.8311 | 0.837 | 0.843 | 0.849 | 0.854 | 0.8590 |
| 4.25 | 0.7890 | 0.8267 | 0.833 | 0.839 | 0.845 | 0.850 | 0.8553 |
| 4.50 | 0.7838 | 0.8225 | 0.829 | 0.835 | 0.841 | 0.847 | 0.8518 |
| 4.75 | 0.7785 | 0.8185 | 0.825 | 0.832 | 0.838 | 0.843 | 0.8483 |
| 5.00 | 0.7738 | 0.8147 | 0.822 | 0.828 | 0.834 | 0.840 | 0.8451 |
| 5.25 | 0.7691 | 0.8109 | 0.818 | 0.825 | 0.831 | 0.837 | 0.8420 |
| 5.50 | 0.7645 | 0.8073 | 0.815 | 0.821 | 0.828 | 0.834 | 0.8389 |
| 5.75 | 0.7599 | 0.8038 | 0.811 | 0.818 | 0.825 | 0.830 | 0.8359 |
| 6.00 | 0.7555 | 0.8003 | 0.808 | 0.815 | 0.821 | 0.827 | 0.8330 |
| 6.25 | 0.7511 | 0.7969 | 0.805 | 0.812 | 0.818 | 0.825 | 0.8302 |
| 6.50 | 0.7468 | 0.7936 | 0.801 | 0.808 | 0.815 | 0.822 | 0.8274 |
| 6.75 | 0.7426 | 0.7903 | 0.798 | 0.806 | 0.813 | 0.819 | 0.8246 |
| 7.00 | 0.7384 | 0.7871 | 0.795 | 0.803 | 0.810 | 0.816 | 0.8220 |
| 7.25 | 0.7343 | 0.7839 | 0.792 | 0.800 | 0.807 | 0.813 | 0.8194 |
| 7.50 | 0.7302 | 0.7807 | 0.789 | 0.797 | 0.804 | 0.811 | 0.8168 |

### 6.6.5 毛细管上升法

将一支毛细管插入液体中，液体将沿毛细管上升，升到一定高度后，毛细管内外液体达到平衡状态，液体不再上升了，如图 6-17 所示。

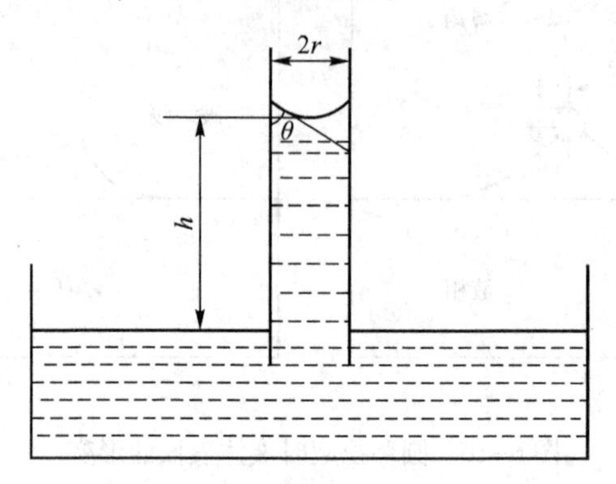


图 6-17 毛细管润湿

弯月形液面对液体所施的向上的拉力是

$$F_u = 2\pi\gamma\cos\theta \tag{6-53}$$

对于一些液体 $\theta=0°$，故

$$F_u = 2\pi r\gamma \tag{6-54}$$

毛细管内高度为 $h$、密度为 $\rho$ 的液体质量是

$$W = \pi r^2 h\rho g \tag{6-55}$$

设弯月形部分液体质量为 $W'$，则毛细管里的液体的总质量为

$$F_d = \pi r^2 h\rho g + W' \tag{6-56}$$

当液体沿毛细管上升，达到平衡时，液面对液体所施加的向上的拉力与液体总向下的力相等，即

$$F_u = F_d \tag{6-57}$$

$$2\pi r\gamma = \pi r^2 h\rho g + W' \tag{6-58}$$

$$\gamma = \frac{rh\rho g}{2} + \frac{mg}{2\pi r} \tag{6-59}$$

式中，$m$ 为弯月形部分液体的质量。

如果毛细管很细，则上式第二项可以略去，式（6-59）变为

$$\gamma = \frac{1}{2}rh\rho g \tag{6-60}$$

如果液体的蒸汽密度 $\rho_0$ 大到不可忽略的程度，上述平衡关系中，就应当考虑蒸汽的因素，式（6-56）变为

$$F_d = \pi r^2 hg(\rho - \rho_0) + gV(\rho - \rho_0) \tag{6-61}$$

式中，$V$ 为弯月形液面下的液体体积。若对弯月形体积不单独计算时，在公式中需加以校正，式（6-56）变为

$$\gamma = \frac{1}{2}rh'g(\rho - \rho_0) \tag{6-62}$$

式中，$h'$为校正过的高度，$h'=h+r/3$。

利用这一方法，使用石墨材质的毛细管，曾测定过 Al、Ag、Sn 和 Pb 的表面张力，使用 $Al_2O_3$ 坩埚和 $Al_2O_3$ 毛细管测定过 Cu 的表面张力。从上述讨论中可知，只有在$\theta=0°$时，亦即液体对毛细管完全润湿时，应用此法才是较准确的。在液体与毛细管不完全润湿（$\theta\neq0°$）的情况下，实验中必须准确测量接触角，这项工作也是十分困难的。在实验装置的结构上，盛液体的坩埚截面与毛细管端截面之比越大越好，这样有利于使毛细管垂直的放入液体之中。毛细管材质必须均匀、致密，沿毛细管长度方向上各部位的截面大小必须严格相等，否则会影响测量的准确性。目前，在高温条件下，已很少应用此法测定金属的表面张力了。

### 6.6.6 滴重法

基于在毛细管端悬挂着的液滴质量与表面张力有关这一事实，通过测量从已知半径的毛细管管端滴下的液滴质量，来计算液体表面张力。当一液滴悬在垂直毛细管端时，此液滴的质量与沿毛细管管壁（即被液体所润湿的周边）作用的表面张力的平衡关系为

$$W = 2\pi r\gamma \tag{6-63}$$

式中，$W$ 为液滴质量；$r$ 为毛细管半径；$\gamma$ 为液体的表面张力。

实际上，毛细管管端悬垂的液滴滴下时，总会有一小部分粘连在毛细管的端部，致使滴下液滴的质量不等于悬垂液滴的质量。通过对此现象的分析，发现在这种情况下，液滴质量不仅与毛细管半径和表面张力有关，还和 $r/a$ 有关，这里 $a$ 是毛细管常数的平方根。由此，式（6-63）可写成：

$$W = 2\pi r\gamma f(r/a) \tag{6-64}$$

W. D. Harkins 等人指出，$f(r/a)$ 是 $r/V^{1/3}$ 的函数，$V$ 是液滴体积，上式可写成：

$$W = 2\pi r\gamma\varphi\left(\frac{r}{V^{1/3}}\right) \tag{6-65}$$

令 $F$ 代表一个新的函数：

$$F = \frac{1}{2\pi\varphi(r/V^{1/3})} \tag{6-66}$$

则

$$\gamma = \frac{W}{r}F = \frac{mg}{r}F \tag{6-67}$$

式中，$m$ 为液滴质量。Harkins 等人用实验方法求得一系列 $F$ 值，见表 6-6，并证明了应用此校正项可以大大提高滴重法的准确性。但应用表 6-6 时，必须知道液滴的体积，此体积可以由液滴质量和液体密度求得。

表 6-6 滴重法校正项 $F$ 的数值

| $V/r^3$ | $F$ | $V/r^3$ | $F$ | $V/r^3$ | $F$ |
|---|---|---|---|---|---|
| 5000 | 0.172 | 24.6 | 0.2256 | 10.29 | 0.23976 |
| 250 | 0.198 | 17.7 | 0.2305 | 8.190 | 0.24398 |
| 58.1 | 0.215 | 13.28 | 0.23522 | 6.662 | 0.24786 |

续表 6-6

| $V/r^3$ | $F$ | $V/r^3$ | $F$ | $V/r^3$ | $F$ |
|---|---|---|---|---|---|
| 5. 522 | 0. 25135 | 1. 4235 | 0. 26544 | 0. 692 | 0. 2499 |
| 4. 653 | 0. 25419 | 1. 3096 | 0. 26495 | 0. 658 | 0. 2482 |
| 3. 975 | 0. 25661 | 1. 2109 | 0. 26407 | 0. 626 | 0. 2464 |
| 3. 433 | 0. 25874 | 1. 124 | 0. 2632 | 0. 597 | 0. 2445 |
| 2. 995 | 0. 26065 | 1. 048 | 0. 2617 | 0. 570 | 0. 2430 |
| 2. 637 | 0. 26224 | 0. 980 | 0. 2604 | 0. 541 | 0. 2430 |
| 2. 3414 | 0. 26350 | 0. 912 | 0. 2585 | 0. 512 | 0. 2441 |
| 2. 0929 | 0. 26452 | 0. 865 | 0. 2570 | 0. 483 | 0. 2460 |
| 1. 8839 | 0. 26522 | 0. 816 | 0. 2550 | 0. 455 | 0. 2491 |
| 1. 7062 | 0. 26562 | 0. 771 | 0. 2534 | 0. 428 | 0. 2526 |
| 1. 5545 | 0. 26566 | 0. 729 | 0. 2517 | 0. 403 | 0. 2559 |

滴重法所用的毛细管，在结构上有能形成液滴的缩颈，毛细管端的截面必须磨得很平，周边保证是严格的圆形。只有在液滴的形成时间足够长时，液滴质量才能达到恒重，因此，在实验技术上，为了得到较好的测量结果，必须使液滴形成的最后阶段（液滴在毛细管管端的形成和滴落是分为缩小、伸长和液滴分离三个阶段）进行得慢一些。这种方法简单易行，特别是对表面张力小的金属，更具有优越性，它可避免耐火材料对液滴的污染，但它仅对有固定熔点的物质才适用。

### 6.6.7 电磁悬浮–振荡滴法（EML–OD）

为了克服实验液态金属试样与容器接触这个问题，出现了无容器方法。对于导电金属，EML–OD 法是最适用的无容器测量表面张力的方法。其基本原理为：采用一个交替的非均匀电磁场来产生一个升降力，它抵消重力，使液滴在其平衡点周围的位置悬浮。补偿万有引力的升力是电磁场与变化的电磁场引起的样品内部电流相互作用所产生的洛伦兹力，悬浮液滴的表面张力可以通过激发表面振荡来测量，这些振荡的恢复力是表面张力，因此振荡频率 $\omega$ 与表面张力 $\gamma$ 有关。由表面振荡引起的液滴变形可用球面函数 $Y_n^m$ 来描述，特别是当 $n=2$ 时，基频称为瑞利频率 $\omega_R$。对于非旋转、球形和微重力样品，瑞利频率表示为

$$\omega_R^2 = \frac{32\pi}{3}\frac{\gamma}{M} \tag{6-68}$$

式中，$\gamma$ 为表面张力；$M$ 为试样的质量。

典型的电磁悬浮法装置示意图如图 6-18（a）所示。大约 0.5g 的导体材料试样放入高频感应线圈的电磁感应区内，样品在变化的磁场中产生感应电流，从而导致样品导体发热熔化，并悬浮在有磁场作用的空间中，体系中的微小干扰使液滴以自然频率 $\omega_R$ 连续旋转，这是与其表面张力相关联的。液滴的形状由高速摄像机摄录下来，测量得到的液滴振动频谱经过傅里叶变换计算得到液滴的表面张力。图 6-18（b）是对熔铁的典型频率光谱

的记录图，显示出共有 5 个主峰。瑞利频率 $\omega_R$ 由中间峰得出，两侧各伴随有一个小峰，是由非球状液滴的旋转而引发的其他干扰产生的。

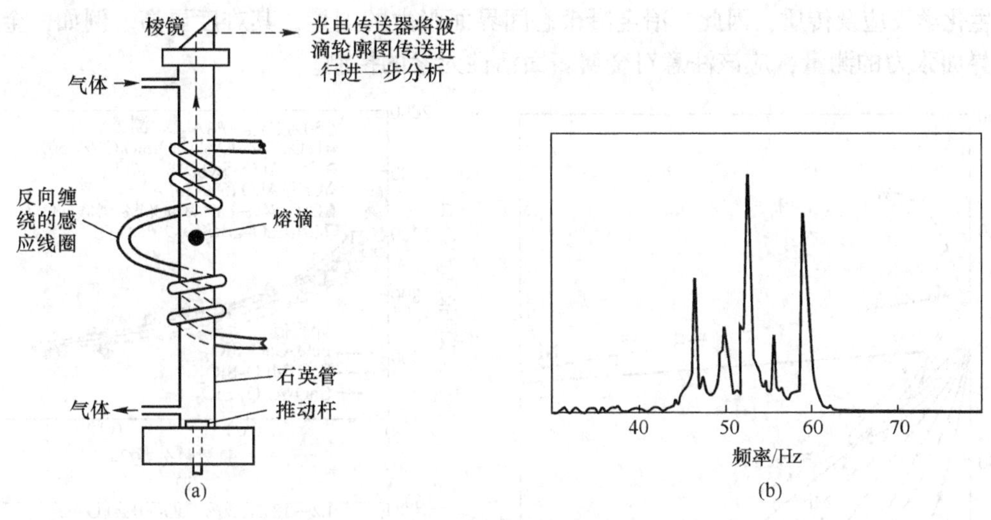


图 6-18 电磁悬浮法测量表面张力的示意图

（a）仪器；（b）典型的频率光谱

一些金属的表面张力已经被利用 EML-OD 方法研究，除 Fe、Ni 和 Cu 等纯金属外，还研究了一些二元和三元合金的表面张力与温度或成分的关系，包括 Al-Au、Al-Ag、Ag-Cu、Ni-Al、Cu-Ti、Al-Cu-Ag、Ti-Al-Nb 和 Ni-Cu-Fe 等。在微重力环境下进行 EML-OD 实验，与在地球上的实验相比具有额外优势，由于没有重力，不再需要提升力来抵消重力，从而大大降低了悬浮样品所需的电磁场强度，因此，它的影响是可以忽略不计的，且不存在液滴变形或频率分裂。电磁悬浮法能够避免由于液滴接触基板和容器而带入的杂质，还可以测量过冷条件下的液滴表面张力，但由于实验条件过于苛刻而较难于实现，实验误差也比较大，只有在微重力条件下可以明显提高实验精度，但对于电阻系数大的熔体液滴尚无法测量。

## 6.7 冶金中的界面张力

冶金过程中的界面，主要有金属/熔渣的液-液界面、金属/耐火材料的液-固界面、熔渣-耐火材料的液-固界面、金属/夹杂物的液-固或液-液（液态夹杂物）界面，以及熔渣与熔锍的液-液界面等，这些界面现象对冶金过程有重要影响。界面是由两个凝聚态物质表面接触形成，影响各相表面张力的因素也会影响界面张力，图 6-19 为钢中元素对钢/渣界面张力的影响，从图中可以得出 Ti、V、C、P、Si、Mn、Mo 和 Cr 使界面张力下降，而 W 使界面张力上升，钢中表面活性元素 O 和 S，即使是在其含量很小的情况下，也能够迅速降低钢/渣间的界面张力。对于 $CaO-SiO_2-Al_2O_3$ 和 $CaO-MgO-Al_2O_3$ 系熔渣，如图 6-20 所示，$P_2O_5$ 作为渣中的表面活性组分，能够迅速降低钢/渣间的界面张力，同时，渣/钢间的界面张力也随着 FeO 含量、MnO 含量的增加而迅速降低。添加 FeO 时界面张力的降低主要是由于 FeO 的增加使得钢液中氧含量增加（FeO →Fe+O），而在加入 MnO 时，由于

MnO 与 Fe 之间的反应（$MnO+Fe\rightarrow Mn+FeO$），可以间接增加钢液中的氧含量，进而导致界面张力的降低。对于冶金高温界面而言，由于各凝聚相之间元素化学势的差异，界面处常发生化学反应及传质，因此，冶金凝聚态间界面张力的测量，其难度更高。例如，金属-熔渣界面张力的测量，应该注意对金属表面活性元素的控制。

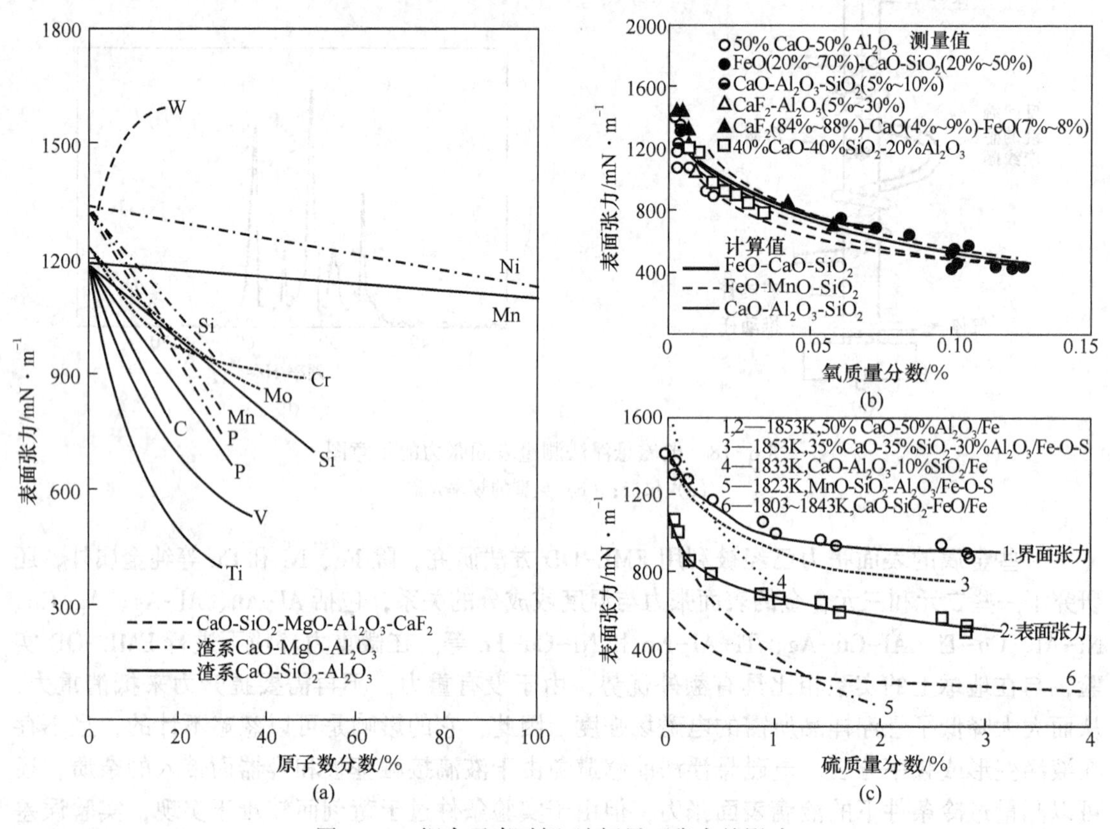


图 6-19 钢中元素对钢/渣间界面张力的影响

（a）非表面活性元素；（b）氧元素；（c）硫元素

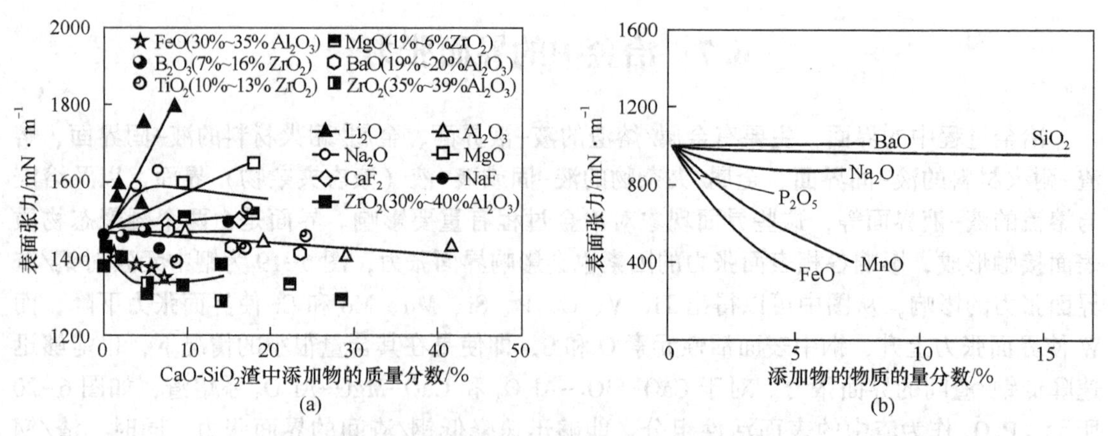


图 6-20 1853K 钢液与熔渣的界面张力

（a）$CaO-SiO_2$ 渣；（b）$CaO-SiO_2-MgO-Al_2O_3-CaF_2$ 渣

（渣中 $CaO-SiO_2$ 的质量比约为 1∶1，括号中的成分为渣中固定不变的成分）

测量界面张力的方法主要有静滴法、滴重法和气泡最大压力法，与测量表面张力的相应方法相同。对于冶金高温熔体界面而言，金属与熔渣的液-液界面影响到冶金过程的界面传质、界面反应、界面稳定性等，其界面张力是高温冶金过程中的关键热物理性质，测量也往往比较难。下面将着重介绍金属-熔渣或熔锍-熔渣液-液界面张力常用的测量方法，如渣中铁滴形状法和铁液上熔渣形状法，其中，渣中铁滴形状法的原理是静滴法。

### 6.7.1 静滴法

静滴法测量界面张力的原理与测量表面张力是相同的，它是通过对熔渣中垫片上的液滴形状，进行 X 射线透射摄影，应用 Bashforth 和 Adams 计算表和式（6-69）计算界面张力：

$$\gamma = \frac{(\rho_A - \rho_B)gb^2}{\beta} \tag{6-69}$$

式中，$\rho_A$，$\rho_B$ 分别为金属和熔渣的密度。

图 6-21 所示为静滴法测量熔渣-金属界面张力装置。实验时，先将与坩埚材质相同的垫片，水平放置在坩埚底部，将金属放在水平垫片上；而后，再将渣放入坩埚里，测量时力争使垫片上的金属液滴保持完整的对称性，用 X 射线摄影，可以摄得边界清晰的液滴影像。自苏联学者包比尔（Popel）等于 1950 年开始使用 X 光射线技术测量 $CaO-SiO_2-Al_2O_3$ 熔渣和铁的界面张力后，西方的一些学者也开始采用这项技术，特别是在 20 世纪 70 年代以日本学者荻野等为代表对不同的渣金体系的界面张力进行了较为深入的研究。

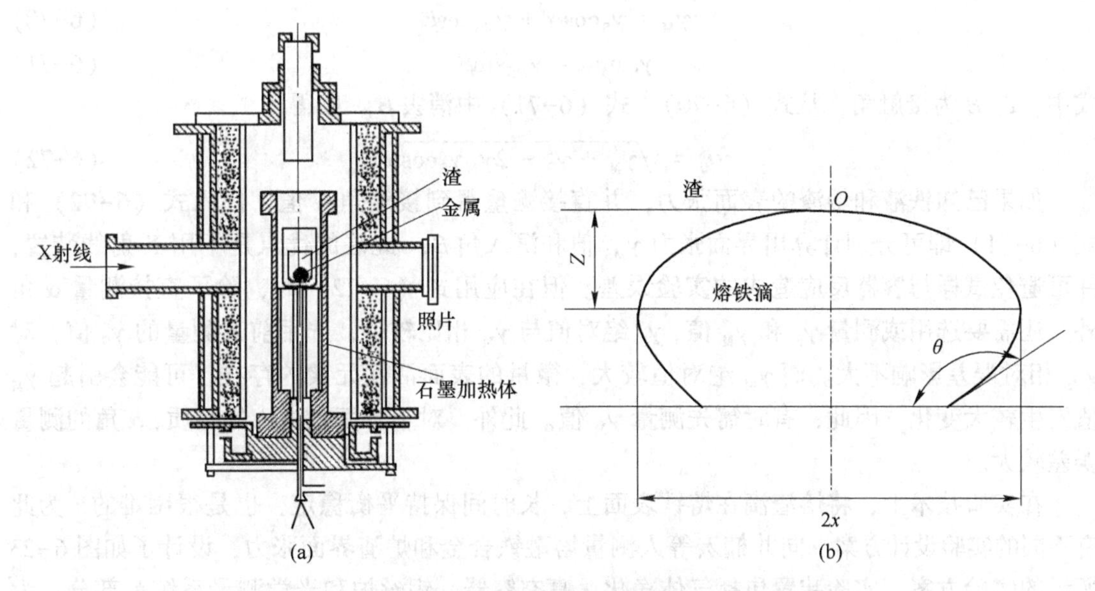


图 6-21 用 X 射线方法测量液态金属界面张力装置示意图
（a）试验装置；（b）液滴体积所需测量参数示意图

对于金属-熔渣界面来说，液-液两相接触后，在界面上常伴随有界面吸附、反应和相间传质，这些界面物理化学现象会影响界面张力，更直观的表现是影响两相界面形状的动态变化，特别注意，此时界面处于非平衡状态，测定的界面张力是非平衡状态下的测定值。静滴法测量金属-熔渣界面张力的缺点是难以避免熔渣和坩埚的反应，造成被测物质组成的变化，影响结果的准确性。

### 6.7.2 铁液上熔渣形状法

将熔融渣滴精心地放在铁液表面上，使之保持如图 6-22 所示的双面凸透镜状。通过测量接触角，可求得熔渣与铁液间的界面张力。

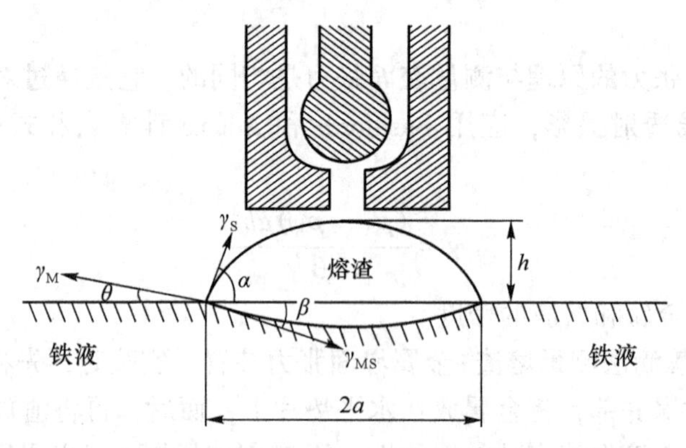


图 6-22 熔铁表面漂浮熔渣形状及熔渣滴下装置示意图

如果熔融炉渣的表面张力为 $\gamma_S$，铁液的表面张力为 $\gamma_M$，二者间的界面张力为 $\gamma_{MS}$，熔渣与铁液处于稳态平衡时，在三相点处存在着三者间力的平衡：

$$\gamma_M = \gamma_S \cos\alpha + \gamma_{MS} \cos\beta \tag{6-70}$$

$$\gamma_S \sin\alpha = \gamma_{MS} \sin\beta \tag{6-71}$$

式中，$\alpha$，$\beta$ 为接触角，从式（6-70）、式（6-71）中消去 $\beta$，则得

$$\gamma_{MS} = \sqrt{\gamma_M^2 + \gamma_S^2 - 2\gamma_M \gamma_S \cos\alpha} \tag{6-72}$$

如果已知铁液和熔渣的表面张力，并直接测量得到接触角 $\alpha$ 值，代入式（6-72）和式（6-71）即可分别计算出界面张力 $\gamma_{MS}$ 值和沉入角 $\beta$，此法的优点是不用 X 射线装置，并可避免试样与容器反应造成的实验误差。但在应用式（6-72）时，除了直接测量 $\alpha$ 角外，还需要选用或测量 $\gamma_S$ 和 $\gamma_M$ 值，$\gamma_S$ 绝对值与 $\gamma_M$ 相比较小，选用前人测量的 $\gamma_S$ 值，对 $\gamma_{MS}$ 相对误差影响不大。而 $\gamma_M$ 绝对值较大，微量的表面活性元素的存在，可能会引起 $\gamma_M$ 值发生较大变化，因此，有时需先测量 $\gamma_M$ 值。此外，对于界面张力小的物质，$\alpha$ 角的测量误差较大。

在实验技术上，将熔渣滴在熔铁表面上，长时间保持平衡稳定，也是很困难的，为此有不同的实验设计方案。向井楠宏等人测量熔融铁合金和炉渣界面张力，设计了如图 6-23 所示的实验方案，实验装置包括气体净化、真空容器、钼丝炉和光学测量系统等部分。为防止钼丝和熔融铁合金被氧化，真空容器中要通入含 1%~10%氢气的净化氩气，钼丝炉上有 4 个调节水平位置的螺旋支座，通过真空容器两端的玻璃窗，进行摄影，并用光学高温计测温。在真空容器中间的部位，安装有熔渣的滴下装置，滴下管用分析纯石墨制成，管端孔径为 3mm，滴下管固定在可以上下移动的套管里，石墨塞杆用螺纹固定在铜棒上，操纵铜棒可使塞杆上下移动，由此控制熔渣滴下过程。

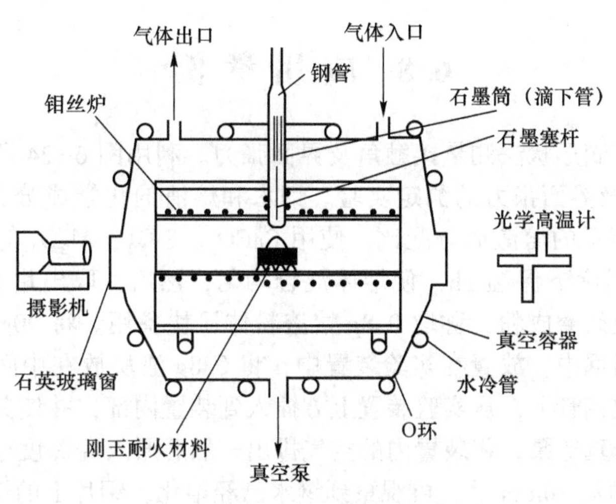


图 6-23 实验装置草图

实验时，先将铁合金放入氧化铝皿中，将粒状炉渣装入滴下管中之后，抽空、排气，通入净化过的氩-氢混合气体。升温到指定温度，摄影取得铁合金液滴影像，测量并计算铁合金的表面张力 $\gamma_{M}$。然后，在铁合金液滴上，从滴下管端平稳地滴下约 0.3g 熔渣，立即摄影，从影像上量得有关数据，再根据式（6-72）计算界面张力 $\gamma_{MS}$。

熔渣滴在铁液表面很容易滑脱，这一方面与铁液中心部位的平面尺寸不足有关，另一方面与铁液内气体析出、金属-熔渣反应引起的马兰戈尼流动等引起的界面扰动有关。为了克服上述困难，大阪大学田中敏宏教授，使用如图 6-24 所示装置开展钢-熔渣界面张力的测定，该装置使用高强石墨做加热件，测试过程在氩气保护气氛下进行，熔渣放置在中心带孔的钼片支撑平台上，钢放置在氧化铝坩埚内，热电偶则放置在坩埚的底部，待炉温达到实验温度并稳定后，降低支撑钼片的高度，并缓慢降低钼棒的高度，使钼棒穿过钼片中心孔与熔渣接触，当熔渣与钢水接触后，提升支撑钼片的高度，让熔渣停留在钢水表面，并通过钼棒控制熔渣液滴的位置，防止其在钢水表面移动，用摄像机记录熔渣液滴与钢水界面形状及接触角的动态变化。

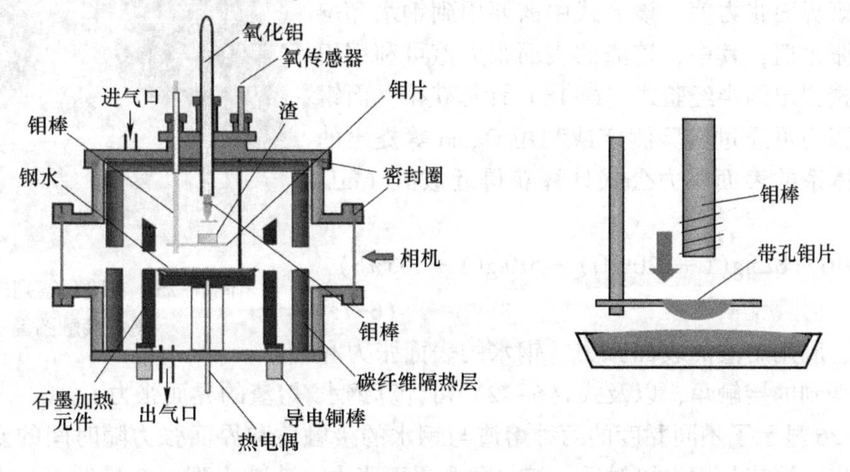


图 6-24 熔渣/钢水接触角测试装置示意图

## 6.8　应用举例

钢水表面熔渣液滴形状法测量接触角及界面张力。利用图 6-24 所示的实验装置，开展熔渣/钢水接触角及界面张力的测定实验。钢水和熔渣的化学成分见表 6-7 和表 6-8。实验前，按表 6-7 所示的熔渣成分配比，使用 $CaCO_3$、$SiO_2$、$Al_2O_3$ 等原料放在铂坩埚内在高温炉内 1450℃ 温度下保温 1h，使熔体混合均匀，然后，取出坩埚快速冷却至室温，用研钵将冷却的熔渣研磨成粉，称取 0.8g 熔渣粉体压块备用。将 90g 钢试样放在一个浅盘状的高纯氧化铝坩埚中，放置在实验装置中，将 0.8g 渣块放在中间带孔的钼片上，将金属钼棒连接到氧化铝管上，从实验装置上方插入到装置内部，并使其位置恰好位于钼片圆孔的正上方。打开真空泵，将装置内的空气排出，然后通入经深度净化的氩气，之后加热装置至 1550℃，恒温 10min 后，可观察到钢水已经熔化，钼片上的熔渣已成为液态，此时缓慢的移动钼棒，使其与熔渣接触并穿过钼片中心的圆孔，然后将二者缓慢向下移动，使熔渣与钢水接触，但要避免钼棒和钼片与钢水的接触，此时计为钢水/熔渣接触的零时刻，实验中观察到的熔渣/钢水形状如图 6-25 所示，通过钼棒控制熔渣液滴的位置，避免其在钢水表面发生移动。

**表 6-7　本实验中使用的钢的化学成分**　　（质量分数,%）

| 试样 | C | Si | Mn | P | S | N | Al |
|---|---|---|---|---|---|---|---|
| 钢 A | 0.027 | 0.010 | 0.080 | 0.011 | 0.006 | 0.0006 | 0.010 |

**表 6-8　本实验中使用的熔渣化学成分**　　（质量分数,%）

| 试样 | CaO | $SiO_2$ | $Al_2O_3$ | $CaF_2$ | 黏度/Pa·s |
|---|---|---|---|---|---|
| 渣 A | 40.0 | 40.0 | 20.0 | 0.0 | 0.434 |
| 渣 B | 36.0 | 36.0 | 18.0 | 10.0 | 0.257 |

根据所观察到的接触角，利用式（6-72）计算所对应的表观界面张力值，该公式中需要用到钢水和熔渣的表面张力值，其中，熔渣的表面张力值可利用田中敏宏教授提出的半经验式（6-18）计算获得，而钢水的表面张力可通过实验测定或利用 Ogino 等提出的 Fe-O-S 体系的表面张力公式计算获得近似值（$mJ/m^2$）：

$$\gamma_{Fe} = 1910 - 825\lg(1 + 210\%O) - 510\lg(1 + 185\%S) \tag{6-73}$$

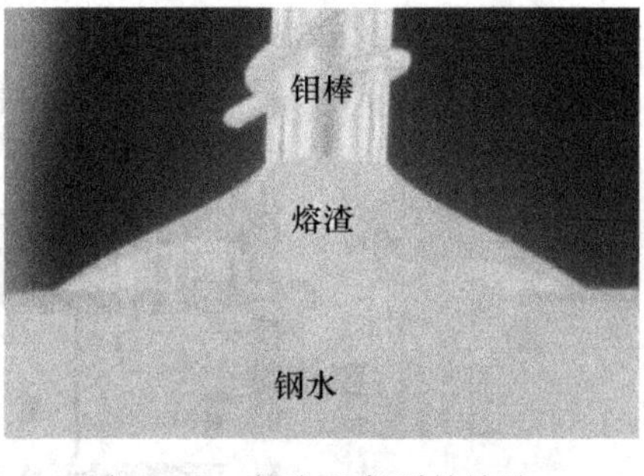

图 6-25　实验观察到的熔渣/钢水接触图像

因此，利用熔渣的表面张力、钢水的表面张力和实验测量得到的接触角，以及式（6-72）可计算钢水/熔渣的界面张力。

图 6-26 显示了不同黏度的两种熔渣与钢水的接触角和界面张力随时间的变化。由该图可以看出，熔渣与钢水接触后，接触角和界面张力迅速减小到一个最低值，之后随时间

的增加，二者均平稳的增加，最后达到某一稳定值。当加入 $CaF_2$ 降低熔渣黏度时，界面张力的降低幅度要比高黏度熔渣时大得多。此外，与高黏度渣相比，低黏度熔渣与钢水的界面张力到达最小值后增大速度更快。

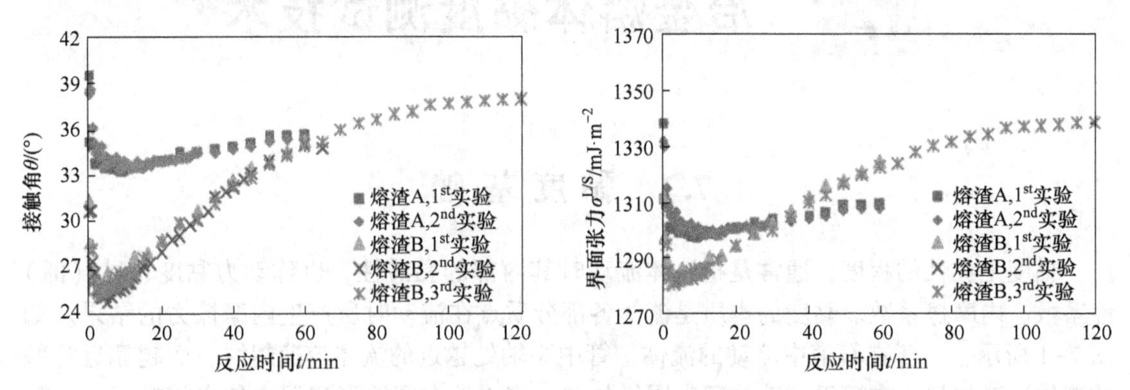


图 6-26　钢水与不同黏度熔渣的接触角和界面张力随时间的变化

对于上述变化过程，田中敏宏教授提出了如下机理，认为在界面处发生了如下两个反应：

$$SiO_2(渣中) \longrightarrow Si(铁中) + 2O(铁中) \tag{6-74}$$

$$2Al(铁中) + 3O(铁中) \longrightarrow Al_2O_3(渣中) \tag{6-75}$$

当熔渣接触液态铁合金后，二氧化硅的分解反应立即发生，硅原子扩散到液态铁中，由于氧是一种强界面活性元素，倾向于吸附在渣/金界面上，从而降低界面能，此时，可观察到界面张力和接触角的迅速减小，随着界面钢水一侧氧含量的增加，其与 Al 反应生成氧化铝及界面脱附逐渐增强，导致界面处氧含量的消耗，界面氧含量的动态变化取决于氧从熔渣中的供应速度和界面钢水中氧的消耗速度，氧是强界面活性元素，直接影响界面张力的变化，当体系达到平衡状态后，接触角和界面张力将不再发生变化，整个过程呈现出如图 6-26 所示的动态变化的特征。熔渣黏度降低时，$SiO_2$ 更容易从熔渣中移动到界面，增加了以 $SiO_2$ 的形式向界面供氧速度，从而使界面张力的变化更显著。

## 习　题

6-1　什么是表面张力，影响表面或界面张力的因素有哪些？
6-2　简述冶金高温熔体表面张力的主要影响因素。
6-3　什么是马兰戈尼流动，其产生的原因是什么？
6-4　界面润湿分几种类型，影响界面润湿行为的因素有哪些？
6-5　什么是拉普拉斯方程，该方程的建立有什么意义？
6-6　详述一种冶金熔体表面张力的测定方法。
6-7　详述冶金领域一种固/液或液/液界面张力的测定方法。

# 7 冶金熔体黏度测试技术

## 7.1 黏度基础

黏度是黏性的程度，通常是指流体流动时其内部的黏滞性，也称动力黏度、黏（滞）性系数、内摩擦系数。黏度的本质是流体各部分质点在流动时所产生内摩擦力的结果。如图 7-1 所示，对于在管道中流动的流体，管中心轴处越近的流体流速越快，而越靠近管壁的流体流速越慢，在河里流动的河水同样如此。将水放在圆筒形容器中使之旋转运动，静置一段时间后，容器中运动的水便变为静止状态。当物体在静止的液体中旋转时，周围的液体也跟着旋转，一旦物体停止转动，旋转的液体也会慢慢的静止下来。又如，外筒用细丝吊挂在空气中，使与其同轴但互不接触的内筒旋转时，外筒也会跟着发生偏转。这些现象说明流体在流动时内部各部分的速度是不相同的，各个流层间存在着速度差和运动的逐层传递，具有黏滞性的性质，这就是流体与固体最重要的区别。

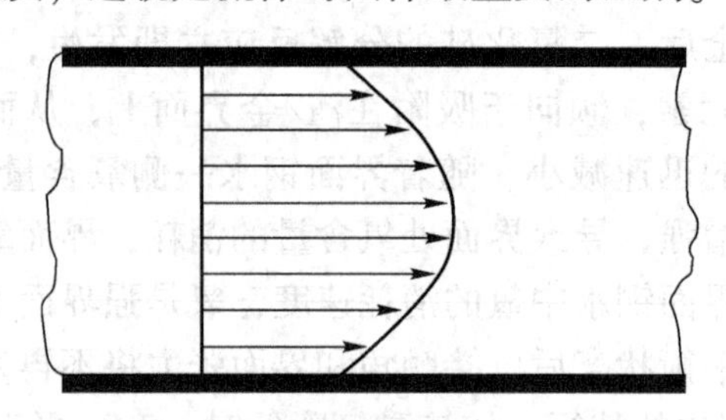

图 7-1　管道中的流体示意图

黏度是流体对形变的抵抗随形变速率的增加而增加的性质，是稳定流体中剪切应力与剪切速率的比值，表达式为

$$\eta = \tau.\ TIF,\ JZ]\!]/\gamma \tag{7-1}$$

式中，$\eta$ 为黏度或黏性系数，Pa · s；$\tau$. TIF，JZ]，$\gamma$ 分别为剪切应力和剪切速率。

牛顿在 1687 年提出了牛顿黏性定律（也称为牛顿内摩擦定律），该定律定量地给出了流体黏度与内摩擦力的关系。一切真实流体中，流体内部两流层的接触面上会产生内摩擦力，这种现象可归因于不同流速流体之间发生的动量交换。这种内摩擦力与作用面平行，故又称流动切应力，或黏性力。以平行平板流动为例，如图 7-2 所示。在两个平行平板之间注满流体，下板静止，对上板施加一恒定的力使其做平行于下板的匀速运动，两板间流体会随运动的上板运动起来，紧贴上板的流体与其做同速运动，而紧贴下板的流体则保持静止，运动在液体中由上至下逐层传递，两板之间的流体呈现出速度梯度。

假设流层间接触面积为 $S$，距离为 d$y$，速度差为 d$v$，可计算出流体的黏滞力为

$$F = \eta S \frac{\mathrm{d}v}{\mathrm{d}y} \tag{7-2}$$

式中，$F$ 为黏滞力（内摩擦力）；$S$ 为流层间接触面积；$\eta$ 为流体的（动力）黏度；$\frac{\mathrm{d}v}{\mathrm{d}y}$ 为速度梯度。

也可将式（7-2）写为

$$\tau.\ TIF,\ JZ】 = \eta\gamma \tag{7-3}$$

式中，$\tau.\ TIF,\ JZ】$ 为剪切应力，$\tau.\ TIF,\ JZ】 = F/S$；$\gamma$ 为剪切速率，$\gamma = \frac{\mathrm{d}v}{\mathrm{d}y}$。

式（7-2）和式（7-3）就是牛顿黏性定律的两种表示方法。

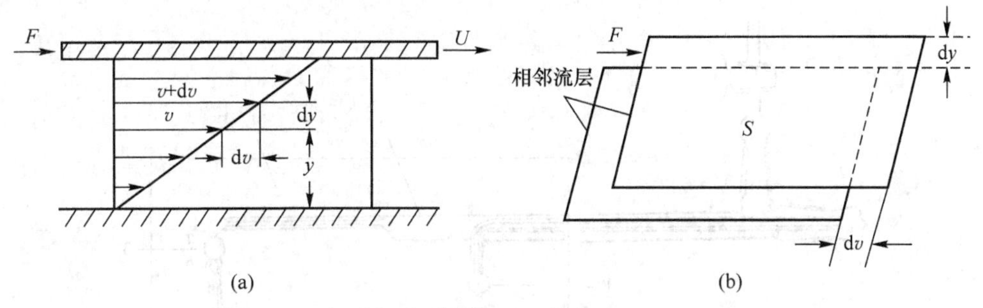


图 7-2　速度梯度

（a）平板间液体流速变化；（b）相邻流层液体流速变化

## 7.2　黏度测量方法

黏度测量的理论基础为牛顿黏性定律，针对液体黏度的测量，已经发展出细管法、旋转法、落体法以及振动法等方法。由于各种黏度测试方法自身设计的原因，每种黏度测量方法都有自己的特点和适用范围。

### 7.2.1　毛细管法

毛细管法是基于哈根-泊肃叶（Hagen-Poiseuille）定律的一种测量液体黏度的方法，该定律于19世纪被法国科学家泊肃叶在毛细管中牛顿流体的流动实验中发现并提出。在实验中，泊肃叶做出如下假设：流体是不可压缩的；流体是牛顿流体；管子足够长、直线状、内径均匀一致；在管壁处无滑动；流动为稳定流；流动为层流。假设液体在半径为 $R$，长度为 $L$，两端压力差为 $p$ 的毛细管中做匀速流动，则液体受力大小为 $\pi R^2 p$。对于半径为 $r$，表面积为 $2\pi RL$ 的流体元，所受外力 $\pi r^2 p$ 与其表面的黏性力平衡，由牛顿黏性定律可得

$$\pi r^2 p = -\eta 2\pi L \frac{\mathrm{d}v}{\mathrm{d}r} \tag{7-4}$$

将紧贴于管壁上的流体速度为零（$r=R$，$v=0$）的条件代入上式，得到理想状态下的流体黏度表达式，如下：

$$\eta = \frac{\pi R^4 p}{8QL} = \frac{\pi R^4 p}{8VL} t \tag{7-5}$$

式中，$Q$ 为流体流经毛细管的流量；$V$ 为在 $t$ 时间内流过毛细管的流体体积。

上述公式被称为泊肃叶定律，因为给出了流体在管内流量和流体黏度的关系，该定律成为细管法测定黏度的理论基础。

需要注意的是，泊肃叶定律是对理想状态下管内液体黏度的表达式。而在实际应用中还需引入动能修正项和管端修正项，则公式变为

$$\eta = \frac{\pi R^4 p}{8V(L - nR)} - \frac{m\rho V}{8\pi(L + nR)t} \tag{7-6}$$

式中，$m$ 为动能修正系数，$m$=1.1~1.2；$n$ 为末端修正系数，$n$=0.5~0.8。

毛细管法的测量装置有两种，分别是水平毛细管黏度计和垂直毛细管黏度计，如图 7-3 和图 7-4 所示。

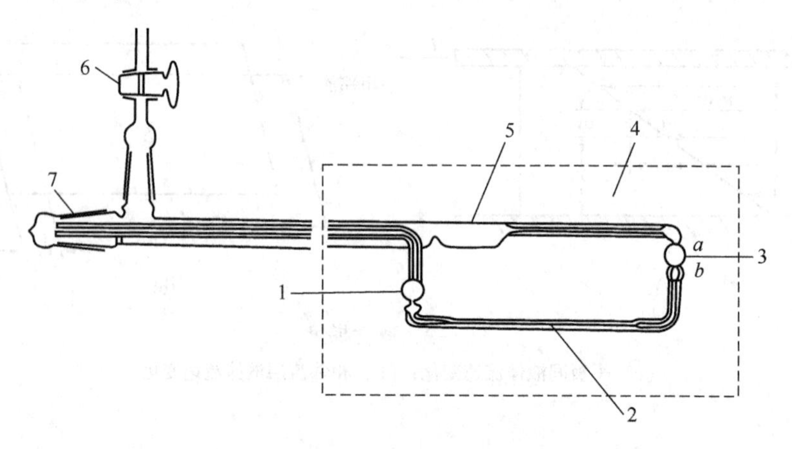


图 7-3　水平毛细管黏度计

1—储存容积；2—毛细管；3—已知容积；4—高温炉；5—样品容器；6—真空活塞；7—加样磨口管

以测量金属熔体为例，水平毛细管黏度计测量的步骤为：金属样品通过 7 加入到容器 5 中，通过真空活塞使容器 5 内达到真空环境，待金属样品在高温炉 4 中熔化后，倾斜装置使金属熔体流入 1 后回流至 3，当液面略高于刻度 $a$ 时，将装置恢复水平状态，此时由于重力作用，金属熔体将流入毛细管中，记录液面从刻度 $a$ 下降至刻度 $b$ 所用时间 $t$，代入式（7-6）即可求出金属熔体黏度。

垂直毛细管黏度计测量的步骤为：金属样品在玻璃容器中熔化后，熔体由于负压被吸入毛细管 2 和熔体储存器 5 中。撤去负压后，金属熔体将向下流动。测得熔体流过储存器的时间 $t$ 并代入式（7-6）即可求出金属熔体黏度。

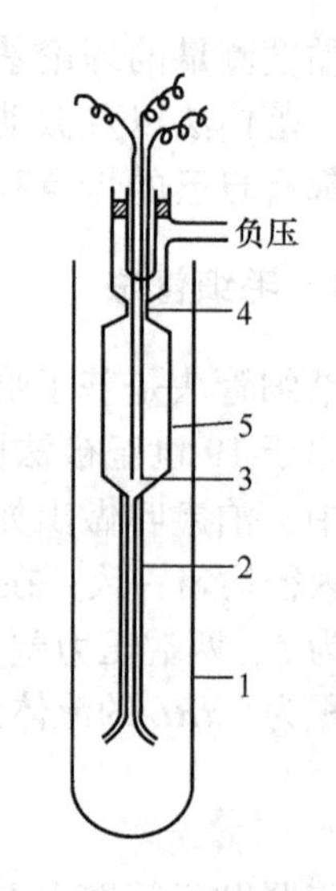


图 7-4　垂直毛细管黏度计

1—玻璃容器；2—毛细管；3—下部支点；4—上部接点；5—熔体储存器

毛细管法是常温下测定流体黏度最常用的一种方法，测量范围广，从黏度为 $10^{-1}$ m · Pa · s 的低黏度液体到 $10^{8}$ m · Pa · s 的高黏度液体都能测定，且测量精度也相对较高。但是在高温下使用毛细管法测定合金熔体的黏度时，很难找到同时满足耐热和耐腐蚀的优质毛细管材料，而且很难能够保证将毛细管

的内径加工得十分均匀。此外，也无法像在常温下那样简单地观察合金熔体在管中的流动过程。

### 7.2.2 旋转法

当浸在流体中的物体做旋转运动，或其本身处于静止状态而周围的流体在其周围旋转流动时，这些物体均将受到基于流体的黏性力矩的作用。若旋转速度等条件相同，黏性力矩将随流体的黏度而变化。旋转法的原理是通过测定作用于物体上的黏性力矩来确定流体的黏度。

通过旋转法测量流体黏度的装置由两个半径不同的同心圆筒组成，待测液体填充在两个圆筒之间。测量黏度时，使其中一个圆筒匀速转动的同时另一圆筒保持静止，让位于圆筒间的液体在径向距离产生速度梯度。液体黏滞力的作用相当于在旋转圆柱上加一个切应力，会改变圆筒的转矩，此时测量转矩的变化可计算出待测液体的黏度。为保证测量的准确性，两圆柱间的液体不能产生紊流流动，因此圆柱转速不宜过快。

如图 7-5 所示，两个同轴的圆筒半径分别为 $R$ 和 $r$，内筒在待测液体中的浸没高度为 $h$，旋转柱体的角速度为 $\omega$。为保证测头的匀速转动，可通过转机施加扭矩 $M$。因液体流动时所产生的内摩擦力的作用，在不同黏度的待测液体中，施加的扭矩 $M$ 也会发生相应的改变，通过记录转矩 $M$ 的变化可以获得待测液体黏度。$M$ 可通过式（7-7）计算得到。

$$M = \frac{4\pi\eta h\omega}{\dfrac{1}{r^2} - \dfrac{1}{R^2}} \tag{7-7}$$

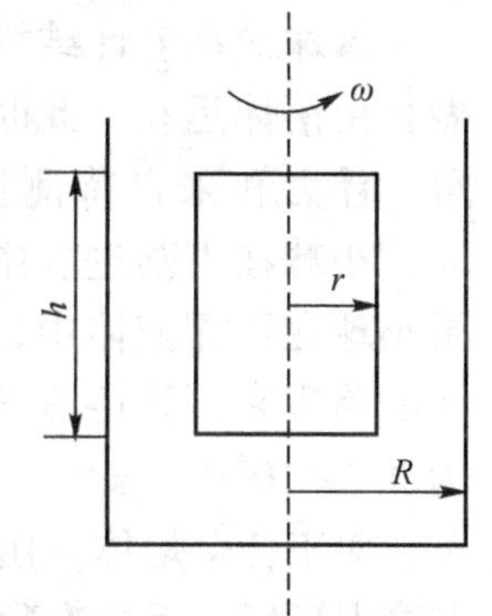


图 7-5 旋转法装置示意图

因实际情况中的圆筒不可能是无限长的，两圆筒端面间产生的黏滞阻力会对结果造成影响，所以引入了附加管长 $c$ 来修正这种端面效应：

$$\eta = \frac{M}{4\pi(h + c)\omega}\left(\frac{1}{r^2} - \frac{1}{R^2}\right) \tag{7-8}$$

对于黏度为 0.1～15Pa·s 的液体，修正项附加管长 $c$ 可看作常数。对于黏度小于 0.1Pa·s 的液体，$c$ 对于黏度的影响很大。在确定的实验条件下测量待测液体黏度时，可将上式简化为

$$\eta = K\frac{M}{\omega} \tag{7-9}$$

式中，$K$ 为与测试仪器相关的常数，通过已知黏度的液体标定。由此可知，只要测定力矩 $M$ 和角速度 $\omega$，即可得到待测液体的黏度。

旋转法具有适用于所有流体，测量简单快速，可实现连续测量等优点。但是在实际测量中，准确的测量力矩 $M$ 十分困难，这就导致旋转黏度计硬件设备多，结构复杂，价格也普遍较贵。因此，在工业生产中要根据使用条件和工业环境合理的选择。

### 7.2.3 落体法

落体法是一种通过在流体中落下的物体来测量黏度的方法，与细管法一样是最早被应

用的黏度测量方法之一。落体法测量液体黏度又分为落球式、落柱式和气泡式，其中落球式因为操作简单方便，温度要求不高，被广泛应用于常温液体的绝对黏度测量。

当半径为 $r$ 的刚性小球在黏性流体中以速度 $v$ 运动时，小球所受的黏性力可以用量纲的方法确定下来，式中 $k$ 为常数：

$$F = k\eta rv \tag{7-10}$$

1845 年斯托克斯对 $k$ 值进行了数学分析。假设小球在流体中的运动满足以下条件：流体为牛顿流体且范围无限广；球体为刚性球并与流体之间无滑动；小球在流体中做匀速运动且速度很小。在忽略纳维—斯托克斯（Nvier-Stokes）方程惯性项的情况下，确定出 $k$ 的数值为 6，即

$$F = 6\pi\eta rv = 3\pi\eta dv \tag{7-11}$$

式中，$d$ 为刚性小球直径；$\eta$ 为液体黏度。

式（7-11）描述了刚性小球在流体中的运动速度与流体黏度的关系，被称为斯托克斯定律。

落球式黏度计结构如图 7-6 所示。小球在待测液体中做自由落体运动，此时小球将受到三个力，分别是球体自重、浮力和来自待测液体的黏滞阻力。待测液体黏度不同，小球在下落过程中受到的黏滞力不同。因此可通过记录小球在待测液体中运动一定路程的时间或者运动一定时间的路程来测算待测液体的黏度。落球法的黏度测定范围为 $0.1 \sim 10^5 Pa \cdot s$。

对于合金熔体，由于落球法装置中很难形成较长的均匀高温环境，无法准确记录小球在高温熔体中的下落过程。通过 X 射线和电磁感应技术可以解决记录小球下落运动过程的难题，但又极大地增加了落球法应用的成本，所以落球法很少应用于高温熔体的黏度测量。

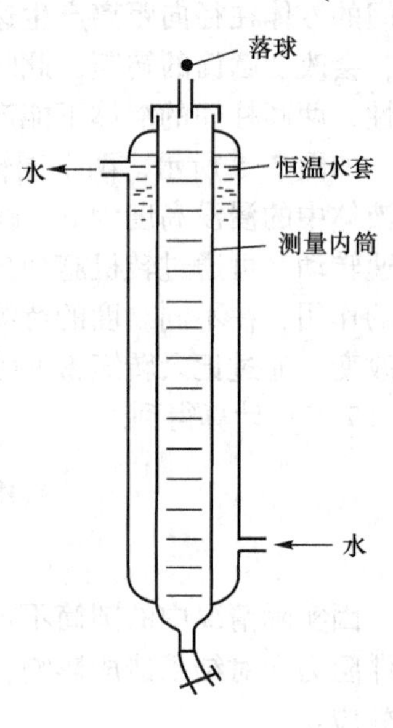


图 7-6 落球黏度计结构

### 7.2.4 振动法

置于流体中的物体在振动时会受到来自流体的黏性阻力作用，这种作用的大小与流体的黏度有关，振动法就是根据这种原理测量液体黏度。振动法主要分为扭转振动法和振动片法。

扭转振动法的测试装置结构如图 7-7 所示。根据具体测试原理的不同，扭转振动法又分为衰减振动和强制振动。

其中，衰减振动法通过施加初始转矩，使浸没在待测液体中的测量装置做往复的扭摆振动。由于待测液体黏滞力的作用，扭摆装置在液体中的振动逐渐衰减。通过测量扭摆装置振幅的衰减情况和衰减周期可以间接的测量待测液体黏度。强制振动法通过施加外力的方式使测量装置以恒定的角速度以及振幅做扭摆运动。因待测液体黏滞力引起的能量损失和待测液体的黏度以及密度成正比例关系，所以可以通过测量强制振动过程中的能量补充来对待测液体黏度进行测量。

因为物体振动周期和衰减状态的测量便于实现，测量所需样品也较少，振动法主要应用于低黏度液体和熔体的黏度测量。但目前并没有公认的理想黏度计算式，且大部分扭摆

振动法的装置都采用正悬垂式，即吊丝位于坩埚上方。由于上升气流易使测试环境温度产生波动和扭摆不稳定，吊丝的弹性振幅的测量容易受到很大影响。

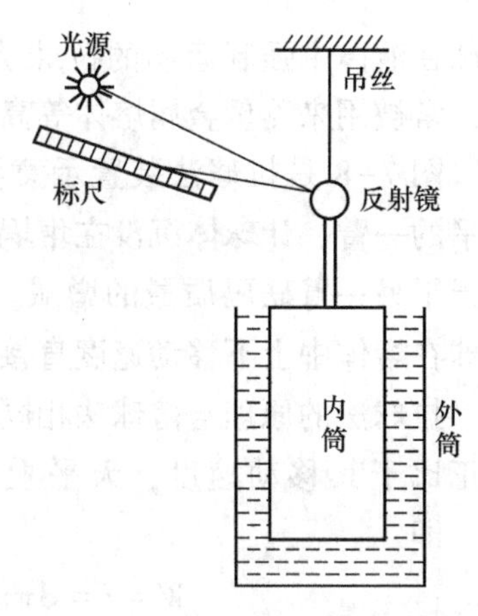

图 7-7 扭转振动法装置示意图

振动片法是以平滑的薄片在液体中振动，因受液体黏滞阻力的作用，薄片的振幅会随液体的黏度的变化而变化，由此特性可以测量液体的黏度。通过分别测量薄片在真空或空气中和在液态样品中的振幅，根据下面的公式可以计算液体的黏度：

$$\rho\eta = K\left(\frac{f_a E_a}{fE} - 1\right)^2 \tag{7-12}$$

$$K = \frac{R_M^2}{\pi f_a A^2} \tag{7-13}$$

式中，$f$，$f_a$ 为薄片在空气中和液体中的振动频率；$E$，$E_a$ 为薄片在空气中和液体中的振幅；$K$ 为仪器常数；$R_M$ 为液体的动力学阻力成分；$A$ 为薄片面积。

振动片法的优点在于可以连续或间断地测量黏度范围较大的液体。但是，不适应于测量黏度较低的液态金属，由于薄片在低黏度的液体中的振荡频率较快，与在空气中的振荡频率比值很小，这样测量的误差将增大。

### 7.2.5 金属熔体黏度测试方法

金属熔体是一种或两种以上金属或其化合物组成的均匀混合的熔融态物质，其结构具有以下特点：

（1）在熔点附近液态金属和固态金属具有相同的结合键和近似的原子间结合力；

（2）原子的热运动特性大致相同，原子在大部分时间仍是在其平衡位附近振动，只有少数原子从一平衡位向另一平衡位以跳跃方式移动；

（3）金属熔体在过热度不高的温度下具有准晶态的结构——熔体中接近中心原子处原子基本上呈有序的分布，与晶体中的相同；在稍远处原子的分布几乎是无序的。

纯液态金属的黏度的范围主要为 $(0.5\sim8)\times10^{-3}$Pa·s，接近于熔盐或水的值，远小于熔渣的黏度值。金属熔体的黏度与其中的合金元素有关。例如对于温度为1600℃的液态铁来说，当铁中其他元素的总量不超过0.02%~0.03%时，黏度为 $(4.7\sim5.0)\times10^{-3}$Pa·s；而当其他元素总量为0.100%~0.122%时，铁液的黏度升高至 $(5.5\sim6.5)\times10^{-3}$Pa·s。

在铁液中 Si、Mn、Cr、As、Al、Ni、Co 和 Ge 等元素使铁液的黏度下降；V、Ta、Nb、Ti、W 和 Mo 等使铁液的黏度增加；Cu、H 和 N 等元素对铁液黏度的影响很小；C 含量在0.5%~1.0%范围内可使铁液黏度降低20%~30%；C 含量在0.5%以下时对铁液黏度的影响比较复杂。

金属熔体黏度的简易测量方法主要为拉球法，其由落球法发展而来。落球法是常温下测定液体黏度常用的方法。此法设备简单，测量方便，很久以来，人们力图用这种方法测量高温熔体黏度，但由于较长的均匀温场难于获得，以及球体下落计时上的技术困难，使此法用于高温受到很大限制。为了克服落球法在实验技术上的困难，人们又设计了一种使小球在液体中强制运动的拉球法。与落球法相比，拉球法具有设备简单、测量方便的特点，常被用来测量金属熔体等高温液体的黏度。

图 7-8 是拉球法装置示意图。将小球垂吊在精密天平的一臂，让球体沉没在坩埚的熔体中，其上下运动靠天平另一臂砝码质量的增减。对一定的小球和坩埚，小球在熔体中上下移动速度直接与熔体黏度有关。

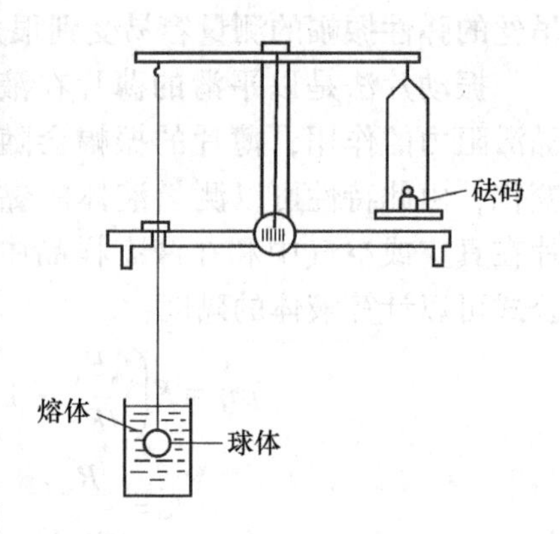

图 7-8 拉球法装置示意图

拉球法的原理与落球法相同，小球在熔体中所受阻力正比于其移动速度，天平上砝码的质量 $W$ 等于阻力，即

$$W = f = 6\pi\eta rv \tag{7-14}$$

通过实验，测定在不同砝码质量作用下的小球移动速度并作图，所得曲线斜率即为比例系数 $A$，于是可得黏度 $\eta=\dfrac{A}{6\pi r}$，$r$ 为小球半径。

### 7.2.6 熔渣黏度测试方法

熔渣是指铁矿石经冶炼后包覆在熔融金属表面的玻璃质非金属物。主要由冶金原料中的氧化物或冶金过程中生成的氧化物组成，熔体熔渣主要由氧化物构成，如 CaO、FeO、MnO、MgO、$Al_2O_3$、$SiO_2$、$P_2O_5$、$Fe_2O_3$ 等，除氧化物外，熔渣还可能含有少量其他类型的化合物甚至金属，如氟化物（$CaF_2$）、氯化物（NaCl）、硫化物（CaS、MnS）、硫酸盐等。

在一定温度下熔体流动性能的好坏，一般用黏度的大小来衡量。黏度大的熔体流动性能差，反之黏度小的熔体则流动性好。黏度是炉渣最重要的物性之一。炉渣黏度关系到冶金熔体的多相反应动力学问题，因为质点在炉渣内扩散速度与炉渣黏度的大小成反比，黏度大质点扩散速度慢。反之黏度小则有利于质点扩散速度的加速；熔锍与炉渣在冶炼条件下的分层和澄清与它们的黏度有关，由斯托克斯公式可知金属颗粒在炉渣中的沉降，有利于降低渣中金属损失，提高金属回收率，炉渣黏度的大小还影响炉内温度的分布情况，黏度大的炉渣，需要保持较高的炉温以利于冶炼的正常进行，反之亦然。此外，炉渣黏度是其内部质点相互作用的一种现象，即炉渣黏度变化是其结构变化的宏观反映。

在之前的小节中所述的旋转法和振动法也广泛用于测量熔渣、焊渣、煤渣的黏度，原理和测试设备基本一致。略有差别的是这些熔体需要在更高温度下（如高达 1700～1800℃）进行黏度测量。因此其测量仪器尤其是电炉的加热体及探测系统就要求用耐更高温度的材料。

### 7.2.7 熔盐黏度测试方法

熔融盐黏度的实验测量方法已经发展得比较成熟，实验仪器也正在不断改进，到目前为止，常用的纯组分熔融盐已有大量的黏度实验数据，但在对纯组分熔盐黏度数据进行拟合时有时存在较大的误差；因混合熔融盐涉及到各种不同混合方式及混合比例，所以目前已有的数据有限，种类差异性较大。

目前国内外熔融盐黏度实验测量方法主要有振动法、旋转法和毛细管法。其中振动法和毛细管法更适合测量高温低黏度流体，旋转法和落体法适合测量高黏度熔体。高温熔融盐黏度的测量则主要使用振动法，其他方法使用较少，比较常用的仪器有高温振荡杯/坩埚黏度仪和新型流变仪，目前较为先进的流变仪兼旋转原理和振动原理测量，能满足各种测量需求。

## 7.3 工业中熔体黏度在线测试技术

许多行业领域都需要对生产过程中的液体进行黏度的连续自动测量与控制，这样可以达到提高生产效率、保证产品质量、安全生产及能源节约的目的。在石油工业中，减压蒸馏过程，柴油、润滑油、燃料油等在线自动调和过程和润滑油的脱蜡脱沥青过程等，在线的黏度监测对检查原料质量，监视与控制生产、提高产品合格率，实现自动接合及自动切换产品装罐等方面有着重要意义。在用重油作燃料的交通、电力工业中，黏度在线测量可以提高燃烧油的雾化效率，使其维持最好的燃烧效果，间接地节约燃料。在各种聚合工程中，通过黏度的在线监测来控制反应终点达到质量与产量控制及实现安全生产。在化纤抽丝前的熔体黏度瞬时监测可以提高纤维的良品率，减少能耗。造纸和纺织工业生产中的黏度在线测量可以改进淀粉的转换过程，提高上胶操作和自动涂料过程的效率。此外，在线黏度测量在油墨生产、油漆喷涂、洗涤剂与化妆品生产、颜料浇涂、胶丸生产以及在浇涂、浸渍、滚涂和幕布涂等修饰过程也都发挥着重要作用。

对于在线黏度测量的黏度计来说，需要将其直接安装在生产管线或反应釜中，这就要求黏度计能够准确测定且便于遥控，容易进行温度补偿等。下面介绍几种测量方法和补偿系统及黏度计。

### 7.3.1 细管法

此方法黏度测定原理与实验室的离线测定原理相同。细管与定量泵连接，由定量泵控制流体以一定的流量进入细管，由压力检测器测量细管两端的压力差，根据泊氏（Poiseuille）定律计算流动液体的黏度。

为了防止腐蚀的影响，黏度计的细管、流量计、压力计等部分通常由优质金属材料制成。定压式黏度计为旁路安装。由采样泵把主流管中的流动液体泵入旁路系统，经过除杂过滤器和恒压器、恒温器后，由细管出口的流量计测定流量。流经定压器的一部分液体从分流管流回主流管并计算黏度。定量式黏度计也为旁路安装。安装形式与定压式基本相同，只需将细管入口的定压器换成定流泵，以维持细管的流量恒定，然后通过差压检测器测量细管两端压力差来计算待测液体的黏度。

### 7.3.2 旋转法

在线黏度测量方法中，旋转法的应用更加广泛，在线旋转黏度计的测量原理与实验室黏度计相同，但根据在线测量的特点，以控制速率模式为主，控制应力模式较少。在线旋转黏度计按照安装方式分为管流式及浸入式。

大部分管流式在线旋转黏度为旁路安装。将黏度计安装在分流管路中，在液体测量以前要经过采样系统（包括采样管、过滤器、采样泵、调节阀、压力表等），测量后，液体再流回到主流管中。浸入式则直接将黏度计插入待测液体中进行黏度测量。

### 7.3.3 落体法

落体法在线黏度计分为活塞式和浮子式两种。活塞式的采样泵将待测液泵入旁路后，经三通阀使其分成两路，待测液分别流入试样管及其外围的保温套管中，再汇入主流管。计时元件通过由磁性材料制成的活塞在下落时与磁敏元件的相互作用进行自动计时。活塞下落时处理单元控制三通阀门使待测液体停止流入试样管，当活塞落至终点时阀门打开，待测液体流入，同时电磁元件将活塞提升。这种测量实际上并不是连续测量而是间歇测量。浮子式与落柱式的原理大体相似，它是将浮子置于垂直安装的试液管中，试液管旁路安装于流程中，由计量泵将液体从试液管下方泵入，由浮子所处位置确定试液的黏度。

### 7.3.4 振动法

与上述方法相比，振动法的在线黏度测量虽然开发时间略晚，但发展很快，国内外市场上已有不少产品。振动法的在线测量原理与实验室振动黏度计相同。黏度计的传感头为一圆柱体，以其自然频率沿轴向共振，当它剪切待测液体时，由于待测液体黏度产生的阻力，传感头振动会产生能量损失，能量的损失由一电子回路测量，通过信号处理器转换成黏度读数。

### 7.3.5 黏度杯法

黏度杯也可安装在生产流程中，进行液体黏度相对比较测量及自动监控。在线安装的自动黏度杯黏度计的工作原理为：由程控信号打开阀门，流体由分流管流入杯中，当液滴由杯底的小孔滴出并落在流出检测器上时，计时器启动，当液体流满杯子从溢出口溢出并滴在溢出检测器上时，计时器关闭，由这一时间间隔来比较黏度的大小。

### 7.3.6 温度补偿系统

由于黏度与温度的关系极其密切，在许多情况下又无法在目标温度或所要求的温度下测量黏度，因此在实际测量中通常会采取温度补偿的办法，根据被测液体的黏度—温度关系，用电动、气动、机械等形式提供一个补偿值，如果适当进行温控，使其在较窄的温度范围内再行补偿，将可获得精确的补偿值。

## 习　题

7-1　什么是黏度，为什么会产生黏度？

7-2　简述毛细管法的优缺点。

7-3　简述落球法与拉球法的差异。

7-4　测试冶金熔渣黏度可以采用哪些方法？简述其原理及测试过程。

7-5　采用旋转法测试熔盐的黏度是否合适，为什么？

# 8 冶金过程物理模拟

冶金过程一般分为火法冶金过程和湿法冶金过程，火法冶金为高温下熔体的物理化学过程，湿法冶金则是常压或高压下溶液中发生的物理化学过程。对于冶金生产而言，满足热力学条件是前提，动力学条件往往是高效冶金过程的限制性环节，反应过程动力学受化学反应速度、多相传质速度、反应界面面积等条件影响，对于炼钢、连铸、精炼、火法炼铜等高温过程，化学反应速度往往较快，一般不是反应过程的限制性步骤，因此，多相传输行为（动量、质量、能量）是强化大多数冶金过程的关键，这包括了宏观传输和微观传输两个层面，宏观层面主要是指流体的宏观流动传输，是物理模拟和流体力学数值模拟研究的重点，微观层面主要是指多相界面微观尺度的传质。为了评价体系多相传输行为的快慢，需要掌握反应器内溶液或熔体的一些特征参数，如混匀时间、速度分布、湍流性质等，对一些冶金过程，尤其是高温、高压等极端环境下的冶金过程，开展直接的测量或观察研究往往非常困难，因此，物理模拟和数值模拟成为研究冶金过程多物理化学行为的重要手段，在世界冶金工业的科研和生产中发挥了重要作用。

对于物理模拟而言，为了便于开展实验室研究，常对原型进行按比例缩小，为了模拟实际的冶金体系，需要依据一定的准则来建立能反映实际体系行为的模型，这些准则就是常说的相似原理，模型与实际体系之间要满足几何相似、运动相似和动力相似，相似原理是物理模型建立的理论依据。对于冶金过程数值模拟而言，多直接对实际体系开展模拟仿真，由于直接求解高湍流流体几乎是不可能的，因此，往往要不可避免的使用湍流模型，同时，需要实验验证来证明数值模拟结果的可靠性。一般而言，由于冶金过程的复杂性，常需要对原型进行合理简化，因此，物理模拟和数值模拟往往以反映实际体系的典型行为特征为研究重点。

## 8.1 相似原理

几何相似是指两流动流体的对应边长成同一比例，对应角相等，引入尺度比例系数，其中模型流动用下标 m 表示，原型流动用下标 p 表示：

边长比例系数 $k_l$ 可表示为

$$k_l = \frac{l_m}{l_p} \tag{8-1}$$

面积比例系数 $k_A$ 可表示为

$$k_A = \frac{A_m}{A_p} = k_l^2 \tag{8-2}$$

体积比例系数 $k_V$ 可表示为

$$k_V = \frac{V_m}{V_p} = k_l^3 \tag{8-3}$$

式中，$l_m$ 为模型流动边长；$l_p$ 为原型流动边长；$A_m$ 为模型流动面积；$A_p$ 为原型流动面积；$V_m$ 为模型流动体积；$V_p$ 为原型流动体积。

运动相似是指两流动对应点上的速度方向相同，大小成一定比例，引入速度比例系数 $k_u$

$$k_u = \frac{u_m}{u_p} \tag{8-4}$$

由于存在以下关系：

$$u_m = l_m / t_m \tag{8-5}$$

$$u_p = l_p / t_p \tag{8-6}$$

因此，可以得到如下关系：

$$k_u = \frac{l_m / t_m}{l_p / t_p} = \frac{k_l}{k_t} \tag{8-7}$$

式中，$u_m$ 为模型流动速度；$u_p$ 为原型流动速度；$t_m$ 为模型流动时间；$t_p$ 为原型流动时间；$k_t$ 为时间比例系数，定义为

$$k_t = \frac{t_m}{t_p} \tag{8-8}$$

运动相似建立在几何相似基础上，此时，满足运动相似的时候，时间比例系数 $k_t$ 是确定的。运动学物理量的比例系数都可以表示为尺度比例系数和时间比例系数的不同组合形式，如下所示：

$$k_u = k_l k_t^{-1} \tag{8-9}$$

$$k_a = k_l k_t^{-2} \tag{8-10}$$

$$k_\omega = k_t^{-1} \tag{8-11}$$

$$k_\nu = k_l^2 k_t^{-1} \tag{8-12}$$

$$k_q = k_l^3 k_t^{-1} \tag{8-13}$$

式中，$k_u$ 为速度比例系数；$k_a$ 为加速度比例系数；$k_\omega$ 为角频率比例系数；$k_\nu$ 为运动黏度比例系数；$k_q$ 为体积流量比例系数。

动力相似是指两流动的对应部位上同名力矢（方向和大小）成同一比例。引入力比例系数 $k_F$：

$$k_F = \frac{F_m}{F_p} \tag{8-14}$$

或写成以下形式：

$$k_F = k_m k_a = (k_\rho k_l^3)(k_l k_t^{-2}) = k_\rho k_l^2 k_u^2 \tag{8-15}$$

式中，$F_m$ 为模型流动力；$F_p$ 为原型流动力；$k_\rho$ 为密度比例系数。

力学物理量的比例系数可以表示为密度、尺度、速度比例系数的不同组合形式，例如，力矩比例系数 $k_M$：

$$k_M = \frac{(Fl)_m}{(Fl)_p} = k_\rho k_l^3 k_u^2 \tag{8-16}$$

压强比例系数 $k_p$：

$$k_p = \frac{p_m}{p_p} = \frac{k_F}{k_A} = k_\rho k_u^2 \tag{8-17}$$

功率比例系数 $k_N$：

$$k_N = k_M k_t^{-1} = k_\rho k_l^2 k_u^3 \tag{8-18}$$

动力黏度比例系数 $k_\mu$：

$$k_\mu = k_\rho k_l k_u \tag{8-19}$$

式中，$(Fl)_m$ 为模型流动力矩；$(Fl)_p$ 为原型流动力矩；$p_m$ 为模型流动压强；$p_p$ 为原型流动压强。

动力相似用相似准则数来表示，即要使模型流动和原型流动的动力相似，需要这两个流动在几何相似、运动相似的条件下各相似准则数都相等，常见的相似准则数有以下几种：

（1）$Re$ 数（雷诺数）。$Re$ 数为纪念英国工程师雷诺而命名，定义为

$$Re = \frac{\rho u l}{\mu} \tag{8-20}$$

式中，$l$ 为特征长度，m，对圆管流动取管的直径，对钝体绕流取绕流截面宽度，对平板边界层取离前缘的距离；$u$ 为特征速度，m/s，对圆管流动取管截面上平均速度，对钝体绕流取来流速度，对平板边界层取外流速度；$\rho$，$\mu$ 分别为流体的密度和动力黏度，$kg/m^3$，$kg/(m \cdot s)$。

物理意义：$Re$ 数表示惯性力与黏性力之比，是描述黏性流体运动非常重要的无量纲数。根据雷诺数的大小可判定黏性流体的流动状态，例如，当 $Re \ll 1$ 时称为蠕流，流动中黏性力占主导地位而惯性力可以忽略不计，物体在蠕流中运动时阻力与流体密度无关；当 $Re \gg 1$ 时称为大雷诺数流动，除了边界层外整个外流可按无黏性流体处理。在圆管流动中，雷诺数小于 2300 的流动是层流，雷诺数在 2300～4000 为过渡状态，雷诺数大于 4000 时为湍流，而在平板流中 $Re = 5 \times 10^5$ 成为层流边界层和湍流边界层的分界。

（2）$Fr$ 数（弗劳德数）。$Fr$ 数为纪念英国船舶设计师弗劳德而命名，定义为

$$Fr = \frac{u}{\sqrt{gl}} \tag{8-21}$$

式中，$l$ 为特征长度，对水面船舶取船长，对明渠流动取水深；$u$ 为特征速度，对水面船舶取船舶速度，对明渠流取截面上平均流速；$g$ 为重力加速度。

物理意义：$Fr$ 数表示惯性力与重力之量级比，是描述具有自由液面的液体流动时重要的无量纲数。

（3）$We$ 数（韦伯数）。$We$ 数为纪念德国机械专家韦伯（M. Weber）而命名，定义为

$$We = \frac{\rho u^2 l}{\sigma} \tag{8-22}$$

式中，$\sigma$ 为液体的表面张力，N/m；$l$ 为与表面张力有关的特征长度；$u$ 为特征速度。

物理意义：$We$ 数表示惯性力与表面张力之比。当研究气-液、液-液及液-固界面上的

界面张力作用时要考虑 $We$ 数的影响，但只有其他力相对比较小，界面张力的作用不可忽略时，$We$ 数才显得重要，例如液体薄膜流动、毛细管中的液面、小液滴或小气泡表面，以及微重力环境中的界面现象。

（4）$Eu$ 数（欧拉数）。$Eu$ 数为纪念瑞士数学家欧拉而命名，定义为

$$Eu=\frac{p}{\rho u^{2}} \tag{8-23}$$

式中，$p$ 为某一点的压强或两点的压强差，Pa。

物理意义：$Eu$ 数表示压力与惯性力之比，在描述压强差时，$Eu$ 数常称为压强系数，习惯上表示为

$$C_{\mathrm{p}}=\frac{\Delta p}{\frac{1}{2}\rho u^{2}} \tag{8-24}$$

当在液体流动中局部压强低于当地蒸汽压强 $p_{\mathrm{v}}$ 时，将发生空化效应或空蚀现象，$Eu$ 数又称为空泡数或空蚀系数，表示为

$$\sigma=\frac{p-p_{\mathrm{v}}}{\frac{1}{2}\rho u^{2}} \tag{8-25}$$

（5）$Sr$ 数（斯特劳哈尔数）。$Sr$ 数为纪念捷克物理学家斯特劳哈尔（V. Strouhal）而命名，$Sr$ 数定义为

$$Sr=\frac{l\omega}{u} \tag{8-26}$$

式中，$l$ 为特征长度，如圆柱的直径；$u$ 为特征速度；$\omega$ 为脉动角频率，$\mathrm{s}^{-1}$。

物理意义：$Sr$ 数表示不定常惯性力与迁移惯性力之量级比，在研究不定常流动或脉动流时 $Sr$ 数成为重要的相似准则数，例如圆柱绕流后部的卡门涡街从圆柱上交替释放的频率可用 $Sr$ 数描述。

（6）$Ma$ 数（马赫数）。$Ma$ 数为纪念奥地利物理学家马赫而命名，定义为

$$Ma=\frac{u}{c} \tag{8-27}$$

式中，$u$ 为流体速度；$c$ 为当地声速，m/s。

物理意义：$Ma$ 数表示了惯性力与压缩力之量级比，是表征流体可压缩程度的一个重要的无量纲数，主要用于以压缩性为重要因素的气体流动（$Ma>0.3$）。$0.3<Ma<1$ 表示气体的速度小于声速（亚声速），$Ma=1$ 表示气体速度等于声速（跨声速），$Ma>1$ 表示气体速度大于声速（超声速）。

（7）$Ne$ 数（牛顿数）。$Ne$ 数为纪念伟大的英国物理学家牛顿而命名，$Ne$ 数主要用于描述运动流体产生的阻力、升力、力矩和功率（动力机械的）等影响，一般可定义为

$$Ne=\frac{F}{\rho u^{2}l^{2}} \tag{8-28}$$

式中，$F$ 为外力，其他量与 $Re$ 数中含义相同。

物理意义：*Ne* 数表示外力与流体惯性力之量级比，当 $F$ 为阻力 $F_D$ 时，*Ne* 数称为阻力系数，表示为

$$C_D = \frac{F_D}{\frac{1}{2}\rho u^2 l^2} \tag{8-29}$$

当 $F$ 为升力 $F_L$ 时，*Ne* 数称为升力系数：

$$C_L = \frac{F_L}{\frac{1}{2}\rho u^2 l^2} \tag{8-30}$$

当描述力矩作用 $M$ 时，*Ne* 数变为力矩系数：

$$C_M = \frac{M}{\frac{1}{2}\rho u^2 l^3} \tag{8-31}$$

当描述动力机械的功率 $W$ 时，*Ne* 数变为动力系数：

$$C_W = \frac{W}{\rho u^3 l^2} = \frac{W}{\rho D^5 n^3} \tag{8-32}$$

式中，$D$ 为动力机械旋转部件的直径，m；$n$ 为转速，r/min。

## 8.2　冶金流体物理模拟方法

物理模拟有两种类型：一种是精确的物理模拟或称完全模拟，另一种是半精确模拟或称部分模拟，对大多数冶金过程而言，常开展部分模拟，研究其中的关键物理化学现象。

冶金过程的物理模拟往往不考虑冶金过程的高温和化学反应，常用的介质除气体外，有水、水银或某些低熔点金属如铅锡铋合金等。物理模拟的研究装置容易在实验室条件下建立，常用透明的有机玻璃建立模型，研究过程便于观察、测量和控制，物理模拟的建立必须要符合相似原理的要求，即满足几何相似、运动相似和动力相似。然而，冶金过程非常复杂，把冶金过程的现象完全准确模拟是非常困难的，因此，研究中常常抓住主要现象研究，建立物理模型时，按模型和实际体系中一些决定性的相似准数相等，来确定物理模型的合理参数。例如，钢的连铸中间包内，钢水的流动主要受惯性力、重力、黏性力作用，当雷诺数很大时（处于自模化区），黏性力与惯性力相比显得很小，可以忽略不计，此时，只要保证模型与原型的弗劳德数相等，即可用水模型近似的模拟中间包内钢水流动。

### 8.2.1　钢水单相流动模拟

钢水流动的物理模拟，常用水来模拟钢水，为保障水模型中的流动和实际钢水的流动相似，一般要求两个体系的 *Fr* 数和 *Re* 数相等，即

$$Fr_{水} = Fr_{钢} \tag{8-33}$$

$$Re_{水} = Re_{钢} \tag{8-34}$$

如果取反应器尺寸作为特征长度 $l$，液面流速 $u$ 作为特征速度，当 $Fr$ 数相等时有

$$u_{水}^2 / g l_{水} = u_{钢}^2 / g l_{钢} \tag{8-35}$$

则

$$u_{水} / u_{钢} = (l_{水} / l_{钢})^{1/2} \tag{8-36}$$

当 $Re$ 相等时，则有

$$\rho_{水} u_{水} l_{水} / \mu_{水} = \rho_{钢} u_{钢} l_{钢} / \mu_{钢} \tag{8-37}$$

式中，$\rho/\mu$ 为流体运动黏度的倒数，由于20℃左右的水和1500℃左右的钢水具有相似的运动黏度，因此，如果模型与实际体系的尺寸比为1∶1，即 $l_{水}/l_{钢}=1$，那么物理模型的 $Fr$ 数和 $Re$ 数均与实际体系相等，则可以保障两个体系流动相似。但由于冶金反应器尺寸往往很大，为了便于在实验室开展物理模拟研究，常对原型尺寸按一定比例进行缩小，此时，在保证 $Fr_{水}$ 和 $Fr_{钢}$ 相等的前提下，不要求模型和原型的 $Re$ 数相等，而是确保二者处于同一自模化区，那么也可以做到两个体系的流动相似。一般而言，水模型实验中，常采用确保关键准则数相等的近似法来确定水模型的实验参数。

### 8.2.2 气–液两相流模拟

对于气–液两相流，需要模型和原型修正的 $Fr'(=u^2\rho_g/gd\rho_l)$ 准则数相等。例如，模拟钢包底吹氩气的水模型实验，需修正的 $Fr'$ 准则数为

$$Fr' = \frac{\rho_g(\pi/4)d^2u^2}{g\rho_l(\pi/4)D^2H} \tag{8-38}$$

用底吹气体流量 $Q$ 表示为

$$Fr' = \frac{\rho_g Q^2}{g\rho_l(d\pi/4)^2D^2H} \tag{8-39}$$

由 $Fr'_{模型}=Fr'_{原型}$ 相等可得出：

$$(Q_{模}/Q_{原})^2 = (d_{模}/d_{原})^2(D_{模}/D_{原})^2(H_{模}/H_{原})(\rho_{l模}/\rho_{l原})(\rho_{g原}/\rho_{g模}) \tag{8-40}$$

其中，气体换算成标准态，并且引用几何相似条件 $(H_{模}/H_{原})=(D_{模}/D_{原})$，则

$$(Q_{模}^N/Q_{原}^N)^2 = (T_{原}/T_{模})(p_{模}/p_{原})(d_{模}/d_{原})^2(D_{模}/D_{原})^3(\rho_{l模}/\rho_{l原})(\rho_{g原}^N/\rho_{g模}^N) \tag{8-41}$$

式中，$d$ 为喷嘴直径，m；$u$ 为气流速度，m/s；$g$ 为重力加速度，$m/s^2$；$D$ 为熔池直径，m；$H$ 为熔池深度，m；$\rho_l$ 为液体密度，$kg/m^3$；$\rho_g$ 为气体密度，$kg/m^3$；$T$ 为气体出口温度，K；$p$ 为气体出口压力，MPa。将有关参数带入式（8-41），即可得到模型和原型的底吹气体流量换算关系。

### 8.2.3 熔池混匀时间测定

冶金反应器中的混匀时间具有重要实际意义，是表征反应器效率的重要参数之一。例如，钢水精炼过程中溶质元素的混匀时间直接影响到冶金反应动力学状况和实际生产所需

要的精炼时间，过去对冶金反应器中的流动、混合等宏观动力学行为研究，以及基于宏观动力学行为而开展的反应器设计，极大地提高了过程冶金的生产效率。混匀时间的研究分为冷态和热态两类，冷态研究通常在水模型中进行，热态研究是在冶金生产容器内加入示踪剂，并取样检测示踪剂的含量来获得混匀时间，例如，钢水中加入示踪剂 Cu 来测量钢包内的混匀情况，这里仅介绍在水模型中测定混匀时间的方法。

电导分析法是水模型实验中测定混匀时间的常用方法，它是将已知浓度的示踪剂（例如 KCl 溶液）瞬时注入水模型容器内，依据水溶液的电导率与水中盐的浓度相关，通过连续测量水中电导率变化直至电导率稳定，此时认为熔池内盐的浓度均匀，该过程所需要的时间称为完全混匀时间，有时也测定测量点处的溶液浓度在溶池理论均匀浓度的正负 5%、3%或 1%偏差以内时所需要的混合时间。熔池的混匀时间，通常测量熔池中有代表性的多个点的混匀时间获得，同时，要避免测量探头对流体流动的影响，熔池流动的“死区”通常需要较长的时间才能达到混匀后的平均浓度，这里“死区”是指流体的速度及物质输送相对比较慢的区域，因此，反应器设计、结构优化和工艺参数优化时，应尽可能减少熔池“死区”的体积比，从而缩短混匀时间，提高生产效率。

实验时，电导率仪测出的水溶液电导率变化可由记录仪连续记下的电导仪输出电压变化来表示。如将电导仪输出电压通过 A/D 转换器输入计算机，可将测量结果存储，同时按照预定关系进行处理，获得实验结果和图形，图 8-1 是测定底吹水模型内混匀时间的装置。此外，反应器水模型内的混匀时间还可采用 pH 值测定法进行测定，实验时在水中加入 $H_2SO_4$ 或 HCl 溶液作为示踪剂，用 pH 值计测量水溶液中 pH 值的变化，以确定混匀时间。

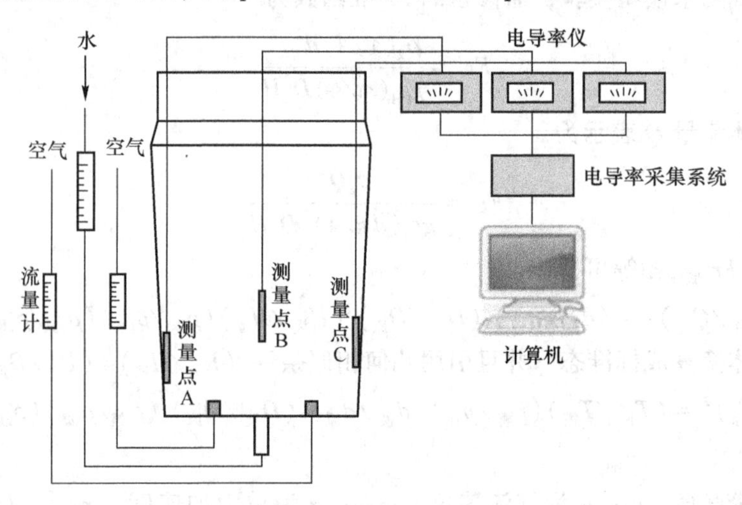


图 8-1　水模型实验混匀时间测定系统示意图

### 8.2.4　气-液反应模拟

使用 NaOH 溶液和 $CO_2$ 气体建立的水模型体系可以模拟气-液反应过程。例如，对钢液吸气速度的模拟研究和转炉吹炼过程的模拟研究等，都可以采用 NaOH-$CO_2$ 体系进行。实验时，将一定浓度的 NaOH 水溶液注入水模型容器中，用喷枪将 $CO_2$ 气体吹入反应器中，随着 $CO_2$ 与水溶液中 NaOH 反应，溶液的 pH 值将发生变化，稻田爽一导出了它们之间的转化关系如下：

$$c_{CO_2} = \{c[H^+] + c_{NaOH} - K_{H_2O}/c[H^+]\} \cdot \{K_1 \cdot K_2 + K_1 c[H^+] + c[H^+]^2\} / \{2K_1 \cdot K_2 + K_1 c[H^+]\} \tag{8-42}$$

$$\text{pH 值} = -\lg c[H^+] \tag{8-43}$$

式中，$c_{CO_2}$为溶液中吸收的 $CO_2$ 浓度，mol/L；$c_{NaOH}$为溶液中 NaOH 的初始浓度，mol/L；$K_{H_2O}$，$K_1$，$K_2$ 为平衡常数，在25℃时，$K_{H_2O}=10^{-14}$，$K_1=10^{-6.352}$，$K_2=10^{-10.329}$。

实验时，通过测定溶液的 pH 值变化，将测得的 pH 值代入式（8-42）及式（8-43），计算出已知 NaOH 浓度的溶液中所吸收的 $CO_2$ 浓度值，实现熔池反应行为的实时测定。实验表明，NaOH-$CO_2$ 吸收反应为一级反应，其吸收速度可表示为

$$-dc/dt = (Ak/V)(c_e - c_t) \tag{8-44}$$

将式（8-44）积分可得

$$\ln[(c_e - c_t)/(c_e - c_0)] = -(Ak/V)t \tag{8-45}$$

式中，$A$ 为反应表面积，$cm^2$；$V$ 为 NaOH 溶液的体积，$cm^3$；$t$ 为反应时间，s；$k$ 为 $CO_2$ 的传质系数，cm/s；$c_e$，$c_t$，$c_0$ 分别为 $CO_2$ 的平衡浓度、$t$ 秒后的 $CO_2$ 吸收浓度和 $CO_2$ 的初始浓度，mol/L。由实验得出的 $\lg[(c_e-c_t)/c_e]-t$ 曲线如图 8-2 所示，利用上式关系可求出容量传质系数 $Ak/V$，当界面面积 $A$ 和溶液体积 $V$ 已知时，即可求得传质系数 $k$。

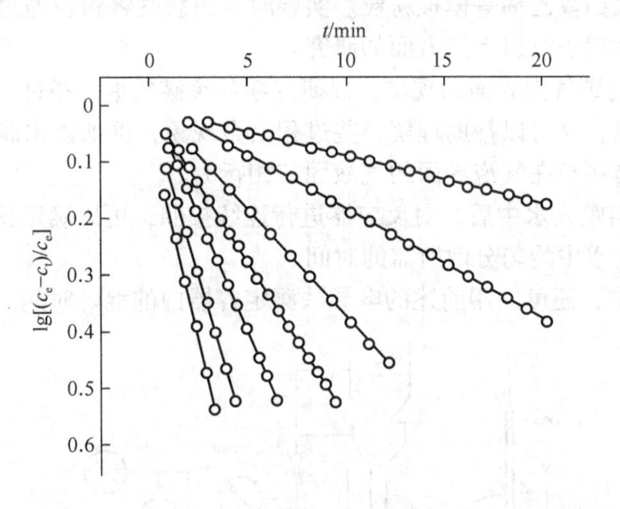


图 8-2 不同 $CO_2$ 流量下的 $\lg[(c_e-c_t)/c_e]-t$ 关系

### 8.2.5 液-液传质模拟

为模拟钢-渣反应，研究液-液之间的传质速度，可在水模型容器中用水模拟钢水，用油模拟熔渣，用苯甲酸（$C_6H_5COOH$）作示踪剂。实验时，先将苯甲酸溶于机油中，然后放在水表面上，吹气搅拌，苯甲酸逐渐向水中传递，通过电导率的变化测定水中苯甲酸浓度的变化，电导曲线变化可以表征油和水两相间的传质速率。图 8-3 所示为实验得出的水中苯甲酸浓度随时间的变化，各个曲线对应不同的吹气流量，可见随吹气流量增加，苯甲酸向水中传递速度加快。

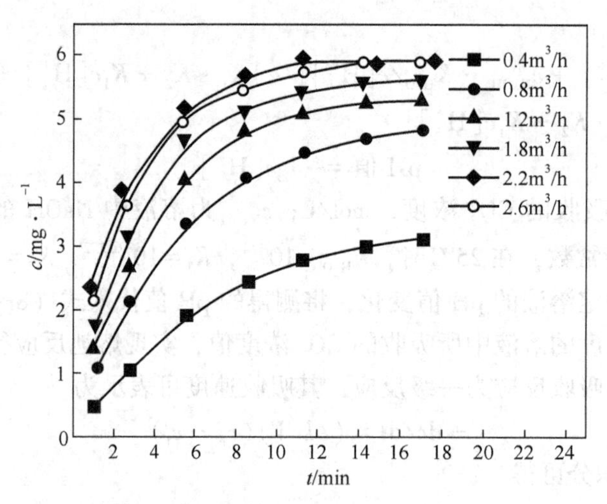


图 8-3　不同气体流量下两相传质过程的示踪剂浓度曲线

### 8.2.6　喷吹粉粒的模拟

模拟冶金喷粉过程的水模型如图 8-4 所示，实验中可以用聚苯乙烯颗粒、发泡聚苯乙烯颗粒、玻璃珠、聚四氟乙烯等模拟粉粒。实验时，由载气将粉粒通过浸入式弯头喷枪喷入容器内的水中，然后进行以下三方面的研究：

（1）记录粉粒突破气泡界面的现象，以研究粉粒突破气泡的条件，并测定粉粒突破气泡后射入水中的距离，这可以帮助理解一些过程冶金现象，例如铁水脱硫过程中喷吹碳化钙等脱硫剂时，固体颗粒在气泡界面的气液固三相行为。

（2）对固体粉料喷入水中后，对反应器进行连续拍照，可以确定粉末在容器内的分散情况，以判定粉粒在水中均匀分散所需的时间。

（3）喷粉过程中，还可以用前述的电导法测定容器内的混匀时间。

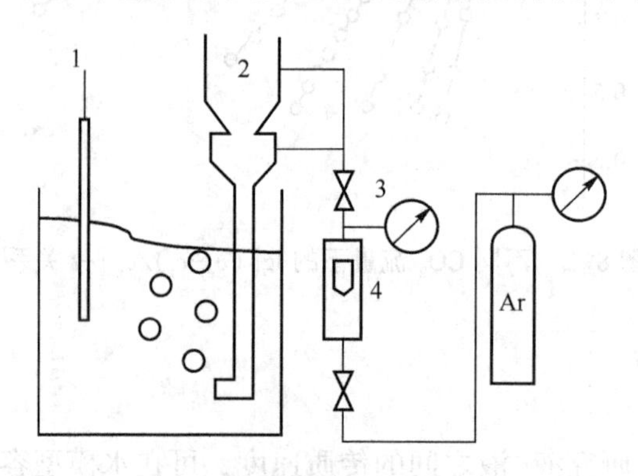


图 8-4　喷粉的水模型装备

1—电导计；2—喷粉罐；3—阀门；4—流量计

图 8-5 所示为喷粉过程中观察拍摄到的粉粒喷入水中后的分散现象，可见粉粒喷入后即随循环流作浮沉运动，在 $t_2$ 时刻已均匀分散，在 $t_3$ 时刻后，由于浮力作用，密度小于水的粉粒又再次向水面聚集。

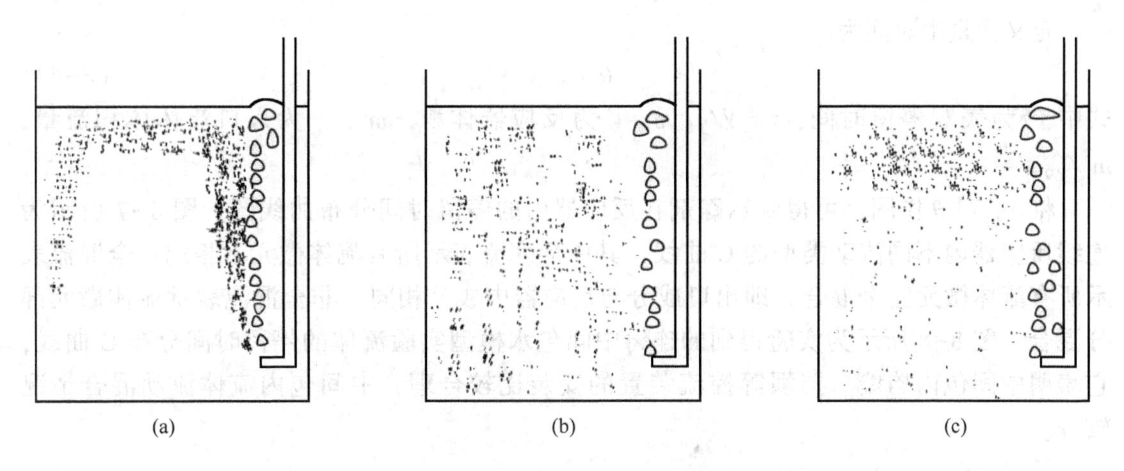


图 8-5 聚苯乙烯粒子喷入水中后的分散现象

（a）$t_1$ 时刻；（b）$t_2$ 时刻；（c）$t_3$ 时刻

### 8.2.7 连续反应器停留时间的测定

连续反应器内物质的停留时间分布通常采用“刺激-响应”实验进行测定。图 8-6 所示为钢连铸过程中间包内停留时间测定的水模型示意图，钢水经钢包长水口流入中间包，经挡墙、挡坝改变其流动路径后，在塞棒控流的作用下经水口流出中间包，进入后续的结晶器内。通过测定停留时间，可以反映中间包内钢水的流动混合情况。

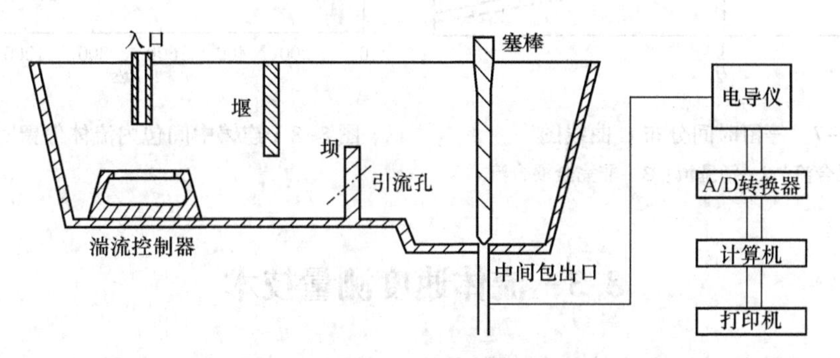


图 8-6 连铸中间包水模型示意图

实验时，当中间包内流动稳定后，在某一瞬间将示踪物（如 KCl 溶液）由中间包入口处投入到流体中，即输入脉冲信号，然后连续测定中间包出口水溶液的电导率变化，这种实验方法叫脉冲响应法。

由于 KCl 浓度在一定范围内与电导率呈线性关系，因此由电导信号可以得到浓度数据。定义无量纲浓度 $c_{(\theta)}$ 为

$$c_{(\theta)} = c/c_0 \tag{8-46}$$

式中，$c$ 为流体出口处 $t$ 时刻的浓度，g/L；$c_0$ 为一次投入量为 $Q$ 的示踪剂后，瞬时均匀分散在容积 $V$ 的反应器内的浓度，g/L，$c_0 = Q/V$。

定义无量纲时间为

$$\theta = t/\tau \tag{8-47}$$

式中，$\tau$为表观停留时间，$\tau = V/q$，s；$V$为反应器体积，$m^3$；$q$为入口流体体积流量，$m^3/s$。

将$c_{(\theta)}$对$\theta$作图，可得到示踪剂在反应器内的停留时间分布曲线图。图 8-7 所示为连续反应器内不同流动类型的 C 曲线，其中活塞流表示所有流体微元不相混；全混流表示所有流体微元完全混合，即出口成分与反应器内成分相同；非全混流表示流体微元部分混合。图 8-8 所示为实验得到的连铸中间包水模型实验流体的停留时间分布 C 曲线，它表明中间包内挡墙、挡坝等控流装置的安装比较合理，中间包内流体流动混合情况较好。

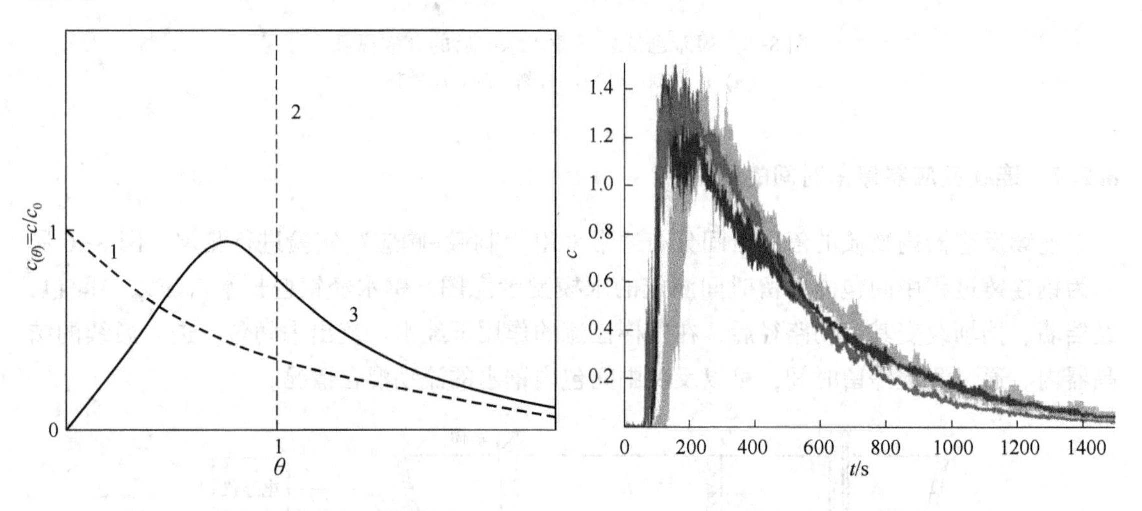


图 8-7　停留时间分布 C 曲线图
1—完全混合流；2—活塞流；3—非完全混合流

图 8-8　连铸中间包内流体停留时间分布

## 8.3　流体速度测量技术

测定反应器混匀时间或流体停留时间分布可得到反应器内流动混合的总体概况，但不能明确反应器内流体的局部流动特征，例如，流速大小及分布、流动路径、死区位置等流场信息。为了解冶金反应器内详细的流动情况，需要在水模型中对反应器流场进行研究，水模型实验中，流场速度测量方法包括热线测速技术、激光多普勒测速技术、粒子图像测速技术（Particle Image Velocimetry）、超声波测速技术等。

### 8.3.1　热线测速仪

热线测速仪是一种接触式流体速度测量仪器，它的探头由一根极细的金属丝（0.5~10μm）制成，通常用电阻温度系数大的钨丝或铂丝，也叫热敏电阻。测量时，将金属丝置于流场中通电加热，当流体流过金属丝时，由于对流散热，金属丝的温度发生变化而引起电阻变化。热线测速仪的电路原理如图 8-9 所示，装在支架上的热线由导线和惠斯登电桥相连，成为电桥的一臂，当电桥平衡时，伺服放大器两个输入端没有电压差。如果作用于热线上的流速发生变化，则热线温度及其电阻相应发生变化，以致电桥失去平衡，产生电压差，此电压差经过伺服放大器放大，并按一定关系反馈给电桥，使电桥电压受到调整，以此使通过热线的电流得到调整，让电桥恢复平衡。伺服放大器输出端提供的电桥电压能够反映所测位置的流速，流速的方向由热线探头的形状和方向所决定。热线仅对垂直于线的速度敏感，为了使探头感受两个或三个方向的速度，可以使用 V 形、X 形等多根热线的传感器。

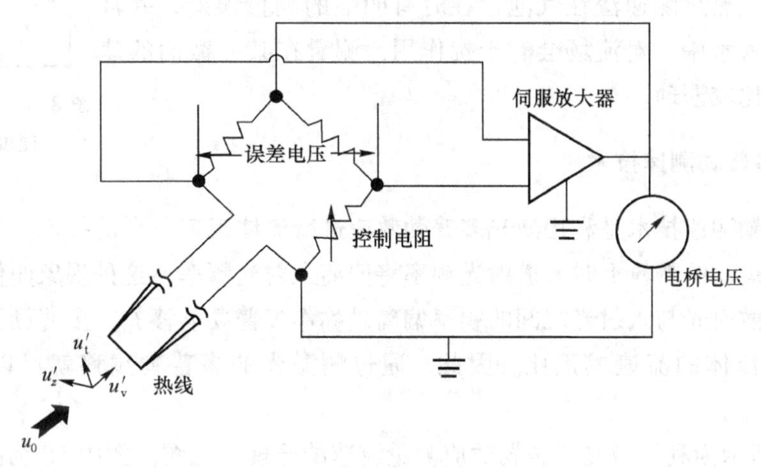


图 8-9 热线流速测定仪

图 8-10 所示为用热线测速仪测量底吹炉水模型中流场速度的装置示意图，测量时将能够三维（垂直、左、右）移动的热线传感器插入水模型内液体中的测量点上。传感器与测速仪相连接，测速仪可输出一个与流体速度相对应的电压信号给数据收集系统，通过校准曲线，由测速仪电压值算出速度值。

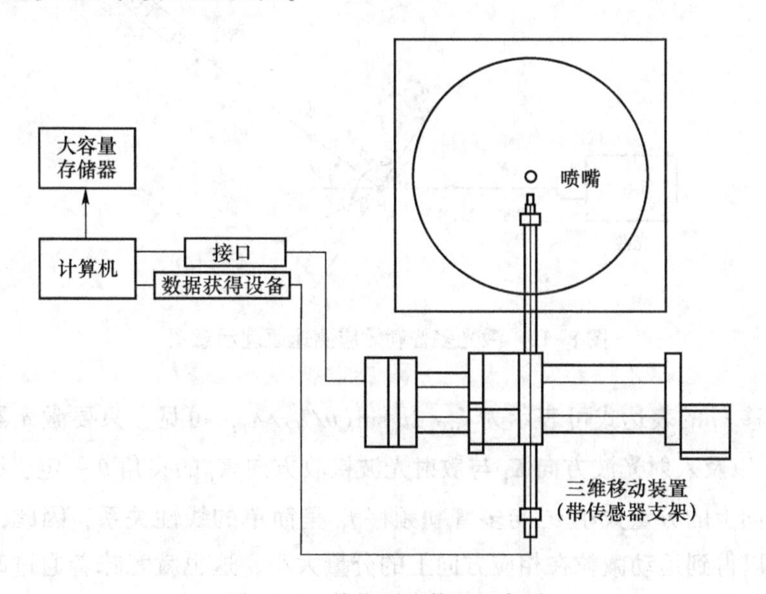


图 8-10 热线测速装置示意图

为了解一个垂直截面上流体的流场，必须测量很多点上的速度。为了收集如此多的数据，将测速仪与计算机连接进行在线测量和实时处理，将测量结果存储，并作出流场图，在图中画出每个点的速度向量。图 8-11 所示为热线测速仪测出的底吹水模型内流场速度分布情况，由图可知，在底吹射流造成的气液两相区附近，液流上升，速度很大。流体在熔池表面转向水平方向，碰到池壁后又向下流动，形成循环流动。热线测速法在气泡存在时有明显的测量误差，并且由于传感器插入水中，对流场会有干扰作用，测量在某一截面的速度分布时往往比较繁琐。

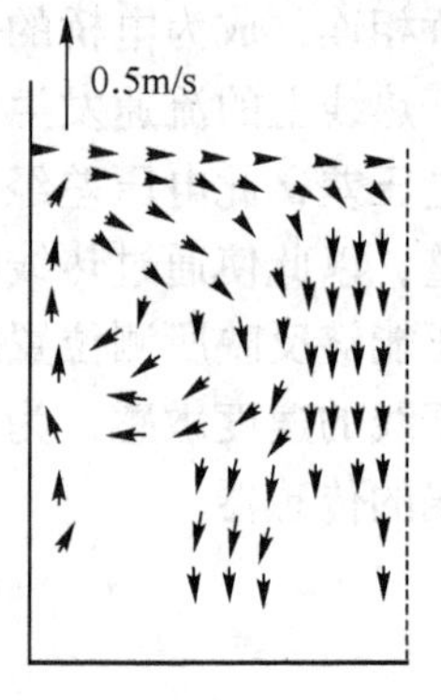


图 8-11 中心底吹流体速度测量结果

### 8.3.2 激光多普勒测速技术

激光多普勒测速技术是利用激光多普勒效应进行流体流速测量的技术。当激光照射到跟随流体一起运动的颗粒上时，散射光频率将偏离入射光频率，这种现象叫做激光多普勒效应。其中，散射光与入射光之间的频率偏离量称作多普勒频移 $f_D$，多普勒频移与微粒的运动速度，即流体的流速成正比。因此，通过测激光的多普勒频移就可以测得流体的速度。

图 8-12 所示为利用激光多普勒效应测量流速的原理示意图。图中 LS 为固定的激光光源，其发射的单色平面光波频率为 $f_i$，波长为 $\lambda_i$，传播方向用单位矢量 $\boldsymbol{K}_i$ 表示。P 代表跟随流体一起运动的微粒，其运动速度为 $\boldsymbol{v}$（矢量），当颗粒密度与流体接近且尺寸足够小，其速度 $\boldsymbol{v}$ 与流体的流速近似相等。PD 为固定的光波接收器（光电检测器），它接收运动微粒 P 的散射光波，接收方向用单位矢量 $\boldsymbol{K}_s$ 表示。

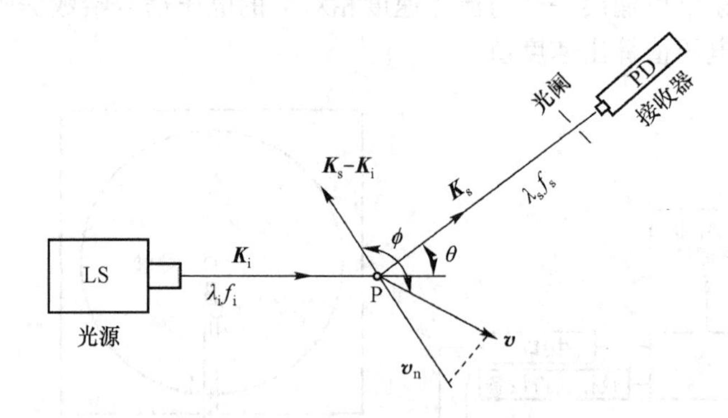


图 8-12 激光多普勒效应测速原理示意图

多普勒频移 $f_D$ 的表达式可表示为 $f_D=2v_n\sin(\theta/2)/\lambda_i$，可见，只要激光器发射的入射光波的波长 $\lambda_i$ 以及入射光波方向 $\boldsymbol{K}_i$ 与散射光波接收方向 $\boldsymbol{K}_s$ 的夹角 $\theta$ 一定，则微粒运动速度在 $\boldsymbol{K}_s-\boldsymbol{K}_i$ 方向上的分量大小 $\boldsymbol{v}_n$ 与多普勒频移 $f_D$ 呈简单的线性关系，因此，测量出多普勒频移，就可以得到运动微粒在相应方向上的分量大小，这也就意味着通过改变光源与检测器的相对位置，就可以测量出微粒速度在不同方向上的分量大小。激光测速的最大优点是非接触测量，不会对流场产生扰动，这为研究湍流以及带腐蚀性流体的流动等提供了有力手段。

激光多普勒测速仪以光和电的频率作为输出量，由计算机处理，适合测量随时间迅速变化的速度，这为研究水模型实验湍流流场的速度分布提供了一种手段。这种技术要求流体中有一定数量的粒子提供散射光，在测定水模型流场时，通常将水本身含有的微粒作为激光的散射粒子，此外，为了获得合适的粒子数量，有时需要往水中添加微粒，悬浮粒子的密度要尽可能与水接近，且尺寸要小，这样粒子才能很好地随流体一起移动。

图 8-13 所示为利用激光多普勒测速仪测定水模型流场的示意图。测量时，激光光源能够在滑架上三维（上下、左右、前后）移动进行调整，然后定位在测量点上。散射光的接收有前向和后向接收两种（多为前向），接收器将光频差信号通过处理系统连接计算机，计算出速度值并存储。

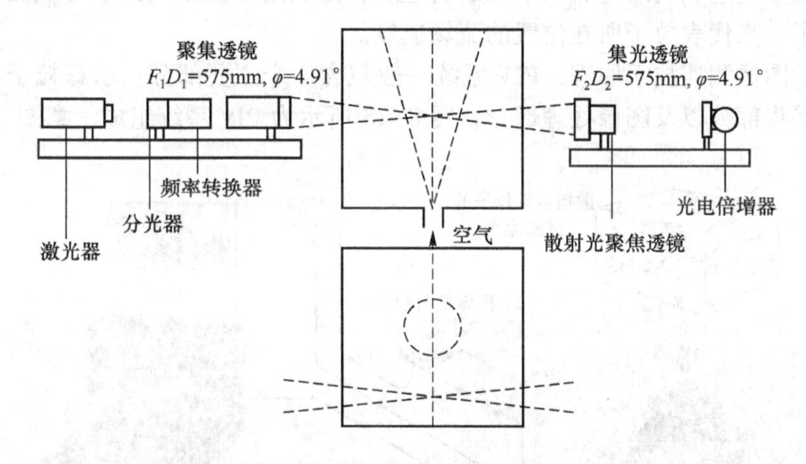


图 8-13　激光多普勒测速技术测量水模型中液体流动速度的装置示意图

图 8-14 所示为底吹水模型反应器内激光多普勒测速仪测得的流场速度分布。由于采用中心底吹，流场是轴对称的，故只取右半边，由图可以看出，在气液两相区（图中左侧），液体在上升气泡的作用下不断加速，在液面附近气泡脱离，液相转为水平流动，到达反应器壁后，流向变为竖直方向，液体流到反应器底部并返回气柱外围处，形成循环流。

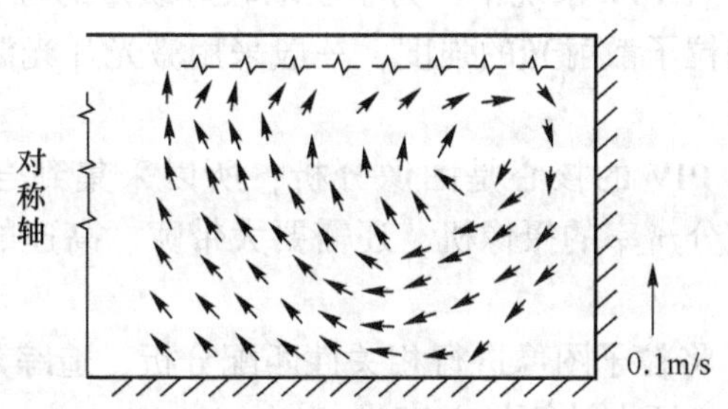


图 8-14　激光多普勒测速测量的底吹流场速度分布

### 8.3.3 PIV 粒子图像测速技术

粒子图像测速技术（PIV，Particle Image Velocimetry）是在流动显示基础上发展起来的一种散斑图像测速技术，该技术充分利用了图像上的流场信息来剖析流体运动，具有非接触式测量的特点，可通过流场图像的分析获得流动结构，具备单点测量技术的精度和分辨率，能获得流场的瞬态信息和分布特征，例如，能测得流场某一面上的速度分布。

PIV 技术通过图像分析技术追踪散布在流场中的小颗粒，并用这些颗粒的运动来表征流体的运动，其具体操作过程为：首先，在流场中布撒示踪粒子（密度应与流体密度接近，且尺寸要小，确保粒子能很好的跟随流体流动），使用激光片光源照亮所测流场中的某一个面，通过连续两次或多次曝光，粒子的图像被记录存储；然后，采用自相关法、互相关法以及颗粒跟踪等方法处理连续曝光获得的粒子图像，通过两次曝光时间间隔内的粒子位移，计算出流场中各点的速度矢量；最后，根据需求可获得其他运动参量。从本质上来讲，粒子图像测速测出的是流场中粒子的速度，是利用布撒在流体中对被测流体跟随性好的示踪粒子，来代表粒子所在位置的流场速度。

根据粒子图像测速技术原理，PIV 系统一般包含 4 个主要部分：示踪粒子、光学照明部分、图像采集部分以及图像处理部分，图 8-15 所示为 PIV 系统组成示意图。

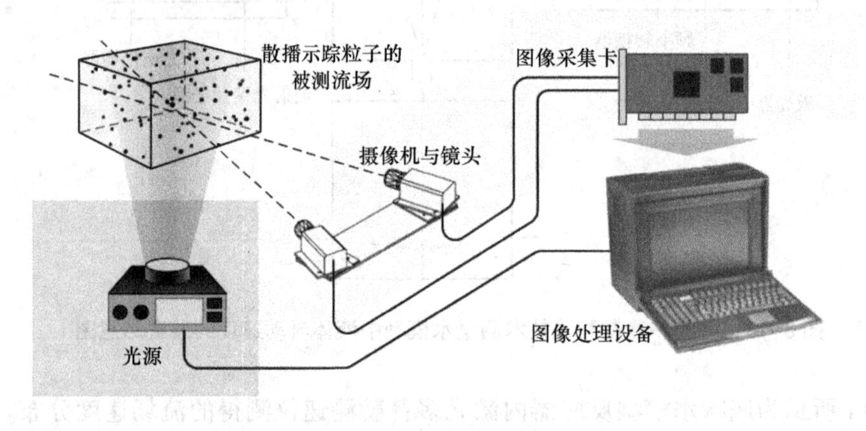


图 8-15　PIV 系统组成

（1）示踪粒子：为了提高透明流体的可测性而布撒示踪粒子，用来显示流体的流动状态，通过测量粒子的运动来获取流场信息。

（2）光学照明部分：在 PIV 系统中，为了获取较好质量的粒子图像，需要外部辅助光源的配合，用以增强示踪粒子散射光的强度，一般采用激光片光源，从而获得某一个面上的粒子图像。

（3）图像采集部分：PIV 的核心是图像分析，所以采集到合适的图像十分重要，因此，不仅需要高帧率、高分辨率的摄像机，还需要大带宽、高速的图像记录设备以及相关的信号控制设备。

（4）图像处理部分：将粒子图像进行相关性匹配分析、追踪分析等处理，以得到粒子散斑的运动，该部分功能主要在计算机上完成。

PIV 粒子图像测速技术已经在水模型流场测速中得到广泛应用，成为测量流场速度分布的重要手段。利用 PIV 测量的连铸中间包水模型实验中，浸入式水口内竖直截面上的轴向速度分布如图 8-16 所示。

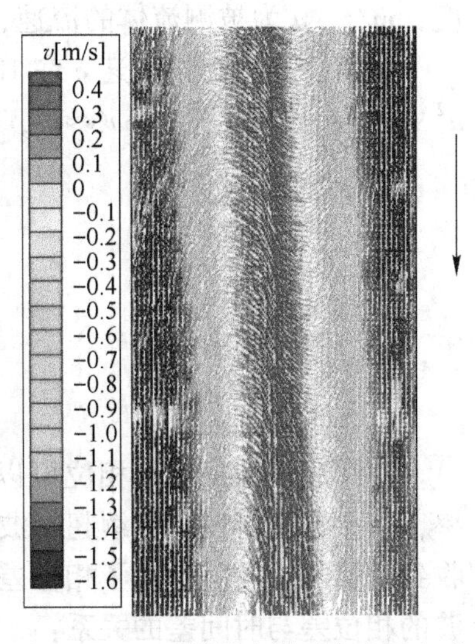

图 8-16 PIV 测量水模型实验浸入式水口内速度场

### 8.3.4 超声波测速技术

超声波测速是一种由发射换能器发射超声波，以一定的方式穿过流体，当超声波在流体中传播时，会受到流体流速的影响，通过接收换能器转换成电信号，对接收到的超声波信号进行分析计算，通过发射时间和接收时间来计算流体速度。超声波测速原理主要有传播速度差法、多普勒法、波速偏移法等，目前广泛应用于工业现场测量的主要基于传播速度差法和多普勒法，其中传播速度差法适用于测定单相介质流体，而多普勒测量法适用于测量多相流体的速度。

#### 8.3.4.1 传播速度差法

传播速度差法的基本原理是通过测量超声波脉冲在顺流和逆流传播过程中的速度之差来得到被测流体的流速。按所测物理量的不同，传播速度差法又可分为时差法（测量顺、逆流传播时由于超声波传播速度不同而引起的时间差）、相位差法（测量超声波在顺、逆流中传播的相位差）、频差法（测量顺、逆流情况下超声波脉冲的循环频率差）。频差法是目前常用的测量方法，它是在前两种测量方法的基础上发展起来的。

A 时差法

时差法通过直接测量超声脉冲顺流和逆流传播的时间差来计算流体的流速，原理如图 8-17 所示。

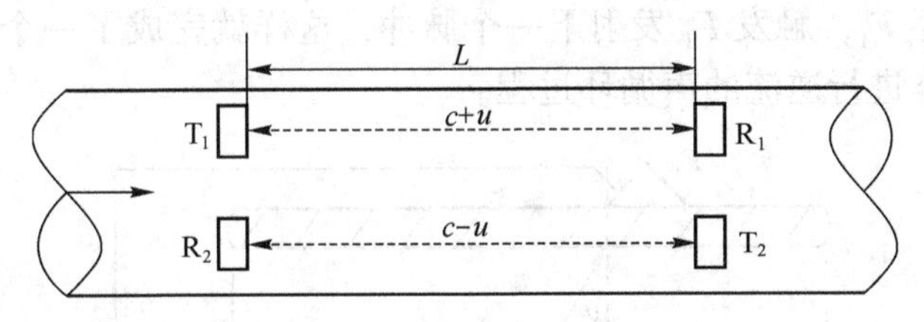

图 8-17 时差法原理

超声波在流体中传播，由于流速不同会使超声波的传播速度发生变化。设静止流体中声速为 $c$，流体流速为 $u$，如果在距离为 $L$ 的两处安装 2 组超声波发生器（$T_1$、$T_2$）与接收器（$R_1$、$R_2$），如图 8-17 所示，则当 $T_1$ 顺流方向、$T_2$ 逆流方向发射超声波脉冲时，分别到达 $R_1$、$R_2$ 的时间可用如下公式计算：

顺流方向发射超声波脉冲的传播时间为

$$t_1 = L/(c + u) \tag{8-48}$$

逆流方向发射超声波脉冲的传播时间为

$$t_2 = L/(c - u) \tag{8-49}$$

式中，$L$ 为超声波发射器到接收器之间的距离，m；$c$ 为被测流体静止时的超声波传播速度，m/s；$u$ 为被测流体的流速，m/s。

通常静止流体中声速 $c$ 在 1000m/s 以上，所以多数工业系统中的流速远小于声速，即 $u^2 \ll c^2$，故可认为 $c^2-u^2 \approx c^2$，所以顺流和逆流情况下的传播时间差为

$$\Delta t = t_2 - t_1 \approx \frac{2Lu}{c^2} \tag{8-50}$$

即

$$u = \frac{c^2}{2L}\Delta t \tag{8-51}$$

B 相位差法

连续超声波振荡的相位可以写成：$\varphi = \omega t$，这里角频率 $\omega = 2\pi f$，$f$ 是超声波的振荡频率，如果换能器发射连续超声波或者发射周期较长的脉冲波列，则在顺流和逆流发射时接收到的信号之间就产生了相位差 $\Delta\varphi = \omega\Delta t$，$\Delta t$ 是时间差。相位差法利用的是时差法中超声波的相位差与时间差的关系：

$$\Delta\varphi = 2\pi f\Delta t \tag{8-52}$$

将式（8-52）代入式（8-51）即可得流体的流速：

$$u = \frac{c^2}{4\pi fL}\Delta\varphi \tag{8-53}$$

C 频差法

频差法是测量在顺流和逆流时超声波脉冲的循环频率来获得流体流速的方法。超声波测速计的声环回路如图 8-18 所示，其工作原理简要说明如下：$F_1$ 和 $F_2$ 为一对超声波换能器，在一定时间间隔内它们交替作为超声波发射器和接收器使用。现以顺流为例说明一个声波循环的过程，超声波发射器 $F_1$ 向流体发射超声波脉冲，透过管壁，然后通过流体，进入另一侧管壁，接收器 $F_2$ 收到超声波脉冲信号，转换成电信号，经电子线路放大后，再回到超声波发生器 $F_1$，触发 $F_1$ 发射下一个脉冲，这样就完成了一个声循环过程。通过收发转换器，可同样进行逆流的声循环过程。

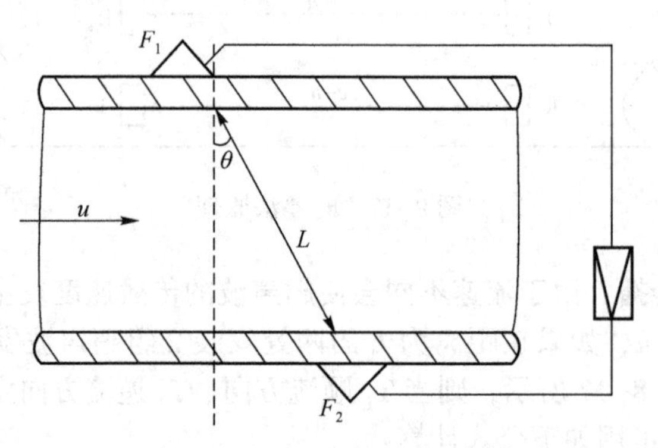


图 8-18 声环回路示意图

超声波脉冲在系统中完成一次循环过程所需时间的倒数称为声环频率 $f$。显然，$f$ 的大小与流体速度有关，且在顺流和逆流时是不同的，因此，分别得到在顺流情况下的声环频率 $f_1$，逆流情况下的声环频率 $f_2$，就可以根据其频率差 $\Delta f$ 来求得流体速度。如图 8-18 所

示，设超声波声线与管道截面的夹角为 $\theta$，超声波在流体中的行程为 $L$，管道直径为 $D$，则有

$$L = \frac{D}{\cos\theta} \tag{8-54}$$

假定超声波脉冲在换能器和管道壁中的传播时间分别为$\tau_1$ 和$\tau_2$，电子线路的延迟时间为$\tau_3$，上述 3 个时间合并记为循环延迟时间$\tau_0$，即

$$\tau_0 = \tau_1 + \tau_2 + \tau_3 \tag{8-55}$$

由此可得，顺流情况下的声循环时间为

$$t_1 = \frac{L}{c + u\sin\theta} + \tau_0 = \frac{D/\cos\theta}{c + u\sin\theta} + \tau_0 \tag{8-56}$$

逆流情况下的声循环时间为

$$t_2 = \frac{L}{c - u\sin\theta} + \tau_0 = \frac{D/\cos\theta}{c - u\sin\theta} + \tau_0 \tag{8-57}$$

两种情况下的声循环频率分别为

$$f_1 = \left(\frac{D/\cos\theta}{c + u\sin\theta} + \tau_0\right)^{-1} \tag{8-58}$$

$$f_2 = \left(\frac{D/\cos\theta}{c - u\sin\theta} + \tau_0\right)^{-1} \tag{8-59}$$

其循环频率差为

$$\Delta f = f_1 - f_2 \approx \frac{u\sin2\theta}{D}\left(1 + \frac{\tau_0 c}{D}\sin\theta\right)^{-2} \tag{8-60}$$

流速与频差的关系为

$$u = \frac{D}{\sin2\theta}\left(1 + \frac{\tau_0 c}{D}\sin\theta\right)^{2}\Delta f \tag{8-61}$$

由上式可见，虽然流速方程中仍含有声速因子，但与时差法比较，声速对流速测量值的影响要小很多，尤其是在 $D$ 较大时，由于$\tau_0$ 值很小，使整个$\tau_0 c\sin\theta/D$ 项变得很小，因而将方程式（8-61）写成：

$$u \approx \frac{D}{\sin2\theta}\Delta f \tag{8-62}$$

这样就有效地解决了声速变化对流速测量带来误差的问题。

#### 8.3.4.2 多普勒法

超声波多普勒法测速的原理是以物理学中的多普勒效应为基础的。根据声学多普勒效应，当声源和观察者之间有相对运动时，观察者所感受到的声频率将不同于声源频率，因而相对运动而产生的频率变化与两物体的相对速度成正比。

在超声波多普勒测速法中，超声波发射器为一固定声源，随流体一起运动的固体颗粒起了与声源有相对运动的“观察者”的作用，入射到固体颗粒上的超声波反射回接收器。发射声波与接收声波之间的频率差，就是由于流体中固体颗粒运动而产生的声波多普勒频

移。由于此频率差正比于流体流速，所以测量频差即可求得流速。假设超声波波束与流体运动速度的夹角为 $\alpha$，超声波传播速度为 $c$，流体中悬浮颗粒的运动速度与流体流速相同，均为 $u$。现以超声波束在一固体粒子上的反射为例，导出声波多普勒频差与流速的关系式。

如图 8-19 所示，当超声波束在管轴线上遇到一固体颗粒，该粒子以速度 $u$ 沿管轴线运动。对超声波发射器而言，该粒子以 $u\cos\alpha$ 的速度离去，所以粒子收到的超声波频率 $f_2$ 应低于发射的超声波频率 $f_1$，降低的数值为

$$f_1 - f_2 = \frac{u\cos\alpha}{c} f_1 \tag{8-63}$$

即粒子收到的超声波频率为

$$f_2 = f_1 - \frac{u\cos\alpha}{c} f_1 \tag{8-64}$$

式中，$f_1$ 为超声波的发射频率；$\alpha$ 为超声波束与管轴线的夹角；$c$ 为流体的声速。

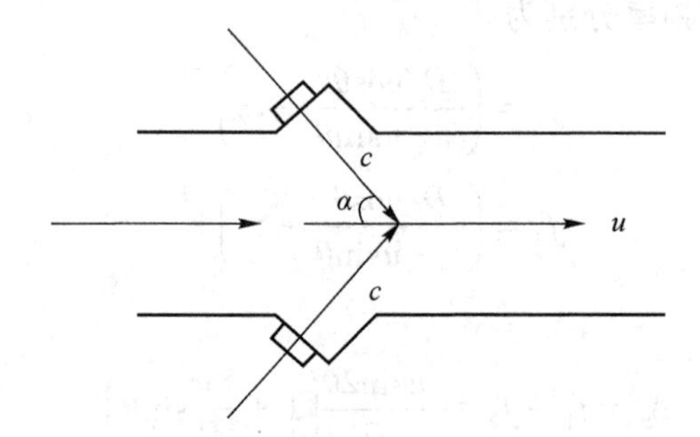


图 8-19 多普勒效应示意图

固体粒子又将超声波束散射给接收器，由于它以 $u\cos\alpha$ 的速度离开接收器，所以接收器收到的超声波频率 $f_3$ 又一次降低，类似于 $f_2$ 的计算，$f_3$ 可表示为

$$f_3 = f_2 - \frac{u\cos\alpha}{c} f_2 \tag{8-65}$$

将 $f_2$ 的表达式代入上式，得

$$f_3 = f_1\left(1 - \frac{u\cos\alpha}{c}\right)^2 = f_1\left(1 - \frac{2u\cos\alpha}{c} + \frac{u^2\cos^2\alpha}{c^2}\right) \tag{8-66}$$

由于声速 $c$ 远大于流体速度 $u$，故上式中平方项可以略去，由此可得

$$f_3 = f_1\left(1 - \frac{2u\cos\alpha}{c}\right) \tag{8-67}$$

接收器收到的超声波频率与发射超声波频率之差即多普勒频移 $\Delta f$

$$\Delta f = f_1 - f_3 = f_1 - f_1\left(1 - \frac{2u\cos\alpha}{c}\right) = f_1 \frac{2u\cos\alpha}{c} \tag{8-68}$$

由此可得流体速度为

$$u = \frac{c\Delta f}{2f_1\cos\alpha} \tag{8-69}$$

## 习　题

8-1　详细叙述钢包 20℃水模型实验的实验方案：按模型与原型 1∶3 的比例，测定 70t 钢包底吹氩气时不同吹气量条件下（300L/min 和 500L/min）的混匀时间，已知钢包几何参数如下所示，钢水温度 1500℃，密度为 7000kg/$m^3$，假定吹气孔位于钢包底部正中心，为单孔吹气，用水模拟钢水，用空气模拟实际生产中的氩气。

| 参数 | 上口直径/mm | 底部直径/mm | 钢包内高/mm | 熔池深度/mm | 包壁锥度/(°) | 吹气孔直径/mm |
|---|---|---|---|---|---|---|
| 尺寸 | 2580 | 2340 | 2900 | 2200 | 2.37 | 30 |

# 9 现代分析测试技术

## 9.1 X 射线衍射分析

随着实验技术的发展，X 射线衍射技术的应用范围越来越广，由于它简单易行，包含的信息丰富，除包含晶体结构本身的信息外，还包含晶体中各种缺陷及多晶聚集体的结构信息，如相结构、晶粒尺寸与分布、晶粒取向、应力等众多信息，X 射线的应用已经为我们提供了很多关于物质结构的信息。此外，在各种测量方法中，X 射线衍射方法具有不损伤样品、无污染、快捷、测量精度高，使得 X 射线衍射分析成为研究物质结构最方便和最重要的手段。

### 9.1.1 X 射线衍射概述

#### 9.1.1.1 X 射线的产生

X 射线是一种介于紫外线和 γ 射线之间的电磁波，具有很强的穿透能力。获得 X 射线的方法是多种多样的，如同步辐射等，但大多数射线源都是由 X 射线发生器产生的，最简单的 X 射线发生器是 X 射线管，X 射线管是 X 射线仪的核心，是直接发射 X 射线的装置。X 射线管按其获得电子的方式可分为两种基本类型：一种是借助于高压电场内少量的气体发生电离产生电子，称为离子式 X 射线管；另一种是借助于加热阴极灯丝发射电子，称为电子式 X 射线管。前者是较原始的 X 射线管，目前除特殊用途外已基本被淘汰，现在普遍使用的几乎全是电子式 X 射线管。电子式 X 射线管又可分为封闭式和可拆式两种。

#### 9.1.1.2 X 射线谱

由 X 射线管发射出来的 X 射线可以分为两种类型。一种是连续波长的 X 射线构成连续 X 射线谱，它和可见光的白光相似，也称为白色 X 射线。另一种是在连续谱的基础上叠加若干条具有一定波长的谱线，构成特征 X 射线谱，它和可见光中的单色光相似，所以也称为单色 X 射线，这些射线与靶材有特定的联系。

A 连续 X 射线谱

当 X 射线管中高速运动着的电子到达阳极表面突然受到阻止时，产生了极大的负加速度，按经典物理学的电动力学理论，一个带有负电荷的电子在受到这样一种加速度时，电子周围的电磁场将发生急剧的变化，此时必然产生一个电磁波，或至少一个电磁脉冲。而如此众多的电子射到阳极靶上的条件和时间不可能是一样的，即电子的动能转变成辐射能，辐射中所散射出的 X 射线的波长是各不相同的，由此就形成了连续 X 射线谱。

B 特征 X 射线谱

在 X 射线管中，高速电子轰击阳极时，阳极物质的原子被轰击为激发状态，即可能把原子的内层电子打到能级较高的未饱和的电子层上去，或打到原子外面去，这时原子的能量增高处于激发状态，为恢复原来正常状态，能量较高的外层电子会向内层跃迁来填充内层空位，此时就以辐射形式放出能量，因为原子的能量是量子化的，因此形成线谱，而且原子中各电子壳层有一定能量。因此电子在各层之间跳跃时可释放能量也是一定的，这意味着原子由激发状态恢复到正常状态可发出的电磁辐射具有一定的波长，各种元素的电子壳层结构不同，因而各元素有自己特有的表示谱。

#### 9.1.1.3 X射线与物质的相互作用

X射线与物质相互作用时，会产生各种不同的复杂过程，但最终可归结为光子与电子的相互作用。就其能量转换而言，一束X射线通过物质时，它的能量可分为三部分：一部分被散射；一部分被吸收；还有一部分透过物质继续沿原来的方向传播。

##### A X射线的散射

物质对X射线的散射主要是电子与X射线的相互作用的结果。物质中的核外电子可分为两大类：原子核束缚不紧的和原子核束缚较紧的电子，X射线照射到物质表面后对于这两类电子会产生两种散射效应。

（1）相干散射。当X射线与受原子束缚很紧的电子相互作用时，就会发生一定的弹性碰撞，其结果是光子的能量没有改变，而只是改变了方向，这时，散射线的波长相同，且有一定的位相关系，它们可以相互干涉，当原子的排列有序时，就会形成衍射花样，这种花样与原子排列的规则有着密切的联系，这种散射称之为相干散射。相干散射的首要条件是入射X射线的波长必须一致。

（2）非相干散射。当光子与原子内的自由电子或束缚很弱的电子碰撞时，光子的能量一部分传递给了原子，这样入射光的能量改变了，方向也改变了，它们不会相互干涉。称之为非相干散射，它们的存在对衍射分析是有害的。

##### B X射线的真吸收

物质对X射线的吸收指的是X射线能量在通过物质时转变为其他形式的能量。对X射线而言，即发生了能量损耗。有时把X射线的这种能量损耗称为真吸收。物质对X射线的真吸收主要是由原子内部的电子跃迁而引起的。在这个过程中发生X射线的光电效应和俄歇效应，使X射线的部分能量转变成为光电子、荧光X射线及俄歇电子的能量，因此X射线的强度被衰减。

（1）光电效应。当X射线光子具有足够高的能量时，将同X射线管中的高速电子一样，可以将被照射物质原子中的内层电子打击出来，使原子处于激发状态，从而成为一个标识X射线的辐射源，这种以光子激发原子所发生的激发和辐射过程称为光电效应，被击出的电子称为光电子，所辐射出的次级X射线称为荧光X射线。

（2）俄歇效应。如果原子在入射X射线光子的作用下失去一个K层电子，它就处于K激发态，其能量为$E_k$。当一个L层电子填充到这个空位后，K电离就变成L电离，能量由$E_k$变成$E_L$，这时会有数值等于$E_k-E_L$的能量释放出来。若能量释放出来的方式不是像前述以荧光辐射，而是以继续产生二次电离的方式，则称此效应为俄歇效应。

俄歇电子的能量与激发源（光子或电子）能量无关，只取决于原子的能级结构，每种元素都有自己的特征俄歇电子能谱。因而可利用俄歇电子能谱作元素的成分分析。但俄歇电子的能量很低，平均自由程非常短，因而，俄歇电子能谱被用来分析表面两三个原子层的成分。

9.1.1.4 X射线的衍射原理

X射线经原子散射后，相干的X射线在空间就会相互干涉，由于各质点位置不同，同波阵面的X射线受到散射后，其位相就会发生变化，散射后的X射线在空间就会相互干涉形成一个强度再分布，在某些方向上会得到加强，某些方向上会抵消。研究散射后的射线强度分布，就可得到该晶体的结构信息。

在布拉格方程的导出过程中，将各层原子面看成是一个镜面，而将各个质点的散射看成是X射线在镜面上的反射，这些反射线由于光程差的不同，它们之间就会发生相互干涉，当它们之间满足一定的条件时，就会相互加强，形成一个衍射线，这个条件就是光程差必须是入射波长的整数倍，即

$$2d\sin\theta = n\lambda \tag{9-1}$$

式（9-1）就是著名的布拉格方程。式中，$d$ 为晶面间距；$\theta$ 为入射线（或反射线）与晶面的夹角，即布拉格角；$n$ 为整数；$\lambda$ 为辐射线波长。它可以这样描述，对于一个给定的晶体和一给定的波长的X射线，一簇晶面要出现反射线，必须在满足布拉格方程的 $\theta$ 角上才出现，不满足此条件的 $\theta$ 角上由于相干消失，而无任何发射束。这就是说布拉格方程是产生衍射的必要条件。

### 9.1.2 X射线衍射实验方法

9.1.2.1 劳厄法

劳厄法是德国物理学家劳厄在1912年首先提出的，是最早的X射线分析法，它用垂直于入射线的平底片记录衍射线而得到劳埃斑点。目前，劳厄法用于单晶体取向测定及晶体对称性的研究。

劳厄法对样品的要求：劳厄法所用样品为一单晶体。吸收系数小的样品适合用透射法，此时X射线穿过晶体而产生衍射。如样品吸收系数大，则需磨制或腐蚀成极薄的薄片，使X射线可以透过。用于背射法的样品厚度和吸收系数都无限制，故在实验中应用较广。

劳厄法除了用于测定晶体取向之外，还可测定晶体的对称性。

9.1.2.2 周转晶体法

周转晶体法是用单色的X射线照射单晶体的一种方法。一般将晶体的某一晶轴或某一重要的晶向垂直于X射线安装，再将底片在单晶体四周围成圆筒形。拍摄时让晶体绕着选定的晶向旋转，转轴与圆筒状底片的中心轴重合。周转晶体法的特点是入射线的波长不变，而依靠旋转单晶体以连续改变各个晶面与入射线的入射角来满足布拉格方程的条件。在单晶体不断旋转的过程中，某组晶面会于某个瞬间和入射线的夹角恰好满足布拉格方程，于是在此瞬间便产生一根衍射线束，在底片上感光出一个感光点。周转晶体法的主要用途是确定未知晶体的晶体结构，这是晶体学中研究工作的重要工具。

9.1.2.3 粉末照相法

粉末照相法是将一束近平行的单色X射线投射到多晶样品上，用照相底片记录衍射线束强度和方向的一种实验法。粉末照相法的实验主要装置为粉末照相机，而粉末照相法根据照相机种类的不同，可分为多种照相方法，其中最为常用的是德拜粉末照相法，该粉末

照相法又称为德拜法或德拜-谢乐法。

德拜相机主要由以下几部分构成：(1) 圆筒形暗盒，在其内壁安装照相底片；(2) 装在暗盒中心的样品轴，用以安装样品，它附有调节样品到暗盒中心轴的螺丝及带动样品转动的电动机；(3) 装在暗盒壁上的平行光管，以便入射X射线成为近平行光束投射到样品上；(4) 暗盒的另一侧壁上装有承光管，以便让透射光束射出，并装有荧光屏，用以检查X射线是否投射到样品上。

德拜粉末照相法，通常将粉末样品制成直径0.3~0.6mm，长度为1cm的细圆柱状粉末集合体。粉末样品中晶体微粒的线性大小以在$10^{-3}$mm数量级为宜，一般要过目筛。因为如果粉末颗粒大于$10^{-3}$mm，则可能由于参加衍射的晶体数目太少而影响衍射强度。对于所需分析的样品，要求在样品制备过程中不改变原组分及原相组分，以保证测试结果的真实性。

#### 9.1.2.4 多晶衍射仪法

衍射仪根据X射线的气体电离效应，利用充有惰性气体的记数管，逐个记录X射线光子，将之转化成脉冲信号后，再通过电子学系统放大，把信号传输给记录仪，配合计数器的旋转，在记录仪上绘制出关于衍射方向和衍射强度的图谱。衍射仪大大提高了工作效率，并使衍射定量分析更准确和更精确。

利用多晶衍射仪可以得到材料或物质的衍射图谱。根据衍射图中的峰位、峰形以及峰的相对强度，可以进行物相分析、非晶态结构分析等工作。在高聚物中主要用于考察物相、结晶度、晶粒择优取向和晶粒尺寸。

衍射仪一般包括X射线发生器、测角仪、探测器和测量与记录系统。

##### A 测角仪

测角仪是X射线衍射仪的核心部件，由光源臂、检测器臂、试验台和狭缝系统组成。根据测角仪的衍射仪圆取向，可将测角仪分为垂直式和水平式。在垂直测角仪上，样品水平放置，一般保持不动或在接近水平的角度范围内活动，因此对于样品的制备要求较低，所以比较受到用户的欢迎。

根据光源、样品和检测器运动模式的不同，测角仪可以分为$\theta-\theta$型和$\theta-2\theta$型。$\theta-\theta$型测角仪在记录样品的衍射图谱时，样品保持不动，光源和检测器以相同的速度同步运动，使X射线的入射角始终等于衍射角。$\theta-2\theta$型测角仪在记录样品的衍射图谱时，光源保持不动，检测器的转动速度是样品速度的2倍，使检测器的角度读数始终是X射线的入射角读数的2倍。对样品而言，X射线的入射角始终等于衍射角。二者均可记录多晶样品满足布拉格方程的衍射图谱。

##### B 探测器

探测器也称计数器，衍射仪的X射线探测器为计数管，它是根据X射线光子的计数来探测衍射线是否存在以及它们的强度。它与检测记录装置一起代替了照相法中底片的作用。其主要作用是将X射线信号变成电信号。探测器有不同的种类，衍射仪上常用的辐射探测器主要有闪烁计数器和锂漂移硅检测器。

(1) 闪烁计数器。它是利用射线引起闪烁体的发光而进行记录的辐射探测器。它由闪烁体、光电倍增管和电子仪器等单元组成。射线同闪烁体相互作用，使其中的原子、分子电离或激发，被激发的原子或分子退激时发出微弱荧光，荧光被收集到光电倍增管，倍增的电子流形成电压脉冲，由电子仪器放大分析和记录。

(2) 锂漂移硅检测器。它是一种固体探测器，通常表示为Si(Li)探测器。它也和气体计数器一样，借助于电离效应来检测X射线，但这种电离效应不是发生在气体介质而是发生在固体介质中。当X射线光子射到半导体硅上时，由于电离效应，将产生电子-空穴对，而电子-空穴对的对数正比于入射X射线光子的能量。

9.1.2.5 样品制备

在衍射仪法中，样品制备上的差异，对于衍射结果所产生的影响，要比在照相法中大得多。因此，制备合乎要求的样品，是衍射仪技术中重要的一环。

准备衍射仪用的样品一般包括两个步骤：首先，需要把样品研磨成适合衍射实验用的粉末；其次，把样品粉末制成一个十分平整的平面试片。整个过程以及安装试片、记录衍射谱图的整个过程，都不允许样品的组成及其物理化学性质有变化。确保采样的代表性和样品成分的可靠性，衍射数据才有意义。

A 粉体样品的制备

由于样品的颗粒对X射线的衍射强度以及重现性有很大的影响，因此制样方式对物相的定量分析也存在很大的影响。一般样品的颗粒度越大，则参与衍射的晶粒数就越少，并且还会产生初级消光效应，使得强度的重现性较差。为了达到样品重现性的要求，一般要求粉体的颗粒度大小在0.1~10μm范围。此外，吸收系数大的样品，参加衍射的晶粒数减少，也会使重现性变差。因此在选择参比物质时，尽可能选择结晶完好、吸收系数小的样品。由于X射线的吸收与其质量密度有关，因此要求样品制备均匀，否则会严重影响定量结果的重现性。

B 薄膜样品的制备

对于薄膜样品，需要注意的是薄膜的厚度。由于XRD分析中X射线的穿透能力很强，一般在几百微米的数量级，所以适合比较厚的薄膜样品的分析。在薄膜样品制备时，要求样品具有比较大的面积，薄膜比较平整以及表面粗糙度要小，这样获得的结构才具有代表性。

C 特殊样品的制备

对于样品量比较少的粉体样品，一般可采用分散在胶带纸上黏结或者分散在石蜡油中形成石蜡糊的方法进行分析。使用胶带时应注意选用本身对X射线不产生衍射的胶带纸。制样过程中要求样品尽可能分散均匀，每次分析中样品尽量控制相同的分散量，这样才能保证测量结果的重复性。

### 9.1.3 X射线衍射分析的应用

多晶X射线衍射作为一种考察物质微观结构形态的方法，无论在小分子领域，还是在大分子领域，测定的内容基本上是相同的。高聚物在结构形态上有其自身的复杂性和特殊性，因此，用X射线衍射考察高聚物时，必须结合具体情况进行分析，以获得对真实情况恰当、准确的理解。物相分析不仅能分析化学组成，更重要的是它还能给出元素间化学结合状态和物质聚集态结构。

#### 9.1.3.1　物相定性分析

物相分析的基本原理：每种物质都有特定的晶格类型和晶胞尺寸，晶胞中各原子的位置是一定的，因而对应确定的衍射图形，即对于一束波长确定的单色X射线，同一物相产生确定的衍射花样；晶态样品的衍射花样在图谱上表现为一系列衍射峰。各峰的峰位 $2\theta$（衍射角）和相对强度 $I_i/I_0$ 是确定的。用布拉格方程可求出产生各衍射峰的晶面族所具有的面间距 $d_i$。这样，一系列衍射峰的 $d_i$-$I_i/I_0$，便如同人类的指纹成为识别物相的标记。所以，根据某一待测样品的衍射图谱，不仅可以知道物质的化学组成，还能知道它们的存在状态，即能知道某些元素是以单质存在或者以化合物、混合物及同质异构体存在。当样品为多相混合物时，其衍射花样为各组成相衍射花样的叠加。参照已知物相标准，由衍射图便可识别样品中的物相。

每一种物质都有其各自相对应的图谱，就如人们的指纹，如果是混合物，则其衍射图是该混合物各个物相的叠加，所以将实测的衍射图谱与数据库中纯相标准图谱进行比较，就可以鉴定样品中存在的物相。而且将实验得到样品的衍射图，与已知物相在相同实验条件下的衍射图直接比较，根据峰位、相对强度、样品结构已知信息判别待定物相。物相定性分析的目的是利用XRD衍射角的位置以及衍射线的强度等来鉴定未知样品是由哪些物相所组成。由各衍射峰的角度位置所确定的晶面间距以及它们的相对强度是物质的固有特性。每种物质都有特定的晶体结构和晶胞尺寸，而这些又都与衍射角和衍射强度有对应关系，因此，可以根据衍射数据来鉴别晶体结构。通过未知物相的衍射花样和已知物相的衍射花样相比较，可以逐一鉴定出样品中的各种物相。目前，可以利用粉末衍射卡片（PDF）进行直接比较，也可以通过计算机数据库进行检索。

#### 9.1.3.2　物相定量分析

物相定量分析，就是用X射线衍射方法来测定混合物中各物相的含量百分数，这种分析方法是在物相定性分析的基础上进行的，它的依据在于一种物质物相所产生的衍射线强度，是与其在混合物样品中的含量相关的。

X射线定量分析的任务是用X射线衍射技术，准确测定混合物中各相衍射强度，从而求出多相物质中各相的含量。

X射线定量分析的理论基础是物质参与衍射的体积或质量与其所产生的衍射强度成正比。因而，可通过衍射强度的大小求出混合物中某相参与衍射的体积分数或质量分数。目前，物相定量分析方法主要有：外标法和内标法。

A　外标法

外标法就是将所需物相的纯物质另外单独标定，然后与多相混合物中待测的相应衍射线强度相比较而进行的。外标法优点是待测样品中不混入标准物质。缺点是强度不同时测量，会影响测量准确度。

B　内标法

内标法是在待测样品中加入一定含量的标准物质，把样品中待测相的某根衍射线强度与掺入样品中含量已知的标准物质的某根衍射线强度相比较，从而获得待测相含量。

#### 9.1.3.3　晶体结构分析

X射线是人类用来研究物质微观结构的第一种方法。X射线衍射法常用于晶体结构分析，测定晶胞参数，甚至点阵类型，晶胞中的原子数和原子位置。如测定晶胞参数在研究固态相变、确定固溶体类型、测定固溶体溶解度曲线、测定线膨胀系数等方面得到了应用。晶胞参数的测定是通过X射线衍射线位置的测定而获得的，通过测定衍射图谱中每一条衍射线的位置均可得出一个晶胞参数。

#### 9.1.3.4 晶粒度分析

多晶材料的晶粒尺寸是材料形态结构的指标之一，是决定其物理化学性质的一个重要因素。利用XRD测量材料中晶粒尺寸有一定的限制条件。当晶粒尺寸大于100nm时，其衍射峰的宽度随晶粒大小变化敏感度降低，而小于10nm其衍射峰有显著变化。多晶材料中晶粒数目庞大，且形状不规则，衍射法所测得的晶粒尺寸是大量晶粒个别尺寸的一种统计平均。使用X射线衍射方法测量晶粒大小的原理是X射线被原子散射后互相干涉的结果，但衍射方向满足布拉格方程时，各晶面的反射波之间的相位差是波长的整数倍，振幅完全叠加，光的强度加强；反之，当不满足布拉格方程时，相互抵消；当散射方向稍微偏离布拉格方程且晶面数目有限时，因部分可以叠加而不能抵消，造成了衍射峰的宽化，显然散射角越接近布拉格角，晶面的数目越少，其光强越接近于峰值强度。

#### 9.1.3.5 结晶度分析

物质的结晶度会影响材料的物性，测定结晶度的方法有密度法、红外光谱法、核磁共振法和差热分析法，X射线衍射法优于上述各法，它是依据晶相和非晶相散射守恒原理，采用非晶散射分离法、计算机分峰法或近似全导易空间积分强度法测定结晶度。

#### 9.1.3.6 宏观应力和微观应力分析

实际构件中的残余应力对构件的疲劳强度、抗压力、耐腐蚀能力、尺寸稳定性和使用寿命等有直接影响。通过测定构件的残余应力，可以控制加工工艺的效果，解决具体的工艺问题，所以残余应力的测定具有重要的实际意义。

残余应力是一种内应力，是指物体较大范围内存在并平衡的内应力。但这种内应力所产生的力和力矩的平衡受到破坏时，会产生宏观尺寸的变化，又叫宏观应力。在晶体或若干原子范围内存在并保持平衡时的内应力叫微观应力，其中宏观应力可以精确测量。

X射线衍射分析法测量构件的残余应力具有无损、快速、测量精度高、能测量小区域应力等特点，所以备受人们重视。

## 9.2 扫描电子显微镜

扫一扫看简介

扫描电子显微镜（简称扫描电镜）的成像原理和透射电子显微镜完全不同，它不是利用电磁透镜放大成像，而是以类似电视摄影显像的方式，利用细聚焦电子束在样品表面扫描时激发出来的各种物理信号来调制成像的。新式扫描电子显微镜二次电子像的分辨率已达到1~2nm，放大倍数可从数倍放大到80万倍左右。由于扫描电子显微镜的景深远比光学显微镜大，可以用它进行显微断口分析。用扫描电子显微镜观察断口时，样品不必复制，可直接进行观察，这给分析带来了极大的方便。因此，目前显微断口的分析工作都是用扫描电子显微镜来完成的。

由于电子枪的效率不断提高，使扫描电子显微镜样品室的空间增大，可以装入更多的样品。因此，目前的扫描电子显微镜不仅可以分析材料的显微组织形貌，还可以和其他分析仪器组合，能在同一台仪器上进行材料微区成分和晶体结构等多种信息的同位分析。

### 9.2.1 电子与物质的相互作用

电子束在加速电压的作用下，以极高的速度入射固体样品时，与样品物质中的原子，核外电子发生弹性散射和非弹性散射，并产生带有各种样品信息的信号。根据不同的研究目的，可利用这些信号形成不同的图像。

#### 9.2.1.1 二次电子

二次电子是指入射电子轰击出来的核外电子。由于原子核和外层价电子间的结合能很小，因此外层的电子比较容易和原子脱离。当原子的核外电子从入射电子获得了大于相应的结合能的能量后，可离开原子而变成自由电子。如果这种散射过程发生在比较接近样品表层，那些能量尚大于材料逸出功的自由电子可从样品表面逸出，变成真空中的自由电子，即二次电子。一个能量很高的入射电子射入样品时，可以产生许多自由电子，而在样品表面上方检测到的二次电子绝大部分来自价电子。

二次电子对样品表面状态非常敏感，能有效地显示样品表面的微观形貌。由于它发自样品表面层，入射电子还没有较多次的散射，因此产生二次电子的面积与入射电子的照射面积没有多大的区别。所以二次电子的分辨率较高。扫描电子显微镜的分辨率通常就是二次电子的分辨率。二次电子产额随原子序数的变化不明显，它主要取决于表面形貌。

#### 9.2.1.2 背散射电子

背散射电子是指被固体样品中的原子核反弹回来的一部分入射电子。其中包括弹性背散射和非弹性背散射电子。弹性背散射电子是指被样品中原子核反弹回来的散射角大于90°的那些入射电子，其能量基本上没有变化。弹性背散射电子的能量为数千到数万电子伏。非弹性背散射电子是入射电子和核外电子撞击后产生非弹性散射而造成的，不仅能量变化，方向也变化。如果有些电子经多次散射后仍能反弹出样品表面，这就形成非弹性背散射电子。非弹性背散射电子的能量分布范围很宽，从数十电子伏到数千电子伏。从数量上看，弹性背散射电子远比非弹性背散射电子所占的份额多。由于背散射电子的产额随原子序数的增加而增加，所以，利用背散射电子作为成像信号不仅能分析形貌特征，也可用来显示原子数衬度，定性地进行成分分析。

#### 9.2.1.3 透射电子

当样品做得比较薄时，入射电子就可以穿透样品，即称之为透射电子。穿透力的大小与加速电压成正比。当加速电压为 25 ~ 120kV 时，透射电子像的分辨率较高，可达 0.2nm，其透射电子的能量极小，仅能穿透 50nm 的超薄切片，只有当加速电压达到 300kV 以上时，透射电子才能穿透较厚的样品。

#### 9.2.1.4 俄歇电子

当样品电子被轰击后逸出样品，下一层电子即发生跃迁，并将能量传递给同层的另一电子，使其逸出，逸出的电子即被称为俄歇电子。每种元素各能级间的俄歇电子能量都是常数，因此可利用检测俄歇电子来进行元素分析。

利用俄歇电子信号进行元素分析的仪器称为俄歇电子谱仪。由于轻元素受激发时放出俄歇电子较多，所以俄歇谱仪适用于超轻元素分析。

9.2.1.5 X射线

X射线又称为伦琴射线。当核外电子发生跃迁时，有些能量以俄歇电子形式释放，而另一部分能量则以电磁波形式辐射出样品。

辐射时往往有两种线谱的X射线叠加在一起，一种是连续的从某一短波开始一直伸展至长波；另一种是不连续的，只有几条特殊的谱线，称之为特征X射线。利用特征X射线可以对样品进行定性或定量分析。用于分析的仪器主要有两种，一种是波长分散谱仪，简称为波谱仪，另一种是能量分散谱仪，简称为能谱仪。

9.2.1.6 吸收电流

吸收电流指既不能穿透样品，又没有转换成其他发射形式的电流。入射电子与样品作用后，有一部分能量消耗殆尽之后便被样品吸收，即被称为吸收电子。当吸收电子被收集并经处理后，显示出的图像就是吸收电流。吸收电子的产量与二次电子或者背散射电子相反，所以吸收电子像反差柔和，无阴影效果。

### 9.2.2 扫描电子显微镜的原理和结构

9.2.2.1 扫描电子显微镜的原理

电子枪发射出来的电子束，在加速电压的作用下，经过电磁透镜系统，汇聚成很细的电子束，聚焦在样品表面。在第二聚光镜和末级透镜（物镜）之间的扫描线圈作用下，电子束在样品表面做光栅状扫描，光栅线条数目取决于行扫描和帧扫描速度。由于高能电子与物质的相互作用，在样品上产生各种电子信息，这些信号电子经各类信号探测器接收和处理，转换为光子，再经过信号处理和方法系统加以方法处理，变成信号电压，最后输送到显像管的栅极，用来调制显像管的亮度。因为在显像管中的电子束和镜筒中的电子束是同步扫描，亮度由样品所发出的信息强度来调制，因而可以得到反映样品表面状况的扫描图像，通常所用的扫描电子显微镜图像有二次电子像和背散射电子像。扫描电镜的工作原理与光学或透射电镜不同，前者是把来自二次电子的图像信号作为时像信号，将一点点的画面“动态”形成三维图像，后两者是全部图像一次显出，即“静态”成像。

9.2.2.2 扫描电子显微镜的结构

扫描电子显微镜主要由电子光学系统、信号检测放大系统、图像显示和记录系统、电源和真空系统等组成。

A 电子光学系统

电子光学系统一般由电子枪、电磁透镜、扫描线圈、样品室等部件组成。它的作用是得到具有较高的亮度和尽可能小束斑直径的扫描电子束。

a 电子枪

电子枪的必要特性是亮度要高、电子能量散布要小。目前常用的种类有三种，钨（W）灯丝、六硼化镧（$LaB_6$）灯丝和场发射，不同的灯丝在电子源大小、电流量、电流稳定性及电子源寿命等方面均有差异。热游离方式电子枪有钨灯丝及六硼化镧灯丝两种，它是利用高温使电子具有足够的能量去克服电子枪材料的功函数能障而逃离。对发射电流密度有重大影响的变量是温度和功函数，但因操作电子枪时都希望能以最低的温度来操作，以减少材料的挥发，所以在操作温度不提高的状况下，就需采用低功函数的材料来提高发射电流密度。

目前常见的场发射电子枪有冷场发射和热场发射两种。冷场发射的优点是电子束直径小、亮度高，图像具有较理想的分辨率。冷场发射电子枪操作时，为避免针尖被外来气体吸附，往往降低场发射电流，由此导致发射电流不稳定，并需在高真空度下操作。热场发射电子枪在 1800K 温度下操作，避免了气体分子在针尖表面的吸附，可维持较好的发射电流稳定度，并能在较低的真空度下操作。虽然亮度与冷场发射相类似，但电子能量散布比冷场发射大几倍，图像分辨率低，不常使用。

b　电磁透镜

扫描电子显微镜中的电磁透镜主要用作聚光镜，其功能是把电子束斑逐级聚焦缩小，使原来直径约为 50μm 的束斑缩小到 5nm 或更小的细小斑点，且连续可变，为了获得上述电子束，需用几个电磁透镜协同完成。采用电磁透镜可避免污染和减小真空系统的体积。

c　扫描线圈

其作用是提供入射电子束在样品表面上以及阴极射线管内电子束在荧光屏上的同步扫描信号。扫描线圈是扫描电子显微镜的一个重要组件，它一般放在最后两透镜之间，也有的放在末级透镜的空间之内，使电子束进入末级透镜强磁场区前就发生偏转，为保证方向一致的电子束都能通过末级透镜的中心射到样品表面，扫描电子显微镜采用双偏转扫描线圈。当电子束进入上偏转线圈时，方向发生转折，随后又由下偏转线圈使它的方向发生第二次转折。在电子束偏转的同时还进行逐行扫描，电子束在上下偏转线圈的作用下，扫描出一个长方形，相应地在样品上画出一帧比例图像。

d　样品室

样品室用于放置测试样品，并安装各种信号电子探测器。信号的收集效率和相应检测器的安装位置有很大关系，如果安置不当，则有可能收不到信号或收到的信号很弱，从而影响分析精度。新型扫描电子显微镜的样品室内还配有多种附件，可使样品在样品台上能进行加热、冷却、拉伸等试验，以便研究材料的动态组织和性能。

B　信号检测放大系统

二次电子和背散射电子探测器由收集器、闪烁器、光电倍增管和前置放大器组成。这是扫描电子显微镜中最主要的信号检测。检测过程是电子进入到收集器中，然后经过加速器加速，电子射到闪烁器同时产生光电子，经过光电倍增管转化为电流，最后经过前置放大器输送到显示器中。现在显像和记录工作由计算机来完成。入射电子束和样品相互作用，从样品表面原子中激发出二次电子。二次电子收集器的作用是将各方向发射的二次电子汇集，再经加速器加速，射向闪烁器上转变成光信号。经光导管到达光电倍增管，使光信号再次转变为电信号。电信号经视频放大器放大，将其输出送至显像管的栅极，调制显像管的亮度，因而在荧光屏幕上便呈现出一幅亮暗程度不同的反映样品表面形貌的二次电子像。

C　图像显示和记录系统

显示装置一般有两个显示通道。一个用来观察，另一个供记录。在观察时为了便于调焦，采用尽可能快的扫描速度，而拍照时为了得到分辨率高的图像，要尽可能采用慢的扫描速度。

D　电源

电源由高压电源、透镜电源、电子枪电源和真空系统电源组成。

E 真空系统

由于电子束只能在真空下产生和操作，扫描电子显微镜对镜筒的真空度有一定要求。一般情况下，要求真空度低于 $10^{-4} \sim 10^{-3}$Pa。如果真空度下降，会导致电子枪灯丝寿命缩短，极间放电，产生虚假二次电子效应，透镜光阑和样品表面污染加速等，从而严重影响成像。因此，真空系统是衡量扫描电子显微镜的参考指标之一。

#### 9.2.2.3 扫描电子显微镜的性能

扫描电子显微镜的性能包括：

(1) 分辨率。分辨率又称为分辨力和分辨本领。是指清晰地分开两个物体之间的距离。对于电子显微镜，衍射像差和球差对分辨率的影响较大。由于球差和磁场强度有关，因此，可以通过提高电子束电压，减少电子束波长的方法，提高分辨率。

(2) 景深。景深是指图像清晰度保持不变的情况下样品平面沿光轴方向前后可移动的距离。景深与放大倍数密切相关，放大倍数越大则景深越小。

(3) 放大倍数。扫描电子显微镜的放大倍数定义为：电子束在荧光屏上最大扫描距离和镜筒中电子束在样品上最大扫描距离的比值。

一台扫描电子显微镜要求其放大倍数与其分辨率相匹配。分辨率确定后，有效放大倍数也随之而定。因此，在评价一台扫描电子显微镜时，通常把分辨率列为主要指标，其次才是放大倍数。

#### 9.2.2.4 扫描电子显微镜的特点

扫描电子显微镜的特点包括：

(1) 扫描电镜除了能显示一般样品表面的形貌外，还能将样品微区范围内的化学元素与光、电、磁等性质的差异以二维图像的形式显示出来，并可用照相方式拍摄图像。

(2) 扫描电子显微镜是一种有效的理化分析工具，通过它可进行各种形式的图像观察、元素分析、晶体结构分析。扫描电子显微镜可用于基础理论研究，也可用于生产中产品质量检查，以改善材料性能等。

(3) 分辨率高。

(4) 观察样品的景深大，图像富有立体感，可直接观察样品表面起伏较大的粗糙结构形态，如金属表面形态、金属断口形态等。因而扫描电子显微镜在材料科学、冶金、化学等学科领域都获得广泛应用。

#### 9.2.2.5 样品制备

样品制备技术在电子显微技术中占有重要的地位，它直接影响着图像的观察和对图像的正确解释，可以说样品的正确制备直接决定了观察效果。扫描电镜试验对象可以是块状、薄膜或粉末颗粒，由于是在真空中直接观察，扫描电镜对各类样品均有一定要求。首先要求样品保持其结构和形貌的稳定性，不因取样而改变。其次要求样品表面导电，如果样品表面不导电或导电性不好，将在样品表面产生电荷的积累和放电，造成入射电子束偏离正常路径，使得图像不清晰以致无法观察和抓拍图片。最后要求样品大小要适合于样品台的尺寸，各类扫描电镜样品台的尺寸均不相同，以适用不同尺寸的样品。如果样品含水分，应烘干除去水分。

样品镀膜方法：利用扫描电子显微镜观察不导电或导电性很差的非金属材料时，一般都用真空镀膜机或离子溅射仪在样品表面上沉积一层金属导电膜，镀层金属有金、铂、银等金属，常用的沉积导电膜为金膜。样品镀膜后不仅可以防止充电、放电效应，还可以减少电子束对样品表面造成的损伤，增加二次电子产额，获得良好的图像。

### 9.2.3 场发射扫描电子显微镜

#### 9.2.3.1 场发射扫描电子显微镜的结构

场发射电子显微镜的基本结构与普通扫描电子显微镜相同。所不同的是场发射的电子枪不同。场发射电子枪由阴极、第一阳极（减压电极）和第二阳极（加压电极）组成。第一阳极的作用是使得阴极上的电子脱离阴极表面，第二阳极与第一阳极之间有一个加速电压，阴极电子束在加速电压的作用下，其直径可以缩小到1nm以下。阴极材料通常由单晶钨制成，场发射电子枪可分为三种：冷场发射式、热场发射式及肖特基发射式。当在真空中的金属表面受到108V/cm大小的电子加速电场时，会有可观数量的电子发射出来，此过程叫做场发射，其原理是高压电场使电子的电位障碍产生Schottky效应，亦即使能障宽度变窄，高度变低，致使电子可直接“穿隧”通过此狭窄能障并离开阴极。场发射电子从很尖锐的阴极尖端发射出来，因此可得极细而又具有高电流密度的电子束，其亮度可达热游离电子枪的数百倍，甚至千倍。要从极细的阴极尖端发射电子，要求阴极表面必须完全干净，所以要求场发射电子枪必须保持超高真空度以便防止阴极表面黏附其他的原子。一般情况下，阴极材料由单晶钨制成。

（1）冷场发射式电子枪必须在$10^{-8}$Pa的真空度下操作，需要定时短暂加热针尖至2500K，以去除所吸附的气体原子。冷场发射式电子枪最大的优点为电子束直径最小、亮度最高、持续时间非常长，因此影像分辨率最优。能量散布最小，缺点是需要很高的真空度、易污染、需要频闪（突然加热）、电流稳定性差。

（2）热场发射式电子枪类似于冷场发射枪，不同的是热场发射枪是在1800K下操作，不需要针尖频闪，不易污染，具有很大的能量扩散。

（3）肖特基发射式电子枪系在钨单晶上镀$ZrO_2$覆盖层，其操作温度为1800K，$ZrO_2$的作用是将纯钨的功函数降低。由于外加高电场的作用使得电子更容易以热能的方式跳过能障逃出针尖表面。它具有发射电流大、较大的发射面、小的能量扩散、较高的电流密度、良好的电流稳定性、不易污染和寿命长等特点，但影像分辨率较差。

#### 9.2.3.2 场发射扫描电子显微镜的特点

场发射扫描电子显微镜广泛用于生物学、医学、金属材料、高分子材料、化工原料、地质矿物、产品生产质量控制等。可以观察和检测非均相有机材料、无机材料及上述微米、纳米级样品的表面特征。该仪器的最大特点是具备超高分辨扫描图像观察能力，是传统SEM的3~6倍，图像质量较好，尤其是采用最新数字化图像处理技术，提供高倍数、高分辨扫描图像，并能即时打印或存盘输出，是纳米材料粒径测试和形貌观察最有效的仪器。也是研究材料结构与性能关系所不可缺少的重要工具。

# 9.3 透射电子显微镜

透射电子显微镜（TEM）是通过穿过样品的电子进行成像的放大设备。电子束穿过样品以后，带有样品信息，再将这些信息进行处理和放大，便可在荧光屏上显示出物质的超微结构形态，它的分辨率可达 0.1nm，放大倍率在几百倍到 80 万倍间连续可调，主要应用于观察物质内部的超微结构，成分分析及粒径测定等。

随着现代科学技术的迅速发展，要求提供具有良好力学性能的结构材料及具有各种物理和化学性能的功能材料。由于材料的化学成分、晶体结构、显微组织对材料的宏观性能有巨大的影响，因此，为了研究新的材料或改善传统材料，必须以尽可能高的分辨能力观测和分析材料内部组织结构状态的变化。扫描电镜及能谱可以同时获得材料的显微组织与成分的平面分布，但对于部分微观缺陷，却无能为力。若希望获取材料的化学成分、晶体结构、显微组织的全部信息及其相互间的空间对应关系，使用透射电子显微镜是一个方便且简易的方法。

## 9.3.1 透射电子显微镜的成像原理

透射电子显微镜和扫描电子显微镜一样，电子枪是透射电镜的照明源。由电子枪发出的高能电子，经双聚光镜汇聚，获得一束直径小、相干性好的电子束，打在样品上；高能电子与样品互相作用，产生各种物理信号，其中，透射电子是透射电镜用来成像的物理信号（所谓透射电子是指入射电子透过样品的那一部分电子）；由于样品各个微区的厚度、平均原子序数、晶体结构或位向等不尽相同，那么透过样品各个微区的电子数目就不同，这样就在物镜的物平面上形成一幅与样品微观结构一一对应的透射电子分布图。然后，由物镜放大成像，再经过中间镜、投影镜的进一步放大，最后成像于荧光屏。这样就得到一幅人眼可观察的，反映样品微区厚度、平均原子序数、晶体结构或位向等不同信息的，具有一定衬度的高分辨、高放大倍数的透射电子图像，再将其记录在电子感光胶片上或计算机内，成为永久的图像。

## 9.3.2 透射电子显微镜的结构

由于透射电子显微镜的精度高，直观性强，所以对电源稳定性，加工精度和真空等方面均有较高的要求，因此，结构比较复杂，它主要由照明系统、成像系统、观察记录系统、真空系统和电源系统组成。

### 9.3.2.1 照明系统

照明系统由电子枪、聚光镜和相应的平移对中、倾斜调节装置组成。其作用是提供一束亮度高、照明孔径角小、平行度好、束流稳定的照明源。为满足明场和暗场成像需要，照明束可在 2°~3°范围内倾斜。

A 电子枪

电子枪是透射电镜的电子发射源，也是成像系统的照明源，对电镜的分辨本领起着重要作用，因此必须满足如下要求：具有足够的电子发射强度，束斑要小，束流大小可以根据样品的需要进行调节，高稳定度的加速电压。

电子枪的灯丝有两种，即热阴极和冷阴极，热阴极具有足够的电子发射强度，束斑要小，束流大小可以根据样品的需要进行调节，高稳定度的加速电压是预先通上电流加热灯丝，使灯丝尖端的电子蒸发，形成束流。冷阴极是利用真空中残存气体的电离作用产生电子，电镜多数用热阴极灯丝，在工作环境和温度正常情况下，寿命50h左右，所以在使用中要特别小心，换灯丝时，要在显微镜下仔细对中和根据说明书参数调准灯丝尖端栅极孔圆心间的距离。

电子枪由阴极、栅极和阳极组成。阴极是V形灯丝，它们的亮度和寿命都比普通灯丝高得多，灯丝的两端焊接在穿过绝缘材料制成的圆盘支架上。这种V形灯丝又称之为发叉形热发射阴极，当灯丝通电加热时，灯丝尖端开始发射热电子，在阳极电压吸引下产生高的速度，形成很细的电子束流。栅极适用于控制电子发射强度，根据样品需要，使用较小的电子束流，就调大栅极电压，使用较大的电子束流就调小栅极电压，电子源的亮度随束流变化，又与阴极发射的电流密度平方成正比，即灯丝的亮度大，阴极蒸发的电子速度也加快，必然会使灯丝的寿命缩短，因此，在实际操作中必须做到三点：一是根据电镜要求将灯丝调整到最佳高度或允许的范围之内。调近灯丝尖与栅极孔圆心间的距离意味着减小栅极电压，束流可相应加大，反之束流则减小。二是将束流强度控制在饱和点之内。当电子束流达到饱和点后，即使再增加灯丝加热电流，束流也不会再增加，荧光屏上的亮度也不会再增加，但由于灯丝的电子发射量加大，会使灯丝寿命大大缩短。三是根据样品需要合理地调节电子束流强度。对于一些分辨率不高的样品，可使用较低的束流，以延长灯丝寿命。

B 聚光镜

由于电子之间的压力和阳极小孔的发散作用，电子束穿过阳极小孔后又逐渐变粗，射到样品上仍然过大。聚光镜就是为了克服这种缺陷而加入的，它具有增强电子束密度和再一次将发散的电子束汇聚的作用。具体过程是将“电子枪叉点”作为初光源，汇聚在样品平面上，并通过调节聚光镜的电流来控制照明强度、照明孔径角和束斑大小。

#### 9.3.2.2 成像系统

成像系统主要起观察和成像的作用，由样品室、物镜、中间镜、投影镜组成。

A 样品室

位于聚光镜之下，物镜之上，可承载并移动铜网。通过移动载有铜网的样品杆，将样品随意地取出和放进。样品室的必备条件是：更换样品机构灵活，必须配有气锁装置。以防止镜筒内腔，尤其是电子枪阴极附近进入空气。更换样品时，镜筒必须保持真空状态。

B 物镜

物镜是用来形成第一幅高分辨电子显微图像或电子衍射花样的透镜。透射电子显微镜分辨本领的高低主要取决于物镜。因为物镜的任何缺陷都被成像和系统中其他透镜进一步放大。欲获得物镜的高分辨本领，必须尽可能降低像差。通常采用强激磁、短焦距的物镜，它的放大倍数较高。

在用电子显微镜进行图像分析时，物镜和样品之间的距离总是固定不变的。因此改变物镜放大倍数进行成像时，主要是改变物镜的焦距和像距来满足成像条件。

C 中间镜

中间镜位于物镜之下，作用是将物镜放大后的像进一步放大，中间镜是弱磁透镜，配有活动光阑，以便挡掉一部分远轴区电子，同时还配有固定光阑，以增加反差，其放大约20倍，通过调整可控制总的放大倍数。

D 投影镜

投影镜的作用是把经中间镜放大的像进一步放大，并投影到荧光屏上，它和物镜一样，是一个短焦距的强磁透镜。投影镜的激磁电流是固定的，因为成像电子束进入投影镜时孔镜角很小，因此它的景深和焦距都非常大。即使改变中间镜的放大倍数，使显微镜的总放大倍数有很大的变化，也不会影响图像的清晰度。有时，中间镜的像平面还会出现一定的位移，由于这个位移距离仍处于投影镜的景深范围之内，因此，在荧光屏上的图像仍旧是清晰的。

9.3.2.3 观察记录系统

观察和记录系统包括荧光屏和照相机构，在荧光屏下面放置一个可以自动换片的照相暗盒。照相时只要把荧光屏掀往一侧并竖起，电子束即可使照相底片曝光。由于透射电子显微镜的焦长很大，显然荧光屏和底片之间有数厘米的间距，但仍能得到清晰的图像。

通常采用在暗室操作情况下人眼较敏感的、发绿光的荧光物质来涂制荧光屏，这样，高放大倍数、低亮度图像的聚焦和观察效果较好。

电子感光片是一种对电子束曝光敏感、颗粒度很小的溴化物乳胶底片，它对红外光不敏感。由于电子和乳胶相互作用比光子强得多，照相曝光时间很短，只需几秒钟。早期的电子显微镜用手动快门，构造简单，但曝光不均匀。新型电子显微镜采用电磁快门，与荧光屏动作密切配合，动作迅速，曝光均匀；有的还有自动曝光装置，根据荧光屏上图像的亮度，自动地确定曝光所需的时间。如果配上适当的电子电路，还可以实现拍片自动计数。近年来新式的透射电镜一般都配有 CCD 相机，可以直接把电镜中看到的图像采集，具有在计算机中进行图像处理分析、数据管理和报告打印等多种功能。

电子显微镜工作时，整个电子通道必须置于真空系统中。新式电子显微镜中电子枪、镜筒和照相机之间都装有气阀，各部分都可以单独地抽真空和单独放气，因此，在更换灯丝、清洗镜筒和更换底片时，可不破坏其他部分的真空状态。

9.3.2.4 真空系统

为了保证电子在整个通道中只与样品发生相互作用，而不与空气分子碰撞，因此整个电子通道从电子枪到照相底板盒都必须置于真空系统之内。如果真空度不够，就会出现高压加不上去，成像衬度变差，极间放电，灯丝迅速氧化，寿命短的现象。

9.3.2.5 电源系统

透射电镜需要两部分电源：一是供给电子枪的高压部分，二是供给电磁透镜的低压稳流部分。电压的稳定性是电镜性能好坏的一个极为重要的标志。加速电压和透镜电流的不稳定将使电子光学系统产生严重像差，从而使分辨能力降低。所以对电源系统的主要要求是产生高稳定的加速电压和满足各种透镜要求的激磁电流。在所有的透镜中，物镜激磁电流的稳定度要求最高。

### 9.3.3 透射电子显微镜的样品制备

透射电子显微镜的样品制备是透射电镜显微分析的重要一环。电子与物质能够相互作用，但是电子对物质的穿透能力很弱，约为X射线穿透能力的万分之一。而在透射电镜中真正需要的是具有穿透能力的透射电子束和弹性散射电子束。为了使它们能够达到清晰成像的程度，就必须要求样品有足够薄的厚度。在实际中，一般透射电镜的合格样品要求厚度小于100nm，而当观察原子结构像的样品时厚度要求更高一些。

9.3.3.1 粉末样品的制备

为了制备合适厚度的样品，相关制样手段和减薄方法有许多，而这些方法都可能对材料的要求更高一些的组织造成影响，导致得到错误的观察结果。如何制备样品使之能够真实反映原始材料的显微组织和结构等信息，不增加各种操作引入的假象，是电镜使用者必须具备的一项基本工作，这项工作需要一定的技巧和经验。这里主要介绍常见的粉末样品和薄膜样品的制备方法。

粉末样品制备的关键是如何将超细的颗粒分散开来使之各自独立而不团聚。粉末样品常用的制备方法有胶粉混合法和支持膜分散法。

A 胶粉混合法

在干净玻璃片上滴火棉胶溶液，然后在玻璃片的胶液上放少许粉末并搅匀，将另一玻璃片压上，两玻璃片对研并突然抽开，等待膜干。用刀片将膜划成小方格，然后将玻璃片斜插入水杯中，在水面上下空插，膜片逐渐脱落，用铜网将方形膜捞出，晾干待观察。

B 支持膜分散法

将适量的待观察粉末放入乙醇（或其他合适的分散剂）中，用微波振荡，形成均匀的悬浊液，然后滴到带有碳膜的支持网上，晾干待观察。

9.3.3.2 薄膜样品的制备

最常接触的是块状材料，其厚度一般不能满足透射电镜的要求，必须采用各种方法对其进行减薄。从块状材料上制备薄膜样品通常需要经过三个步骤：一是从大块试样上切割薄片，二是将薄片样品进行研磨减薄，三是将研磨减薄的样品做进一步的最终减薄。薄膜样品制备的要求：制备过程中不引入任何材料组织的变化，薄膜应具有一定的强度和较大面积的透明区域，制备过程应易于控制，有一定的重复性和可靠性。

## 9.4 电子探针显微分析

电子探针是应微区分析的要求产生的，其特点是不需要破坏样品，且可以利用X射线成像观察微区元素的分布。电子探针显微分析的基本功能是用特征X射线获取样品的组成信息。现在已经将X射线能谱仪（EDS）和X射线波谱仪（WDS）安装在扫描电镜上，提高电子探针技术的分析能力。

### 9.4.1 电子探针显微分析原理

电子探针显微分析是利用聚焦的电子束照射到样品上使之产生特征X射线，由探测器接收，然后利用X射线谱仪分析其能量或者其波长并确定样品元素组成的一种分析方法。它是分析化学成分的仪器。

电子探针显微分析的结构与扫描电镜的结构大致相似，不同的是电子探针有一套完整的X射线波长和能量探测装置（波谱仪WDS和能谱仪EDS），用来探测电子束轰击样品所激发的特征X射线。由于特征X射线的能量或波长随着原子序数的不同而不同，只要探测入射电子在样品中激发出的特征X射线波长或能量，就可获得样品中所含的元素种类和含量，以此对样品微区进行定量分析是电子探针最大的特点。

### 9.4.2 X射线能谱仪

X射线能谱仪由X射线探测器、前置放大器、脉冲处理器及分析处理系统组成。

X射线能谱仪检测的是X射线光子，其被检测器中的原子吸收并转化为电脉冲，脉冲振幅正比于光子能量，亦即探测器检测的是光子的能量。目前常用的探测器有盖革检测器、NaI(Ti)闪烁检测器和Si(Li)检测器，由于Si(Li)检测器（锂漂移硅探测器）有较高的量子效率、尺寸小等特点，已成为最常用的检测器。在Si(Li)检测器中，X射线光子照射探测器表面使得Si电离产生初始光子，初始光子在探测器中发生非弹性散射，进而产生许多电子空穴对，光子的能量在探头内消耗尽，经过增益放大形成输出脉冲。Si(Li)检测器需置于液氮中冷却以减少电子噪声和防止锂漂移。脉冲处理器从探测器接收、测量电信号并确定所接收到X射线的能量，区分不同特征的X射线。分析处理系统分析处理特征X射线谱，显示并转换为数据，从而确定发射元素的性质和含量。

X射线能谱仪具有一些特点：(1) 探测立体角大、探测效率高；(2) 对薄样品检测效率优于厚块状样品；(3) 可同时显示所有谱线，定性分析速度快。

### 9.4.3 X射线波谱仪

X射线波谱仪由分光晶体、探测器、有关的机械系统和电气系统等组成。当电子轰击样品时产生的X射线，只有一小束进入晶体分光计中，X射线经晶体衍射后进入检测器进行分析，故波谱法又称晶体衍射法。根据布拉格定律，对于已知晶体反射面距的晶体，当晶体被移动至不同的X射线衍射角时，能够发生衍射的X射线的波长就不同，根据波长和衍射角的对应关系即可由衍射角确定波长，从而判断出发射元素，其波峰的积分强度则反映X射线的强度，并以此强度表示出元素的含量。

X射线波谱仪和X射线能谱仪二者相比较而言，X射线波谱仪的优点是能量分辨率较高，准确率高，适合含量较低的元素和轻元素分析，缺点是分析时束流大，容易对样品造成污染和损伤，速度慢、占据空间大；而X射线能谱仪速度很快，对样品造成污染和损伤较小，不足之处是能量分辨率较低，准确率相对较小。X射线波谱仪和X射线能谱仪各有优缺点，应根据研究需要而加以选择。

### 9.4.4 定性分析

X射线能谱仪用在扫描电镜上，可以很快地完成所有元素的X射线能谱图，通过鉴定图谱中各个峰的能量来判断该峰所对应的元素的含量，峰高与元素的含量成正比。

定性分析的基本要求和原则：熟悉各元素线系中元素的能量谱，正确识别能谱中的虚假峰和干扰峰。为提高定性分析的准确性需要尽可能累计足够的计数，选用适当的计数率，尽量用元素的多个峰来确定一种元素。

### 9.4.5 定量分析

电子探针定量分析的基础是元素特征的X射线强度。在实际测定中由于分析条件的变化和仪器的稳定性等各方面的因素，射线强度与元素含量的关系需要修正。定量分析方法之一是比较同样测试条件下样品X射线强度和已知含量样品的X射线强度。

### 9.4.6 电子探针显微分析方法及应用

电子探针显微分析具有较强的功能，既可以观察又可以进行成分的定性、定量分析。在实际研究中可以根据需要采取不同的分析方法。分析方法具体包括点分析、线分析、面分析。

（1）点分析：在样品表面微区根据需要选择对一点或一区域采集特征X谱线，从而对发射元素进行定量或定性分析。

（2）线分析：在样品表面微区沿选定的直线轨迹采集元素的特征X谱线。线扫描分析可以表示出某一元素在所测样品的这条直线轨迹区域内的分布情况。

（3）面分析：对样品表面进行扫描显示元素在样品表面的分布图像。

X射线显微分析方法对样品损伤较小，分析元素范围广，定量分析的相对误差较低，还可研究元素的分布状况，同时利用电子图像显示样品表面形貌和组成的变化，因此当前广泛应用在各个学科上，主要有：（1）金属学，用于测定合金、金属间化合物、偏析、夹杂和脱溶物的组成，研究晶体形成过程中原子的迁移，考察金属在气相或液相介质中腐蚀和氧化的机理，测定金属渗层、镀层厚度和组成，观察样品中元素的分布，并进行定性和定量分析；（2）岩石矿物、天文地理方面，可用于鉴定微粒矿物，研究矿物内部的化学均匀性和元素的地球化学特性等；（3）材料科学方面，普遍用于分析研究微电子元器件中的杂质和缺陷；（4）化工方面，用于对催化剂、颜料、涂料、腐蚀物和纸张改性等的分析；（5）在医学和生物学方面，用于分析生物体内天然存在的元素，营养元素的运输途径以及跟踪毒性元素在生物体内的分布，检查细胞化学反应产物所含的元素，环境污染对生物体的影响等。

## 9.5 X射线光电子能谱表面分析

光电子能谱的激发源是光子，原子中的价电子（外层电子）或芯电子（内层电子）受光子的作用，从初态作偶极跃迁到高激发态而离开原子。然后对这些光电子作能量分析，通过与已知元素的原子或离子的不同壳层的电子能量相比较，就可以确定未知样品表层中原子或离子的组成和状态。

X射线光电子能谱表面分析是十分重要的表面分析技术之一。它既可以探测表面的化学组成，又可以确定各元素的化学状态，因此，这种分析方法在化学、材料科学及表面科学中得到了非常广泛的应用。随着现代科学技术的迅速发展，X射线光电子能谱也在不断完善。目前，已开发出小面积X射线光电子能谱，使得X射线光电子能谱的空间分辨能力有了很大的提高。

## 9.5.1　X 射线光电子能谱的基本原理

9.5.1.1　光电效应

物质受光作用放出电子的现象称为光电效应，也称为光电离或光致发射。原子中不同能级上的电子具有不同的结合能，当具有一定能量 $h\nu$ 的入射光子与试样中的原子相互作用时，单个光子把全部能量交给原子中某壳层（能级）上一个受束缚的电子，这个电子就获得了能量 $h\nu$。如果 $h\nu$ 大于该电子的结合能，那么这个电子就将脱离原来受束缚的能级，剩余的光子能量转化为该电子的动能，使其从原子中发射出去，称为光电子，原子本身则变成激发态离子。

当光子与试样相互作用时，从原子中各能级发射出来的光电子数是不同的，而是有一定的几率，这个光电效应的几率常用光电效应截面表示，它与电子所在壳层的平均半径、入射光子频率和受激发原子的原子序数等因素有关。光电效应截面越大，说明该能级上的电子越容易被光激发，与同原子其他壳层上的电子相比，它的光电子峰的强度就越大。各元素都有某个能级能够发出最强的光电子线，这是通常做 X 射线光电子能谱分析时必须利用的，同时光电子线强度是 X 射线光电子能谱分析的依据。

9.5.1.2　电子结合能

入射光子的能量在克服轨道电子结合能（束缚能）后，光电子获得动能，能量过程满足光电定律。

对于固体样品，电子结合能可以定义为把电子从所在能级转移到费米能级所需要的能量。所谓费米能级，相当于 0K 时固体能带中充满电子的最高能级。固体样品中电子由费米能级跃迁到自由电子能级所需要的能量称为逸出功，也就是所谓的功函数。

9.5.1.3　化学位移

能谱中表征样品内层电子结合能的一系列光电子谱峰称为元素的特征峰。因原子所处化学环境不同，使原子内层电子结合能发生变化，则 X 射线光电子谱谱峰位置发生移动，称之为谱峰的化学位移。所谓某原子所处化学环境不同，大体有两方面的含义，一是指与它相结合的元素种类和数量不同，二是指原子具有不同的价态。

除化学位移外，由于固体的热效应与表面荷电效应等物理因素也可能引起电子结合能改变，从而导致光电子谱峰位移，此称之为物理位移。在应用 X 射线光电子谱进行化学分析时，应尽量避免或消除物理位移。

## 9.5.2　X 射线光电子能谱仪的结构

X 射线光电子能谱仪主要由 X 射线源、能量分析器、真空系统、显示记录系统等组成。

9.5.2.1　X 射线源

X 射线源是用于产生具有一定能量的 X 射线的装置。当高能电子轰击阳极靶会产生特征 X 射线，其能量取决于组成靶的原子内部的能级。此外，还可能产生韧致辐射。在 X 射线光电子能谱仪中，所用的是特征 X 射线，因为特征辐射具有窄的线宽，单色性好，所得到的信息准确。常用的 X 射线源具有 Al 和 Mg 的双阳极，其特征 $K_{\alpha1,2}$ 的能量分别为

1486.6eV 和 1253.6eV，谱线的半高度分别为 0.9eV 和 0.7eV。除不能分辨的 $K_{\alpha1}$ 和 $K_{\alpha2}$ 外，还有 $K_{\alpha3}$ 和 $K_{\alpha4}$ 等 X 射线存在，它们与 $K_{\alpha1,2}$ 有恒定的能量差和强度比，导致在结合能的低能端出现小谱峰，它们不难识别，用计算机很容易排除干扰。X 射线发射的光子通量与阳极电流（0~60mA）有很好的线性关系。

X 射线枪与分析室之间用一极薄的高纯 Al 箔隔开，其作用是：（1）阻挡从阳极发射的大量二次电子进入分析室；（2）减弱韧致辐射对试样的照射；（3）阻止分析室中气体直接进入 X 射线枪。X 射线枪与分析室之间要有直接管道连通，以免压强差过高时导致 Al 箔的破裂。Al 箔沾污或有小裂孔应予更换。

#### 9.5.2.2 分析器系统

分析器由电子透镜系统、能量分析器和电子检测器组成。常用的静电偏转型分析器有球面偏转分析器和筒镜分析器两种。

能量分析器是电子能谱仪的核心部件，主要作用是用于测定样品发射的光电子能量分布，在能量分析器中经能量“色散”的光电子被探测器（常用通道式电子倍增器）接收并经放大后以脉冲信号方式进入数据采集和处理系统，绘制出图谱。三个主要指标是分辨能力、灵敏度和传输性能。

#### 9.5.2.3 真空系统

通常超高真空系统真空室由不锈钢材料制成，真空度为 $10^{-6}$Pa 超高真空，一般由多级组合泵系统来获得。

### 9.5.3 X 射线光电子能谱仪分析的特点

X 射线光电子能谱分析采用能量为 1000~1500eV 的射线源，能激发内层电子。各种元素内层电子的结合能是有特征性的，因此可以用来鉴别化学元素。与其他表面成分分析谱仪相比，X 射线光电子谱的最显著特点是它不仅能测定表面的组成元素，而且能确定各元素的化学状态。它能检测除 H、He 以外元素周期表中所有的元素，且具有很高的绝对灵敏度，因此 X 射线光电子能谱分析是当前表面分析中使用最广的谱仪之一。

X 射线光电子能谱能提供被测样品如下的表面信息：（1）元素标定；（2）化学状态；（3）元素成分；（4）电子态；（5）深度分析。

X 射线光电子能谱仪分析具有如下优点：（1）是一种无损分析方法（样品不被 X 射线分解）；（2）是一种超微量分析技术（分析时所需样品量少）；（3）是一种痕量分析方法（绝对灵敏度高）。但 X 射线光电子能谱分析相对灵敏度不高，只能检测出样品中质量分数在 0.1%以上的组分。

### 9.5.4 X 射线光电子能谱仪分析的应用

#### 9.5.4.1 定性分析

元素定性分析即以实测光电子图谱与标准图谱相对照，根据元素特征峰位置确定样品（固体样品表面）中存在哪些元素（及这些元素存在何种化合物中）。标准图谱可从相关手册、资料中查到，标准图谱中有光电子谱峰与俄歇谱峰位置并附有化学位移数据。

定性分析原则上可以鉴别除氢和氦以外的所有元素。分析时首先通过对样品（在整个光电子能量范围）进行全扫描，以确定样品中存在的元素，然后再对所选择的谱峰进行窄扫描，以确定化学状态。

定性分析时，必须注意识别伴峰、杂质和污染峰等。

定性分析时一般利用元素的主峰（该元素最强最尖锐的特征峰）。显然，自旋-轨道分裂形成的双峰结构情况有助于识别元素。特别是当样品中含量少的元素的主峰与含量多的另一元素非主峰重叠时，双峰结构是识别元素的重要依据。

#### 9.5.4.2 定量分析

X 射线光电子能谱用于元素定量分析的关键是如何把所观测到的谱线的强度信号转变成元素的含量，即将峰的面积转变成相应元素的浓度。一般来说，光电子强度的大小主要取决于样品中所测元素的含量（或相对浓度）。因此，通过测量光电子的强度就可进行 X 射线光电子能谱定量分析。但在实验中发现，直接用谱线的强度进行定量，所得到的结果误差较大。这是由于不同元素的原子或同一原子不同壳层上的电子的光电截面是不一样的，被光子照射后产生光电离的几率不同。所以，不能直接用谱线的强度进行定量。目前应用最广的是元素灵敏度因子法进行定量分析。

元素灵敏度因子法是一种半经验性的相对定量方法。样品中某个元素所占有的原子数分数：

$$C_x = (I_x/S_x)/(\sum I_i/S_i) \tag{9-2}$$

式中，$I_i$ 为检测到的某元素特征谱线所对应的强度；$S_i$ 为某元素灵敏度因子，可从专业的数据库中查找得到。

因此，只要测出样品中各元素的某一光电子线的强度，再分别除以它们各自的灵敏度因子，就可以利用式（9-2）进行相对定量计算，得到的结果是原子比或原子百分含量。大多数元素都可用这种方法得到较好的半定量结果。需要说明的是，由于元素灵敏度因子概括了影响谱线强度的多种因素，因此不论是理论计算还是实验测定，得到的数值是不可能很准确的。

#### 9.5.4.3 化学态分析

原子结合状态和电子分布状态可以通过内壳层电子能谱的化学位移推知。

（1）光电子谱线化学位移。由于电子的结合能会随电子环境的变化发生化学位移，而化学位移的大小又与原子上电荷密度密切相关，由于元素的电荷密度受原子周围环境（如电荷、元素价态、成键情况等）的影响。因此可以通过测得的化学位移，分析元素的状态和结构。谱线能量的精确测定是化学态的分析的关键。

（2）俄歇谱线化学位移和俄歇参数。最尖锐的俄歇线动能减去最强的 X 射线光电子线动能所得到的动能差称为俄歇参数。它与静电无关，只与化合物本身有关。

俄歇参数对分析元素状态非常有用。此外，在一般情况下，俄歇谱线所表现的化学位移常比 X 射线光电子谱线表现的化学位移大。

（3）震激谱线。过渡元素、稀土元素和锕系元素的顺磁化合物的 X 射线光电子能谱中常常出现震激现象，因此常用震激效应的存在与否来鉴别顺磁态化合物的存在与否。

（4）多重分裂。过渡元素及其化合物的电子能谱中均发生多重分裂，其裂分的距离与元素的化学状态密切相关，因此，可以根据谱线是否分裂以及裂分的距离再结合谱线能量的位移和峰形的变化来准确地确定元素的化学状态。

## 习　题

9-1　简述X射线衍射分析原理。

9-2　X射线衍射分析有哪些应用？

9-3　简述扫描电镜的工作原理和主要构造。

9-4　简述形成二次电子像衬度和背散射电子像衬度的原因，各有何特点？

9-5　简述透射电子显微镜的成像原理。

9-6　简述电子探针显微分析原理。

9-7　如何进行电子探针定性分析和定量分析？

9-8　简述X射线光电子能谱仪的工作原理。

9-9　简述X射线光电子能谱仪的结构。

9-10　X射线光电子能谱仪分析有哪些应用，如何进行元素定性分析？

# 10 科技文献检索

## 10.1 文献类型

文献级别可大致分为：一次文献、二次文献、三次文献，即原创、二手、三手文献。

### 10.1.1 一次文献

在艺术、文学、历史领域，一次文献为手稿、影像、信件、录音、日记、乐谱等原创作品。在化学、经济学等领域，一次文献主要来自观察和实验。在语言学等领域，还可以通过访谈等途径获得第一手资料。一次文献的准确度最高，研究者会首先从一次文献里寻找所需信息。

### 10.1.2 二次文献

二次文献多为其他研究者所撰写，对于其他从事相关研究者而言为第二手资料。二次文献包括分析一次文献的书籍和文章，以及专业百科全书和专业辞典中提供的相关领域研究者所撰写的文章。使用二次文献可以跟上前沿研究脚步、找寻其他研究观点以及为自己的研究分析找到模板。在寻找二次文献时，不应只看那些与自己观点相同的文献，也应同时留心持不同观点的研究。有些研究新人会认为在论文中提及与自己论点相悖的文献会对论证不利，事实恰恰相反，当在论文中充分展示两方或多方不同的观点时，表示作者知道各种不同观点的存在，也有能力进行回应和有效论证。

不过，除非研究内容为其他研究者的研究情况，否则二次文献相较一次文献而言，会有很高的错误率。研究者通常在找不到一次文献时才会使用第二手资料。使用二次文献时最好先仔细检查其引文、事实和数据的准确性。当发现二次文献涉及大量不熟悉的背景知识，因而难以阅读时，可先从较可靠权威的三次文献入手，以获得更基础的信息。

### 10.1.3 三次文献

三次文献以二次文献为基础编辑撰写，包括百科全书、辞典、报纸杂志以及面向大众的书籍。三次文献通常面向非专业人士，内容较简化，但其质量参差不齐，可能存在大量误传和谬误。例如中文和英文领域均有许多在线百科存在，虽然其中许多词条内容丰富完备，但因其未经过专业核验，不宜将其作为权威参考文献来源。研究者可从三次文献中获得研究概览，在使用三次文献时应谨慎小心。

# 10.2 文献获取途径

## 10.2.1 文献检索方法

撰写论文所需的文献资料可从图书馆、书店、资料室获取纸质版，在互联网高度发达的今天，还可以从网络检索查阅电子版本。

文献检索方法有三种：直接检索法、追溯检索法和综合检索法。

直接检索法，即直接利用检索系统检索文献信息。在进行较大课题的文献检索时，可按照时间顺序由远及近查找；当想要尽快获得最新资料时，可以由新到旧，逆时间顺序进行文献检索；而在进行有针对性的资料查找时，可针对研究内容，选择有关该研究项目的资料信息最可能出现或最频繁出现的时段，利用抽查法进行重点检索。

追溯检索法不使用检索工具查找，而是利用已有文献所列的参考文献列表进行逐一追溯查寻引文。这种方法可以快速扩大资料来源，从引文再追溯至引文的引文，以滚雪球形式获取相关研究文献。

综合检索法，顾名思义，即是将以上两种检索方法综合利用，分期分段交替使用检索系统和文献溯源的方法查找所需文献。通过这种方法可以得到最全面准确的文献资料。

## 10.2.2 文献检索内容

文献检索可以通过主题词进行关键词检索，还可以通过学者名和专业范畴进行同一作者在该领域的论文检索，如果已查找到与自己研究相关的综述文章，可根据其参考文献查找对应的原始研究论文。

在检索文献时，面对浩如烟海的资料，选出其中最有价值的文献是十分重要的。可以先阅览文献的题目、摘要和主要图表判断该文献是否切合研究主题，同时参考文献刊载刊物的影响因子和论文的被引用次数来判断该文章的权威性和参考价值。注意参看引用该文献的其他论文对其的评价和讨论有助于拓宽研究思路，获得更多的研究讯息。

## 10.2.3 学术文献索引

国际重要学术索引有：SCI（Science Citation Index，科学引文索引）、EI（Engineering Index，工程索引）、SSCI（Social Science Citation Index，社会科学引文索引）、A & HCI（Arts and Humanities Citation Index，艺术与人文引文索引）、ISTP（Index to Scientific & Technical Proceedings，科技会议录索引）。

国内重要学术索引有：CSSCI（中文社会科学引文索引）、CSCD（中国科学引文数据库）、北京大学中文核心期刊。

而冶金相关领域的前沿学术期刊大多被以下几个学术索引所收录：

（1）SCI（Science Citation Index）。

（2）EI（Engineering Index）。

（3）ISTP（Index to Scientific & Technical Proceedings）。

（4）CSCD（Chinese Social Sciences Citation Index）。

扫一扫看简介

# 10.3 各国文献检索网站

## 10.3.1 中国检索网站

中国知网（https：//www. cnki. net），如图 10-1 所示。

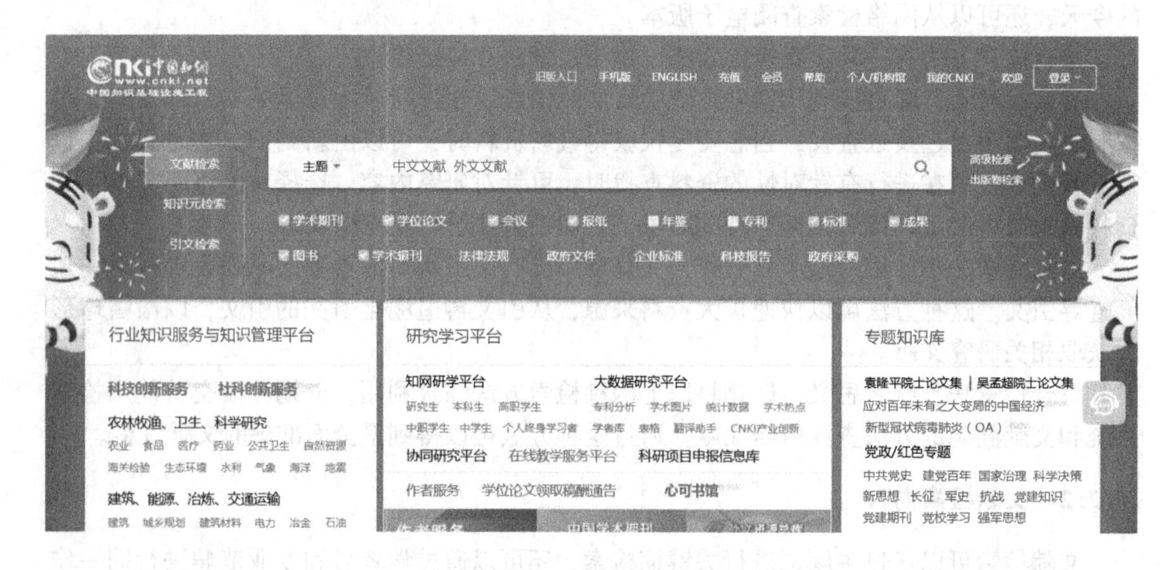


图 10-1 中国知网首页

中国国家图书馆（http：//www. nlc. cn），如图 10-2 所示。

图 10-2 中国国家图书馆首页

百度（https：//www.baidu.com），如图 10-3 所示。

图 10-3　百度搜索首页

百度学术（https：//xueshu.baidu.com），如图 10-4 所示。

图 10-4　百度学术首页

搜狗（https：//www. sogou. com），如图 10-5 所示。

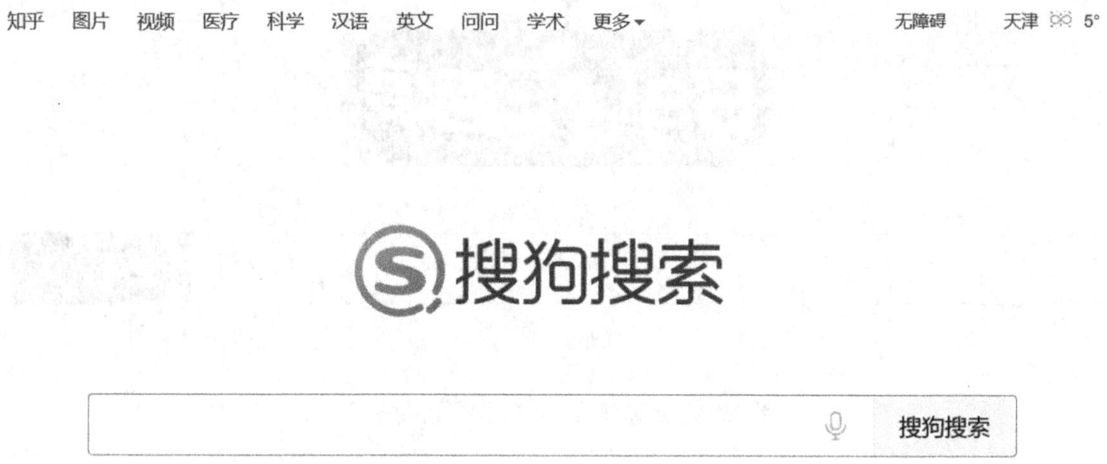

知乎 图片 视频 医疗 科学 汉语 英文 问问 学术 更多 无障碍 天津 5°

搜狗搜索

搜狗搜索

图 10-5 搜狗搜索首页

### 10. 3. 2 俄罗斯检索网站

Yandex（https：//www. yandex. ru/），如图 10-6 所示。

图 10-6 Yandex 首页

### 10. 3. 3 美国检索网站

Bing（https：//cn. bing. com），如图 10-7 所示。

图 10-7 Bing 中国版及国际版首页

### 10.3.4 西班牙检索网站

Lycos（http：//search. lycos. com），如图 10-8 所示。

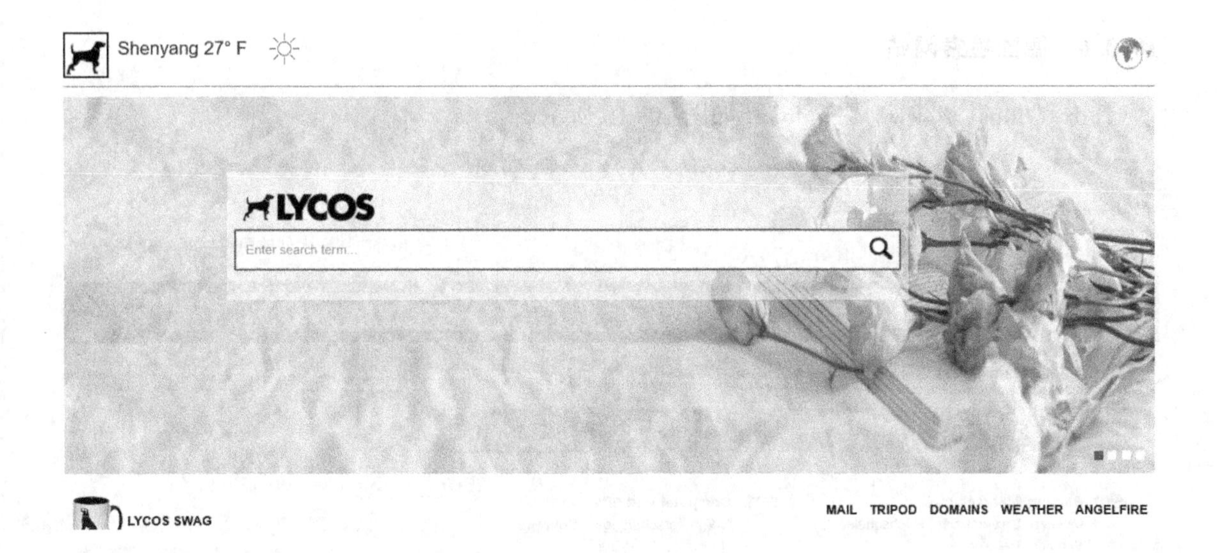


图 10-8 Lycos 首页

### 10.3.5 法国检索网站

Qwant（https：//www. qwant. com），如图 10-9 所示。

图 10-9 Qwant 首页

### 10.3.6 德国检索网站

Flix（https://www.flix.de），如图 10-10 所示。

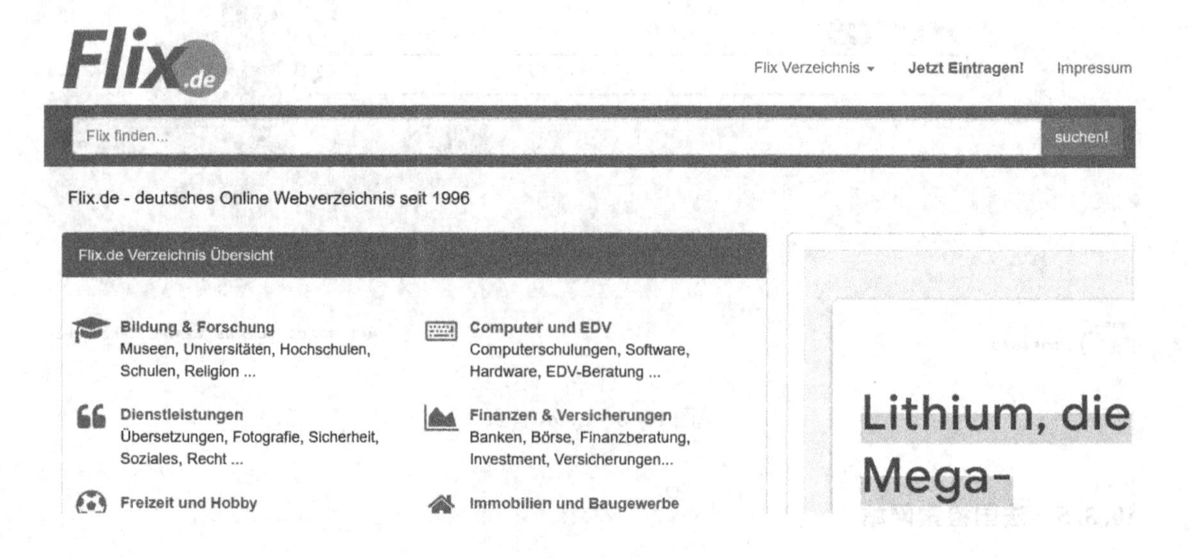


图 10-10 Flix 首页

## 10.4　各国专利信息检索网站

### 10.4.1　中国专利检索网站

中国专利信息网（http：//www. patent. com. cn），如图 10-11 所示。

图 10-11　中国专利信息网首页

### 10.4.2　欧洲专利检索网站

欧洲专利局（https：//www. epo. org），如图 10-12 所示。

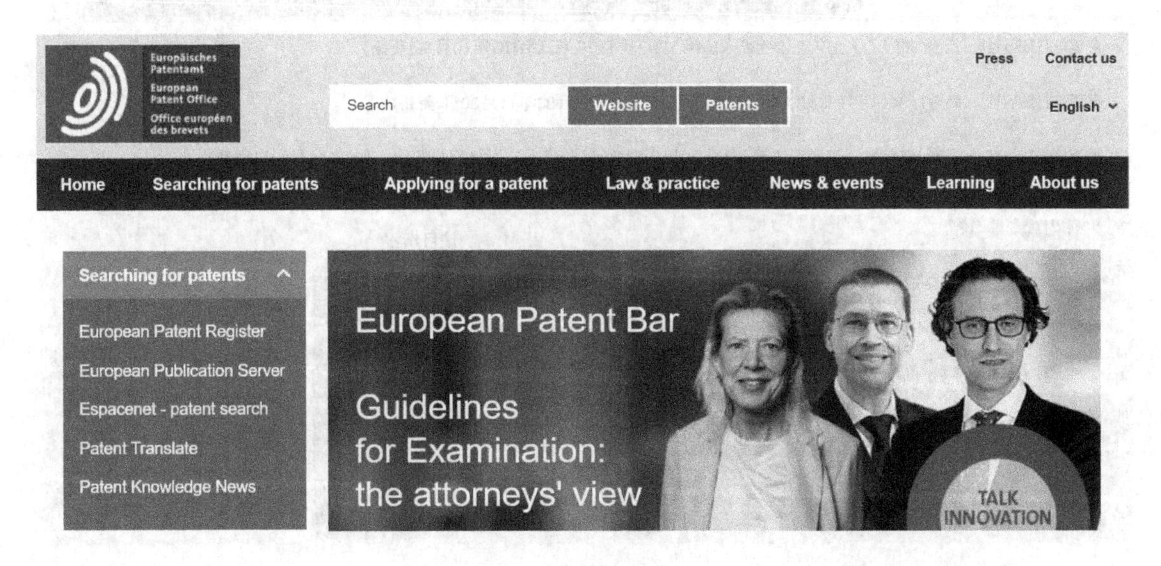


图 10-12　欧洲专利局首页

### 10.4.3　美国专利检索网站

美国专利及商标局（https：//www. uspto. gov），如图 10-13 所示。

图 10-13　美国专利及商标局首页

### 10.4.4　日本专利检索网站

日本专利局（https：//www. jpo. go. jp），如图 10-14 所示。

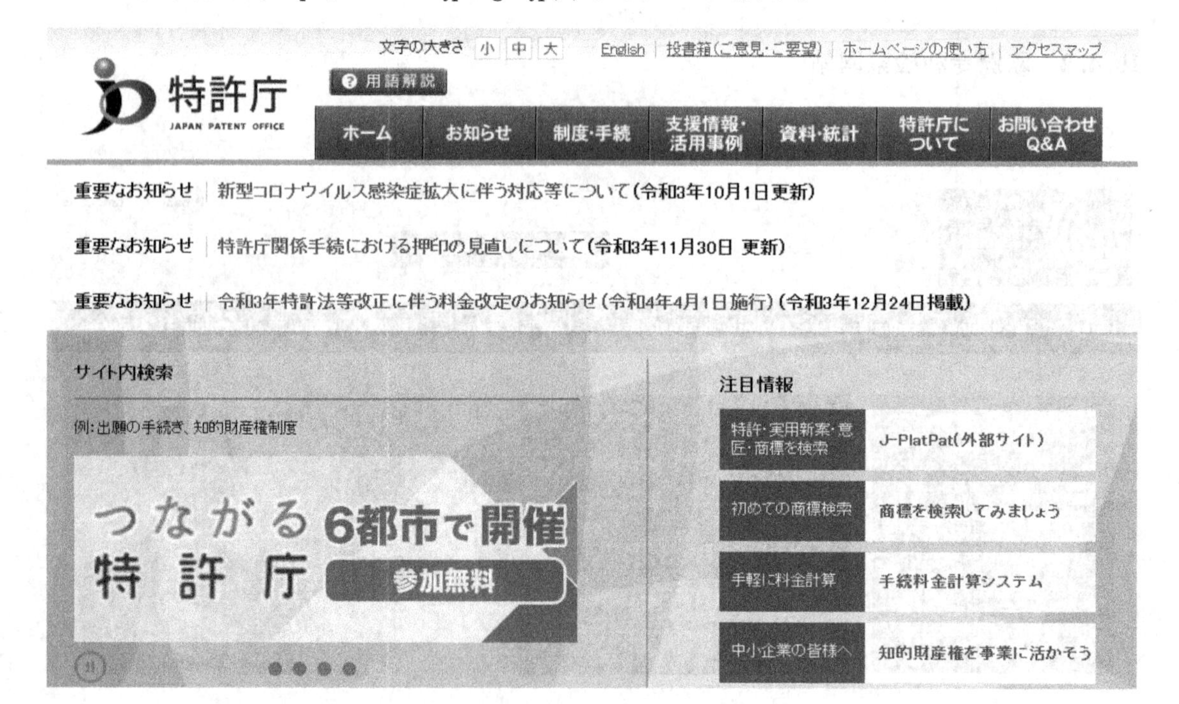


图 10-14　日本专利局首页

### 10.4.5 俄罗斯专利检索网站

俄罗斯专利局（https：//www. fips. ru），如图 10-15 所示。

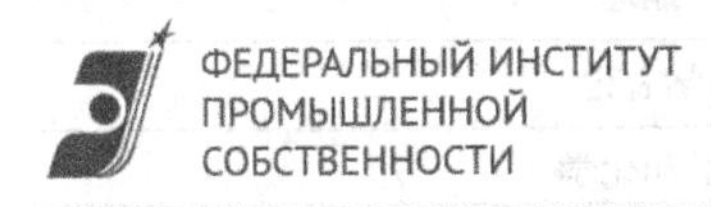

图 10-15 俄罗斯专利局首页

## 10.5 标 准 文 献

### 10.5.1 中国图书馆图书分类法

中国图书馆图书分类法（Chinese Library Classification），简称《中图法》，是新中国成立后编制出版的一部具有代表性的大型综合性分类法，是当今国内图书馆使用最广泛的分类法体系。表 10-1 为《中国图书馆图书分类法》大类分布表。

表 10-1 《中国图书馆图书分类法》大类分布表

| 序号 | 分类号 | 类 别 |
|---|---|---|
| 1 | A | 马克思主义、列宁主义、毛泽东思想、邓小平理论 |
| 2 | B | 哲学、宗教 |
| 3 | C | 社会科学总论 |
| 4 | D | 政治、法律 |
| 5 | E | 军事 |
| 6 | F | 经济 |
| 7 | G | 文化、科学、教育、体育 |
| 8 | H | 语言、文字 |
| 9 | I | 文学 |

续表 10-1

| 序号 | 分类号 | 类　别 |
| --- | --- | --- |
| 10 | J | 艺术 |
| 11 | K | 历史、地理 |
| 12 | N | 自然科学总论 |
| 13 | O | 数理科学和化学 |
| 14 | P | 天文学、地球科学 |
| 15 | Q | 生物科学 |
| 16 | R | 医药、卫生 |
| 17 | S | 农业科学 |
| 18 | T | 工业技术 |
| 19 | U | 交通运输 |
| 20 | V | 航空、航天 |
| 21 | X | 环境科学、安全科学 |
| 22 | Z | 综合性图书 |

图 10-16 为《中国图书馆图书分类法》工业技术各级分类示意图。

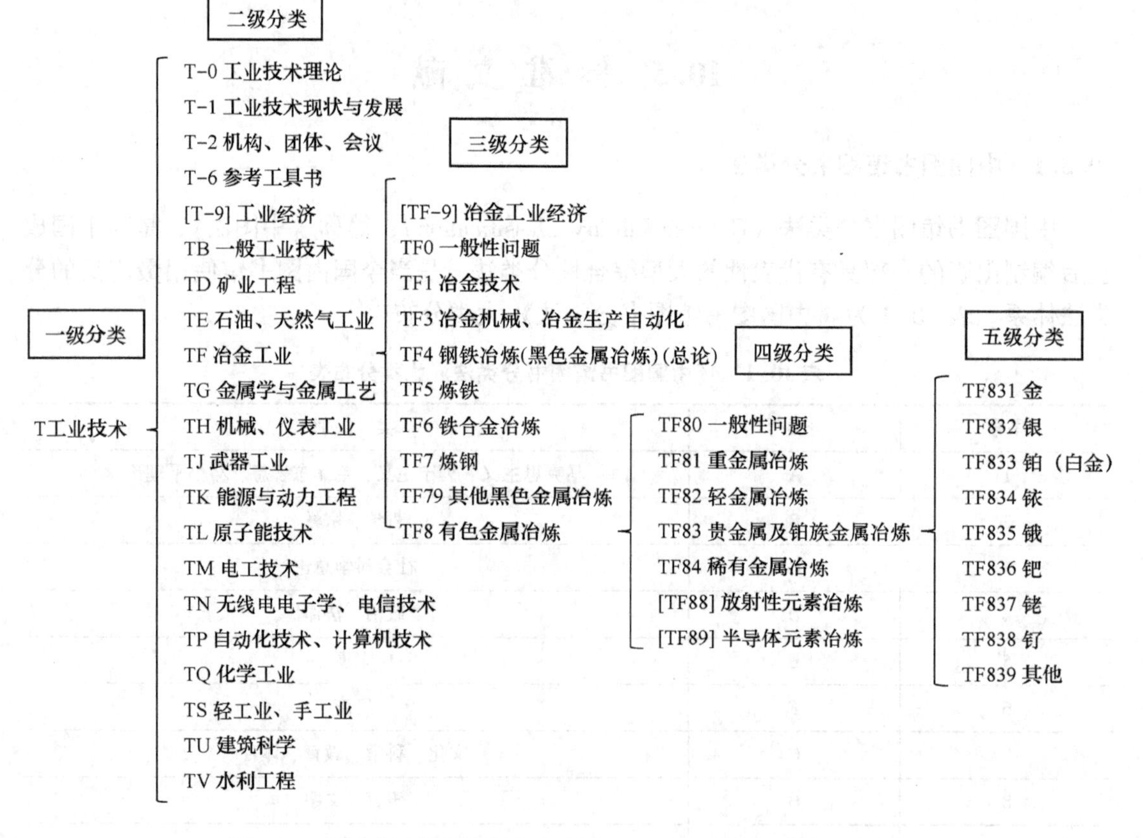


图 10-16 《中国图书馆图书分类法》工业技术各级分类示意图

## 10.5.2 中华人民共和国行业标准代号

中华人民共和国行业标准代号分为：

（1）GB——强制性国家标准代号。

（2）GB/T——推荐性国家标准代号。

注：行业标准分为强制性和推荐性标准。表 10-2 中给出的是强制性行业标准代号，推荐性行业标准的代号是在强制性行业标准代号后面加“/T”，例如农业行业的推荐性行业标准代号是 NY/T。

**表 10-2 中华人民共和国行业标准代号**

| 序号 | 行业标准名称 | 行业标准代号 | 主管部门 |
|---|---|---|---|
| 1 | 农业 | NY | 农业部 |
| 2 | 水产 | SC | 农业部 |
| 3 | 水利 | SL | 水利部 |
| 4 | 林业 | LY | 国家林业局 |
| 5 | 轻工 | QB | 中国轻工业联合会 |
| 6 | 纺织 | FZ | 中国纺织工业协会 |
| 7 | 医药 | YY | 国家食品药品监督管理局 |
| 8 | 民政 | MZ | 民政部 |
| 9 | 教育 | JY | 教育部 |
| 10 | 烟草 | YC | 国家烟草专卖局 |
| 11 | 黑色冶金 | YB | 中国钢铁工业协会 |
| 12 | 有色冶金 | YS | 中国有色金属工业协会 |
| 13 | 石油天然气 | SY | 中国石油和化学工业协会 |
| 14 | 化工 | HG | 中国石油和化学工业协会 |
| 15 | 石油化工 | SH | 中国石油和化学工业协会 |
| 16 | 建材 | JC | 中国建筑材料工业协会 |
| 17 | 地质矿产 | DZ | 国土资源部 |
| 18 | 土地管理 | TD | 国土资源部 |
| 19 | 测绘 | CH | 国家测绘局 |
| 20 | 机械 | JB | 中国机械工业联合会 |
| 21 | 汽车 | QC | 中国机械工业联合会 |
| 22 | 民用航空 | MH | 中国民航管理总局 |
| 23 | 兵工民品 | WJ | 中国兵器工业总公司 |
| 24 | 船舶 | CB | 中国船舶工业总公司 |
| 25 | 航空 | HB | 中国航空工业总公司 |

续表 10-2

| 序号 | 行业标准名称 | 行业标准代号 | 主管部门 |
|---|---|---|---|
| 26 | 航天 | QJ | 中国船天工业总公司 |
| 27 | 核工业 | EJ | 中国核工业总公司 |
| 28 | 铁道 | TB | 铁道部 |
| 29 | 交通 | JT | 交通部 |
| 30 | 劳动和劳动安全 | LD | 劳动和社会保障部 |
| 31 | 电子 | SJ | 信息产业部 |
| 32 | 通信 | YD | 信息产业部 |
| 33 | 广播电影电视 | GY | 国家广播电影电视总局 |
| 34 | 电力 | DL | 国家发改委 |
| 35 | 金融 | JR | 中国人民银行 |
| 36 | 海洋 | HY | 国家海洋局 |
| 37 | 档案 | DA | 国家档案局 |
| 38 | 商检 | SN | 国家认证认可监督管理委员会 |
| 39 | 文化 | WH | 文化部 |
| 40 | 体育 | TY | 国家体育总局 |
| 41 | 商业 | SB | 中国商业联合会 |
| 42 | 物资管理 | WB | 中国物流与采购联合会 |
| 43 | 环境保护 | HJ | 国家环境保护总局 |
| 44 | 稀土 | XB | 国家发改委稀土办公室 |
| 45 | 城镇建设 | CJ | 建设部 |
| 46 | 建筑工业 | JG | 建设部 |
| 47 | 新闻出版 | CY | 国家新闻出版总署 |
| 48 | 煤炭 | MT | 中国煤炭工业协会 |
| 49 | 卫生 | WS | 卫生部 |
| 50 | 公共安全 | GA | 公安部 |
| 51 | 包装 | BB | 中国包装工业总公司 |
| 52 | 地震 | DB | 中国地震局 |
| 53 | 旅游 | LB | 国家旅游局 |
| 54 | 气象 | QX | 中国气象局 |
| 55 | 外经贸 | WM | 商务部 |
| 56 | 海关 | HS | 海关总署 |
| 57 | 邮政 | YZ | 国家邮政局 |

## 习　　题

10-1　请简述一次文献、二次文献和三次文献的概念。

10-2　分别列举三个中文文献索引平台和五个外文文献索引平台。

10-3　请简述文献检索的三种方法。

10-4　利用中国知网查找有关“石墨烯”的最新中文文献 10 篇。

10-5　请查找 2018~2020 年间被 EI 索引收录的“high strength low alloy steel（低合金高强度钢）”有关文献。

10-6　请查找 2015~2017 年间被 SCI 索引收录的“cold rolling（冷轧）”相关文献。

# 11 科技论文写作

## 11.1 科技论文格式

科技论文通常由以下部分构成：标题（Title）、摘要（Abstract）、关键词（Keywords）、引言（Introduction）、证明（Proof）/实验步骤（Experimental Procedures）、结果与讨论（Results and Discussion）、附录（Appendix）、注释（Notes）、作者（Author）、通信地址（Address）、致谢（Acknowledgments）、参考文献（References）。

### 11.1.1 标题（Title）

11.1.1.1 标题的长度

学术论文的标题必须凝练确切，能准确概括论文的内容，不宜过短过宽泛，也不应过于冗长。一般来说，中文论文标题不应超过20个汉字，英文标题不应超过12个单词。

11.1.1.2 英文标题的书写

英文论文标题的书写根据期刊惯例和应用情况的不同，可以有以下三种形式：

（1）所有字母全部大写。例如：ON THE DEPOSITION OF PARTICLES IN LIQUID METALS ONTO VERTICAL CERAMIC WALLS。

（2）每个实意单词的首字母大写。例如：Conduction Properties and Transport Number of Double Perovskite Barium Tantalate Conductor。

（3）仅标题中的第一个单词首字母大写。例如：Clogging of submerged nozzles in casting aluminum-bearing steel。

### 11.1.2 摘要（Abstract）

摘要是学术论文中十分重要的一部分，应提供论文从引言、方法至结果与讨论部分的概要内容。在浏览正文前，对编辑、审稿专家和文献读者而言，摘要是其能在短时间内了解全文的唯一途径。在付费电子期刊数据库中，除标题外，只有学术论文的摘要部分是免费提供的，读者需要根据摘要内容来决定该文章是否是自己要阅览的资料，进而决定是否要付费阅读全文。

摘要所陈述的工作都是已完成的，不应包含任何没有在论文正文中提及的信息，通常也不会置入任何图表。摘要的长度应符合相应期刊的要求，力求简洁明晰，不宜过长。英文科技论文的摘要需要使用过去时态，其长度通常不超过250词。

英文摘要例1：

The deposition of non-metallic particles in liquid-metal flows is a serious industrial problem because the build-up of particles on ceramic walls clogs the flow path and interrupts the production, and this leads to large economic losses. This paper is an effort to extend the current state-of-the-art knowledge of particle deposition in air in order to predict particle deposition rates in liquid-metal flows using an improved Eulerian deposition model and considering Brownian and turbulent diffusion, turbophoresis and thermophoresis as transportation mechanisms. The model was used to predict the rate of deposition of particles in an air flow, and the predictions were compared to published measurements to demonstrate its performance. The model was then modified to take into account the differences in properties between air and liquid metals and thereafter applied to liquid-metal flows. Effects on the deposition rate of parameters such as steel flow rate, particle diameter, particle density, wall roughness and temperature gradient near the wall were investigated. It is shown that the steel flow rate has a very important influence on the rate of deposition of large particles, for which turbophoresis is the main deposition mechanism. For small particles, both wall roughness and thermophoresis have a significant influence on the particle deposition rate. Particle deposition rates under various conditions were successfully predicted.

英文摘要例 2：

Previously, complex perovskites barium strontium tantalate, i. e. , $Ba_3Sr_{1.4}T_{1.6}O_{8.4}$(BST40), has exhibited excellent proton conductivity due to its high basicity and oxygen vacancy concentration. Herein, we report proton conduction mechanism of BST40 using brick-layer model and defect equilibria model. Briefly, BST40 is prepared by solid-state synthesis method, resulting in hexagonal perovskite structure with space group of P63/m. Interestingly, grain interior and grain boundary thickness of BST40 are almost equal and the grain boundary conduction mainly dominates the conductivity at $T > 500$℃. Total standard molar hydration enthalpy of BST40 and grain interior is found to be -79. 6kJ/mol and -101. 3kJ/mol, respectively. Activation energy for BST40, protons, oxygen-ions, and holes in oxygen-containing humid atmosphere is found to be 0. 63eV, 0. 51eV, 0. 92eV, and 1. 08eV, respectively. These values are higher than corresponding values for the grain interior. At 700℃, proton transport number of BST40 and grain interior is found to be 0. 7 and 0. 72, respectively, which is significantly higher than other congeneric complex perovskite-type proton conductors. Overall, these results confirm that BST40 possesses excellent proton conductivity.

### 11.1.3　关键词（Keywords）

每篇中文论文通常有 3~5 个关键词。英文论文的关键词数依据不同期刊要求各有不同，例如：Non-metallic particle、Liquid metal、Ceramic wall、Turbulent flow、Deposition、Eulerian model。

### 11.1.4　引言（Introduction）

引言作为论文正文的第一部分，引言的主要作用在于向读者陈述进行该项研究的原因并提供该项研究的背景信息，因而英文论文的引言多使用现在时（Present Tense）。

### 11.1.5 证明（Proof）/实验步骤（Experimental Procedures）

在这一部分需要给出准确无误的实验技术指标、材料数量、来源或制备方法，有时还需列出所用试剂的物理及化学性质。注意该部分描述时的侧重点应为数据（Data），而非统计方法（Statistical Method）。常规统计方法可直接使用，无须特意说明。较复杂的统计方法可引用参考文献说明或在方法部分结尾处说明所使用的统计软件或统计方式。在描述实验步骤时，应给出足以让同行重复试验操作的细节描述。

此外，表格和插图可以更加直观地对该部分内容予以说明，通常可用示意图（Diagram）描述试验仪器，用流程图（Flow Chart）阐述试验步骤，用表格来说明所述物质的物理和化学性质。

### 11.1.6 结果与讨论（Results and Discussion）

结果部分通常包含两项内容：整体实验描述和数据展示。结果部分应使用过去时态，展示代表性数据，力求清晰简洁，切忌繁冗而缺乏重点。

讨论部分应揭示结果部分的原理、相互关系与结果的普适性，还应说明存在的例外情况，说明所得结果与前人相关成果的异同之处以及该结果的理论意义和实际应用。需要注意不能在讨论中假设任何事情，也不可试图回避与预期不符的数据。

科技论文的结果部分应与之前的方法部分相呼应，讨论部分也应与最初的引言相呼应。

常用英文结论句型：

（1）In conclusion…

（2）In summary…

（3）The main conclusions evident from this work are as follows…

（4）On the basis of these results we conclude that…

（5）All these data confirm the previous assumption that…

英文结论例句：

（1）In summary, a double perovskite-type $Ba_3Sr_{1.4}Ta_{1.6}O_{8.4}$（BST40）oxide has been prepared by the solid-state synthesis method and both conductivity and transport number for different charge carriers have been systematically studied by using the electrochemical impedance spectroscopy, brick-layer model and defect equilibria model.

（2）The following conclusions were drawn: the developed model is based on a good physical framework and is easy to use to predict particle deposition rates. The predicted deposition rate in an air flow fits published experimental data well.

### 11.1.7 署名与地址（Author and Address）

#### 11.1.7.1 署名

学术论文的署名表明了该文章思想、数据、分析和结论的来源归属，也是文献检索中必不可少的一项信息，是论文中尤为重要的一部分。对于多位研究者共同完成的学术论文，还需要对所有署名作者进行排序。

通常，第一作者（the First Author）是科研工作的领导者。名列第一作者凭借的并不是学术地位或研究资历，只要领导了该科研任务，本科生亦可名列第一作者；反之，若无突出贡献，即使是诺贝尔奖获得者（Nobel Laureate）也不能无故名列论文的第一作者。在第一作者后，其他作者可依据其对论文的贡献大小按降序排列。论文作者指的是为论文科研成果承担学术责任（Intellectual Responsibility）的人。一般而言，全部署名作者应当参与科研工作。考虑到现代科学的众多领域存在多方合作和学科交叉的现象，论文署名作者需要达到足以为整篇论文或论文中的相关关键方面存在的任何缺陷负责的程度。

在学术论文中，西方作者姓名的署名格式推荐为：名、中间名首字母、姓氏（Given Name，Middle Name，Surname）。因为如果按照“名、中间名、姓氏”的格式署名，以全拼形式写出的中间名在搜索时未必会被当作中间名处理，反而容易被计算机识别为复姓（Double Name）的一部分。

而中国的学术论文作者，除了在中文期刊上发表论文外，也常常会在英文的期刊和会议上发表论文，这时便需要将中文名字转写为拉丁字母。对于英文文章的署名转写，建议使用《汉语拼音方案》中规定的字母和拼写规则进行标准化转写。由于英语中不存在声调现象，在转写译音时无需标注声调。例如，汉语名字“张三丰”转写为英文名字即为Zhang Sanfeng。

无论在英文学术文章中采用哪种署名格式，都应长期保持一致。例如中文名字“牛大壮”不应时而写作 Niu Dazhuang，时而写作 Niu D.，时而又写作 Niu Da-Zhuang。

科技论文通常不会在作者姓名前后添加学位和头衔。投稿人（Contributor）可查阅相应期刊的《投稿须知》予以确认。

#### 11.1.7.2 通信地址

为能及时联系到论文作者，或在文献检索中迅速识别出所需文章，正确的通信地址（Address）是必不可少的。若署名作者来自同一科研机构，只需给出一条包括作者完成科研工作所在机构的名称和地址的相关信息。若署名作者有多位，且分别来自不同机构，则应依序列出每个机构的名称及地址。若同一署名作者来自两家机构或多位作者中有部分来自同一机构，另一部分来自不同机构，为避免混乱，需要为每位作者的姓名及地址添加编号。例如在作者姓名后添加上标字体的 a、b、c；并在相应地址前对应添加上标字体的 a、b、c。在此类具体格式上，不同期刊可能有不同写法，请参看投稿期刊的《投稿须知》。

在标注论文作者的工作单位时，需要注意：为避免任何混淆或误解，在书写机构名称时需要使用全名，不宜使用简称，例如不应将“北京科技大学”写作“北科大”，不应将“Northeastern University（东北大学）”，写作“NEU”。在科学院或大专院校工作的研究者，除列出一级单位名称外，还应注明其院、系等下属二级单位，例如“中国科学院自动化研究所”“辽宁大学生命科学院”。

在信息化社会，传统纸质信件越来越多地被更方便快捷的电子邮件所取代，许多科研人员都使用电子邮件进行学术交流。所以在学术论文的投稿和发表时通常会提供至少一位作者的电子邮件地址（Email Address），用以联络论文相关的各项事宜。这位作者被称作通讯作者或通信作者（Corresponding Author）。通讯作者一般负责提交论文、接收编辑意见、提交论文修改稿、回复问题、检查排版等事务。通讯作者的地址务必准确，在论文投稿中和发表后都应能联系上通讯作者。

11.1.7.3 ORCID 识别码

同一机构研究人员重名、研究者单位变更、往年论文署名格式不一致等问题使我们很难在搜索查询时得到某位科研人员的全部论文结果。为了解决此类困扰，ORCID（Open Researcher and Contributor ID）——开放研究者与贡献者身份码便应运而生。

ORCID 识别码（ORCID Identifier）是一个永久且唯一的学术识别码。研究者在 ORCID 网站申请后即可得到该识别码，之后便可将以往发表过的学术论文与该识别码联系起来，在未来再次进行学术论文投稿时亦可标注此识别码。

### 11.1.8 致谢（Acknowledgments）

科技论文正文结论（Conclusion）部分后，参考文献（References）前可以添加致谢（Ackonwledgments）内容。在致谢中可以撰写两方面内容：(1) 感谢提供过关键技术帮助的个人，提供过特殊设备、材料的个人或机构。(2) 感谢基金（Grant）、奖学金（Fellowship）、合同（Contract）等形式的科研经费资助。例如国家自然科学基金（Nature Science Foundation of China，NSFC）、美国国家卫生研究院（National Institue of Health，NIH）。在提及基金时需注明基金号（grant number），这样才能算作该项基金的研究成果。

一般从事本职工作性质的行政人员、技术人员及论文审稿人员都不在致谢之列。对于在某个机构的资助下完成的研究成果，可在论文首页以脚注形式标明，或在致谢中首先提及。在致谢中提及他人时，应获得对方许可，在感谢对方的想法及建议时应予以具体描述。出于礼仪考虑，最好在完成致谢辞后先将其给被致谢者过目。致谢内容应简洁通俗、实事求是，不宜浮夸矫饰。

常用英文致谢句型：

(1) I thank…

(2) This work was supported by…

(3) Financial support for this project was provided by…

(4) The author(s) are grateful to…for their fruitful discussion.

(5) The author(s) gratefully acknowledge the technical contributions of…

例句：

The author thanks Chinese Scholarship Council for the financial support of his studies at KTH-Royal Institute of Technology，Stockholm，Sweden.

需要注意的是，中国研究者作为非英语母语使用者，常常在英文致谢中使用 wish 来让语气更加委婉。但 wish 这个词不宜用在致谢中，容易造成误解。例如“I wish to thank Zhang Ming（我希望感谢张铭）”，会让人误解成“我倒是希望可以在此感谢张铭，但他的帮助其实没有那么大”。因此，简单说“I thank Zhang Ming”即可。

### 11.1.9 参考文献（References）

11.1.9.1 参考文献列表

参考文献（References）一般列在文章末尾。参考文献中列出的文献应为已发表的重要文献，每条参考文献的信息必须准确。正文中引用的每条参考文献都应出现在参考文献列表内，相应地，参考文献列表中的每一则文献也应在正文中被引用过。

11.1.9.2 参考文献格式

不同期刊对参考文献体例要求不尽相同，常见格式有以下三种：著者-出版年制（Name and Year System）、引用顺序制（Citation Order System）及字母编号制（Alphabet-Number System）。

著者-出版年制又被称为哈佛格式（Harvard System），引用文献无需编号，易于增补删减，对作者而言十分便捷。如引用相同作者同年多篇文献只需在年份后以字母顺序区别即可，例如：Sang and Zheng（2021a）、Sang and Zheng（2021b）、Sang and Zheng（2021c）。

引用顺序制是用编号标明文献在论文中被引用的顺序，可以快速找到相关文献在正文中的引用位置，因而广受论文读者欢迎。引用顺序制较适用于中短篇幅的文章。因排列顺序为引用顺序而非作者姓名字母，文献列表中可能会分散罗列相同作者的不同文章。

字母编号制是对著者-出版年制的制式改进，其引用时使用文献列表中的编号（number），依据作者姓氏字母（alphabet）顺序编制文献列表，便于读者查阅，尤其适用于篇幅较长的论文和书籍。

## 11.2 英文科技论文常见错误

对于母语非英语的研究者而言，撰写英文科技论文的难度几乎是由其母语和英语的差异度而定的。汉语和英语分属汉藏语系和印欧语系两个差异极大的语系，以汉语为母语的科研人员撰写英语科技论文的难度就要比以英语同语族的德语为母语的研究者大得多，甚至也比以和英语同语系的印地语为母语的同行撰写英文论文的难度更大。因此，在撰写英文学术论文时，克服语言天然障碍，使用正确易懂的表达便尤为重要。

### 11.2.1 时态

可以用过去时来表示过去发生的研究行为，但当过去得出的研究结果如今已被公认为一般事实，而非局限于对过去的观察时，应使用现在时。当引用最近发生的相关性较强的研究时可使用现在完成时，见表 11-1。

**表 11-1 常见的时态及对应阐述内容**

| 阐述内容 | 时态 |
|---|---|
| 引用过去只针对特定研究样本的不具备普适性的研究发现；<br>阐述自己的研究目标、实验操作和发现 | 一般过去时 |
| 引用过去发生，但已成为公认既定事实的研究发现 | 一般现在时 |
| 提及最近研究中的操作 | 现在完成时 |

部分单词会与固定时态搭配，见表11-2。

表11-2 常见的固定时态搭配

| 关键词 | 时态 | 例句 |
| --- | --- | --- |
| ago | 一般过去时 | Three years **ago**, we presented two papers at this conference. |
| last | 一般过去时 | **Last** year, we presented two papers at this conference. |
| recently | 一般过去时 | **Recently**, Tanaka et al. reported the presence of this species in three other prefectures. |
| | 现在完成时 | A new technique has been developed **recently** to overcome this problem. |
| currently | 一般现在时 | **Currently**, these surveys involve a limited number of subjects. |
| | 现在进行时 | **Currently**, these surveys are being conducted in two regions. |
| thus far | 现在完成时 | The role of this protein has not been understood **thus far**. |

### 11.2.2 语态

很多时候在科技论文写作中，尤其是英文论文写作中，应用被动语态能使行文更加客观、简洁，但不应滥用被动语态。选择语态时应考虑到想要在句中强调的内容和句子各部分之间的关系，选错语态会造成表意不清或引起歧义。

### 11.2.3 标点

需要注意不可在英文论文中使用中文格式的标点，如“。”“……”“、”，应分别使用“.”“...”“,”。此外，逗号和分号是经常被混淆的两个英文标点。

逗号在句中表示短暂停顿，起分隔作用。逗号不能代替句号或分号分隔两个具有完整语法结构的独立句子，只有当and等连词出现时，才能用逗号来分隔两个具有关联性的独立分句。

分号用于分隔两个或多个独立分句，不能用来分隔不具备完整语法结构的分句。

### 11.2.4 正式表达

论文是书面语，因此应避免使用常用于口语的非正式的拼写和表达方式。部分常见的容易混淆的正式用法和非正式用法见表11-3。

表11-3 常见容易混淆的正式用法和非正式用法

| 非正式用法 | 正式用法 | 非正式用法 | 正式用法 |
| --- | --- | --- | --- |
| can't | cannot | make up | compose |
| don't | do not | bring about | cause |
| won't | will not | keep away from | avoid |
| isn't | is not | come up with | develop |
| didn't | did not | get in touch | contact |
| doesn't | does not | get rid of | eliminate |
| wasn't | was not | look into | investigate |
| hasn't | has not | figure out | determine |

### 11.2.5　动词

最好使用动词来描述动作。许多作者会在论文中大量使用动词的名词化形式，误认为名词比动词更专业、表达更高级，但实际效果却是削弱了动作的动态性，使行文变得复杂、冗长且做作（表11-4）。此时，直接使用动词反而会让语言更生动简洁。

表11-4　常见的推荐使用的动词形式与避免使用的名词形式

| 序号 | 推荐使用的动词形式 | 避免使用的名词形式 |
| --- | --- | --- |
| 1 | to recommend（推荐；建议） | to make a recommendation |
| 2 | to hypothesize that（假设） | to propose a hypothesis that |
| 3 | conclude（推断） | reach a conclusion |
| 4 | to improve（改进） | for the improvement of |
| 5 | tend to（趋向） | show a tendency to |
| 6 | to study（研究） | to perform a study |
| 7 | diagnose（诊断；判断） | make a diagnosis of |
| 8 | to determine（确定；决定） | for the determination of |
| 9 | describe（描述） | provide a description |
| 10 | inactivate（使失去活性，灭活） | for the purpose of inactivation |

### 11.2.6　缩写

并不是所有术语都需要进行缩写，对于全文只出现过一次的术语不需要用缩略语表示。论文标题和摘要中通常不使用缩写，只有在正文中反复出现的冗长单词或短语才使用缩写以减少论文篇幅和印刷成本。使用缩写时应在首次使用时进行定义，常见惯例为，将所有单词拼写出来，再将缩写置于括号中。

### 11.2.7　委婉语

在科技论文写作中，应对事实予以准确客观描述，不宜使用委婉语（euphemism）。比如在生物学、医学相关领域中，陈述“死亡（die）”这个结果时不应用“去世”“离世（pass away）”等委婉语代替。

### 11.2.8　英式英语和美式英语

英式英语和美式英语的发音、单词拼写和用法有所不同，在论文写作中应注意不能将英式英语和美式英语的单词和用法混用。

## 习　　题

11-1　请列举科技论文的主要组成部分。

11-2　简述 ORCID 识别码的作用。

11-3　请拟定一个简洁明晰的中文论文标题。

11-4　常见参考文献格式有哪三种？

11-5　简述不同时态在英文科技论文中的应用范畴。

11-6　请依据格式和用语规范撰写一则英文论文摘要。

# 参考文献

[1] 孙培勤，孙绍晖．实验设计数据处理与计算机模拟［M］．北京：中国石化出版社，2012.
[2] 李庆东．实验优化设计［M］．重庆：西南师范大学出版社，2016.
[3] 李云雁，胡传荣．试验设计与数据处理［M］．3 版．北京：化学工业出版社，2017.
[4] 陈文伟，黄金才．数据挖掘技术［M］．北京：北京工业大学出版社，2002.
[5] 程国建．神经计算与生长自组织网络［M］．西安：西安交通大学出版社，2008.
[6] 邱锡鹏．神经网络与深度学习［M］．北京：机械工业出版社，2020.
[7] 肖明耀．实验误差估计与数据处理［M］．北京：科学出版社，1980.
[8] 陈立宇，张秀成．试验设计与数据处理［M］．西安：西北大学出版社，2014.
[9] 郑杰．实验设计与数据分析：基于 R 语言应用［M］．广州：华南理工大学出版社，2016.
[10] 庞超明，黄弘．实验方案优化设计与数据分析［M］．南京：东南大学出版社，2017.
[11] 陈建设．冶金试验研究方法［M］．北京：冶金工业出版社，2011.
[12] 罗时光，金红娇．实验设计与数据处理［M］．北京：中国铁道出版社，2018.
[13] 王宇斌，汪潇，陈畅．选矿实验研究方法［M］．北京：冶金工业出版社，2018.
[14] 徐文峰，廖晓玲．实验设计与数据处理——理论与实战［M］．北京：冶金工业出版社，2019.
[15] 王洪波．电阻炉操作与维护［M］．北京：冶金工业出版社，2011.
[16] 王天泉．电阻炉设计［M］．北京：航空工业出版社，2000.
[17] 王常珍．冶金物理化学研究方法［M］．4 版．北京：冶金工业出版社，2013.
[18] 李红星．自动测试与检测技术［M］．北京：北京邮电大学出版社，2008.
[19] 刘淑萍，吕朝霞，周玉珍．冶金分析与实验方法［M］．北京：冶金工业出版社，2009.
[20] 陈特夫．测温仪表与感应加热装置［M］．北京：机械工业出版社，1985.
[21] 崔志尚．温度计量与测试［M］．北京：中国计量出版社，1998.
[22] 辽宁省计量局科教处．温度计量［M］．北京：计量出版社，1984.
[23] 范才河．粉末冶金电炉及设计［M］．北京：冶金工业出版社，2013.
[24] 游伯坤，詹宝玙．温度测量仪表［M］．北京：机械工业出版社，1982.
[25] 王晓冬．真空技术［M］．北京：冶金工业出版社，2006.
[26] 王欲知，陈旭．真空技术［M］．2 版．北京：北京航空航天大学出版社，2007.
[27] 刘洪庆．真空计量［M］．北京：中国计量出版社，1991.
[28] 朱武，干蜀毅．真空测量与控制［M］．合肥：合肥工业大学出版社，2008.
[29] 顾德骥．真空熔炼［M］．上海：上海科学技术出版社，1962.
[30] 戴永年．有色金属材料的真空冶金［M］．北京：冶金工业出版社，2000.
[31] 魏忠诚．光纤材料制备技术［M］．北京：北京邮电大学出版社，2016.
[32] 吴彦敏．气体纯化［M］．北京：国防工业出版社，1983.
[33] 李传统．新能源与可再生能源技术［M］．南京：东南大学出版社，2005.
[34] 李训仁，文树德．气体充装及气瓶检验使用安全技术［M］．长沙：湖南大学出版社，2001.
[35] 唐平，曹先艳，赵由才．冶金过程废气污染控制与资源化［M］．北京：冶金工业出版社，2008.
[36] 李志行．标准气的制备［J］．分析仪器，1984（3）：12~18.
[37] 杨有涛，徐英华，王子钢．气体流量计［M］．北京：中国计量出版社，2007.
[38] 天津大学物理化学教研室．物理化学［M］．北京：高等教育出版社，2001.
[39] 向井楠宏．高温熔体的界面物理化学［M］．北京：科学出版社，2009.
[40] 袁章福，柯家骏．金属及合金的表面张力［M］．北京：科学出版社，2006.
[41] 王中平，孙振平，金明．表面物理化学［M］．上海：同济大学出版社，2015.

[42] 范建峰．高温熔体表面张力的测量方法［J］．化学通报，2004，11：804~805.
[43] 吴铿．泡沫冶金熔体的基础理论［M］．北京：冶金工业出版社，2000.
[44] 程礼梅，张立峰，沈平．钢铁冶金过程中的界面润湿性的基础［J］．工程科学学报，2018，40(12)：1435~1450.
[45] 川田裕郎，陈惠钊．黏度（修订版）［M］．北京：中国计量出版社，1981.
[46] 陈惠钊．黏度测量（修订版）［M］．北京：中国计量出版社，2003.
[47] 章梓雄，董曾南．流体力学［M］．北京：清华大学出版社，1998.
[48] 毛裕文．冶金熔体［M］．北京：冶金工业出版社，1994.
[49] 邬义明，陈克复．液体黏度的测定及应用［M］．天津：天津科学技术出版社，1980.
[50] 丁祖荣．流体力学（中册）［M］．北京：高等教育出版社，2003.
[51] 李文超．冶金与材料物理化学［M］．北京：冶金工业出版社，2001.
[52] 陈伟庆．冶金工程实验技术［M］．北京：冶金工业出版社，2004.
[53] 程国峰，杨传铮．纳米材料的X射线分析［M］．北京：化学工业出版社，2010.
[54] 晋勇，孙小松，薛屺．X射线衍射分析技术［M］．北京：国防工业出版社，2008.
[55] 孟哲，李红英，戴小军，等．现代分析测试技术及实验［M］．北京：化学工业出版社，2019.
[56] 张锐．现代材料分析方法［M］．北京：化学工业出版社，2007.
[57] 黄新民．材料研究方法［M］．哈尔滨：哈尔滨工业大学出版社，2008.
[58] 徐柏森，杨静．电子显微技术与应用［M］．南京：东南大学出版社，2016.
[59] 徐勇，王志刚．英语科技论文翻译与写作教程［M］．北京：化学工业出版社，2015.
[60] 凯特·L·杜拉宾．芝加哥大学论文写作指南［M］．雷蕾，译．北京：新华出版社，2015.
[61] Barbara Gastel, Robert A Day. 科技论文写作与发表教程［M］．8版．任治刚，译．北京：电子工业出版社，2006.
[62] 王红军．文献检索与科技论文写作入门［M］．北京：机械工业出版社，2018.
[63] 意得辑．英文科技论文写作的100个常见错误［M］．北京：清华大学出版社，2019.
[64] Zhao Xi, Shuo Xu, Liu Jing. Surface tension of liquid metal: role, mechanism and application [J]. Frontiers in Energy, 2017, 11 (4): 535~567.
[65] Tanaka T, Goto H, Nakamoto M, et al. Dynamic changes in interfacial tension between liquid Fe alloy and molten slag induced by chemical reactions [J]. ISIJ International, 2016, 56 (6): 944~952.
[66] Teng Lidong, Matsushita T, Seetharaman S. High temperature process theory [M]. Stockholm: Division of Materials Process Science, KTH Royal Institute of Technology, 2010.
[67] Boni R E, Derge G. Surface tensions of silicates [J]. JOM, 1956, 8 (1): 53~59.
[68] Butler J A V. The thermodynamics of the surfaces of solutions [J]. Proceedings of the Royal Society of London. Series A, 1932, 135 (827): 348~375.
[69] Tanaka T, Iida T. Application of a thermodynamic database to the calculation of surface tension for iron-base liquid alloys [J]. Steel Research, 1994, 65 (1): 21~28.
[70] Ikemiya N, Umemoto J, Hara S, et al. Surface tensions and densities of molten $Al_2O_3$, $Ti_2O_3$, $V_2O_5$ and $Nb_2O_5$ [J]. ISIJ International, 1993, 33 (1): 156~165.
[71] Keee B J. Review of data for the surface tension of pure metals [J]. International Materials Reviews, 1993, 38 (4): 157~192.
[72] Ricci E, Arato E, Passerone A, et al. Oxygen tensioactivity on liquid-metal drops [J]. Advances in Colloid and Interface Science, 2005, 117 (1~3): 15~32.
[73] Mills K C, Keene B J. Physical properties of BOS slags [J]. International Materials Reviews, 1987, 32 (1~2): 1~2.

[74] Metallurgy N. The physical chemistry of melts [M]. London: Institution of Mining and Metallurgy, 1953.

[75] Schaefers K, Kuppermann G, Thiedemann U, et al. A new variant for measuring the surface tension of liquid metals and alloys by the oscillating drop method [J]. International Journal of Thermophysics, 1996, 17 (5): 1173~1179.

[76] Ejima A, Shimoji M. Effect of alkali and alkaline-earth fluorides on surface tension of molten calcium silicates [J]. Transactions of the Faraday Society, 1970, 66: 99~106.

[77] Ricci E, Passerone A, Joud J C. Thermodynamic study of adsorption in liquid metal-oxygen systems [J]. Surface Science, 1988, 206 (3): 533~553.

[78] Yu Jiajia, Ruan Dengfang, Li Yourong, et al. Experimental study on thermocapillary convection of binary mixture in a shallow annular pool with radial temperature gradient [J]. Experimental Thermal and Fluid Science, 2015, 61: 79~86.

[79] Zhang Quanzhuang, Peng Lan, Wang Fei, et al. Thermocapillary convection with bidirectional temperature gradients in a shallow annular pool of silicon melt: effects of ambient temperature and pool rotation [J]. International Journal of Heat and Mass Transfer, 2016, 101: 354~364.

[80] Eustathopoulos N, Sobczak N, Passerone A, et al. Measurement of contact angle and work of adhesion at high temperature [J]. Journal of Materials Science, 2005, 40 (9~10): 2271~2280.

[81] Seetharaman S. Fundamentals of metallurgy [M]. Cambridge: Woodhead, CRC Press, 2005.

[82] Egry I, Lohoefer G, Jacobs G. Surface tension of liquid metals: results from measurements on ground and in space [J]. Physical Review Letters, 1995, 75 (22): 4043~4046.

[83] Brillo J, Egry I, Matsushita T. Density and surface tension of liquid ternary Ni-Cu-Fe alloys [J]. International Journal of Thermophysics, 2006, 97 (1): 28~34.

[84] Nakashima K, Mori K. Interfacial properties of liquid iron alloys and liquid slags relating to iron and steel-making processes [J]. ISIJ International, 1992, 32 (1): 11~18.

[85] Sun Haiping, Nakashima K, Mori K. Interfacial tension between molten iron and $CaO-SiO_2$ based fluxes [J]. ISIJ International, 1997, 37 (4): 323~331.

[86] Sun Haiping, Nakashima K, Mori K. Influence of slag composition on slag-iron interfacial tension [J]. ISIJ International, 2006, 46 (3): 407~412.

[87] Park S C, Gaye H, Lee H G. Interfacial tension between molten iron and $CaO-SiO_2-MgO-Al_2O_3-FeO$ slag system [J]. Ironmaking & Steelmaking, 2009, 36 (1): 3~11.

[88] Ni Peiyuan, Jonsson L, Ersson M, et al. On the deposition of particles in liquid metals onto vertical ceramic walls [J]. International Journal of Multiphase Flow, 2014, 62: 152~160.

[89] Huang Wenlong, Ding Yushi, Li Ying, et al. Conduction properties and transport number of double perovskite barium tantalate ceramic [J]. Journal of Alloys and Compounds, 2021, 851 (15): 156901.

[90] Huang Wenlong, Ding Yushi, Li Ying, et al. Proton conductivity and transport number of complex perovskite barium strontium tantalate [J]. Ceramics International, 2021, 47 (2): 2517~2524.

[91] 向井楠宏，加藤時夫，坂尾弘．溶融鉄合金と $CaO-Al_2O_3$ スラグとの間の界面張力の測定について [J]．鐵と鋼：日本鐵鋼協會々誌，1973，59：55~62.

# 附　　录

## 附录 A　相关系数检验表

检验表

| $n-2$ \ $\alpha$ | 0.05 | 0.01 | $n-2$ \ $\alpha$ | 0.05 | 0.01 |
|---|---|---|---|---|---|
| 1 | 0.997 | 1.000 | 21 | 0.413 | 0.526 |
| 2 | 0.950 | 0.990 | 22 | 0.401 | 0.515 |
| 3 | 0.878 | 0.959 | 23 | 0.396 | 0.505 |
| 4 | 0.811 | 0.917 | 24 | 0.388 | 0.496 |
| 5 | 0.754 | 0.874 | 25 | 0.381 | 0.487 |
| 6 | 0.707 | 0.834 | 26 | 0.374 | 0.478 |
| 7 | 0.666 | 0.798 | 27 | 0.367 | 0.470 |
| 8 | 0.632 | 0.765 | 28 | 0.361 | 0.463 |
| 9 | 0.602 | 0.735 | 29 | 0.355 | 0.456 |
| 10 | 0.576 | 0.708 | 30 | 0.349 | 0.449 |
| 11 | 0.553 | 0.684 | 35 | 0.325 | 0.418 |
| 12 | 0.532 | 0.661 | 40 | 0.304 | 0.393 |
| 13 | 0.514 | 0.641 | 45 | 0.288 | 0.372 |
| 14 | 0.497 | 0.623 | 50 | 0.273 | 0.354 |
| 15 | 0.482 | 0.606 | 60 | 0.250 | 0.325 |
| 16 | 0.468 | 0.590 | 70 | 0.230 | 0.302 |
| 17 | 0.456 | 0.575 | 80 | 0.217 | 0.283 |
| 18 | 0.444 | 0.561 | 90 | 0.205 | 0.267 |
| 19 | 0.433 | 0.549 | 100 | 0.195 | 0.254 |
| 20 | 0.423 | 0.537 | 200 | 0.138 | 0.181 |

# 附录 B 常用正交表

（1）$L_4(2^3)$。

| 试验号 \ 列号 | 1 | 2 | 3 |
|---|---|---|---|
| 1 | 1 | 1 | 1 |
| 2 | 1 | 2 | 2 |
| 3 | 2 | 1 | 2 |
| 4 | 2 | 2 | 1 |

注：任意两列的交互列是另外一列。

（2）$L_8(2^7)$。

| 试验号 \ 列号 | 1 | 2 | 3 | 4 | 5 | 6 | 7 |
|---|---|---|---|---|---|---|---|
| 1 | 1 | 1 | 1 | 1 | 1 | 1 | 1 |
| 2 | 1 | 1 | 1 | 2 | 2 | 2 | 2 |
| 3 | 1 | 2 | 2 | 1 | 1 | 2 | 2 |
| 4 | 1 | 2 | 2 | 2 | 2 | 1 | 1 |
| 5 | 2 | 1 | 2 | 1 | 2 | 1 | 2 |
| 6 | 2 | 1 | 2 | 2 | 1 | 2 | 1 |
| 7 | 2 | 2 | 1 | 1 | 2 | 2 | 1 |
| 8 | 2 | 2 | 1 | 2 | 1 | 1 | 2 |

（3）$L_8(2^7)$ 二列间的交互作用。

| 试验号 \ 列号 | 1 | 2 | 3 | 4 | 5 | 6 | 7 |
|---|---|---|---|---|---|---|---|
| 1 | 1 | 3 | 2 | 5 | 4 | 7 | 6 |
| 2 |  | 2 | 1 | 6 | 7 | 4 | 5 |
| 3 |  |  | 3 | 7 | 6 | 5 | 4 |
| 4 |  |  |  | 4 | 1 | 2 | 3 |
| 5 |  |  |  |  | 5 | 3 | 2 |
| 6 |  |  |  |  |  | 6 | 1 |
| 7 |  |  |  |  |  |  | 7 |

（4）$L_8(2^7)$ 表头设计。

| 因子数 \ 列号 | 1 | 2 | 3 | 4 | 5 | 6 | 7 |
|---|---|---|---|---|---|---|---|
| 3 | $A$ | $A$ | $A\times B$ | $C$ | $A\times C$ | $B\times C$ | |
| 4 | $A$ | $B$ | $A\times B$<br>$C\times D$ | $C$ | $A\times C$<br>$B\times D$ | $B\times C$<br>$A\times D$ | $D$ |
| 4 | $A$ | $B$<br>$C\times D$ | $A\times B$ | $C$<br>$B\times D$ | $A\times C$ | $D$<br>$B\times C$ | $A\times D$ |
| 5 | $A$<br>$D\times E$ | $B$<br>$C\times D$ | $A\times B$<br>$C\times E$ | $C$<br>$B\times D$ | $A\times C$<br>$B\times E$ | $D$<br>$A\times E$<br>$B\times C$ | $E$<br>$A\times D$ |

（5）$L_8(4\times 2^4)$。

| 试验号 \ 列号 | 1 | 2 | 3 | 4 | 5 |
|---|---|---|---|---|---|
| 1 | 1 | 1 | 1 | 1 | 1 |
| 2 | 1 | 2 | 2 | 2 | 2 |
| 3 | 2 | 1 | 1 | 2 | 2 |
| 4 | 2 | 2 | 2 | 1 | 1 |
| 5 | 3 | 1 | 2 | 1 | 2 |
| 6 | 3 | 2 | 1 | 2 | 1 |
| 7 | 4 | 1 | 2 | 2 | 1 |
| 8 | 4 | 2 | 1 | 1 | 2 |

（6）$L_{12}(2^{11})$。

| 试验号 \ 列号 | 1 | 2 | 3 | 4 | 5 | 6 | 7 | 8 | 9 | 10 | 11 |
|---|---|---|---|---|---|---|---|---|---|---|---|
| 1 | 1 | 1 | 1 | 1 | 1 | 1 | 1 | 1 | 1 | 1 | 1 |
| 2 | 1 | 1 | 1 | 1 | 1 | 2 | 2 | 2 | 2 | 2 | 2 |
| 3 | 1 | 1 | 2 | 2 | 2 | 1 | 1 | 1 | 2 | 2 | 2 |
| 4 | 1 | 2 | 1 | 2 | 2 | 1 | 2 | 2 | 1 | 1 | 2 |
| 5 | 1 | 2 | 2 | 1 | 2 | 2 | 1 | 2 | 1 | 2 | 1 |
| 6 | 1 | 2 | 2 | 2 | 1 | 2 | 2 | 1 | 2 | 1 | 1 |
| 7 | 2 | 1 | 2 | 2 | 1 | 1 | 2 | 2 | 1 | 2 | 1 |
| 8 | 2 | 1 | 2 | 1 | 2 | 2 | 2 | 1 | 1 | 1 | 2 |
| 9 | 2 | 1 | 1 | 2 | 2 | 2 | 1 | 2 | 2 | 1 | 1 |
| 10 | 2 | 2 | 2 | 1 | 1 | 1 | 1 | 2 | 2 | 1 | 2 |
| 11 | 2 | 2 | 1 | 2 | 1 | 2 | 1 | 1 | 1 | 2 | 2 |
| 12 | 2 | 2 | 1 | 1 | 2 | 1 | 2 | 1 | 2 | 2 | 1 |

（7）$L_9(3^4)$。

| 试验号＼列号 | 1 | 2 | 3 | 4 |
|---|---|---|---|---|
| 1 | 1 | 1 | 1 | 1 |
| 2 | 1 | 2 | 2 | 2 |
| 3 | 1 | 3 | 3 | 3 |
| 4 | 2 | 1 | 2 | 3 |
| 5 | 2 | 2 | 3 | 1 |
| 6 | 2 | 3 | 1 | 2 |
| 7 | 3 | 1 | 3 | 2 |
| 8 | 3 | 2 | 1 | 3 |
| 9 | 3 | 3 | 2 | 1 |

（8）$L_{27}(3^{13})$。

| 试验号＼列号 | 1 | 2 | 3 | 4 | 5 | 6 | 7 | 8 | 9 | 10 | 11 | 12 | 13 |
|---|---|---|---|---|---|---|---|---|---|---|---|---|---|
| 1 | 1 | 1 | 1 | 1 | 1 | 1 | 1 | 1 | 1 | 1 | 1 | 1 | 1 |
| 2 | 1 | 1 | 1 | 1 | 2 | 2 | 2 | 2 | 2 | 2 | 2 | 2 | 2 |
| 3 | 1 | 1 | 1 | 1 | 3 | 3 | 3 | 3 | 3 | 3 | 3 | 3 | 3 |
| 4 | 1 | 2 | 2 | 2 | 1 | 1 | 1 | 2 | 2 | 2 | 3 | 3 | 3 |
| 5 | 1 | 2 | 2 | 2 | 2 | 2 | 2 | 3 | 3 | 3 | 1 | 1 | 1 |
| 6 | 1 | 2 | 2 | 2 | 3 | 3 | 3 | 1 | 1 | 1 | 2 | 2 | 2 |
| 7 | 1 | 3 | 3 | 3 | 1 | 1 | 1 | 3 | 3 | 3 | 2 | 2 | 2 |
| 8 | 1 | 3 | 3 | 3 | 2 | 2 | 2 | 1 | 1 | 1 | 3 | 3 | 3 |
| 9 | 1 | 3 | 3 | 3 | 3 | 3 | 3 | 2 | 2 | 2 | 1 | 1 | 1 |
| 10 | 2 | 1 | 2 | 3 | 1 | 2 | 3 | 1 | 2 | 3 | 1 | 2 | 3 |
| 11 | 2 | 1 | 2 | 3 | 2 | 3 | 1 | 2 | 3 | 1 | 2 | 3 | 1 |
| 12 | 2 | 1 | 2 | 3 | 3 | 1 | 2 | 3 | 1 | 2 | 3 | 1 | 2 |
| 13 | 2 | 2 | 3 | 1 | 1 | 2 | 3 | 2 | 3 | 1 | 3 | 1 | 2 |
| 14 | 2 | 2 | 3 | 1 | 2 | 3 | 1 | 3 | 1 | 2 | 1 | 2 | 3 |
| 15 | 2 | 2 | 3 | 1 | 3 | 1 | 2 | 1 | 2 | 3 | 2 | 3 | 1 |
| 16 | 2 | 3 | 1 | 2 | 1 | 2 | 3 | 3 | 1 | 2 | 2 | 3 | 1 |
| 17 | 2 | 3 | 1 | 2 | 2 | 3 | 1 | 1 | 2 | 3 | 3 | 1 | 2 |
| 18 | 2 | 3 | 1 | 2 | 3 | 1 | 2 | 2 | 3 | 1 | 1 | 2 | 3 |
| 19 | 3 | 1 | 3 | 2 | 1 | 3 | 2 | 1 | 3 | 2 | 1 | 3 | 2 |
| 20 | 3 | 1 | 3 | 2 | 2 | 1 | 3 | 2 | 1 | 3 | 2 | 1 | 3 |
| 21 | 3 | 1 | 3 | 2 | 3 | 2 | 1 | 3 | 2 | 1 | 3 | 2 | 1 |
| 22 | 3 | 2 | 1 | 3 | 1 | 3 | 2 | 2 | 1 | 3 | 3 | 2 | 1 |
| 23 | 3 | 2 | 1 | 3 | 2 | 1 | 3 | 3 | 2 | 1 | 1 | 3 | 2 |
| 24 | 3 | 2 | 1 | 3 | 3 | 2 | 1 | 1 | 3 | 2 | 2 | 1 | 3 |
| 25 | 3 | 3 | 2 | 1 | 1 | 3 | 2 | 3 | 2 | 1 | 2 | 1 | 3 |
| 26 | 3 | 3 | 2 | 1 | 2 | 1 | 3 | 1 | 3 | 2 | 3 | 2 | 1 |
| 27 | 3 | 3 | 2 | 1 | 3 | 2 | 1 | 2 | 1 | 3 | 1 | 3 | 2 |

# 附录C　F 分 布 表

$P(F \geqslant F_\alpha)=\alpha$ 的 $F_\alpha$ 值

（1）$\alpha=0.01$。

| $f_2$ \ $f_1$ | 1 | 2 | 3 | 4 | 5 | 6 | 7 |
|---|---|---|---|---|---|---|---|
| 1 | 4052 | 4999 | 5403 | 5625 | 5764 | 5859 | 5928 |
| 2 | 98.49 | 99.01 | 99.17 | 99.25 | 99.30 | 99.33 | 99.34 |
| 3 | 34.12 | 30.81 | 29.46 | 28.71 | 28.24 | 27.91 | 27.67 |
| 4 | 21.20 | 18.00 | 16.69 | 15.98 | 15.52 | 15.21 | 14.98 |
| 5 | 16.21 | 13.27 | 12.06 | 11.39 | 10.97 | 10.67 | 10.45 |
| 6 | 13.74 | 10.92 | 9.78 | 9.15 | 8.75 | 8.47 | 8.26 |
| 7 | 12.25 | 9.55 | 8.45 | 7.85 | 7.46 | 7.19 | 7.00 |
| 8 | 11.26 | 8.65 | 7.59 | 7.01 | 6.63 | 6.37 | 6.19 |
| 9 | 10.56 | 8.02 | 6.99 | 6.42 | 6.06 | 5.80 | 5.62 |
| 10 | 10.04 | 7.56 | 6.55 | 5.99 | 5.64 | 5.39 | 5.21 |
| 11 | 9.65 | 7.20 | 6.22 | 5.67 | 5.32 | 5.07 | 4.88 |
| 12 | 9.33 | 6.93 | 5.95 | 5.41 | 5.06 | 4.82 | 4.65 |
| 13 | 9.07 | 6.70 | 5.74 | 5.20 | 4.86 | 4.62 | 4.44 |
| 14 | 8.86 | 6.51 | 5.56 | 5.03 | 4.69 | 4.46 | 4.28 |
| 15 | 8.68 | 6.36 | 5.42 | 4.89 | 4.56 | 4.32 | 4.14 |
| 16 | 8.53 | 6.23 | 5.29 | 4.77 | 4.44 | 4.20 | 4.03 |
| 17 | 8.40 | 6.11 | 5.18 | 4.67 | 4.34 | 4.10 | 3.93 |
| 18 | 8.28 | 6.01 | 5.09 | 4.58 | 4.25 | 4.01 | 3.85 |
| 19 | 8.18 | 5.98 | 5.01 | 4.50 | 4.17 | 3.94 | 3.77 |
| 20 | 8.10 | 5.34 | 4.94 | 4.43 | 4.10 | 3.87 | 3.71 |
| 30 | 7.59 | 5.39 | 4.51 | 4.02 | 3.70 | 3.47 | 3.30 |
| 40 | 7.31 | 5.18 | 4.31 | 3.83 | 3.51 | 3.29 | 3.12 |
| 50 | 7.17 | 5.06 | 4.20 | 3.72 | 3.41 | 3.18 | 3.02 |
| ∞ | 6.64 | 4.00 | 3.78 | 3.32 | 3.02 | 2.80 | 2.64 |

续表

| $f_2$ \ $f_1$ | 8 | 9 | 10 | 20 | 30 | ∞ |
|---|---|---|---|---|---|---|
| 1 | 5981 | 6022 | 6056 | 6208 | 6258 | 6366 |
| 2 | 99.36 | 99.38 | 99.40 | 99.45 | 99.47 | 99.50 |
| 3 | 27.49 | 27.34 | 27.25 | 26.69 | 26.50 | 26.12 |
| 4 | 14.80 | 14.66 | 14.54 | 14.02 | 13.83 | 13.16 |
| 5 | 10.27 | 10.15 | 10.05 | 9.55 | 9.38 | 9.02 |
| 6 | 8.10 | 7.98 | 7.87 | 7.39 | 7.23 | 6.88 |
| 7 | 6.84 | 6.71 | 6.62 | 6.15 | 5.98 | 5.65 |
| 8 | 6.03 | 5.19 | 5.82 | 5.36 | 5.20 | 4.86 |
| 9 | 5.47 | 5.35 | 5.26 | 4.30 | 4.64 | 4.31 |
| 10 | 5.06 | 4.95 | 4.85 | 4.41 | 4.25 | 3.91 |
| 11 | 4.74 | 4.63 | 4.54 | 4.10 | 3.94 | 3.60 |
| 12 | 4.50 | 4.39 | 4.30 | 3.86 | 3.70 | 3.36 |
| 13 | 4.30 | 4.19 | 4.10 | 3.67 | 3.51 | 3.16 |
| 14 | 4.14 | 4.03 | 3.94 | 3.51 | 3.34 | 3.00 |
| 15 | 4.00 | 3.89 | 3.80 | 3.36 | 3.20 | 2.87 |
| 16 | 3.89 | 3.78 | 3.69 | 3.26 | 3.10 | 2.75 |
| 17 | 3.79 | 3.68 | 3.59 | 3.16 | 3.00 | 2.65 |
| 18 | 3.71 | 3.60 | 3.51 | 3.07 | 2.91 | 2.57 |
| 19 | 3.63 | 3.52 | 3.43 | 3.00 | 2.84 | 2.49 |
| 20 | 3.56 | 3.45 | 3.37 | 2.94 | 2.77 | 2.42 |
| 30 | 3.17 | 3.06 | 2.98 | 2.55 | 2.38 | 2.01 |
| 40 | 2.99 | 2.88 | 2.80 | 2.37 | 2.20 | 1.81 |
| 50 | 2.88 | 2.78 | 2.70 | 2.26 | 2.10 | 1.68 |
| ∞ | 2.51 | 2.41 | 2.32 | 1.87 | 1.69 | 1.00 |

（2）$\alpha=0.05$。

| $f_2$ \ $f_1$ | 1 | 2 | 3 | 4 | 5 | 6 | 7 |
|---|---|---|---|---|---|---|---|
| 1 | 161 | 200 | 216 | 225 | 230 | 234 | 237 |
| 2 | 18.51 | 19.00 | 19.16 | 19.25 | 19.30 | 19.33 | 19.36 |
| 3 | 10.13 | 9.55 | 9.28 | 9.12 | 9.01 | 8.94 | 8.88 |
| 4 | 7.71 | 6.94 | 6.59 | 6.39 | 6.26 | 6.16 | 6.09 |
| 5 | 6.61 | 5.79 | 5.41 | 5.19 | 5.05 | 4.95 | 4.88 |
| 6 | 5.99 | 5.14 | 4.76 | 4.53 | 4.39 | 4.28 | 4.21 |
| 7 | 5.59 | 4.74 | 4.35 | 4.12 | 3.97 | 3.67 | 3.79 |
| 8 | 5.32 | 4.46 | 4.07 | 3.84 | 3.69 | 3.58 | 3.50 |
| 9 | 5.12 | 4.26 | 3.86 | 3.63 | 3.48 | 3.37 | 3.29 |
| 10 | 4.96 | 4.10 | 3.71 | 3.48 | 3.33 | 3.22 | 3.14 |
| 11 | 4.84 | 3.98 | 3.59 | 3.36 | 3.20 | 3.09 | 3.01 |
| 12 | 4.75 | 3.88 | 3.49 | 3.26 | 3.11 | 3.00 | 2.92 |
| 13 | 4.67 | 3.80 | 3.41 | 3.18 | 3.02 | 2.92 | 2.84 |
| 14 | 4.60 | 3.74 | 3.34 | 3.11 | 2.96 | 2.85 | 2.77 |
| 15 | 4.54 | 3.68 | 3.29 | 3.06 | 2.90 | 2.79 | 2.70 |
| 16 | 4.49 | 3.63 | 3.24 | 3.01 | 2.85 | 2.74 | 2.66 |
| 17 | 4.45 | 3.59 | 3.20 | 2.96 | 2.81 | 2.70 | 2.62 |
| 18 | 4.41 | 3.55 | 3.16 | 2.93 | 2.77 | 2.66 | 2.58 |
| 19 | 4.38 | 3.52 | 3.13 | 2.90 | 2.74 | 2.63 | 2.55 |
| 20 | 4.35 | 3.49 | 3.10 | 2.87 | 2.71 | 2.60 | 2.52 |
| 30 | 4.17 | 3.32 | 2.92 | 2.69 | 2.53 | 2.42 | 2.34 |
| 40 | 4.08 | 3.23 | 2.84 | 2.61 | 2.45 | 2.34 | 2.25 |
| 50 | 4.03 | 3.18 | 2.79 | 2.55 | 2.40 | 2.29 | 2.20 |
| ∞ | 3.84 | 2.99 | 2.60 | 2.37 | 2.21 | 2.09 | 2.01 |

续表

| $f_2$ \ $f_1$ | 8 | 9 | 10 | 20 | 30 | ∞ |
|---|---|---|---|---|---|---|
| 1 | 239 | 241 | 242 | 248 | 250 | 254 |
| 2 | 19.37 | 19.37 | 19.39 | 19.44 | 19.46 | 19.50 |
| 3 | 8.84 | 8.81 | 8.78 | 8.66 | 8.62 | 8.53 |
| 4 | 6.04 | 6.00 | 5.96 | 5.80 | 5.74 | 5.63 |
| 5 | 4.82 | 4.78 | 4.74 | 4.56 | 4.50 | 4.36 |
| 6 | 4.15 | 4.10 | 4.06 | 3.87 | 3.81 | 3.67 |
| 7 | 3.73 | 3.68 | 3.68 | 3.44 | 3.38 | 3.23 |
| 8 | 3.44 | 3.39 | 3.34 | 3.15 | 3.08 | 2.93 |
| 9 | 3.23 | 3.18 | 3.31 | 2.96 | 2.86 | 2.71 |
| 10 | 3.07 | 3.02 | 2.97 | 2.77 | 2.70 | 2.54 |
| 11 | 2.95 | 2.90 | 2.86 | 2.65 | 2.57 | 2.40 |
| 12 | 2.85 | 2.80 | 2.76 | 2.54 | 2.46 | 2.30 |
| 13 | 2.77 | 2.72 | 2.67 | 2.46 | 2.38 | 2.21 |
| 14 | 2.70 | 2.65 | 2.60 | 2.39 | 2.31 | 2.13 |
| 15 | 2.64 | 2.59 | 2.55 | 2.33 | 2.25 | 2.07 |
| 16 | 2.57 | 2.54 | 2.49 | 2.28 | 2.20 | 2.01 |
| 17 | 2.55 | 2.50 | 2.45 | 2.23 | 2.15 | 1.96 |
| 18 | 2.51 | 2.46 | 2.41 | 2.19 | 2.11 | 1.92 |
| 19 | 2.48 | 2.43 | 2.38 | 2.15 | 2.07 | 1.88 |
| 20 | 2.45 | 2.40 | 2.35 | 2.12 | 2.04 | 1.84 |
| 30 | 2.27 | 2.21 | 2.16 | 1.93 | 1.84 | 1.62 |
| 40 | 2.18 | 2.12 | 2.07 | 1.84 | 1.74 | 1.51 |
| 50 | 2.13 | 2.07 | 2.02 | 1.78 | 1.69 | 1.44 |
| ∞ | 1.94 | 1.88 | 1.83 | 1.57 | 1.46 | 1.00 |

(3) $\alpha=0.10$。

| $f_2$ \ $f_1$ | 1 | 2 | 3 | 4 | 5 | 6 | 7 |
|---|---|---|---|---|---|---|---|
| 1 | 39.1 | 49.5 | 53.6 | 55.8 | 57.2 | 58.2 | 58.9 |
| 2 | 8.53 | 9.00 | 9.16 | 9.24 | 9.29 | 9.33 | 9.35 |
| 3 | 5.54 | 5.46 | 5.39 | 5.34 | 5.31 | 5.28 | 5.27 |
| 4 | 4.54 | 4.32 | 4.19 | 4.11 | 4.05 | 4.01 | 3.98 |
| 5 | 4.06 | 3.78 | 3.62 | 3.52 | 3.45 | 3.40 | 3.37 |
| 6 | 3.78 | 3.46 | 3.29 | 3.18 | 3.11 | 3.05 | 3.01 |
| 7 | 3.59 | 3.26 | 3.07 | 2.96 | 2.88 | 2.83 | 2.78 |
| 8 | 3.46 | 3.11 | 2.92 | 2.81 | 2.73 | 2.67 | 2.62 |
| 9 | 3.36 | 3.01 | 2.81 | 2.69 | 2.61 | 2.55 | 2.51 |
| 10 | 3.29 | 2.92 | 2.73 | 2.61 | 2.52 | 2.46 | 2.41 |
| 11 | 3.23 | 2.86 | 2.66 | 2.54 | 2.45 | 2.39 | 2.34 |
| 12 | 3.17 | 2.81 | 2.61 | 2.48 | 2.39 | 2.33 | 2.28 |
| 13 | 3.14 | 2.76 | 2.56 | 2.43 | 2.35 | 2.28 | 2.23 |
| 14 | 3.10 | 2.73 | 2.52 | 2.39 | 2.31 | 2.24 | 2.19 |
| 15 | 3.07 | 2.70 | 2.49 | 2.36 | 2.27 | 2.21 | 2.16 |
| 16 | 3.05 | 2.67 | 2.46 | 2.33 | 2.24 | 2.18 | 2.13 |
| 17 | 3.03 | 2.64 | 2.44 | 2.31 | 2.22 | 2.15 | 2.10 |
| 18 | 3.01 | 2.62 | 2.42 | 2.29 | 2.20 | 2.13 | 2.08 |
| 19 | 2.99 | 2.61 | 2.40 | 2.27 | 2.18 | 2.11 | 2.06 |
| 20 | 2.97 | 2.59 | 2.38 | 2.25 | 2.16 | 2.09 | 2.04 |
| 30 | 2.88 | 2.49 | 2.28 | 2.14 | 2.05 | 1.98 | 1.93 |
| 40 | 2.84 | 2.44 | 2.23 | 2.09 | 1.97 | 1.93 | 1.87 |
| 50 | 2.79 | 2.39 | 2.18 | 2.04 | 1.95 | 1.87 | 1.82 |
| ∞ | 2.71 | 2.30 | 2.08 | 1.94 | 1.85 | 1.77 | 1.72 |

续表

| $f_2$ \ $f_1$ | 8 | 9 | 10 | 20 | 30 | ∞ |
|---|---|---|---|---|---|---|
| 1 | 59.4 | 59.9 | 60.2 | 61.7 | 62.3 | 63.3 |
| 2 | 9.37 | 9.38 | 9.39 | 9.44 | 9.46 | 9.49 |
| 3 | 5.25 | 5.24 | 5.23 | 5.18 | 5.17 | 5.23 |
| 4 | 3.95 | 3.94 | 3.92 | 3.84 | 3.82 | 3.76 |
| 5 | 3.34 | 3.32 | 3.28 | 3.21 | 3.17 | 3.11 |
| 6 | 2.98 | 2.96 | 2.94 | 2.84 | 2.80 | 2.72 |
| 7 | 2.75 | 2.72 | 2.70 | 2.59 | 2.56 | 2.47 |
| 8 | 2.59 | 2.56 | 2.54 | 2.42 | 2.38 | 2.29 |
| 9 | 2.47 | 2.44 | 2.42 | 2.30 | 2.25 | 2.16 |
| 10 | 2.38 | 2.35 | 2.32 | 2.20 | 2.16 | 2.06 |
| 11 | 2.30 | 2.27 | 2.25 | 2.12 | 2.08 | 1.97 |
| 12 | 2.24 | 2.21 | 2.19 | 2.06 | 2.02 | 1.90 |
| 13 | 2.20 | 2.16 | 2.14 | 2.01 | 1.96 | 1.85 |
| 14 | 2.15 | 2.12 | 2.10 | 1.96 | 1.91 | 1.80 |
| 15 | 2.12 | 2.09 | 2.06 | 1.92 | 1.87 | 1.76 |
| 16 | 2.09 | 2.06 | 2.03 | 1.89 | 1.84 | 1.72 |
| 17 | 2.06 | 2.03 | 2.00 | 1.86 | 1.81 | 1.69 |
| 18 | 2.04 | 2.00 | 1.98 | 1.84 | 1.78 | 1.66 |
| 19 | 2.02 | 1.98 | 1.96 | 1.81 | 1.76 | 1.63 |
| 20 | 2.00 | 1.96 | 1.94 | 1.79 | 1.74 | 1.61 |
| 30 | 1.88 | 1.85 | 1.82 | 1.67 | 1.61 | 1.46 |
| 40 | 1.83 | 1.79 | 1.76 | 1.61 | 1.54 | 1.38 |
| 50 | 1.77 | 1.74 | 1.71 | 1.54 | 1.48 | 1.29 |
| ∞ | 1.67 | 1.63 | 1.60 | 1.42 | 1.34 | 1.00 |

# 附录D　t 分 布 表

$P(t \geqslant t_\alpha)=\alpha$ 的 $t_\alpha$ 值（$t$ 分布表）

| $f$ \ $\alpha$ | 0.001 | 0.01 | 0.02 | 0.05 | 0.1 | 0.2 | 0.3 |
|---|---|---|---|---|---|---|---|
| 1 | 636.619 | 63.657 | 31.821 | 12.706 | 6.314 | 3.078 | 1.963 |
| 2 | 31.598 | 9.925 | 6.965 | 4.303 | 2.920 | 1.886 | 1.386 |
| 3 | 12.924 | 5.841 | 4.511 | 3.182 | 2.353 | 1.638 | 1.250 |
| 4 | 8.610 | 4.604 | 2.747 | 2.776 | 2.132 | 1.533 | 1.100 |
| 5 | 6.850 | 4.032 | 3.365 | 2.571 | 2.015 | 1.176 | 1.156 |
| 6 | 5.959 | 3.707 | 3.143 | 2.447 | 1.943 | 1.440 | 1.134 |

续表

| f \ α | 0.001 | 0.01 | 0.02 | 0.05 | 0.1 | 0.2 | 0.3 |
|---|---|---|---|---|---|---|---|
| 7 | 5.405 | 3.499 | 2.998 | 2.365 | 1.895 | 1.415 | 1.119 |
| 8 | 5.041 | 3.355 | 2.896 | 2.306 | 1.860 | 1.397 | 1.103 |
| 9 | 4.781 | 3.250 | 2.821 | 2.262 | 1.833 | 1.383 | 1.100 |
| 10 | 4.587 | 3.169 | 2.764 | 2.228 | 1.812 | 1.372 | 1.093 |
| 11 | 4.437 | 3.106 | 2.718 | 2.201 | 1.796 | 1.363 | 1.088 |
| 12 | 4.318 | 3.055 | 2.681 | 2.179 | 1.782 | 1.356 | 1.083 |
| 13 | 4.221 | 3.012 | 2.650 | 2.160 | 1.771 | 1.350 | 1.079 |
| 14 | 4.140 | 2.977 | 2.624 | 2.145 | 1.761 | 1.345 | 1.076 |
| 15 | 4.073 | 2.947 | 2.602 | 2.131 | 1.758 | 1.341 | 1.074 |
| 16 | 4.015 | 2.921 | 2.583 | 2.120 | 1.746 | 1.337 | 1.071 |
| 17 | 3.965 | 2.898 | 2.567 | 2.110 | 1.740 | 1.333 | 1.069 |
| 18 | 3.922 | 2.878 | 2.552 | 2.101 | 1.734 | 1.330 | 1.067 |
| 19 | 3.883 | 2.861 | 2.539 | 2.003 | 1.720 | 1.328 | 1.066 |

| f \ α | 0.4 | 0.5 | 0.6 | 0.7 | 0.8 | 0.9 |
|---|---|---|---|---|---|---|
| 1 | 1.376 | 1.000 | 0.727 | 0.510 | 0.325 | 0.158 |
| 2 | 1.061 | 0.316 | 0.617 | 0.445 | 0.289 | 0.142 |
| 3 | 0.978 | 0.765 | 0.584 | 0.424 | 0.277 | 0.137 |
| 4 | 0.941 | 0.741 | 0.569 | 0.414 | 0.271 | 0.134 |
| 5 | 0.920 | 0.727 | 0.559 | 0.408 | 0.267 | 0.132 |
| 6 | 0.906 | 0.718 | 0.553 | 0.404 | 0.265 | 0.131 |
| 7 | 0.896 | 0.711 | 0.549 | 0.402 | 0.263 | 0.130 |
| 8 | 0.889 | 0.706 | 0.546 | 0.399 | 0.262 | 0.130 |
| 9 | 0.883 | 0.703 | 0.543 | 0.398 | 0.261 | 0.129 |
| 10 | 0.879 | 0.700 | 0.542 | 0.397 | 0.260 | 0.129 |
| 11 | 0.876 | 0.697 | 0.540 | 0.396 | 0.260 | 0.129 |
| 12 | 0.873 | 0.695 | 0.539 | 0.395 | 0.259 | 0.128 |
| 13 | 0.870 | 0.694 | 0.538 | 0.394 | 0.259 | 0.128 |
| 14 | 0.868 | 0.692 | 0.537 | 0.393 | 0.258 | 0.128 |
| 15 | 0.866 | 0.691 | 0.536 | 0.393 | 0.258 | 0.128 |
| 16 | 0.865 | 0.690 | 0.535 | 0.392 | 0.258 | 0.128 |
| 17 | 0.863 | 0.689 | 0.534 | 0.392 | 0.257 | 0.128 |
| 18 | 0.862 | 0.688 | 0.534 | 0.392 | 0.257 | 0.127 |
| 19 | 0.861 | 0.688 | 0.533 | 0.391 | 0.257 | 0.127 |